Final Cut Pro 视频后期剪辑

零基础入门到精通

耿慧勇　著

人 民 邮 电 出 版 社
北 京

图书在版编目（CIP）数据

Final Cut Pro视频后期剪辑零基础入门到精通 / 耿慧勇著. -- 北京 : 人民邮电出版社, 2024.2
ISBN 978-7-115-63299-9

Ⅰ. ①F… Ⅱ. ①耿… Ⅲ. ①视频编辑软件 Ⅳ. ①TN94

中国国家版本馆CIP数据核字(2024)第007510号

内 容 提 要

本书循序渐进地介绍了使用 Final Cut Pro 进行视频剪辑的方法和技巧，帮助读者轻松掌握 Final Cut Pro 的操作方法，拓展视频后期思路。

本书共 12 章，主要讲解了 Final Cut Pro 的基本操作、Final Cut Pro 的基础剪辑技巧、添加音频享受声音的动感魅力、添加字幕让视频锦上添花、转场效果让画面切换更流畅、动画合成呈现创意十足的画面、视频调色调出心动的画面色调、影片输出与项目管理等基本功能及应用方法，以及美妆切屏展示视频、青春纪念旅行相册、美食活动推广视频、城市动感宣传片等综合实例。

本书不但适合零基础的 Final Cut Pro 用户学习，也适合作为大中专院校和培训机构相关专业的教材，还适合广大视频后期剪辑爱好者、影视动画制作者、影视编辑从业人员、自媒体运营人员参考阅读。

◆ 著　　　耿慧勇
　责任编辑　张　贞
　责任印制　陈　犇

◆ 人民邮电出版社出版发行　　北京市丰台区成寿寺路 11 号
　邮编　100164　　电子邮件　315@ptpress.com.cn
　网址　https://www.ptpress.com.cn
　中国电影出版社印刷厂印刷

◆ 开本：700×1000　1/16
　印张：16　　　　　　2024 年 2 月第 1 版
　字数：438 千字　　　2024 年 2 月北京第 1 次印刷

定价：99.80 元

读者服务热线：(010)81055296　印装质量热线：(010)81055316

反盗版热线：(010)81055315

广告经营许可证：京东市监广登字 20170147 号

前　言

Final Cut Pro是由苹果公司推出的一款操作简单、功能强大的视频编辑软件，其简洁、精巧的操作界面和强大的视频剪辑功能可以帮助创作者轻松、高效地完成影视项目的剪辑工作。本书精选70多个视频案例，以案例实操的方式帮助读者全面了解软件的功能，做到学用结合。希望读者能通过学习，做到举一反三，轻松掌握这些功能，从而制作出精彩的视频。

本书特色

全案例式教学、一学就会：本书没有过多的枯燥理论，采用"案例式"教学方法，通过70多个实用性极强的实战案例，为读者讲解使用Final Cut Pro进行剪辑的实用技巧，步骤详细，简单易懂。

内容由易到难、全面新颖：本书内容由易到难，全面、新颖，且难度适中。从基础功能出发，使用案例实操的方式，对Final Cut Pro的基本剪辑功能、调色功能、音频效果、滤镜效果、转场效果、字幕效果等进行全方位讲解。

附赠视频课程、边看边学：本书提供专业讲师的讲解视频，读者不仅可以按照步骤制作视频，还可以观看配套讲解视频。

内容框架

全书共12章，具体内容框架如下。

第1章：介绍Final Cut Pro的入门知识，包括新建资源库、事件、项目，导入素材文件，片段筛选和预览等知识。

第2章：讲解"磁性时间线"窗口中的基本操作，包括创建故事情节、创建复合片段、三点编辑、多机位剪辑等内容。

第3章：详细介绍音频效果的应用，包括控制音量、修剪音频片段、常见音频效果的使用等内容。

第4章：介绍字幕与发生器的应用，包括制作基本字幕、开场字幕、滚动字幕、打字效果等内容。

第5章：主要讲解视频转场效果的应用，包括添加转场效果、添加首尾转场效果、连接片段、转场效果设置等内容。

第6章：主要介绍合成动画的相关操作，包括利用关键帧制作动画、抠像技术、视频的合成等内容。

第7章：主要介绍一级色彩校正、二级色彩校正及添加视频滤镜效果等内容。

第8章：主要介绍导出文件、静态图像输出、输出参数设置、项目管理等内容。

第9章：结合之前的内容，讲解美妆切屏展示视频的故事情节制作、形状制作、字幕动画制作、音乐添加与编辑等技巧。

第10章：结合之前的内容，讲解青春纪念旅行相册的故事情节、字幕动画的制作方法和音乐的添加、编辑方法。

第11章：结合之前的内容，讲解美食活动推广视频的片头效果、故事情节、形状、字幕、片尾效果和音频效果的制作技巧。

第12章：结合之前的内容，讲解城市动感宣传片的剪辑技巧。

笔　者

2023年7月

目 录 CONTENTS

第 1 章 软件入门：Final Cut Pro 的基本操作

第 2 章 基础剪辑：Final Cut Pro 的剪辑技巧

第 3 章　添加音频：享受声音的动感魅力

第 4 章 添加字幕：让视频锦上添花

第 5 章 转场效果：让画面切换更流畅

第 6 章 动画合成：呈现创意十足的画面

第 7 章　视频调色：调出心动的画面色调

第 8 章　输出管理：影片输出与项目管理

第 1 章

软件入门：Final Cut Pro 的基本操作

Final Cut Pro 是苹果公司推出的视频编辑软件。通过该软件，用户可以修剪影片中不完美的部分，并对镜头进行调整和重组，从而简单、高效地完成影片的编辑。本章将介绍该软件的各种基础操作，包括创建项目、添加素材、设置入点和出点等内容。通过本章的学习，读者可以初步了解 Final Cut Pro 的基本应用方法。

1.1 启动软件 认识 Final Cut Pro

在macOS中安装Final Cut Pro后，需要通过“启动台”功能才能启动Final Cut Pro。下面介绍如何启动Final Cut Pro。

步骤 01 在计算机桌面底部的程序坞中，单击“启动台”图标，如图 1-1 所示。

步骤 02 打开“启动台”程序窗口，单击Final Cut Pro图标，如图 1-2 所示。

图 1-1

图 1-2

步骤 03 进入Final Cut Pro的启动界面，如图 1-3所示。

图 1-3

步骤 04 稍等片刻后，将进入Final Cut Pro的工作界面，如图 1-4所示。

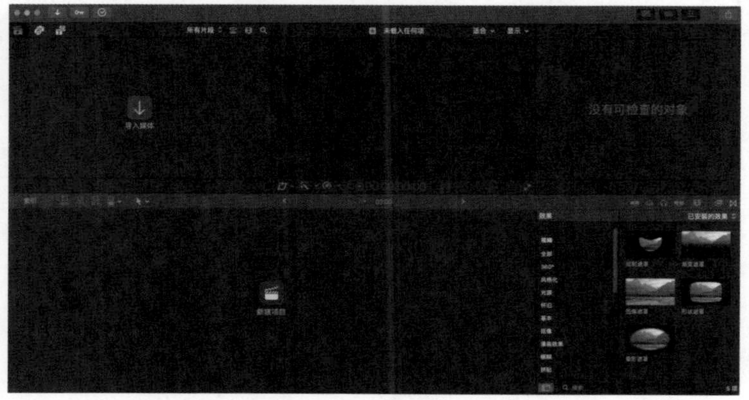

图 1-4

知识专题：Final Cut Pro 的工作界面

初次运行该软件，工作界面处于空白状态，如图 1-5所示。工作界面主要由5个区域组成，分别是“事件资源库”窗口、“事件浏览器”窗口、“检视器”窗口、“检查器”窗口和“磁性时间线”窗口。

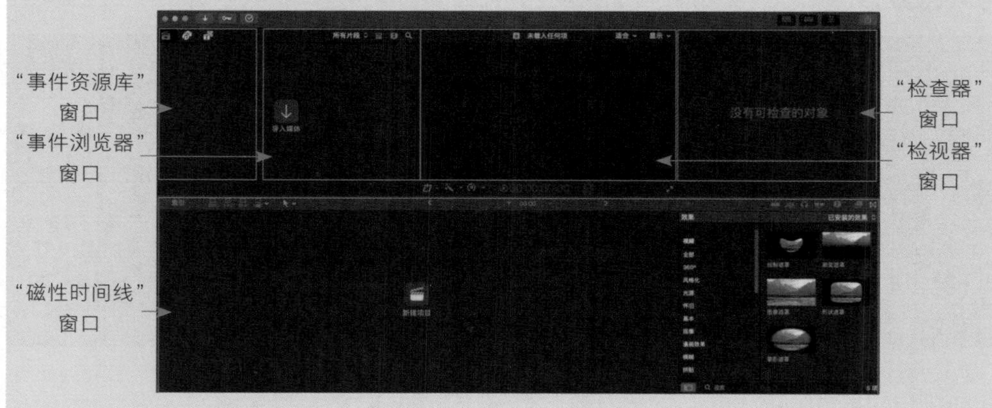

图 1-5

◇ “事件资源库”窗口：主要用来对事件进行添加、分类、评价等优化操作。

◇ “事件浏览器”窗口：主要用来导入媒体素材、管理项目文件等。

◇ “磁性时间线”窗口：该窗口是进行视频编辑工作的主要区域。Final Cut Pro与其他剪辑软件一样，都是通过添加和排列片段来完成片段的编辑工作。当预置一条轨道时，“磁性时间线”窗口会以“磁性”方式调整片段，使其与被拖入位置周围的片段相适应。

◇ “检视器”窗口：可进行实时效果预览和视频回放，在全屏视图或在第2台显示器上可获得1080P、2K、4K，甚至高达5K分辨率的同步视频图像。

◇ “检查器”窗口：位于Final Cut Pro工作界面的右上方，显示所选内容的详细信息。未选择内容时该窗口为空白，选择不同的检查对象时该窗口会相应地显示不同的信息。

提示

Final Cut Pro中只显示一个“检视器”窗口，它既可以用于预览“事件浏览器”窗口中的媒体文件，又可以用于预览“磁性时间线”窗口中的项目文件。

1.2 自定义布局 个人专属界面

在Final Cut Pro中，用户可以通过调整工作界面中各窗口的大小来创建最适合自己的工作界面。下面讲解自定义工作界面布局的具体操作方法。

步骤 01 启动Final Cut Pro，进入工作界面，将鼠标指针悬停在“事件浏览器”窗口与“检视器”窗口之间的垂直分割条上。当鼠标指针变为左右双向箭头形状时，按住鼠标左键并向左拖曳，如图 1-6 所示。

步骤 02 参照上述方法将“事件资源库”窗口与“事件浏览器”窗口之间的垂直分割条向左拖曳。

步骤 03 将鼠标指针悬停在“检视器”窗口与“磁性时间线”窗口之间的水平分割条上，当鼠标指针变为上下双向箭头形状时，按住鼠标左键并向下拖曳，如图 1-7 所示。

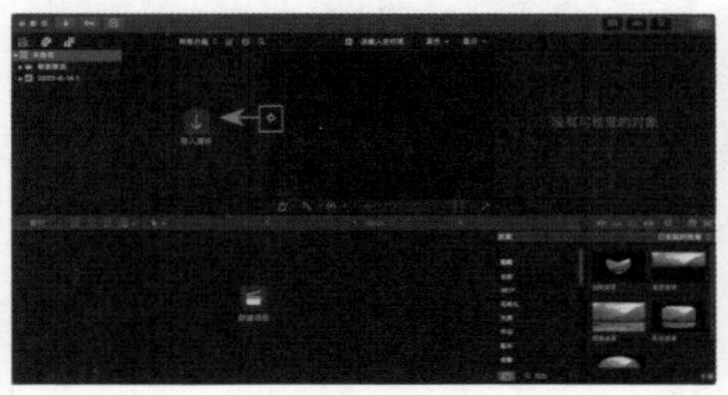

图 1-6

图 1-7

步骤 04 经过调整后，工作界面中相应窗口的大小将发生变化，如图 1-8 所示。

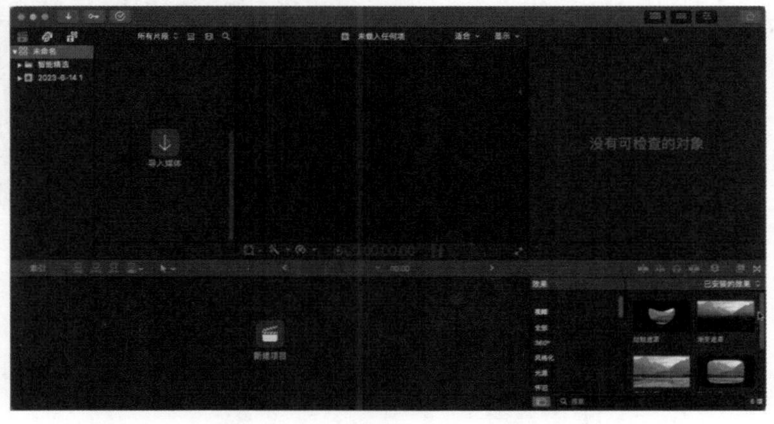

图 1-8

提示

调整一个窗口的大小时，与之相邻的窗口的大小也会相应地被调整。例如，将“事件浏览器”窗口与“检视器”窗口之间的垂直分割条向左拖曳，使“事件浏览器”窗口缩小，“检视器”窗口会随之变大。

1.3 新建资源库 存储项目文件

首次打开Final Cut Pro，整个工作界面都是空白的。此时需要新建一个类似于“文件夹”的资源库才能保存和编辑媒体素材。下面具体介绍新建资源库的方法。

步骤 01 启动Final Cut Pro，执行“文件”|“新建”|“资源库”命令，如图1-9所示。

步骤 02 打开“存储”对话框，设置新资源库的存储位置，并将新资源库的名称设置为“Final Cut教学”，如图1-10所示。

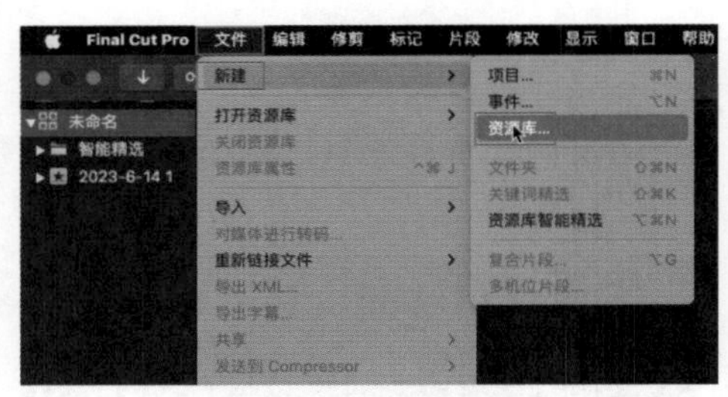

图1-9

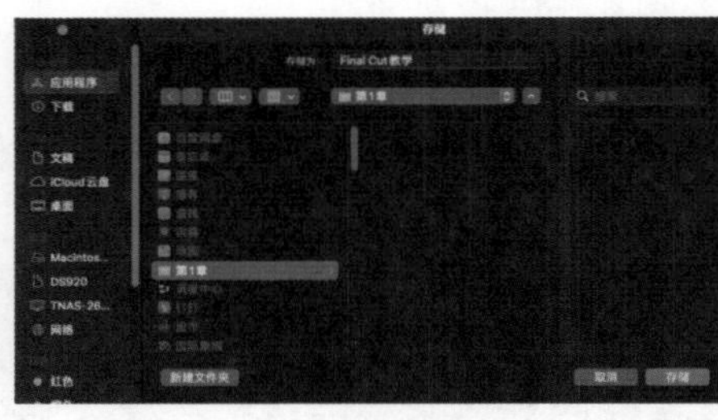

图1-10

提示

在Final Cut Pro中，资源库包含之后剪辑工作中的所有事件、项目以及媒体文件。所以在选择其存储位置时，应尽量使用外部连接的硬盘，并对媒体文件进行备份。

步骤 03 单击“存储”按钮，“事件资源库”窗口中会显示创建好的资源库，并且新添加的资源库中会自动创建一个以日期为名称的新事件，如图1-11所示。

图1-11

提示

如果工作界面中没有显示资源库边栏，可以单击“事件资源库”窗口左上角的“显示或隐藏资源库边栏”按钮显示资源库边栏。在Final Cut Pro中，按钮为蓝色时表示按钮对应的功能处于激活状态。

1.4 打开资源库 剪辑必要操作

再次打开Final Cut Pro时，该软件会默认打开上一次工作时所编辑的内容，以便用户继续进行编辑工作。如果需要切换资源库，则可以先打开资源库，再将编辑后的资源库关闭。下面具体介绍打开和关闭资源库的方法。

步骤 01 执行“文件”|“打开资源库”|“其他”命令，如图 1-12 所示。

步骤 02 打开“打开资源库”对话框，在对话框的列表框中选择“晴空万里”资源库，如图 1-13 所示。

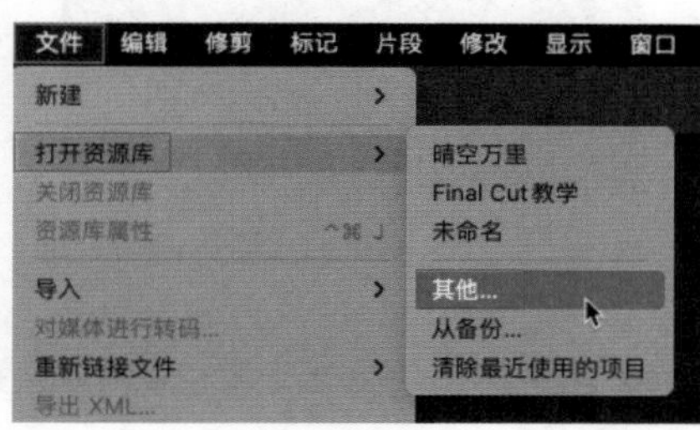

图 1-12

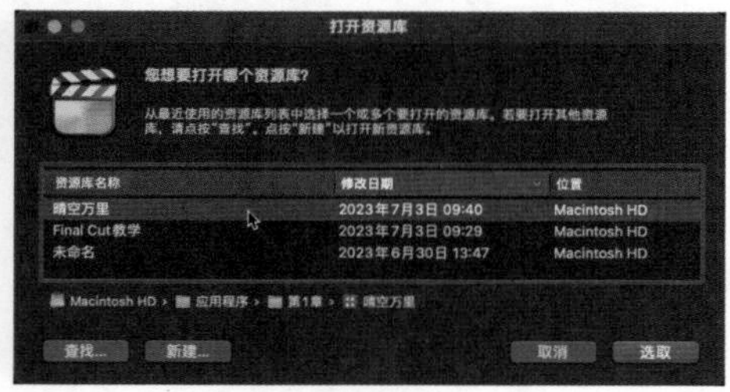

图 1-13

提示

在打开资源库时，可以直接在“打开资源库”子菜单中打开最近编辑过的资源库。当打开多个资源库时，在“事件资源库”窗口中，资源库将会按照打开的先后顺序进行排列，最新打开的资源库处于最上方。

步骤 03 在对话框中单击“选取”按钮，即可打开选择的资源库。

步骤 04 执行“文件”|“关闭资源库‘晴空万里’”命令，如图 1-14 所示，即可关闭已经打开的资源库。“事件资源库”窗口中将不再显示该资源库，如图 1-15 所示。

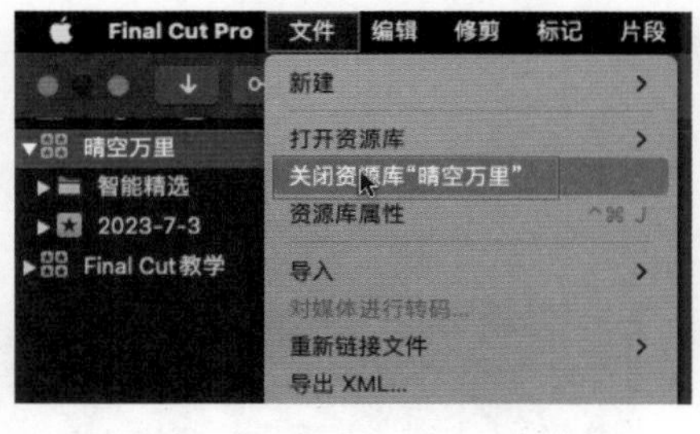

图 1-14

图 1-15

提示

除了上述方法，用户还可以直接在“事件资源库”窗口中选择需要关闭的资源库，然后右击，在弹出的快捷菜单中选择“关闭资源库”命令关闭资源库。

1.5 新建事件 时尚艺术展览

事件用来存放各种项目、视频等文件，在资源库中需要先添加一个事件，才能进行项目的存放。下面介绍新建事件的具体操作方法。

步骤 01 执行“文件”|“新建”|“事件”命令，如图 1-16 所示。

步骤 02 打开“新建事件”对话框，设置“事件名称”为“时尚艺术展览”，如图 1-17 所示。

图 1-16

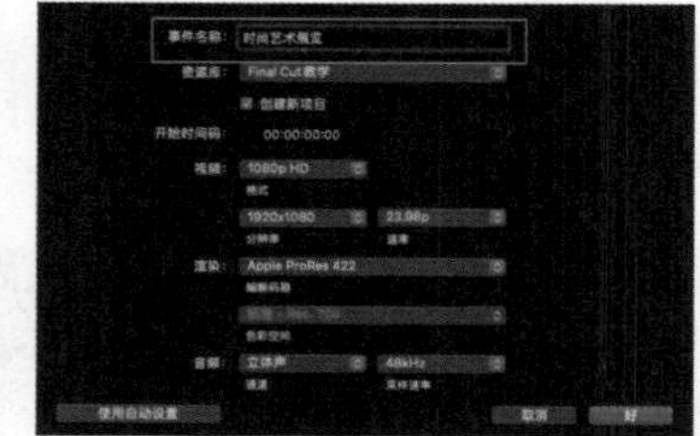

图 1-17

提示

除了上述方法，用户还可以直接在“事件资源库”窗口的空白处右击，在弹出的快捷菜单中选择“新建事件”命令进行事件的新建。

步骤 03 其他参数保持默认设置，单击“好”按钮，即可在“事件资源库”窗口中新建一个事件，如图 1-18 所示。

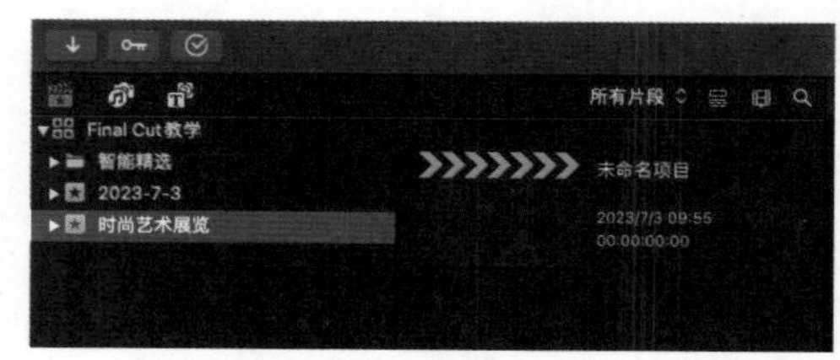

图 1-18

提示

当需要删除多余的事件时，可以通过“将事件移到废纸篓”命令来实现删除操作。

步骤 04 在“事件资源库”窗口中选择需要删除的事件，然后右击，在弹出的快捷菜单中选择“将事件移到废纸篓”命令，如图 1-19 所示。

步骤 05 弹出提示对话框，单击“继续”按钮，如图 1-20 所示，即可删除多余的事件。

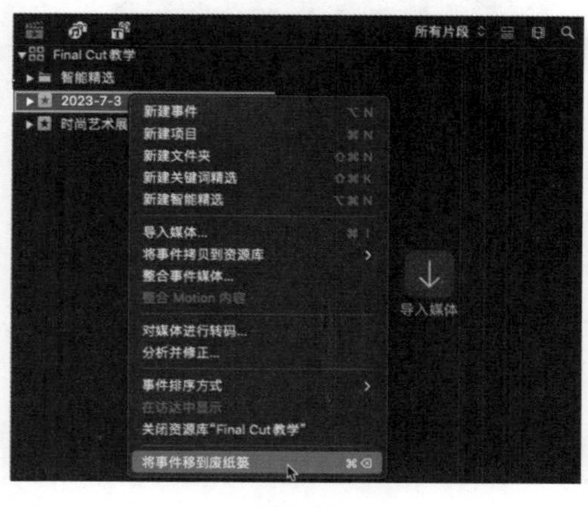

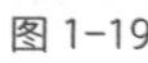

图 1-19

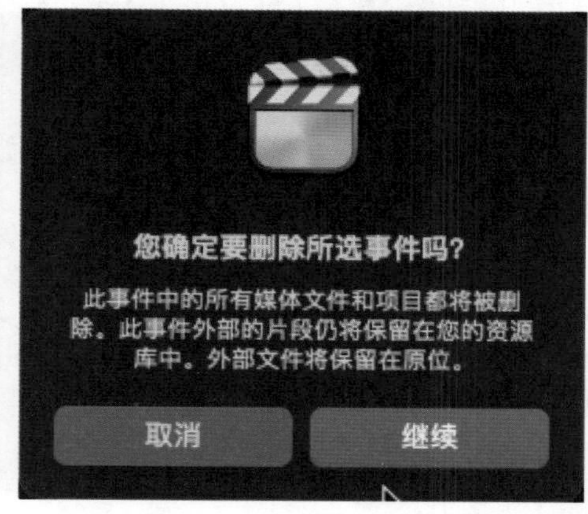

图 1-20

提示

除了上述方法，用户还可以在选择需要删除的事件后，按快捷键Command+Delete进行事件的删除操作。

1.6 创建项目 日常探店记录

使用“自动设置”时，默认新建项目的规格会根据第一个视频片段的属性来进行设定，并且音频设置与渲染编码格式是固定的。下面介绍使用“自动设置”创建项目的方法。

步骤 01 在“事件资源库”窗口中选择事件，然后执行“文件”|“新建”|“项目”命令，如图 1-21 所示。

步骤 02 打开“新建项目”对话框，设置“项目名称”为“日常探店记录”，然后单击“使用自动设置”按钮，如图 1-22 所示。

图 1-21

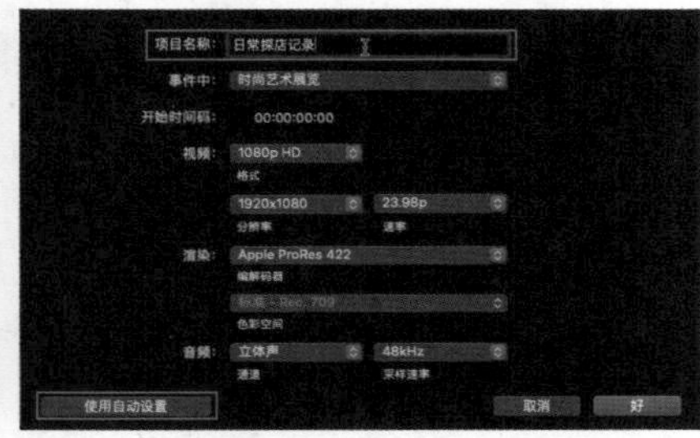

图 1-22

步骤 03 切换至“项目设置”对话框，单击“好”按钮，如图 1-23 所示。

步骤 04 执行操作后，即可创建一个项目，如图 1-24 所示。

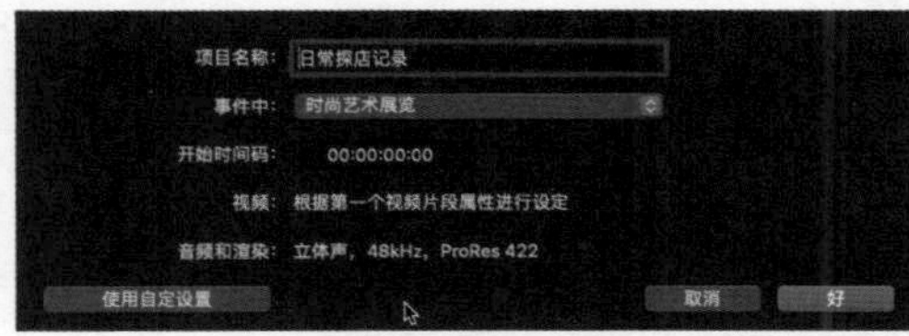

图 1-23

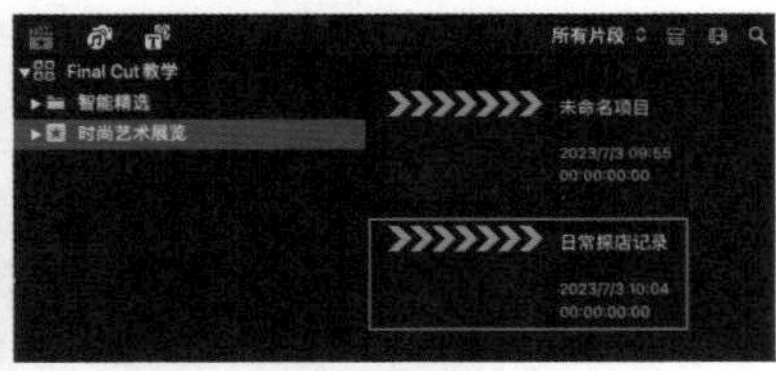

图 1-24

提示

“自动设置”中的各项设定与“自定设置”基本相同。

步骤 05 创建好项目文件后，在“事件浏览器”窗口中选择项目文件图标，如图 1-25 所示，然后双击，即可打开项目文件进行预览。

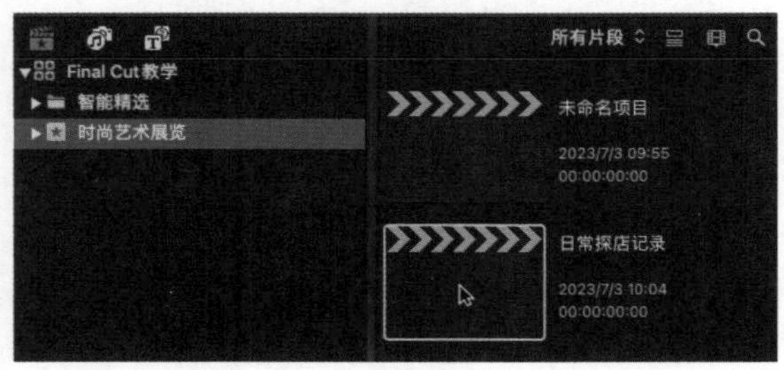

图 1-25

知识专题：创建项目的几种方法

在Final Cut Pro中，除了使用“自动设置”创建项目，还可以使用“项目”功能轻松地创建项目文件。下面将详细介绍在Final Cut Pro中创建项目的几种方法。

◇ 执行“文件”|“新建”|“项目”命令，如图 1-26所示。

◇ 在“事件资源库”窗口的空白处右击，打开快捷菜单，选择“新建项目”命令，如图 1-27所示。

◇ 按快捷键Command+N。

◇ 在“磁性时间线”窗口中单击“新建项目”按钮。

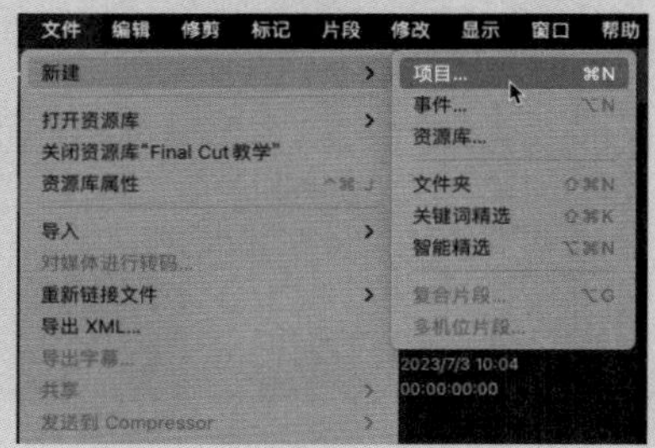

图 1-26

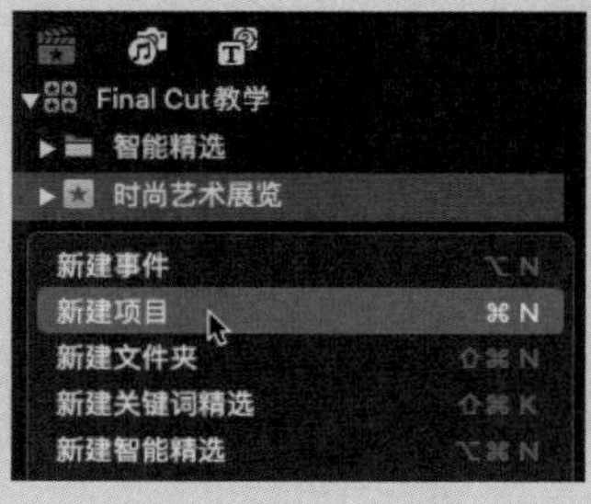

图 1-27

使用以上任意一种方法均可打开“项目设置”对话框，在该对话框中根据需要设置项目名称及相关参数，单击“好”按钮即可完成创建项目，如图 1-28所示。

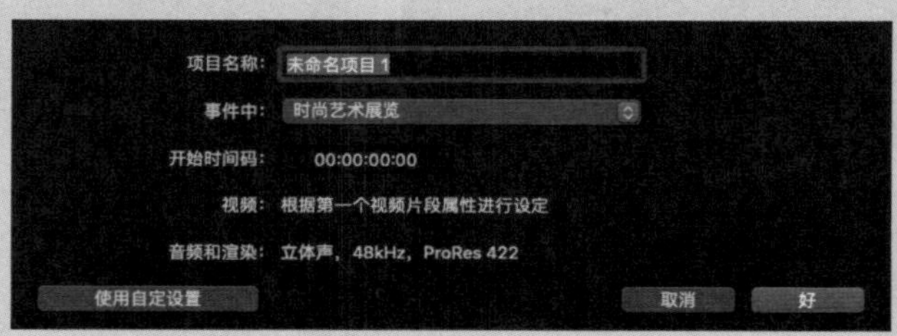

图 1-28

在“项目设置”对话框中，各主要选项的含义如下。

◇ “项目名称”文本框：在该文本框中可以输入项目的名称。

◇ “事件中”下拉列表：在该下拉列表中可以切换事件，以选择将项目存储在哪一个事件之下。

◇ “开始时间码”数值框：用于设置媒体文件放到项目中开始编辑的位置。

◇ “视频”选项区：用于设置项目的规格，包括格式、分辨率和速率。

◇ “音频和渲染”选项区：用于设置音频选项（包括环绕声和立体声，采样速率数值越大，音频质量越高）、预览与输出项目时使用的渲染模式。

知识专题：导入素材的几种方法

在Final Cut Pro中，导入素材的方法有以下几种，下面将详细进行介绍。

◇ 在“事件资源库”窗口的空白处右击，在弹出的快捷菜单中选择“导入媒体”命令，如图1-29所示。

◇ 按快捷键Command+I。

◇ 在“事件浏览器”窗口的空白处右击，在弹出的快捷菜单中选择“导入媒体”命令，如图1-30所示。

◇ 在“事件资源库”窗口的左上角单击“从设备、摄像机或归档导入媒体”按钮⬇，如图1-31所示。

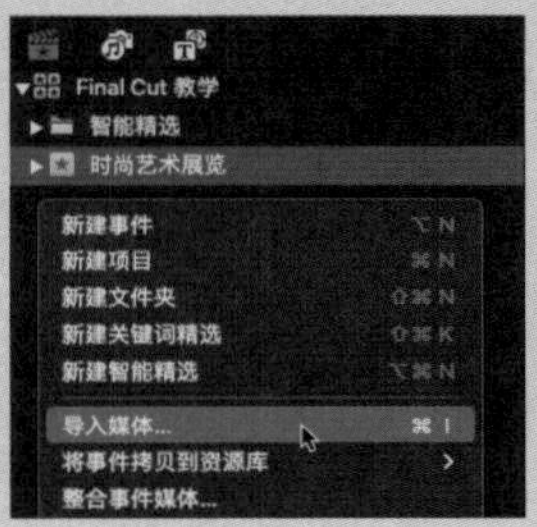

图1-29

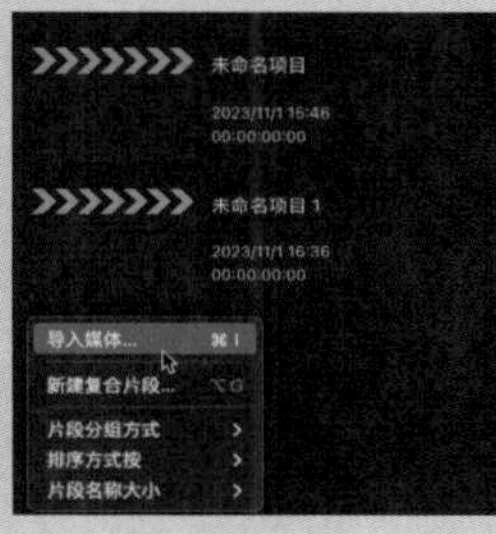

图1-30

图1-31

使用以上任意一种方法均可打开“媒体导入”对话框，在该对话框中选择需要导入的素材文件，单击“导入所选项”按钮，如图1-32所示，即可导入所选素材。

图1-32

在“媒体导入”对话框中，各主要选项的含义如下。

◇ “添加到现有事件”单选按钮：选中该单选按钮，可以在决定好要导入的媒体文件后，选择将其导入哪一个事件中。默认选择导入当前事件。如果要导入其他已经创建好的事件中，可以展开“添加到现有事件”选项下的下拉列表进行选择。

◇ “创建新事件，位于”单选按钮：选中该单选按钮后，可以创建新的事件，并设置新事件的保存名称和保存位置。

◇ “拷贝到资源库”单选按钮：选中该单选按钮后，导入的媒体文件会被复制到资源库。

◇ “让文件保留在原位”单选按钮：选中该单选按钮后，所选择的媒体文件不会被复制。

◇ “从‘访达’标签”复选框：勾选该复选框，会创建以访达标签为名的关键词精选。

◇ “从文件夹”复选框：勾选该复选框，会创建以导入的文件夹为名的关键词精选。

◇ “转码”选项区：可以根据实际需要对导入的媒体文件进行调整。在该选项区中勾选“创建优化的媒体”复选框，会基于当前导入的媒体文件进行优化，创建编码为Apple ProRes 422的同名、高质量的文件副本；勾选“创建代理媒体”复选框，可以处理源媒体文件分辨率较高、素材量较大的媒体文件，并创建编码为Apple ProRes 422（Proxy）的同名、低质量的文件副本。

◇ “平衡颜色”复选框：勾选该复选框，可以在导入媒体文件的过程中检测画面中色调和对比度的问题。

◇ “查找人物”复选框：勾选该复选框，可以通过自动分析导入媒体文件的画面，判断画面中的拍摄内容、人数与景别等内容。

◇ “合并人物查找结果”复选框：勾选该复选框，可以在较长的时间内汇总和显示“查找人物”和分析关键词。

◇ “创建智能精选”复选框：可以使用包含强烈抖动或人物的片段，通过分析关键词来创建“智能精选”。

1.7 添加素材 冬日运动记录

在创建资源库、事件和项目后，需要导入媒体文件，才能进行后期编辑操作。下面介绍在Final Cut Pro中导入媒体文件的方法。

步骤 01 新建资源库、事件与项目，设置资源库名称为“第1章”，事件名称为“1.7冬日运动记录”，之后，执行“文件”|“导入”|“媒体”命令，如图1-33所示。

图 1-33

步骤 02 打开“媒体导入”对话框，在对话框中选择需要导入的媒体文件，单击“导入所选项”按钮，如图1-34所示。

图 1-34

步骤 03 在“事件浏览器”窗口中可以看到导入的媒体文件，如图1-35所示。

图 1-35

提示

在选择需要导入的媒体文件时，按快捷键Command+A可以进行全选。当需要选择相邻的一组媒体文件时，可以在选择第一个媒体文件后，按住Shift键选择最后一个媒体文件。当需要选择特定的几个媒体文件时，可以先选择其中一个，然后在按住Command键的同时进行选择。如果已经将需要导入的媒体文件整理到同一文件夹内，则可以直接导入该文件夹。

知识专题：元数据详解

在Final Cut Pro中导入媒体文件时，软件会自动在后台对文件内容进行分析并生成元数据，元数据包括文件的创建日期、开始事件、结束事件、片段的持续时间、帧速率、帧大小等。

在“事件浏览器”窗口中选择一个片段，在“信息检查器”窗口中，可以查看该片段的元数据，如图 1-36所示。

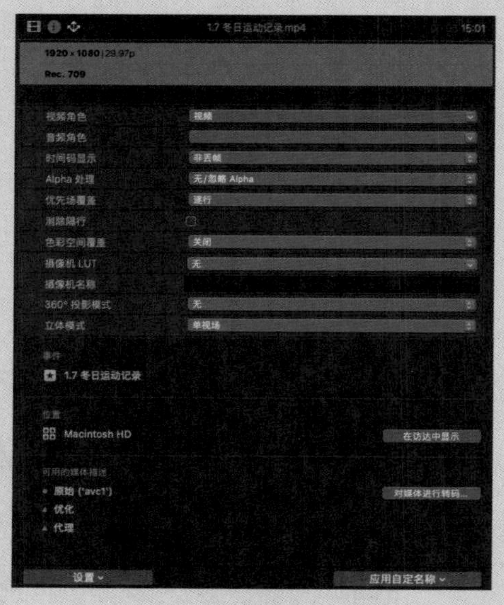

图 1-36

默认显示的是“设置”元数据视图，单击“信息检查器”窗口左下角的“设置”下拉按钮，在下拉列表中可以选择不同的元数据视图，也可以通过“将元数据视图存储为”和“编辑元数据视图”选项存储和自定义元数据栏，如图 1-37 所示。

单击“信息检查器”窗口右下角的“应用自定名称”下拉按钮，在下拉列表中可以利用片段的元数据自定义片段名称，如图 1-38 所示。

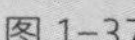

图 1-37

应用自定名称
片段日期/时间
带计数器的自定名称
来自摄像机的原始名称
场景/镜头/拍摄/角度
编辑...
新建...

图 1-38

1.8 添加元数据 萌宠日常碎片

在添加片段素材后，除了可以在“信息检查器”窗口中显示固定的基本信息外，还可以对片段的元数据进行自定义设置。下面介绍手动添加元数据的方法。

步骤 01 执行“文件”|“新建”|“事件”命令，如图 1-39 所示，打开“新建事件”对话框，设置“事件名称”为“1.8 萌宠日常记录”，单击“好”按钮，新建一个事件，如图 1-40 所示。

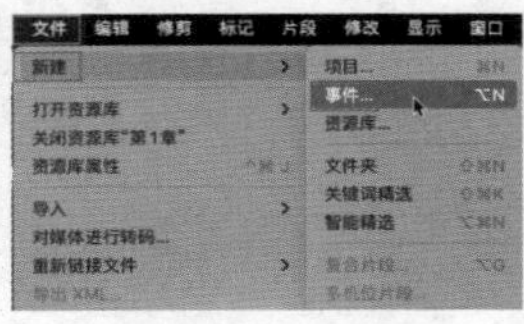

图 1-39

图 1-40

步骤 02 在“事件浏览器”窗口的空白处右击，打开快捷菜单，选择“导入媒体”命令，如图 1-41 所示。

步骤 03 打开“媒体导入”对话框，在“名称”下拉列表中选择对应文件夹下的“1.8 萌宠日常记录”视频素材，在“文件”选项区中选中“让文件保留在原位”单选按钮，如图 1-42 所示。

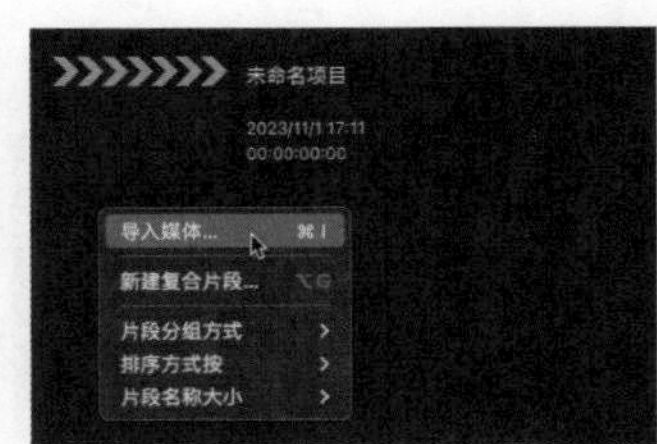

图 1-41

图 1-42

步骤 04 单击“导入所选项”按钮，即可将选择的视频素材导入“事件浏览器”窗口，如图 1-43 所示。

步骤 05 选择已经导入的视频片段，在“信息检查器”窗口中，单击“设置”下拉按钮，展开下拉列表，选择“通用”选项，如图 1-44 所示。

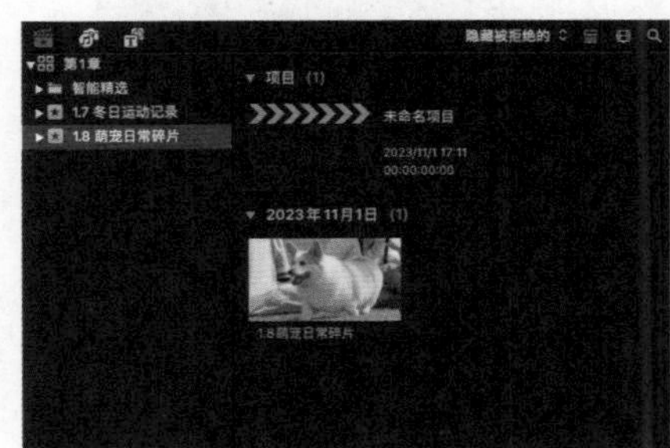

图 1-43

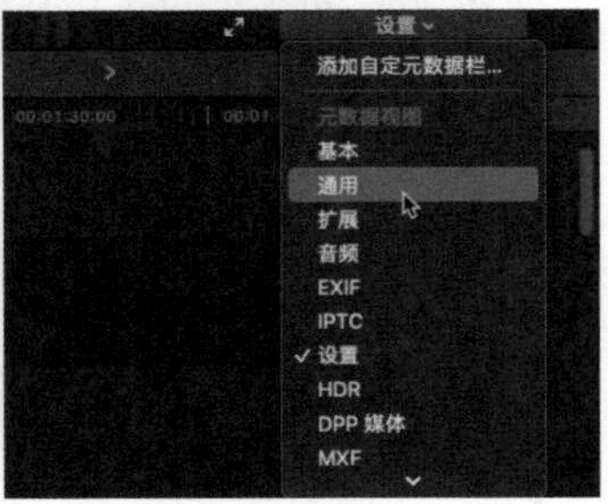

图 1-44

步骤 06 此时“信息检查器”窗口中的相关元数据选项发生了变化。在“场景”文本框中输入场景名称，为片段手动添加元数据，如图 1-45 所示。

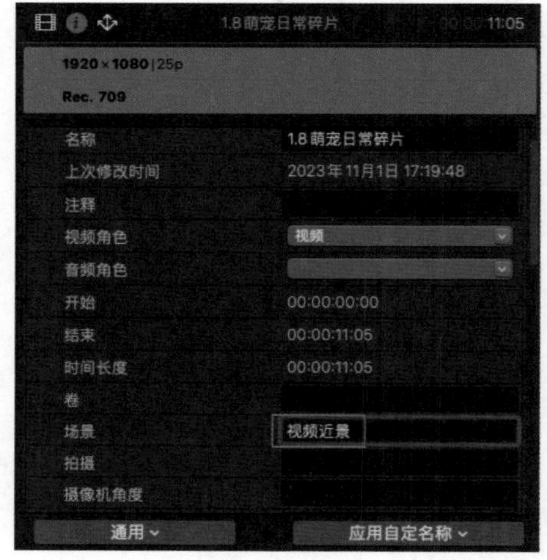

图 1-45

提示

根据不同的需要，用户可以在“信息检查器”窗口中通过切换元数据视图为片段添加不同的元数据，如景别、摄像机的型号与角度、角色类型等。

1.9 自定义关键词 动物园一日游

在 Final Cut Pro 中，使用“显示关键词编辑器”命令可以在已添加的媒体片段上添加关键词。下面将详细介绍自定义关键词的方法。

步骤 01 执行“文件”|“新建”|“事件”命令，打开“新建事件”对话框，设置“事件名称”为“1.9 动物园一日游”，单击“好”按钮，新建一个事件。

步骤 02 在“事件浏览器”窗口的空白处右击，打开快捷菜单，选择“导入媒体”命令，如图 1-46 所示。

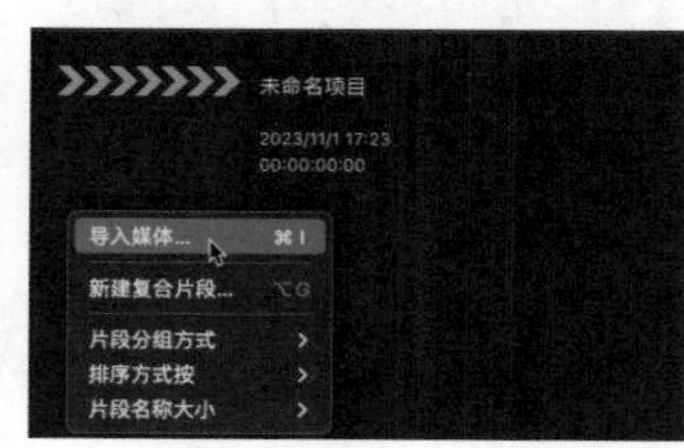

图 1-46

步骤 03 打开“媒体导入”对话框，在“名称”下拉列表中选择对应文件夹下需要使用的视频素材，然后单击“导入所选项”按钮，如图 1-47 所示。

图 1-47

步骤 04 选择的视频素材被导入“事件浏览器”窗口，如图 1-48 所示。

步骤 05 选择视频片段，执行“标记”|“显示关键词编辑器”命令，如图 1-49 所示。

图 1-48

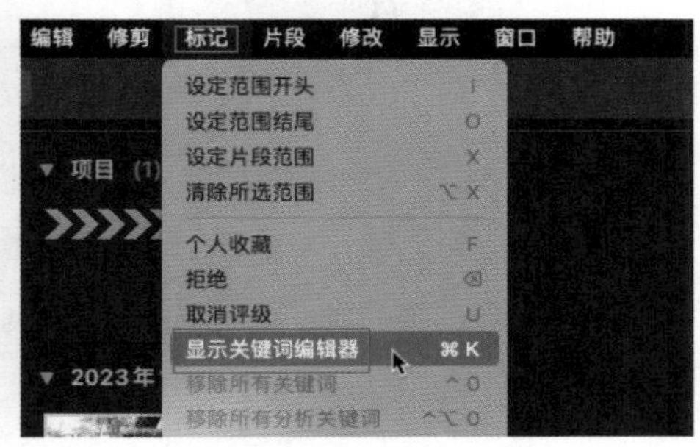

图 1-49

步骤 06 打开“‘1.9 动物园一日游’的关键词”对话框，在文本框中输入关键词“孔雀”，如图 1-50 所示。

步骤 07 关闭对话框，完成关键词的自定义添加。被选择的视频片段上将显示一条蓝色的水平线，如图 1-51 所示。相应的事件下也会自动创建关键词精选。

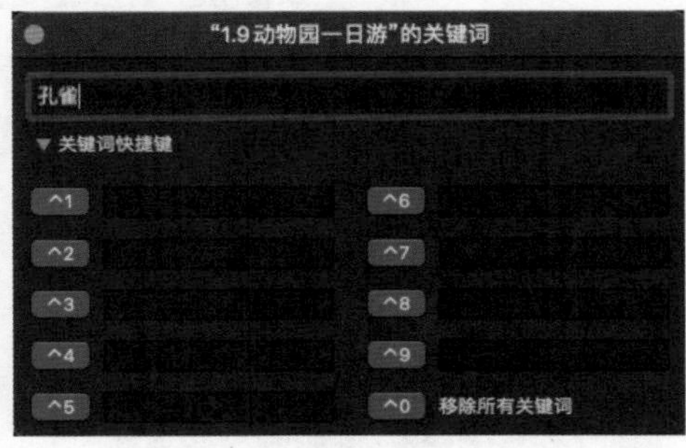

图 1-50

图 1-51

1.10 关键词精选 治愈系猫咪

使用“新建关键词精选”命令可以直接新建关键词精选，之后可进行重命名操作。下面将详细讲解新建关键词精选的方法。

步骤 01 执行“文件”|“新建”|“事件”命令，打开“新建事件”对话框，设置“事件名称”为“1.10 治愈系猫咪”，单击“好”按钮，新建一个事件。

步骤 02 在“事件浏览器”窗口的空白处右击，打开快捷菜单，选择“导入媒体”命令，打开“媒体导入”对话框，在“名称”下拉列表中选择对应文件夹下的“1.10 治愈系猫咪”视频素材，然后单击“导入所选项”按钮，如图 1-52 所示。

步骤 03 选择的视频素材被导入“事件浏览器”窗口，如图 1-53 所示。

图 1-52

图 1-53

步骤 04 选择新添加的事件，然后右击，在弹出的快捷菜单中选择“新建关键词精选”命令，如图 1-54 所示。

步骤 05 所选事件下方将会显示一个文本框，输入“猫咪”，如图 1-55 所示，完成关键词精选的添加与重命名操作。

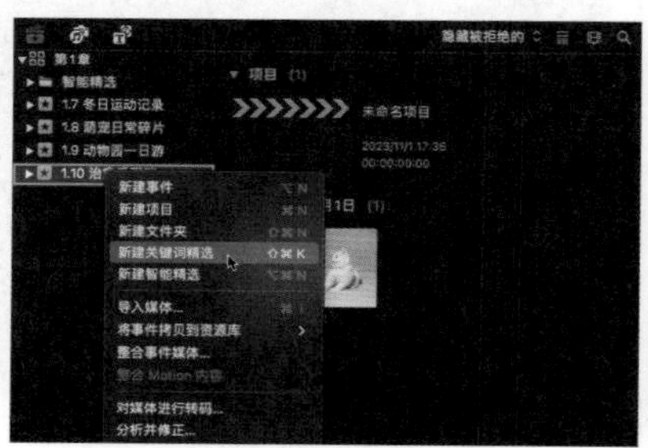

图 1-54

图 1-55

步骤 06 在“事件浏览器”窗口中选择导入的视频片段，按住鼠标左键将其拖曳至关键词精选上后，将显示一个带“+”的绿色圆形标记，如图 1-56 所示。

步骤 07 释放鼠标左键，即可将该片段添加至关键词精选下，单击该关键词精选，会出现相应的片段，如图 1-57 所示。

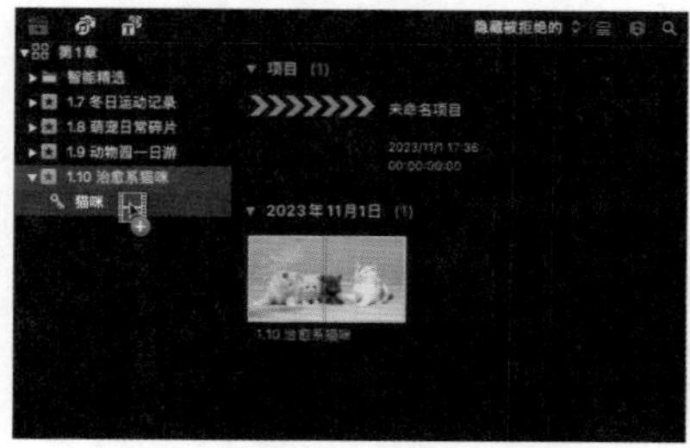

图 1-56

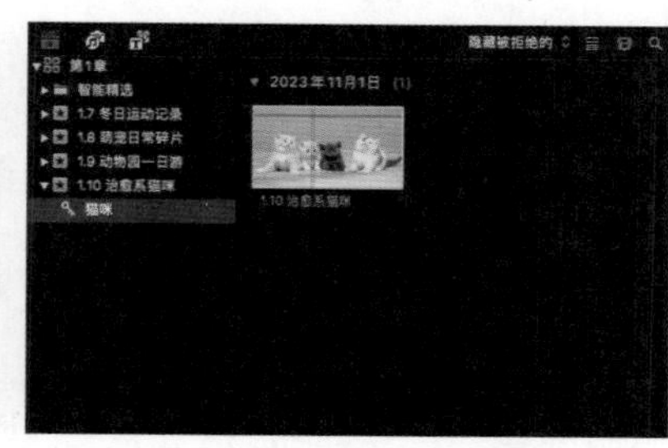

图 1-57

提示

将设置好入点和出点的片段拖曳到关键词精选中后，只有入点和出点之间的部分被添加关键词，相应关键词精选中也仅显示入点和出点之间的片段内容。

1.11 过滤器查找 超萌可爱狗狗

在Final Cut Pro中，通过过滤器不仅可以搜索关键词，还可以查找元数据信息。下面将详细讲解利用过滤器查找元数据信息的方法。

步骤 01 执行“文件”|“新建”|“事件”命令，打开“新建事件”对话框，设置“事件名称”为“1.11 超萌可爱狗狗”，单击“好”按钮，新建一个事件。

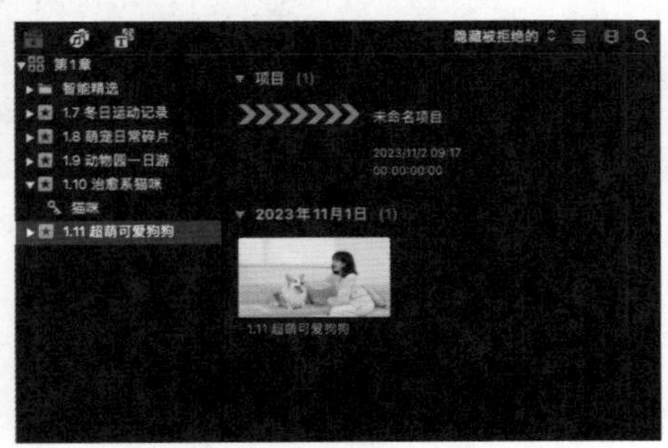

图 1-58

步骤 02 在“事件浏览器”窗口的空白处右击，打开快捷菜单，选择“导入媒体”命令，打开“媒体导入”对话框，在“名称”下拉列表中选择对应文件夹下的“1.11 超萌可爱狗狗”视频素材，然后单击“导入所选项”按钮，将选择的视频素材导入“事件浏览器”窗口，如图 1-58 所示。

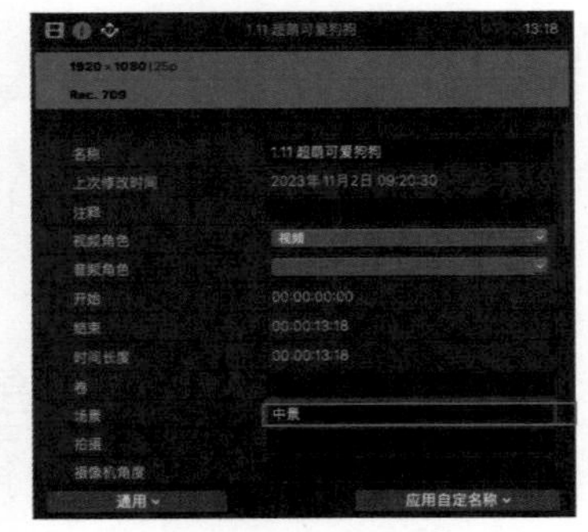

图 1-59

步骤 03 选择新添加的片段，然后在“信息检查器”窗口的“场景”文本框中输入“中景”，如图 1-59 所示。

步骤 04 在新添加的事件上右击，在弹出的快捷菜单中选择“新建智能精选”命令，如图 1-60 所示。

步骤 05 添加一个智能精选，事件下将显示一个文本框，输入“场景”，如图 1-61 所示。

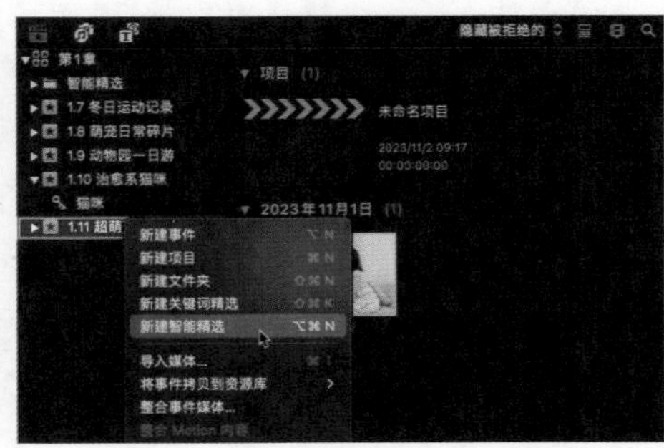

图 1-60

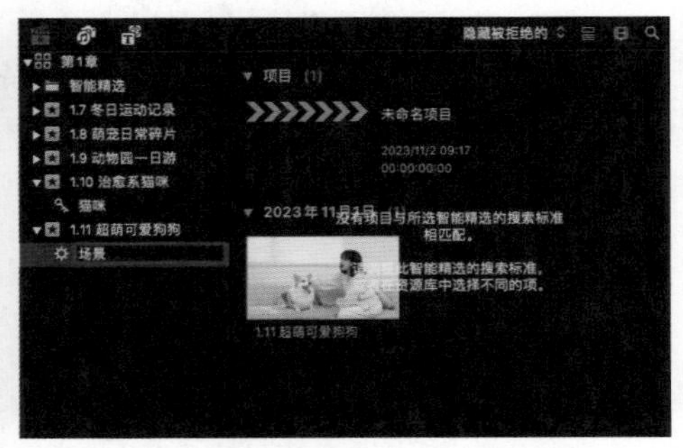

图 1-61

步骤 06 双击新添加的智能精选，打开“智能精选：场景”对话框，单击 + ∨ 按钮，在该下拉列表中选择“格式信息”选项，如图 1-62 所示。

步骤 07 添加一个“格式信息”过滤条件，在中间的两个下拉列表中依次选择“场景”和“包括”选项，在文本框中输入“中景”，如图 1-63 所示。

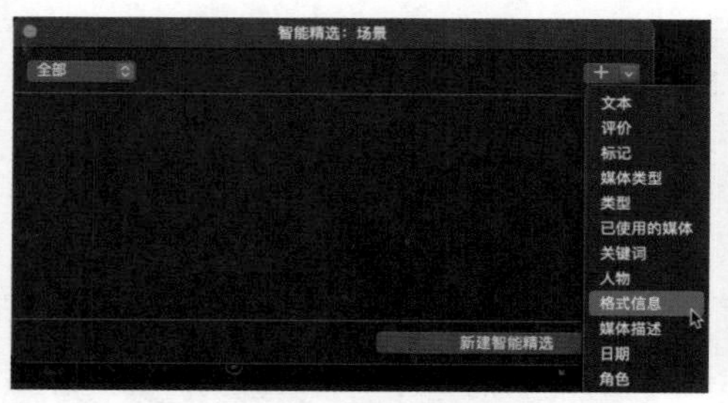

图 1-62

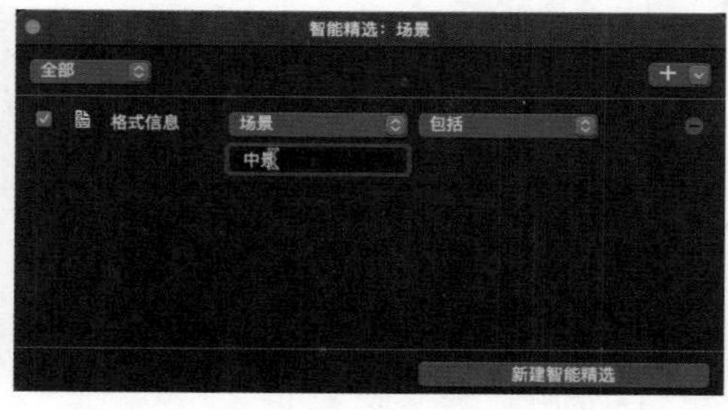

图 1-63

步骤 08 此时相应的智能精选中将筛选出前面手动添加的“场景”关键字的元数据片段，如图 1-64 所示。

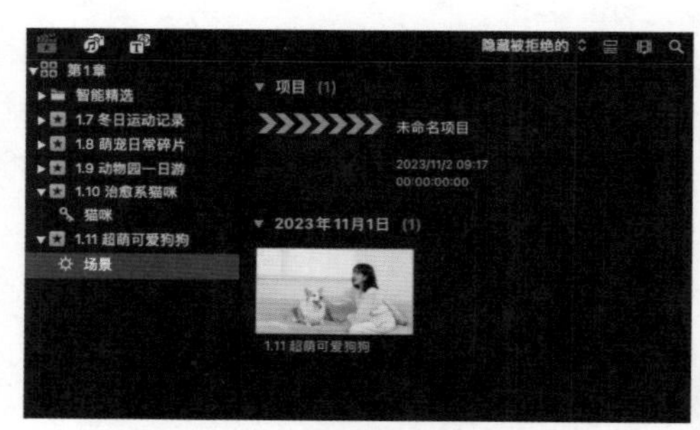

图 1-64

1.12 浏览素材片段 静看春暖花开

在“事件浏览器”窗口中预览片段的方法有很多种，可以通过鼠标实时浏览片段，也可以通过“浏览”命令进行片段浏览。下面将介绍通过“浏览”命令浏览片段的具体方法。

步骤 01 执行“文件”|“新建”|“事件”命令，打开“新建事件”对话框，设置“事件名称”为“1.12 静看春暖花开”，单击“好”按钮，新建一个事件。

步骤 02 在“事件浏览器”窗口的空白处右击，打开快捷菜单，选择“导入媒体”命令，打开“媒体导入”对话框，在“名称”下拉列表中选择对应文件夹下的“1.12 静看春暖花开”视频素材，然后单击“导入所选项”按钮，将选择的视频素材导入“事件浏览器”窗口，如图 1-65 所示。

步骤 03 执行“显示”|“浏览”命令，如图 1-66 所示。

提示

在浏览片段时，如果需要同时对声音进行浏览，则可以执行“显示”|“音频浏览”命令。

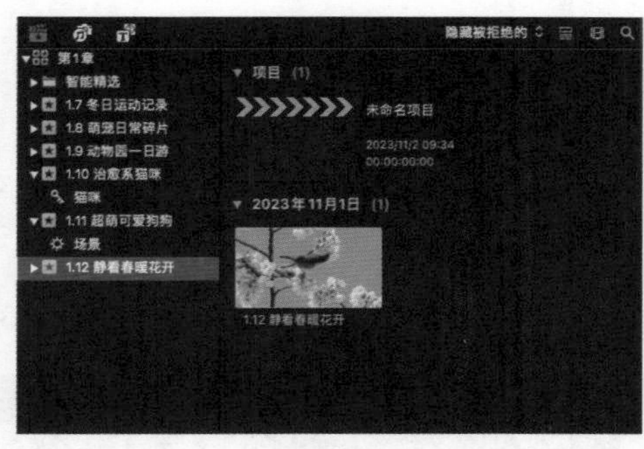

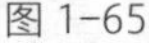
图 1-65

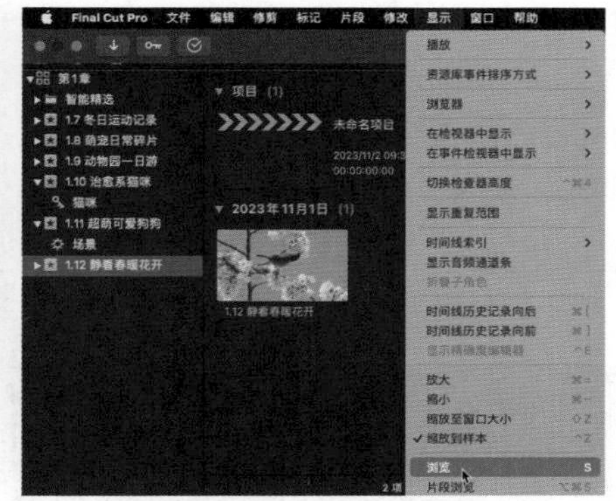

图 1-66

步骤 04 将鼠标指针悬停在片段缩略图上，当鼠标指针变为手形状时，左右移动鼠标指针，即可浏览所选片段，“检视器”窗口也会显示相应的片段，如图 1-67 所示。

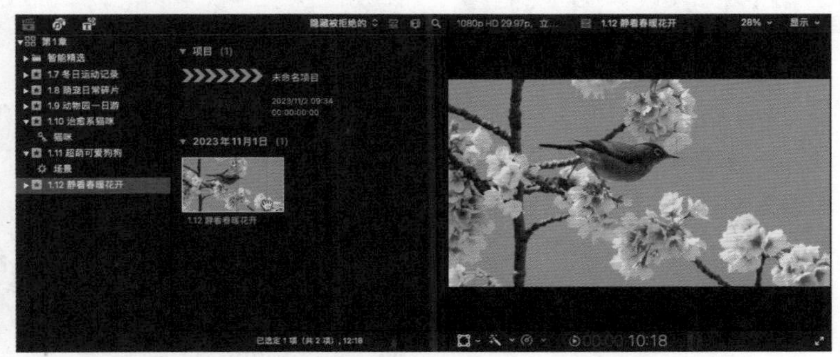

图 1-67

提示

选中片段后，片段的外部会显示一个黄色的外框，且缩略图上会出现两条垂直线。红色垂直线为扫视播放头，表示浏览时的实时位置，会随着鼠标指针的位置变化而变化；白色垂直线表示在选择该片段时播放指示器（即时间线）所在的位置，一般不会发生变化。

1.13 入点和出点 玫瑰花的浪漫

在编辑视频的过程中，如果仅需要所选片段的部分内容，则需要在“事件浏览器”窗口中通过设置入点与出点为片段设置一个选择的范围。在Final Cut Pro中，通过鼠标调整黄色外框的大小，可以调整入点和出点的位置。下面将介绍调整入点和出点位置的具体操作方法。

步骤 01 执行“文件”|“新建”|“事件”命令，打开“新建事件”对话框，设置“事件名称”为“1.13 玫瑰花的浪漫”，单击“好”按钮，新建一个事件。

步骤 02 在“事件浏览器”窗口的空白处右击，打开快捷菜单，选择“导入媒体”命令，打开“媒体导入”对话框，在“名称”下拉列表中选择对应文件夹下的“1.13 玫瑰花的浪漫”视频素材，然后单击“导入所选项”按钮，将选择的视频素材导入“事件浏览器”窗口，如图 1-68 所示。

步骤 03 选择视频片段，将鼠标指针悬停在左侧黄色外框上，当鼠标指针变成双向箭头形状时，按住鼠标左键并向右拖曳，调整片段的入点位置，如图 1-69 所示。

图 1-68

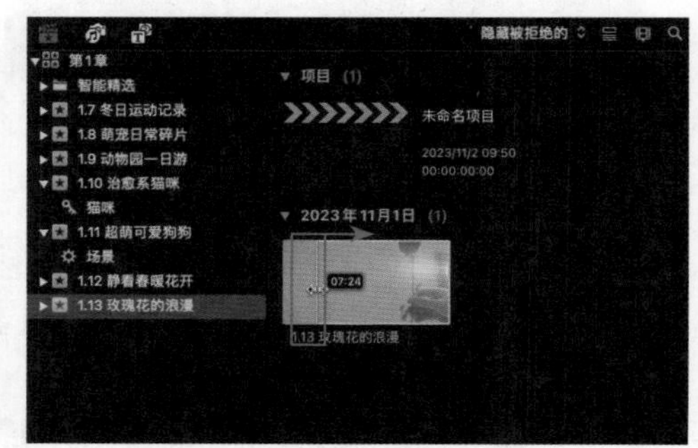

图 1-69

步骤 04 将鼠标指针悬停在右侧黄色外框上，当鼠标指针变成双向箭头形状时，按住鼠标左键并向左拖曳，调整片段的出点位置，如图 1-70 所示，完成片段入点和出点的调整。

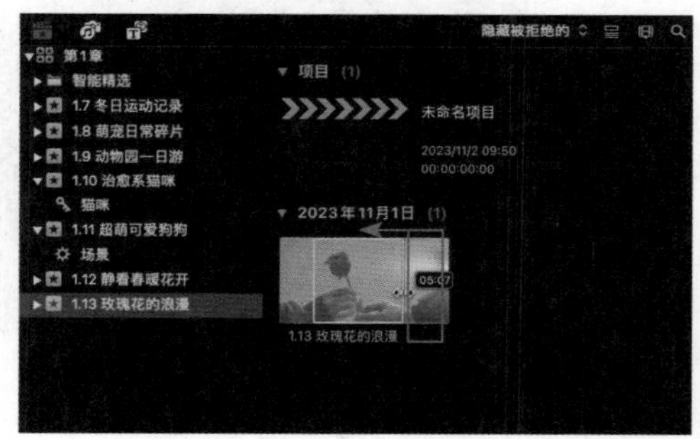

图 1-70

1.14 添加标记 古风典雅茶室

标记可以起到提示作用，如标记镜头的运动方向、镜头抖动问题等。下面将详细讲解添加与修改标记的方法。

步骤 01 执行“文件”|“新建”|“事件”命令，打开“新建事件”对话框，设置“事件名称”为“1.14 古风典雅茶室”，单击“好”按钮，新建一个事件。

步骤 02 在“事件浏览器”窗口的空白处右击，打开快捷菜单，选择“导入媒体”命令，打开“媒体导入”对话框，在“名称”下拉列表中选择相应文件夹下的“1.14 古风典雅茶室”视频素材，然后单击“导入所选项”按钮，将选择的视频素材导入“事件浏览器”窗口，如图 1-71 所示。

步骤 03 按空格键播放片段，然后在需要标记的位置按空格键暂停播放，再执行“标记”|“标记”|“添加标记”命令，如图 1-72 所示。

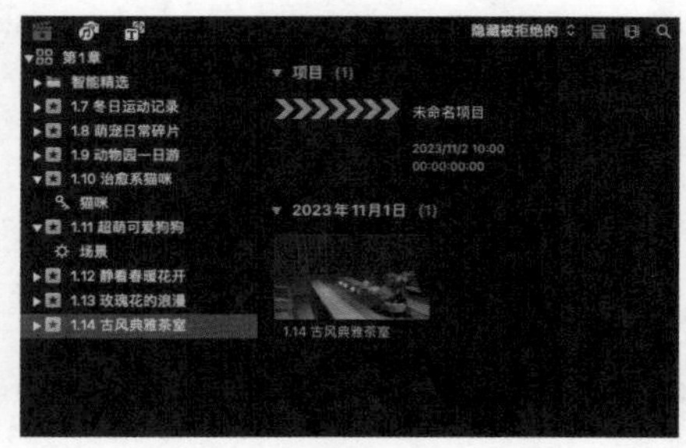

图 1-71

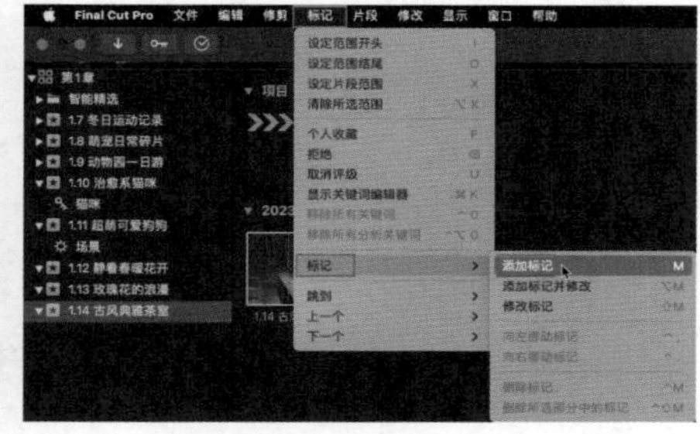

图 1-72

步骤 04　指定的位置添加了一个蓝色的标记，如图 1-73 所示。

步骤 05　如果需要对标记进行注释说明，则双击添加的标记，打开相应对话框，输入内容，如图 1-74 所示，单击“完成”按钮即可。

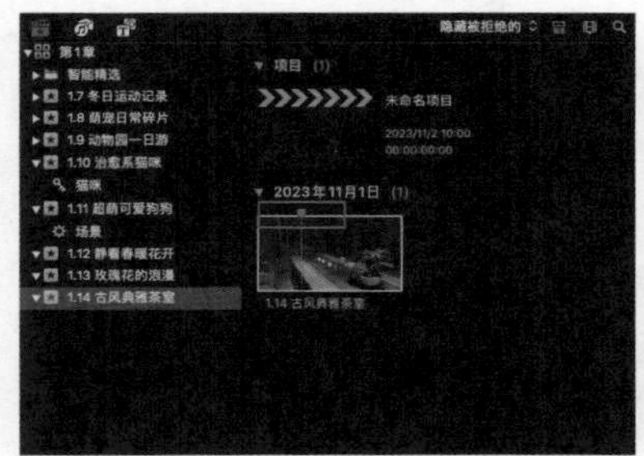

图 1-73

图 1-74

步骤 06　如果要微调标记的位置，则可以执行“标记”|“标记”命令，在展开的子菜单中选择“向左挪动标记”或“向右挪动标记”命令，如图 1-75 所示。

步骤 07　如果要复制标记，则在选择标记后右击，在弹出的快捷菜单中选择“拷贝标记”命令，如图 1-76 所示，然后重新指定播放指示器的位置，按快捷键 Command+V 粘贴标记即可。

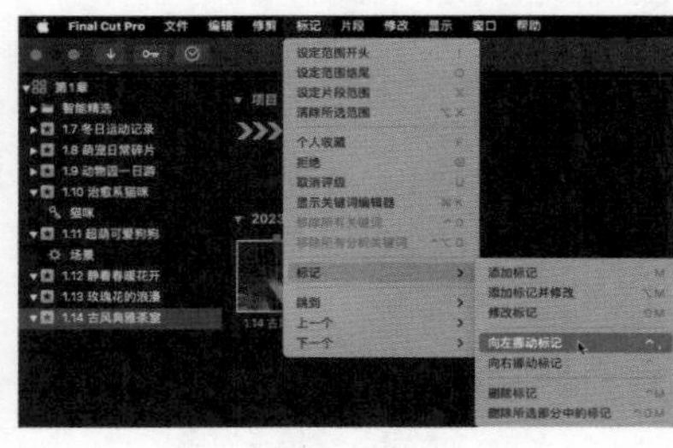

图 1-75

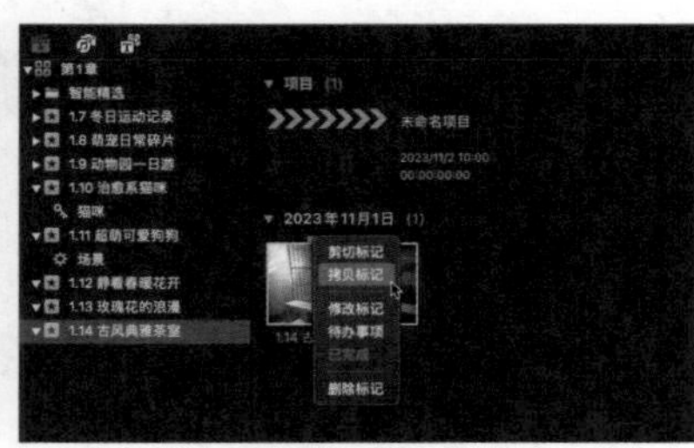

图 1-76

第 2 章

基础剪辑：Final Cut Pro 的剪辑技巧

将素材文件导入事件后，需要对片段进行剪辑与整合，进一步创建出完整的故事情节。本章将为大家介绍片段编辑的各项基本操作，并帮助读者掌握调整试演片段、编辑复合片段、多机位剪辑等剪辑技法。

2.1 调整位置 婚礼相册展示

新建项目文件后，“磁性时间线”窗口的视频轨道上是没有任何媒体素材的。因此，在剪辑媒体之前，需要先将“事件浏览器”窗口中已经筛选好的片段添加至“磁性时间线”窗口的视频轨道上。而后如果需要调整某个视频片段的位置，则可以通过鼠标拖曳进行调整。下面具体介绍调整片段位置的方法。

步骤 01 启动Final Cut Pro，执行“文件”|“新建”|“资源库”命令，打开“存储”对话框，设置新资源库的存储位置，并设置新资源库的名称为“第2章”，单击“存储”按钮，新建一个资源库。

步骤 02 在“事件资源库”窗口的空白处右击，在弹出的快捷菜单中选择“新建事件”命令，打开“新建事件”对话框，设置“事件名称”为“2.1 婚礼相册展示”，单击“好”按钮，新建一个事件。

步骤 03 在“事件浏览器”窗口的空白处右击，打开快捷菜单，选择“导入媒体”命令，打开“媒体导入”对话框，在“名称”下拉列表中选择对应的素材文件夹，如图 2-1 所示。

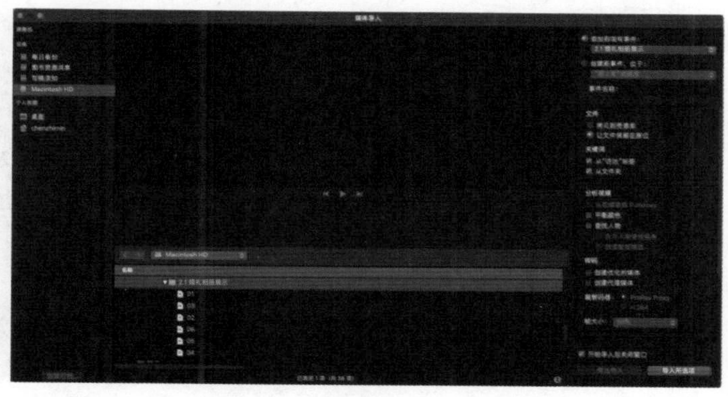

图 2-1

步骤 04 单击“导入所选项”按钮，将选择的素材导入“事件浏览器”窗口，如图 2-2 所示。

图 2-2

步骤 05 在“事件浏览器”窗口中选择所有素材，按住鼠标左键将其拖曳至“磁性时间线”窗口的视频轨道上。在拖曳过程中，鼠标指针右下角有一个带“+”的绿色圆形标记，如图 2-3 所示。

步骤 06 释放鼠标左键，即可将选择的素材添加至“磁性时间线”窗口的视频轨道上，如图 2-4 所示。

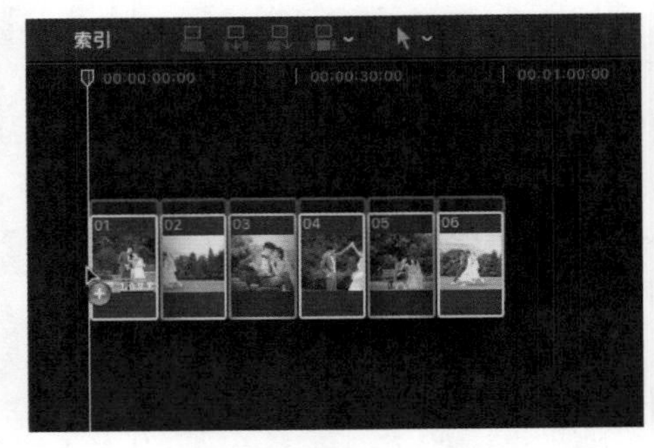

图 2-3

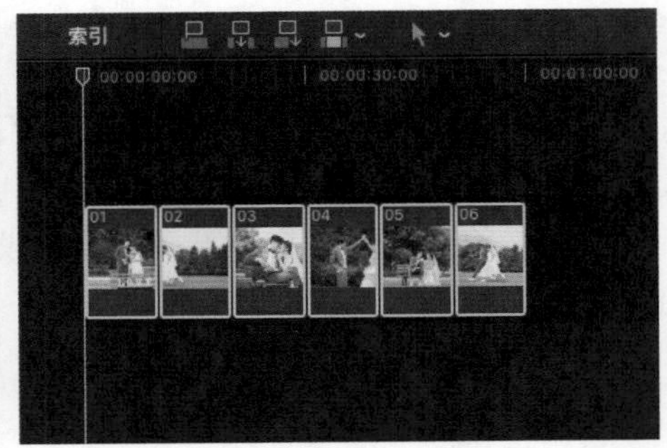

图 2-4

步骤 07 在“磁性时间线”窗口的视频轨道上，选择左侧的素材01，按住鼠标左键进行拖曳，如图 2-5 所示。

步骤 08 拖曳至素材06的右侧，释放鼠标左键，即可调整片段的位置，如图 2-6 所示。

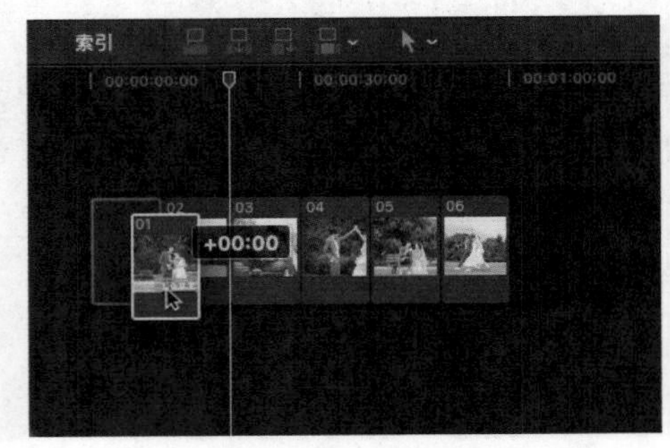

图 2-5

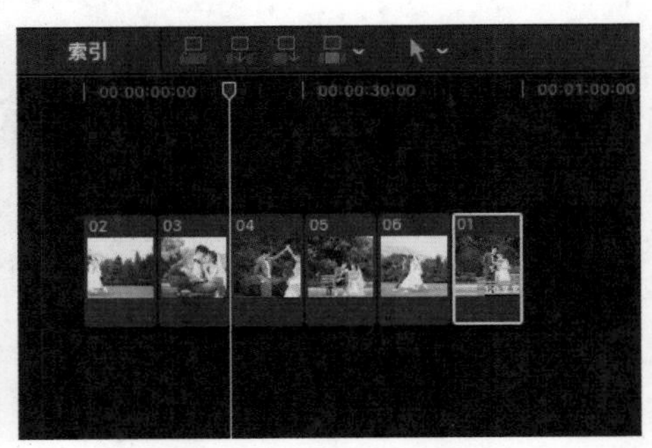

图 2-6

提示

在对片段进行拖曳时，片段上会出现白色的数字，表示该片段在轨道上移动的位置。向左移动时，数字前的符号为“-”；向右移动时，数字前的符号为“+”。

2.2 分离音频 萌娃成长日记

在Final Cut Pro 中编辑视频素材时，使用“分离音频”功能可以将视频中的音频素材分离出来，以便单独对视频或音频素材进行操作。下面介绍分离音频的方法。

步骤 01 在“事件资源库”窗口的空白处右击，在弹出的快捷菜单中选择“新建事件”命令，打开“新建事件”对话框，设置“事件名称”为“2.2 萌娃成长日记”，单击“好”按钮，新建一个事件。

步骤 02 在“事件浏览器”窗口的空白处右击，打开快捷菜单，选择“导入媒体”命令，打开“媒体导入”对话框，在“名称”下拉列表中选择对应文件夹下的“2.2 萌娃成长日记”视频素材，如图 2-7 所示。

步骤 03　单击“导入所选项”按钮，将选择的视频素材导入“事件浏览器”窗口，如图 2-8 所示。

图 2-7

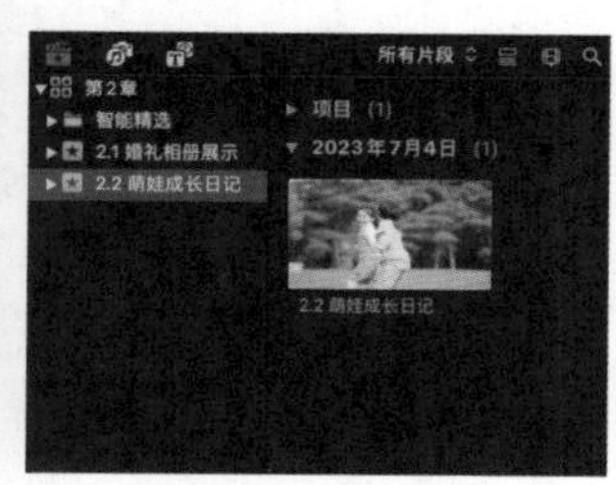

图 2-8

步骤 04　选择视频片段，将其添加至“磁性时间线”窗口的视频轨道上，如图 2-9 所示。

步骤 05　右击视频片段，打开快捷菜单，选择“分离音频”命令，如图 2-10 所示。

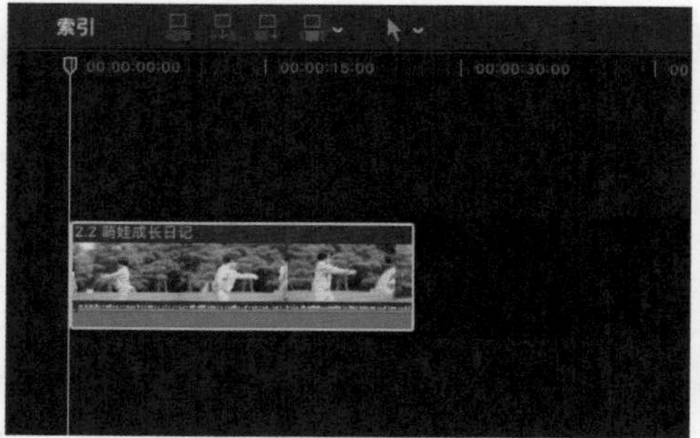

图 2-9

图 2-10

步骤 06　将素材片段中的音频和视频分离，并分别显示在“磁性时间线”窗口中的视频轨道和音频轨道上，如图 2-11 所示。

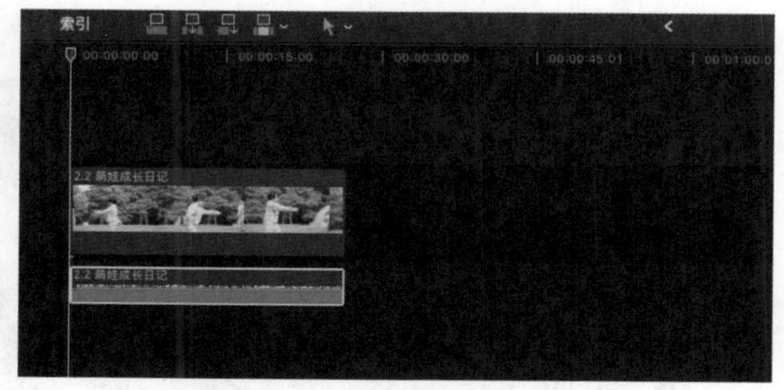

图 2-11

提示

除了上述方法，用户还可以在选择视频片段后，执行“片段”|“分离音频”命令来实现视频和音频的分离。

2.3 连接片段 宅家美好时光

通过“连接”方式，可以将选择的片段连接到主要故事情节中现有的片段上。下面介绍如何运用“连接”方式添加片段。

步骤 01 在“事件资源库”窗口的空白处右击，在弹出的快捷菜单中选择“新建事件”命令，打开“新建事件”对话框，设置“事件名称”为“2.3 宅家美好时光”，单击“好”按钮，新建一个事件。

步骤 02 在“事件浏览器”窗口的空白处右击，打开快捷菜单，选择“导入媒体”命令，打开“媒体导入”对话框，在“名称”下拉列表中选择对应的素材文件夹，如图 2-12 所示。

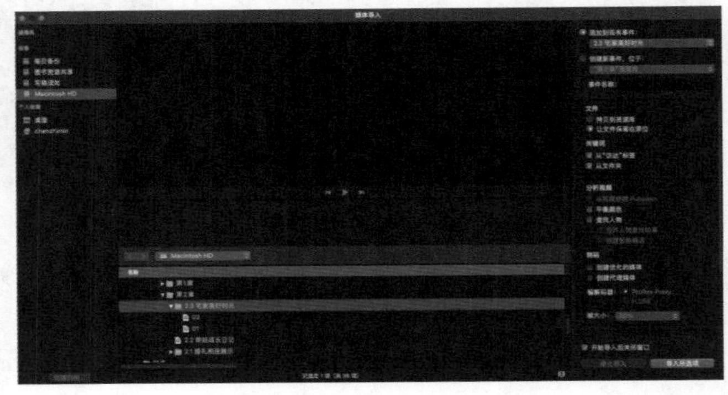

图 2-12

步骤 03 单击“导入所选项”按钮，将选择的视频素材导入“事件浏览器”窗口，如图 2-13 所示。

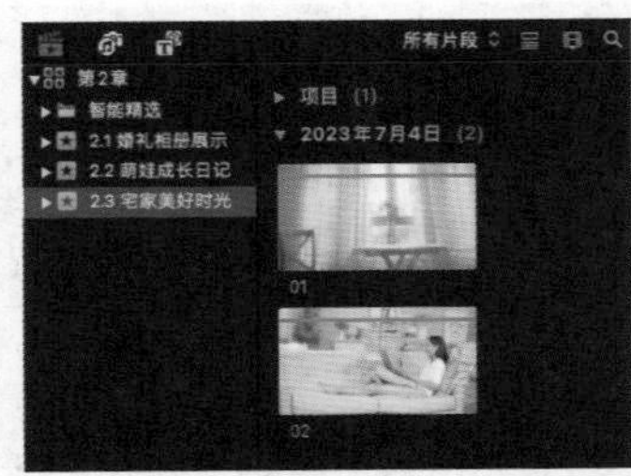

图 2-13

步骤 04 在“事件浏览器”窗口中选择素材01，将其添加至“磁性时间线”窗口的视频轨道上，然后将播放指示器移至00:00:03:04位置，如图 2-14 所示。

步骤 05 在“事件浏览器”窗口中选择素材02，如图 2-15 所示，然后在“磁性时间线”窗口的左上方单击“将所选片段连接到主要故事情节”按钮。

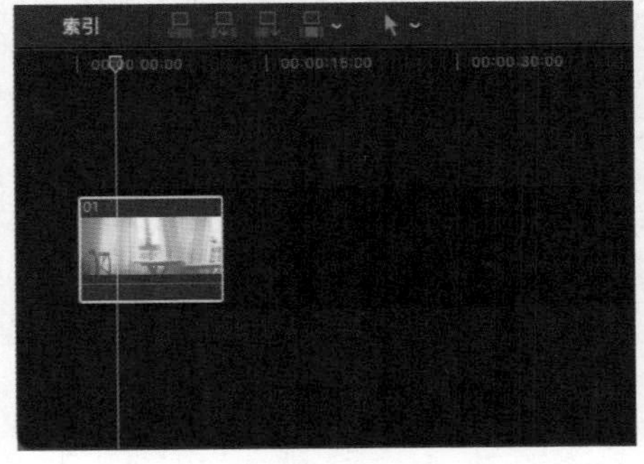

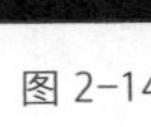

图 2-14

图 2-15

步骤 06 通过“连接”方式将选择的片段添加至“磁性时间线”窗口的主要故事情节上方，如图 2-16所示。

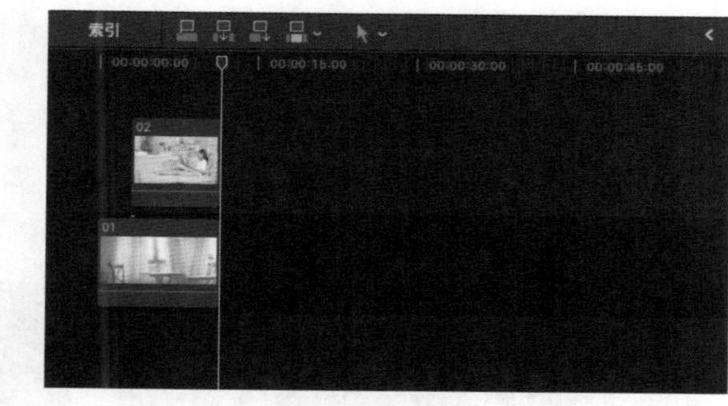

图 2-16

提示

通过“连接”方式可以将选择的片段直接拖曳到轨道上并与主要故事情节相连，作为连接片段存在的视频片段排列在主要故事情节的上方，而音频片段则排列在下方。

2.4 插入片段 古镇风光大片

通过“插入”方式可以将所选片段插入指定的位置。插入片段后，轨道上故事情节的持续时间将会延长。下面介绍如何运用“插入”方式添加片段。

步骤 01 在“事件资源库”窗口的空白处右击，在弹出的快捷菜单中选择“新建事件”命令，打开“新建事件”对话框，设置“事件名称”为“2.4 古镇风光大片”，单击“好”按钮，新建一个事件。

步骤 02 在“事件浏览器”窗口的空白处右击，打开快捷菜单，选择“导入媒体”命令，打开“媒体导入”对话框，在“名称”下拉列表中选择对应的素材文件夹，如图 2-17所示。

图 2-17

步骤 03 单击“导入所选项”按钮，将选择的视频素材导入“事件浏览器”窗口，如图 2-18所示。

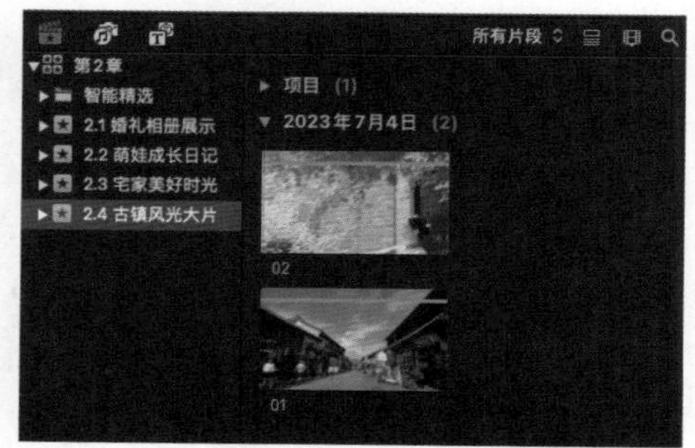

图 2-18

步骤 04 在“事件浏览器”窗口中选择素材01，将其添加至“磁性时间线”窗口的视频轨道上，如图 2-19 所示。

步骤 05 将播放指示器移至00:00:09:05位置，在“事件浏览器”窗口中选择素材02，如图 2-20 所示，然后在“磁性时间线”窗口的左上方单击“所选片段插入主要故事情节或所选故事情节”按钮。

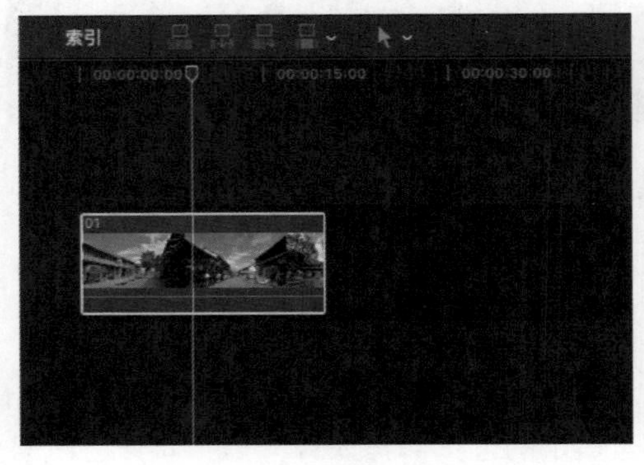

图 2-19

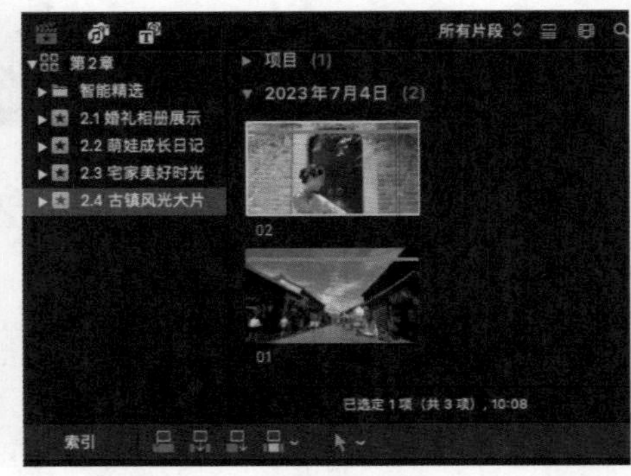

图 2-20

步骤 06 以“插入”方式将选择的片段添加至“磁性时间线”窗口的视频片段中间，如图 2-21 所示。

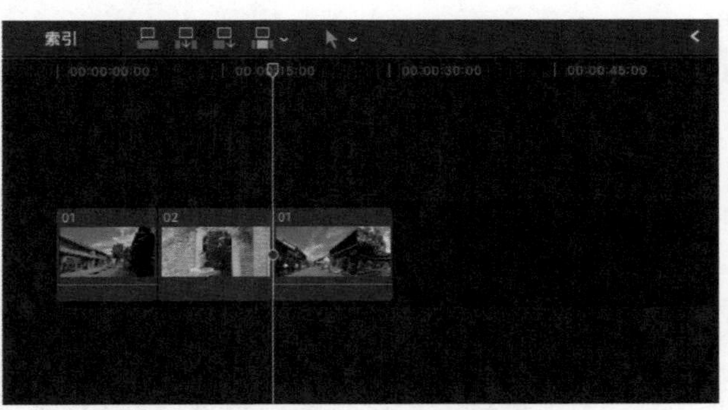

图 2-21

2.5 追加片段 古风寺庙祈福

用“追加”方式可以将新的片段添加到故事情节的末尾，并且不受播放指示器位置的影响。下面介绍如何运用“追加”方式添加片段。

步骤 01 在“事件资源库”窗口的空白处右击，在弹出的快捷菜单中选择“新建事件”命令，打开“新建事件”对话框，设置“事件名称”为“2.5 古风寺庙祈福”，单击“好”按钮，新建一个事件。

步骤 02 在“事件浏览器”窗口的空白处右击，打开快捷菜单，选择“导入媒体”命令，打开“媒体导入”对话框，在“名称”下拉列表中选择对应的素材文件夹，单击“导入所选项”按钮，将选择的视频片段导入“事件浏览器”窗口，如图 2-22 所示。

步骤 03 在“事件浏览器”窗口中选择素材01，将其添加至“磁性时间线”窗口的视频轨道上，如图 2-23 所示。

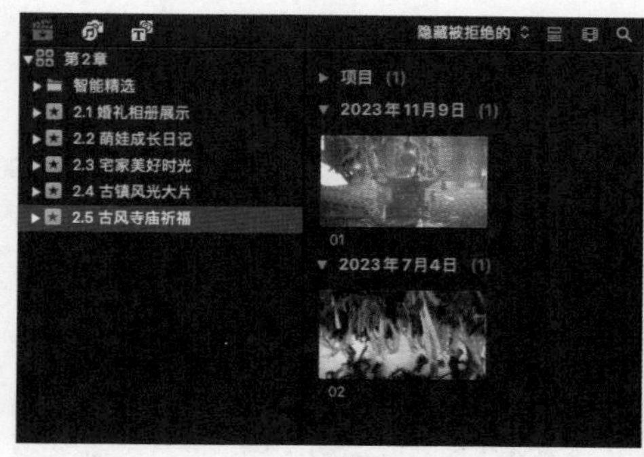

图 2-22

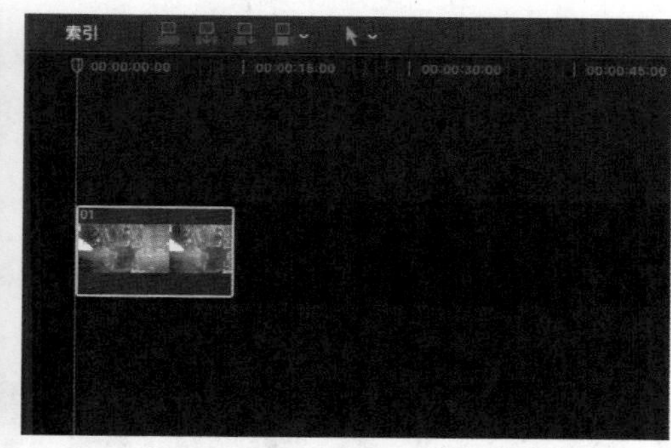

图 2-23

步骤 04 在“事件浏览器”窗口中选择素材02，如图 2-24 所示，然后在“磁性时间线”窗口的左上方单击“将所选片段追加到主要故事情节或所选故事情节”按钮。

步骤 05 以“追加”方式将选择的片段添加至“磁性时间线”窗口中视频片段的末尾，如图 2-25 所示。

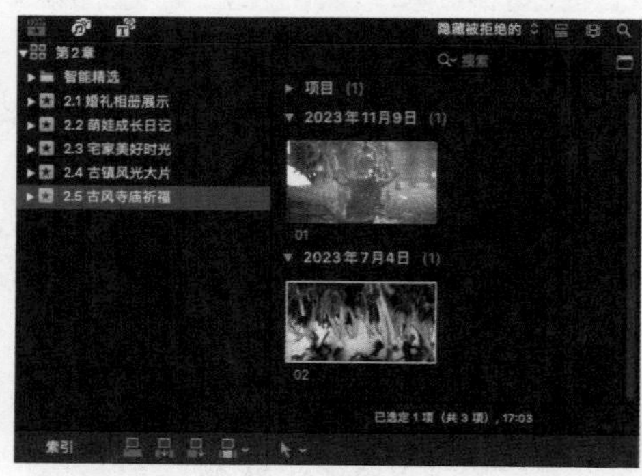

图 2-24

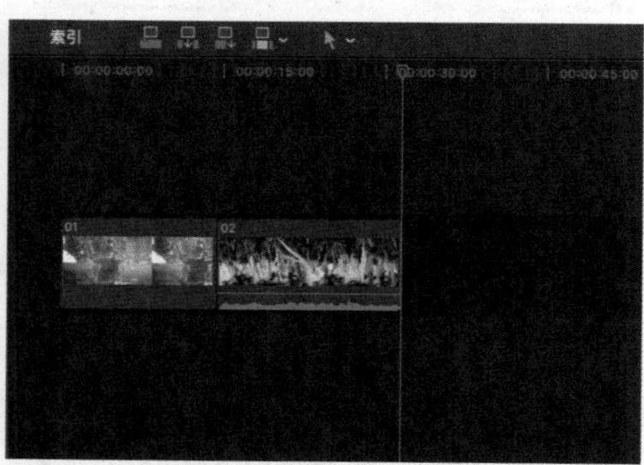

图 2-25

提示

在执行插入、追加、覆盖操作时，会直接将所选片段以相应的方式添加到主要故事情节中。如果需要将片段添加到次级故事情节中，则需要先对该故事情节进行选择。

2.6 覆盖片段 唯美古风梅花

使用“覆盖”方式添加片段，可以从播放指示器位置开始，向后覆盖视频轨道中原有的片段。下面介绍如何运用“覆盖”方式添加片段。

步骤 01 在“事件资源库”窗口的空白处右击，在弹出的快捷菜单中选择“新建事件”命令，打开“新建事件”对话框，设置“事件名称”为“2.6 唯美古风梅花”，单击“好”按钮，新建一个事件。

步骤 02 在“事件浏览器”窗口的空白处右击，打开快捷菜单，选择“导入媒体”命令，打开“媒体导入”对话框，在“名称”下拉列表中选择对应的素材文件夹，单击“导入所选项”按钮，将选择的视频片段导入“事件浏览器”窗口，如图 2-26 所示。

步骤 03 在“事件浏览器”窗口中选择素材01，将其添加至“磁性时间线”窗口的视频轨道上，如图 2-27 所示。

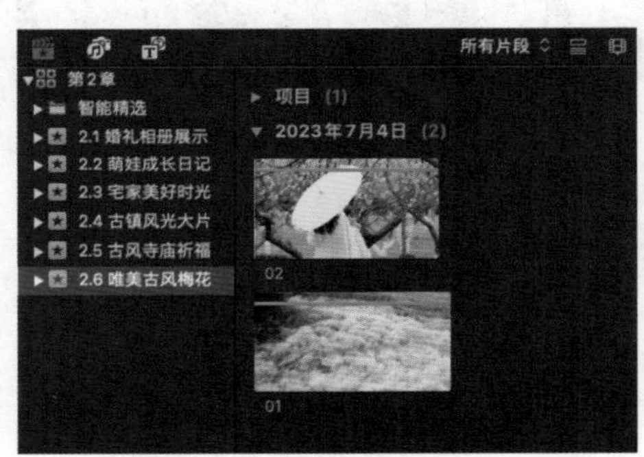

图 2-26

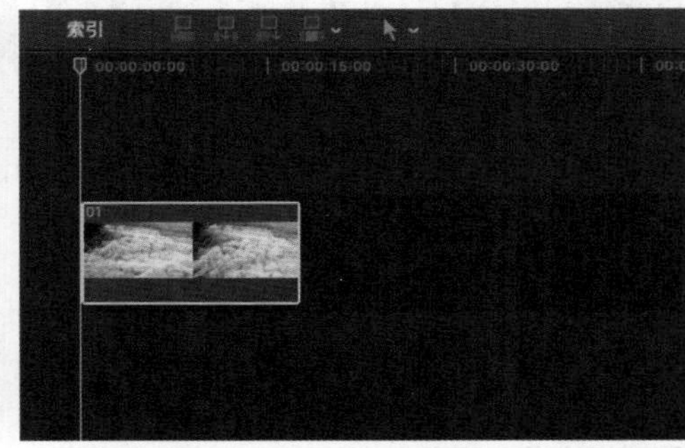

图 2-27

步骤 04 将播放指示器移至00:00:03:14位置，在“事件浏览器”窗口中选择“素材02”，然后在“磁性时间线”窗口的左上方单击“用所选片段覆盖主要故事情节或所选故事情节”按钮，如图 2-28 所示。

步骤 05 以“覆盖”方式将选择的片段添加至“磁性时间线”窗口中播放指示器所在的位置，如图 2-29 所示。

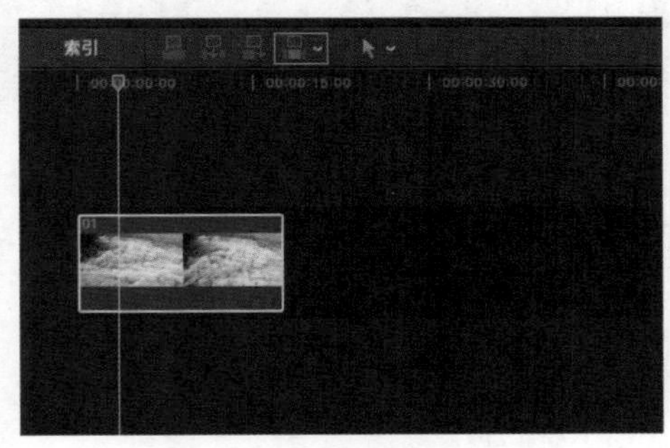
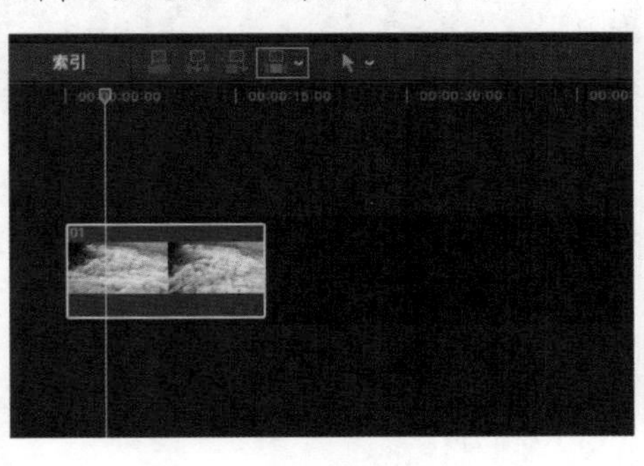

图 2-28

图 2-29

知识专题：独奏与停用片段

在进行视频编辑的过程中，有时需要反复地对项目中的某个片段或某个部分进行观看与斟酌，为了防止受到“磁性时间线”窗口中其他轨道上的片段的干扰，可以使用“独奏”与“停用”功能。

选择“磁性时间线”窗口中视频轨道上的视频片段，执行“片段”|“独奏”命令，如图 2-30所示；或在“磁性时间线”窗口中单击“独奏所选项”按钮 ，即可激活“独奏”功能。此时，音频轨道上的音频片段将变为灰色，如图 2-31所示。

启用“独奏”功能后，按空格键播放，此时“磁性时间线”窗口中的音频片段被屏蔽，用户只能预览所选的视频片段内容。

图 2-30

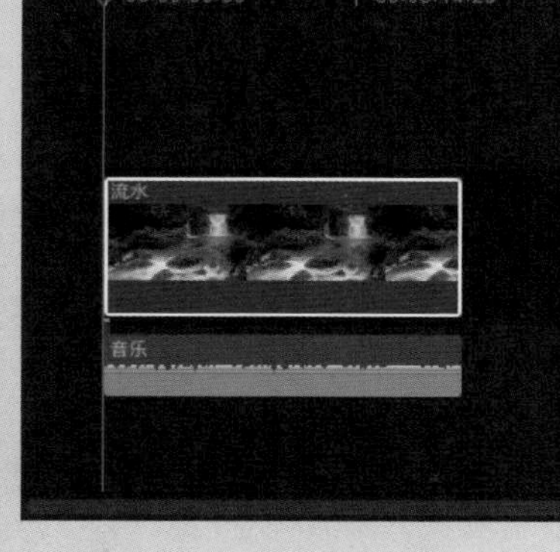

图 2-31

选择“磁性时间线”窗口中视频轨道上的视频片段，执行“片段”|“停用”命令，如图 2-32所示，即可停用选择的视频片段。停用后的所选片段将显示为灰色，并且在播放时，所选片段的音频与视频均被屏蔽，如图 2-33所示。

在停用片段后，如果要启用该片段，则可以在停用的片段上右击，打开快捷菜单，选择“启用”命令。

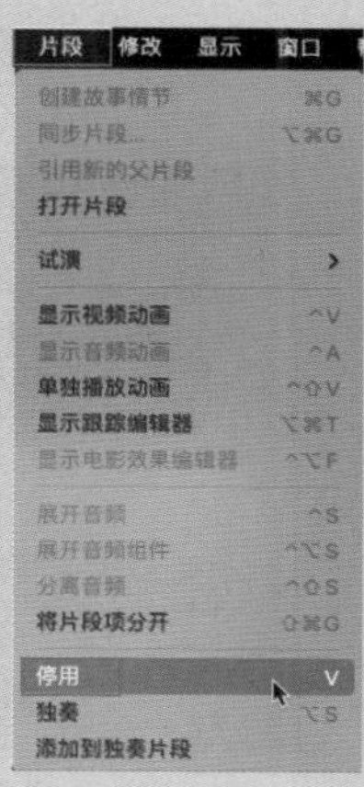

图 2-32

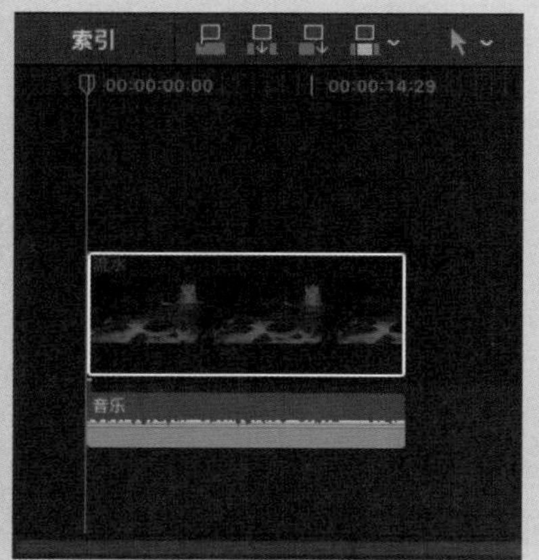

图 2-33

2.7 试演功能 复古胶片日记

利用“试演”功能可以在“磁性时间线”窗口中视频轨道上的同一个位置放置多个片段，之后用户可根据具体的要求随时调用片段，避免反复地修改。下面讲解如何在Final Cut Pro中选择多个视频片段，并将其创建为试演片段。

步骤 01 在“事件资源库”窗口的空白处右击，在弹出的快捷菜单中选择“新建事件”命令，打开“新建事件”对话框，设置“事件名称”为“2.7 复古胶片日记”，单击“好”按钮，新建一个事件。

步骤 02 在“事件浏览器”窗口的空白处右击，打开快捷菜单，选择“导入媒体”命令，打开“媒体导入”对话框，在“名称”下拉列表中选择对应的素材文件夹，单击“导入所选项”按钮，将选择的视频片段导入“事件浏览器”窗口，如图 2-34 所示。

步骤 03 在“事件浏览器”窗口中选择所有的视频片段，然后执行“片段”|“试演”|“创建”命令，如图 2-35 所示。

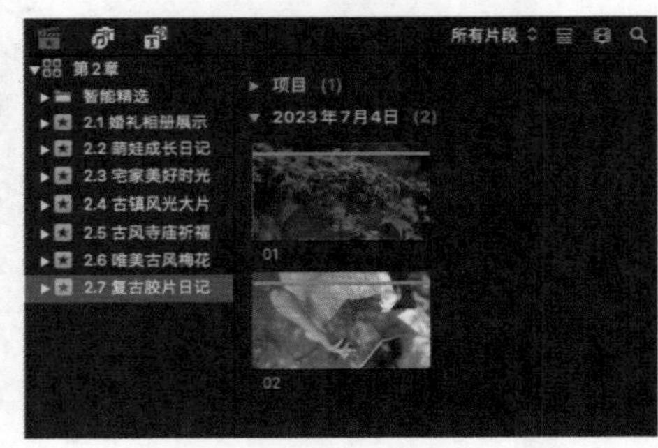

图 2-34

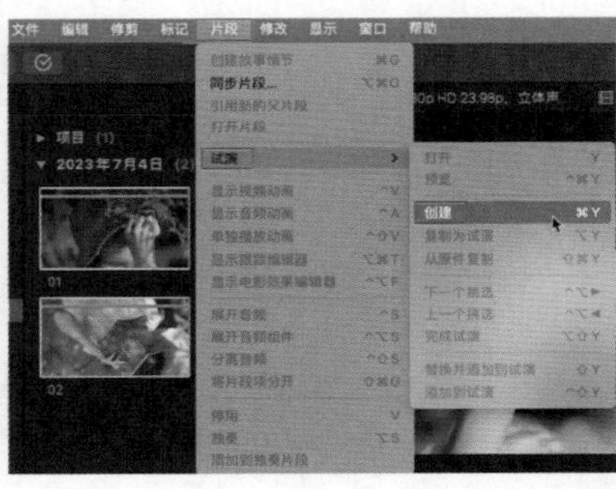

图 2-35

步骤 04 “事件浏览器”窗口中显示创建的试演片段，如图 2-36 所示。

步骤 05 选择试演片段，将其添加至“磁性时间线”窗口中的视频轨道上，如图 2-37 所示。

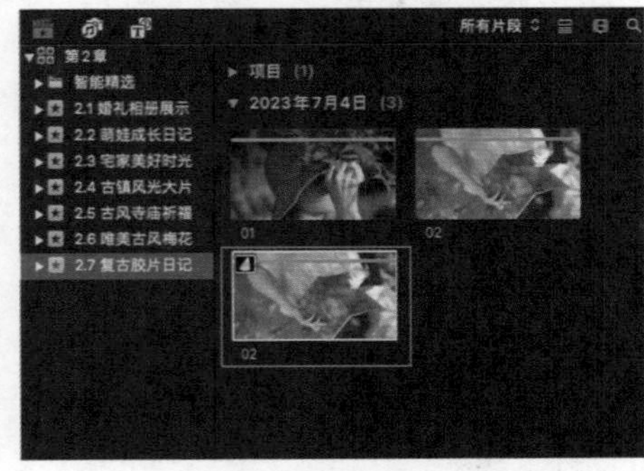

图 2-36

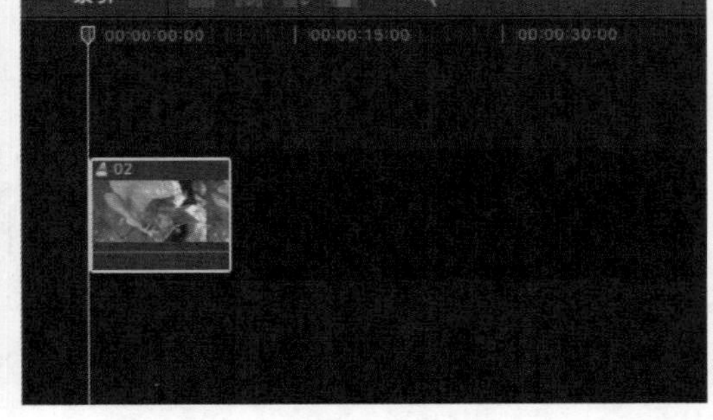

图 2-37

步骤 06 右击视频轨道上的试演片段，打开快捷菜单，选择“试演”|“预览”命令，如图 2-38 所示。

步骤 07 打开“正在试演 02”对话框，预览试演片段的效果，如图 2-39 所示。

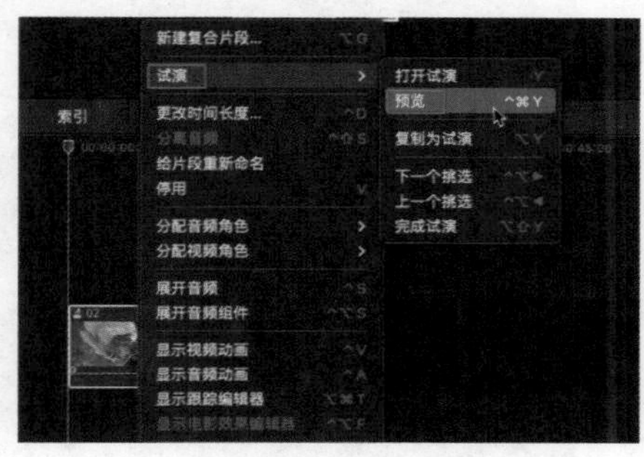

图 2-38

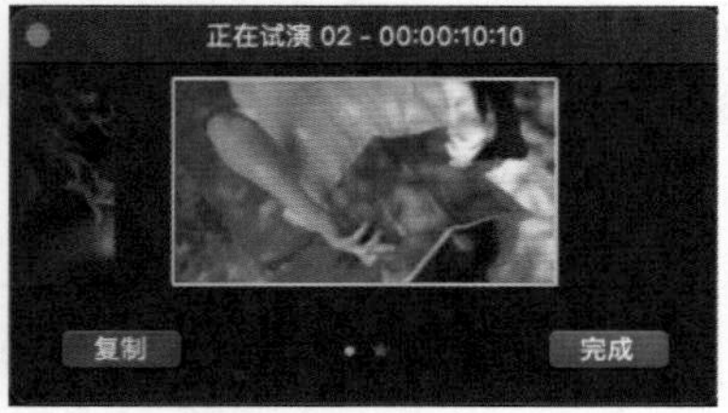

图 2-39

提示

在预览试演片段的效果时，按←或→方向键可以在片段之间快速切换，同时“磁性时间线”窗口中的片段也会相应地切换。

2.8 复合片段 花店促销活动

复合片段类似于“嵌套”片段，就是将一个区域中的音频片段、视频片段、复合片段组合成一个新的片段。新的片段只有一层，在创建的复合片段内可以继续修改片段内容。对复合片段进行拆分，可以将其恢复到原始状态。下面将讲解具体操作。

步骤 01 在“事件资源库”窗口的空白处右击，在弹出的快捷菜单中选择“新建事件”命令，打开“新建事件”对话框，设置“事件名称”为“2.8 花店促销活动”，单击“好”按钮，新建一个事件。

步骤 02 在“事件浏览器”窗口的空白处右击，打开快捷菜单，选择“导入媒体”命令，打开“媒体导入”对话框，在“名称”下拉列表中选择对应的素材文件夹，单击“导入所选项”按钮，即可将选择的所有视频片段添加至“事件浏览器”窗口，如图 2-40 所示。

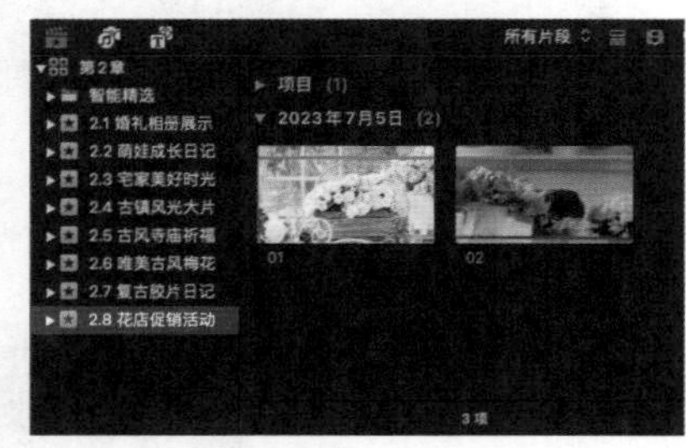

图 2-40

步骤 03 在“事件浏览器”窗口中框选所有视频片段后右击，打开快捷菜单，选择“新建复合片段”命令，如图 2-41 所示。

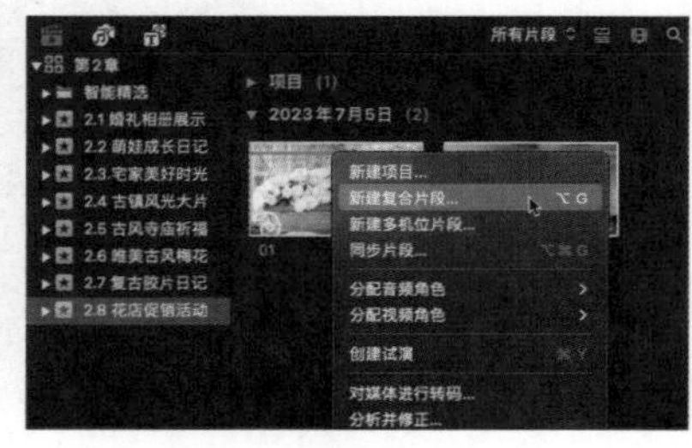

图 2-41

步骤 04 打开“新建复合片段”对话框，在“复合片段名称”文本框中输入“复合片段”，单击“好”按钮，如图 2-42 所示，新建一个复合片段。

图 2-42

步骤 05 新建的复合片段的左上角会显示标记，如图 2-43 所示。

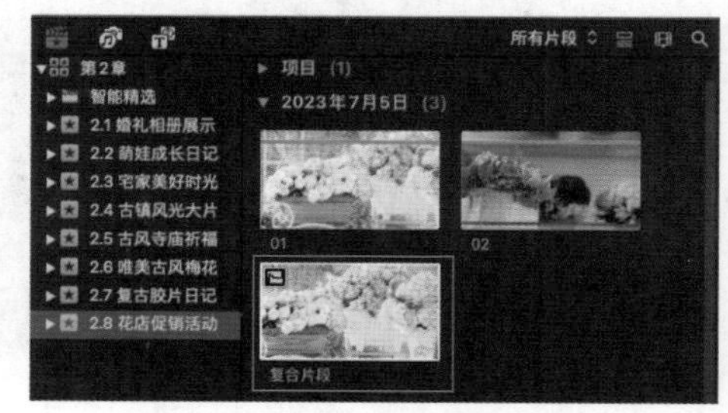

图 2-43

步骤 06 选择新建的复合片段，将其添加至“磁性时间线”窗口的视频轨道上，如图 2-44 所示。

步骤 07 将鼠标指针移至复合片段的左侧，当鼠标指针呈双向箭头形状时，按住鼠标左键并向右拖曳，即可调整复合片段的长度，如图 2-45 所示。

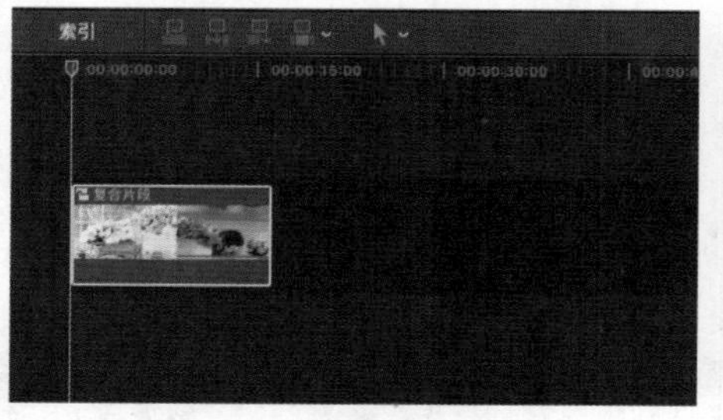

图 2-44

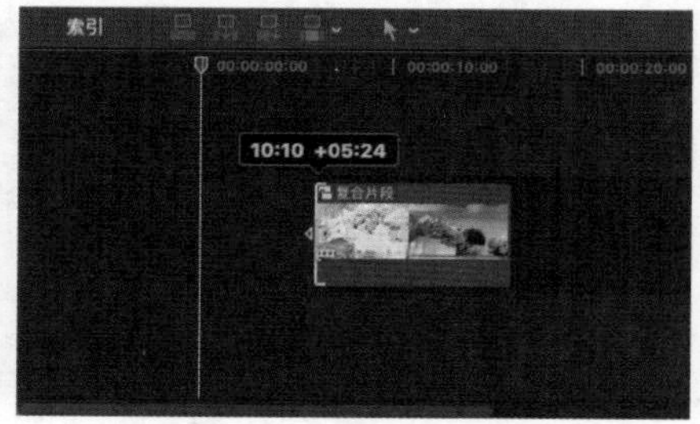

图 2-45

步骤 08 将鼠标指针移至复合片段的右侧，当鼠标指针呈双向箭头形状时，按住鼠标左键并向左拖曳，调整复合片段的长度，如图 2-46 所示。

步骤 09 选择复合片段，执行“片段”|“将片段项分开”命令，如图 2-47 所示。

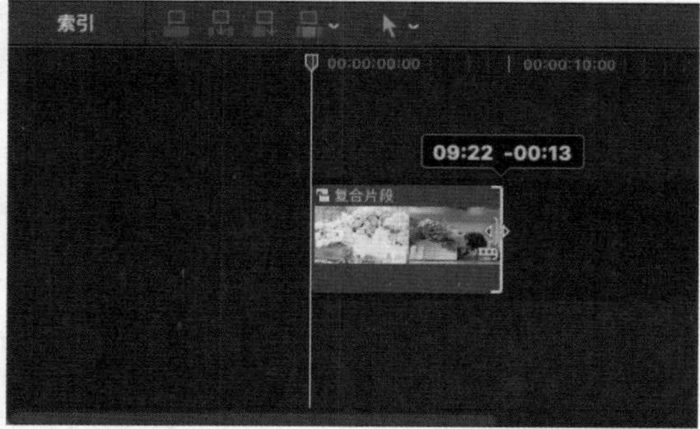

图 2-46

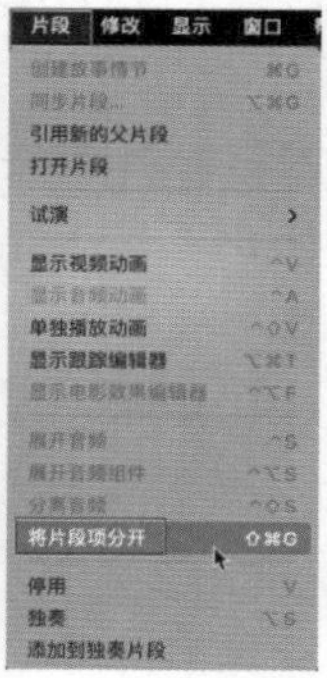

图 2-47

步骤 10 此时"磁性时间线"窗口中视频轨道上的复合片段被拆分为未进行整合之前的状态，如图 2-48 所示。

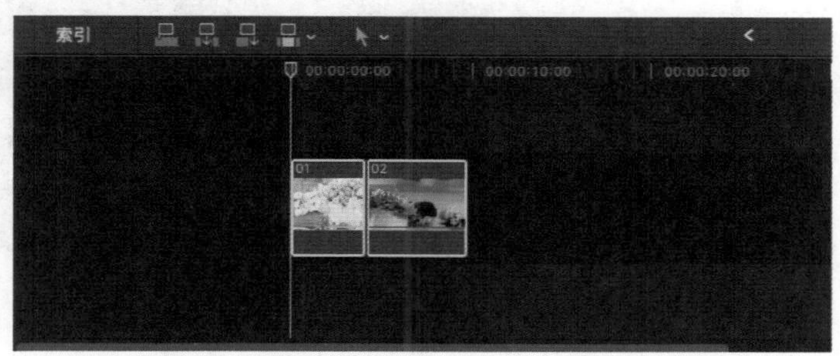

图 2-48

提示

虽然"磁性时间线"窗口中的复合片段被拆分，但是该复合片段仍然存在于"事件浏览器"窗口中。

知识专题：剪辑工具

粗剪只是剪辑工作的基本步骤，要想真正完成一个精品视频的剪辑，就需要用到"切割"工具、"位置"工具、"修剪"工具等高级工具。通过应用高级工具，可以轻松地调整作品中一些细微的地方。

1."切割"工具

"切割"工具是剪辑工作中使用频率较高的一个工具，使用"切割"工具可以将选择的视频分割成多个片段。切割视频的方法有以下几种。

◇ 在"磁性时间线"窗口的工具栏中，单击"选择"工具右侧的下拉按钮，在下拉列表中选择"切割"工具，如图 2-49 所示。

◇ 选择视频，执行"修剪"|"切割"命令，如图 2-50 所示。

◇ 按快捷键 Command+B。

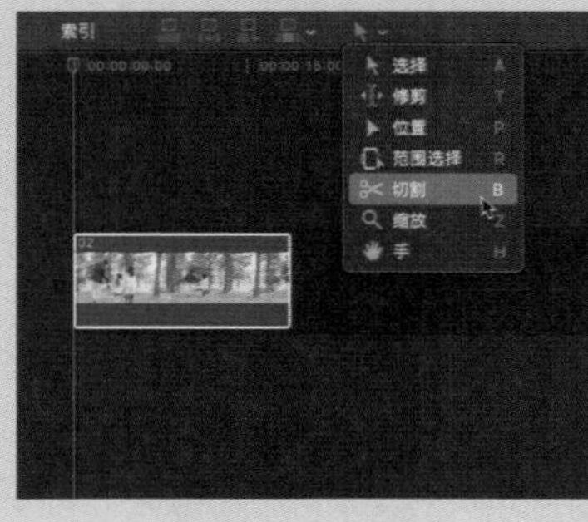

图 2-49

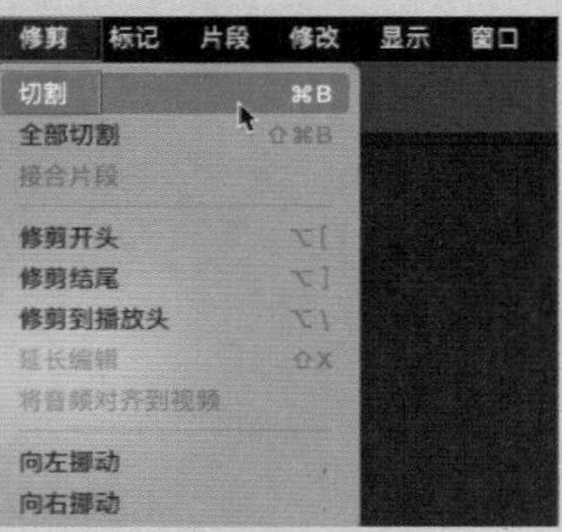

图 2-50

执行上面任意一个操作后，鼠标指针都会转变为“切割”工具✂状态，在切割视频时，只需将鼠标指针移至需要进行切割的位置单击即可，如图2-51所示。

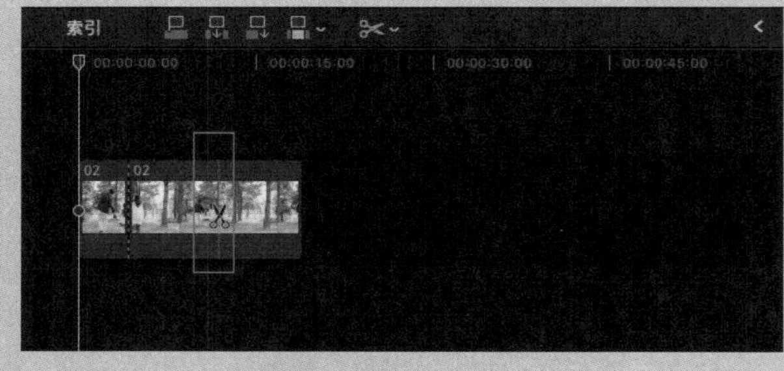

图 2-51

2.“位置”工具

在剪辑工作中，很多时候会因为画面之间仅差几帧，而造成画面效果缺失。为了避免出现这种偏差，需要用“位置”工具▶来移动片段，改善画面。具体的操作方法是：在“磁性时间线”窗口的工具栏中，单击“选择”工具▶右侧的下拉按钮，在下拉列表中选择“位置”工具▶，如图2-52所示；然后选择轨道中的视频片段进行拖曳，即可移动视频片段。

如果要对视频片段的位置进行微调，则在选择视频片段后，执行“修剪”|“向左挪动”或“向右挪动”命令，如图2-53所示，即可将选择的视频片段向左或向右挪动一帧。

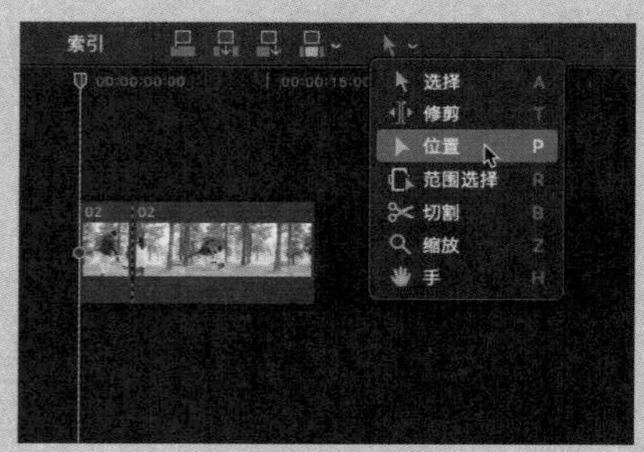

图 2-52

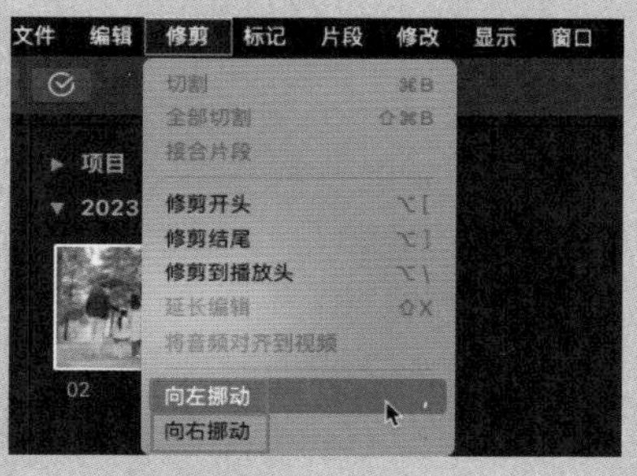

图 2-53

3.“修剪”工具

“修剪”工具是剪辑过程中经常会用到的一个工具，通过该工具可以对视频片段进行滑移式、卷动式和滑动式剪辑，还可以精修视频片段的开头和结尾。

a. 滑移式剪辑

使用“修剪”工具进行滑移式剪辑不会改变片段的时长，也不会影响整个影片的时长，可以避免音乐节奏点跟编辑点错位。

在“磁性时间线”窗口的工具栏中，单击“选择”工具▶右侧的下拉按钮，在下拉列表中选择“修剪”工具，待鼠标指针变为“修剪”工具状态后，选择某一个视频片段，使片段两端的编辑点被选中，如图2-54所示。然后执行“修剪”|“向右挪动”命令，如图2-55所示。操作完成后，视频片段的长度没有发生变化，而画面整体会向右移动一帧。

图 2-54

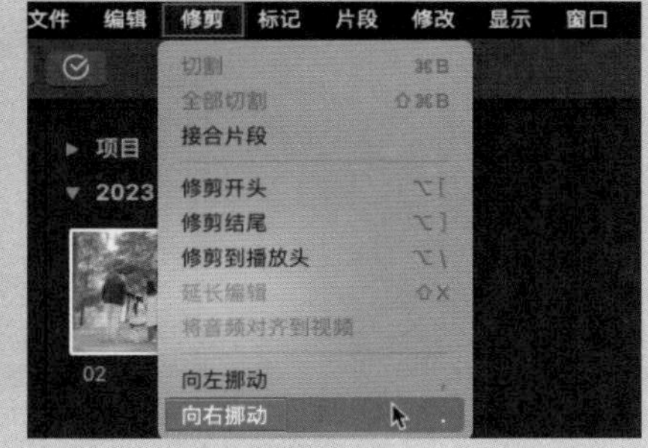

图 2-55

提示

进行滑移式剪辑不会更改片段在轨道中的位置和长度，但会更改滑移编辑片段的开始点和结束点。此外，精剪时对“修剪”工具的使用并不频繁，往往只在对个别片段做细微调整时才会使用“修剪”工具，剪辑中“选择”工具的使用频率相对较高。

b. 卷动式剪辑

卷动式剪辑是指同时调整两个相邻片段的开始点和结束点。如果要调整两个放在轨道中的片段的长度，但不想改变整个轨道前后片段的位置，可以使用“修剪”工具在这两个片段的编辑点上进行卷动式剪辑。卷动式剪辑常用在动作编辑点上，可以很方便地更改一个动作编辑点前后镜头所切换的位置，而不影响整个轨道上其他片段的位置。

在“磁性时间线”窗口的工具栏中，单击“选择”工具右侧的下拉按钮，在下拉列表中选择“修剪”工具，待鼠标指针变为“修剪”工具状态后，单击两个片段之间的编辑点，然后按住鼠标左键不放，并向左轻轻拖曳，会发现编辑点向左移动，编辑点上方会出现数字提示，表示向左移动的帧数，如图 2-56所示。

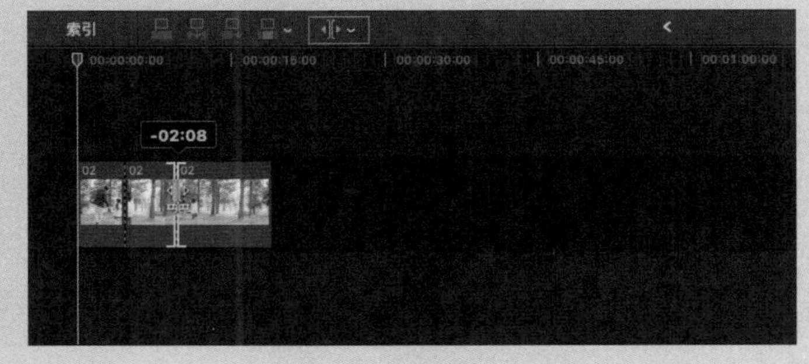

图 2-56

c. 滑动式剪辑

通过滑动式剪辑的方式，可以同时调整滑动编辑片段的两个相邻片段的开始点和结束点。如果要调整视频的入点和出点，但不想改变整个轨道前后片段的位置，可以使用“修剪”工具在这个片段两端的编辑点上进行滑动式剪辑。

在“磁性时间线”窗口的工具栏中，单击“选择”工具右侧的下拉按钮，在下拉列表中选择“修剪”工具，待鼠标指针变为“修剪”工具状态后，将鼠标指针放置到视频片段上，按住Option键，此时鼠标指针变成形状，选择视频片段并向右拖曳，则选择的视频片段的长度保持不变，前面片段的末帧被拉长，后面片段的首帧被缩短，以选择片段为中心的前后3个片段的总时长没有发生变化，如图2-57所示。

图2-57

d. 精修视频片段的开头和结尾

在精剪工作中，使用“修剪”工具可以对视频片段的开头和结尾进行修剪操作。在“磁性时间线”窗口的工具栏中，选择“修剪”工具后，将鼠标指针移至视频片段的起始位置，单击，按住鼠标左键并向左拖曳，视频片段将从开头处被延长，如图2-58所示。

图2-58

如果要修剪视频片段的末尾，可以在选择“修剪”工具后，将鼠标指针移至视频片段的结束位置，单击，按住鼠标左键并向右拖曳，视频片段将从 结尾处被延长，如图2-59所示。

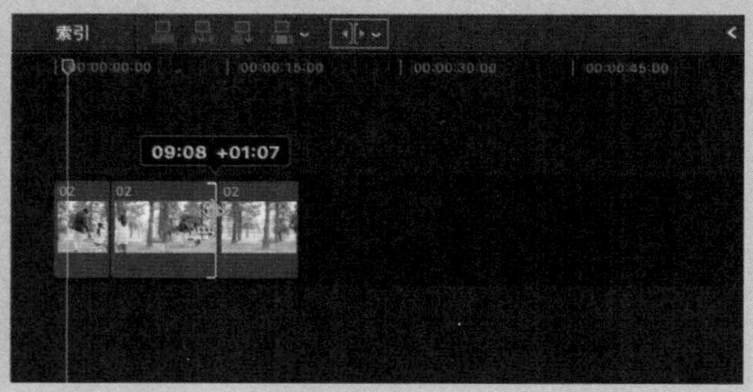

图2-59

提示

想要修剪视频片段的开头和结尾，还可以在指定播放指示器的位置后，执行“修剪”|“修剪开头”或“修剪结尾”命令。

4.“缩放”工具

“缩放”工具用于放大或缩小显示轨道，在“缩放”编辑模式下，鼠标指针为放大镜形状，单击可以放大轨道，如图2-60所示。按住Option键，放大镜形状中的“+”将变为“-”，此时在片段上单击可以缩小轨道，如图 2-61 所示。

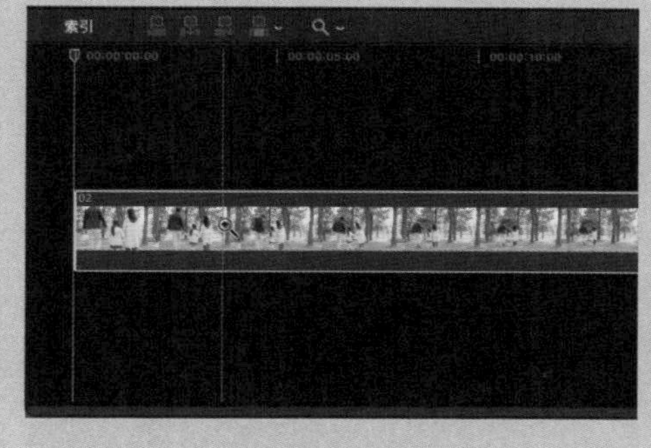

图 2-60

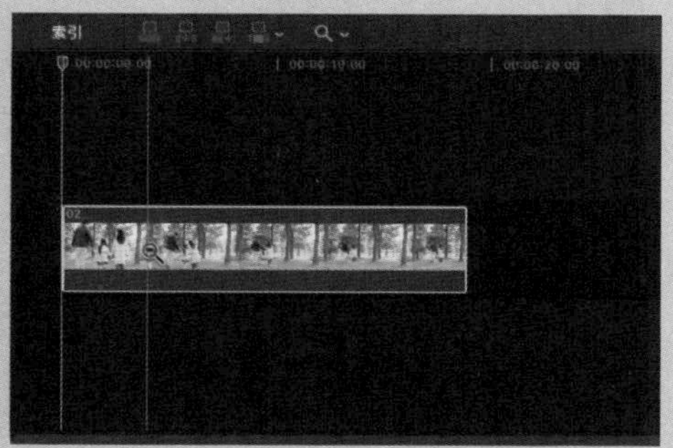

图 2-61

提示

执行“显示”|“放大”或“缩小”命令，同样可以对轨道进行放大或缩小操作。

2.9 切割视频 秋日日常碎片

在Final Cut Pro 中，剪辑工具可以帮助用户对素材进行编辑和修整。下面将以实操的形式，讲解“切割”工具和“选择”工具在视频剪辑工作中的具体用法。

步骤 01 在“事件资源库”窗口中的空白处右击，打开快捷菜单，选择“新建事件”命令，打开“新建事件”对话框，设置“事件名称”为“2.9 秋日日常碎片”，其他参数保持默认设置，单击“好”按钮，新建一个事件。

步骤 02 在“事件浏览器”窗口的空白处右击，打开快捷菜单，选择“导入媒体”命令，打开“媒体导入”对话框，选择对应的素材文件夹，然后单击“导入所选项”按钮，即可导入素材，如图 2-62 所示。

步骤 03 打开“事件资源库”窗口中的项目文件，在“事件浏览器”窗口中选择所有媒体素材，将其添加至“磁性时间线”窗口的视频轨道上，如图 2-63 所示。

图 2-62

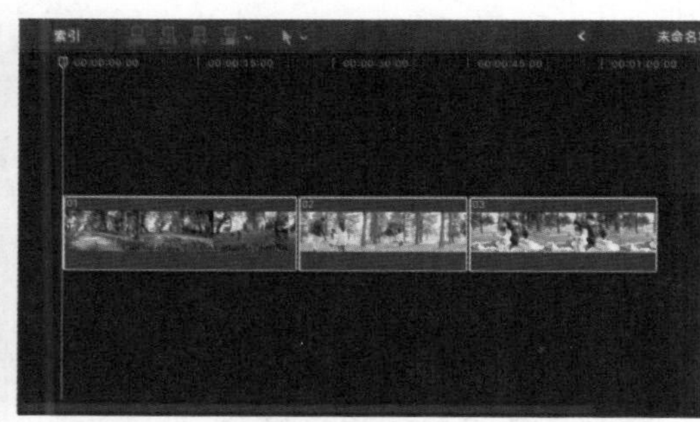

图 2-63

步骤 04 在“磁性时间线”窗口的工具栏中，单击“选择”工具右侧的下拉按钮，在下拉列表中选择“切割”工具，如图 2-64 所示。

步骤 05 当鼠标指针呈现“切割”工具状态时，将其移至00:00:03:00 处，单击即可切割视频片段，如图 2-65 所示。

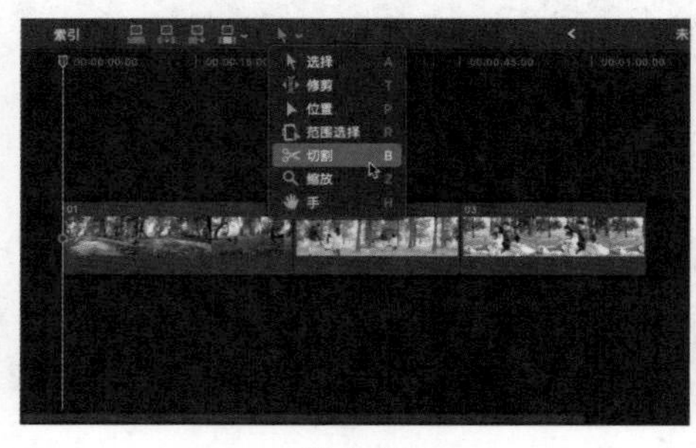

图 2-64

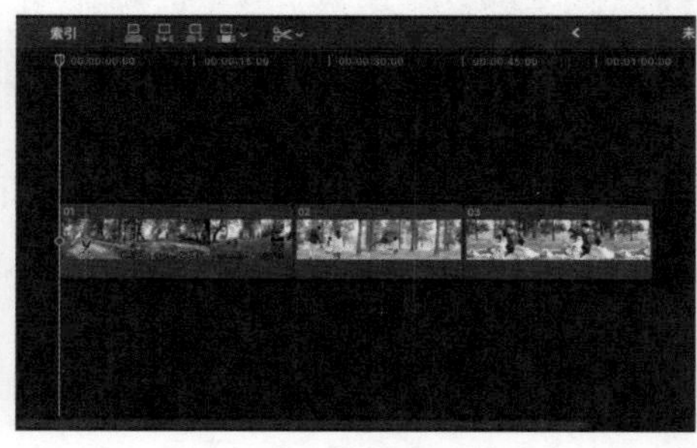

图 2-65

步骤 06 参照步骤05的操作方法，使用“切割”工具在视频的 00:00:34:01、00:00:54:11 处进行切割，如图 2-66 所示。

步骤 07 在“磁性时间线”窗口的工具栏中，单击“切割”工具右侧的下拉按钮，在下拉列表中选择“选择”工具，如图 2-67 所示。

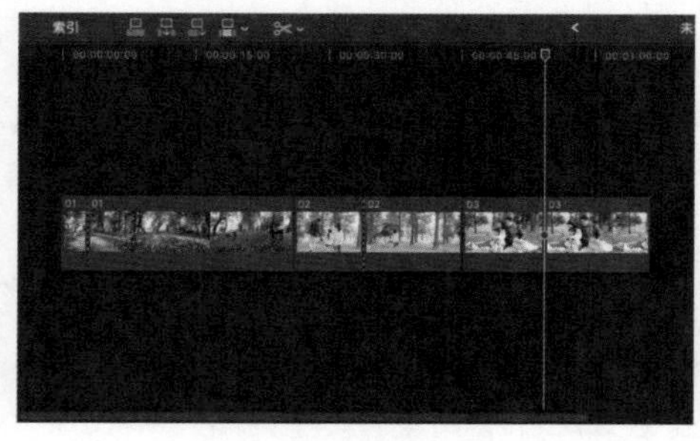

图 2-66

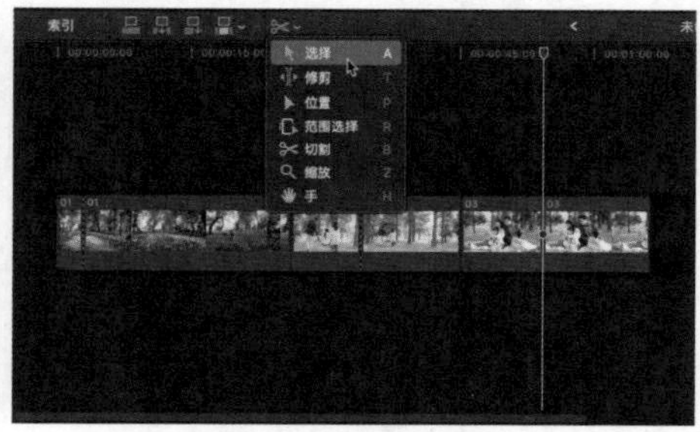

图 2-67

步骤 08 在“磁性时间线”窗口中选中素材01 分割出来的后半段视频，如图 2-68 所示，按Delete键删除。

步骤 09 参照步骤08 的操作方法将余下素材分割出来的后半段视频删除，如图 2-69 所示。

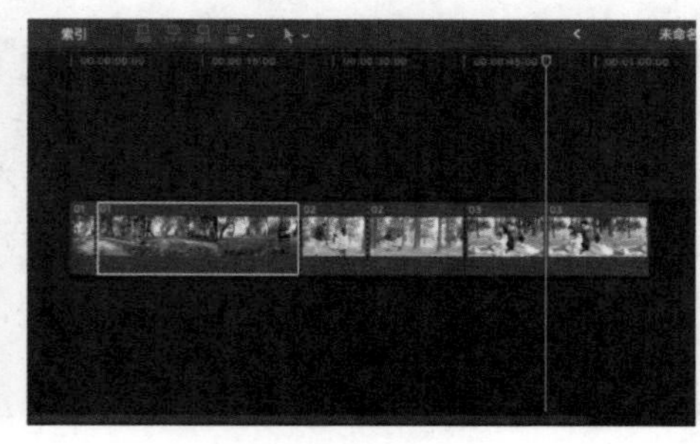

图 2-68

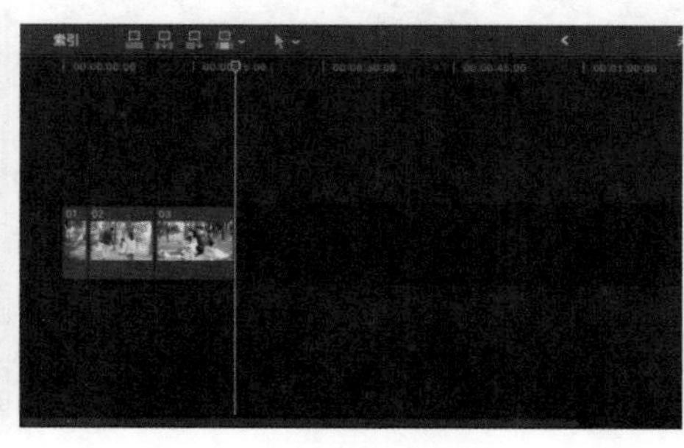

图 2-69

2.10 三点编辑 唯美落日晚霞

三点编辑可以在“事件浏览器”窗口和“磁性时间线”窗口中使用开始点和结束点指定片段的时长以及其在轨道中的位置。下面将介绍三点编辑的具体操作方法。

步骤 01 执行“文件”|“新建”|“事件”命令，打开“新建事件”对话框，设置“事件名称”为“2.10 唯美落日晚霞”，单击“好”按钮，新建一个事件。

步骤 02 在“事件浏览器”窗口的空白处右击，打开快捷菜单，选择“导入媒体”命令，打开“媒体导入”对话框，在“名称”下拉列表中选择对应的素材文件夹，然后单击“导入所选项”按钮，即可将选择的视频素材导入“事件浏览器”窗口中，如图 2-70 所示。

步骤 03 在“事件浏览器”窗口中浏览素材01，按I键和O键分别为其设置好入点和出点，如图 2-71 所示。

图 2-70

图 2-71

步骤 04 将该片段添加至“磁性时间线”窗口的视频轨道上，并将播放指示器拖曳至素材01的末端（即主要故事情节中所选择的入点位置），如图 2-72 所示。

步骤 05 在“事件浏览器”窗口中浏览素材02，按I键和O键分别为其设置好入点和出点，按Q键将该片段连接到轨道中的主要故事情节上。此时Final Cut Pro自动将“事件浏览器”窗口中所选片段的入点与播放指示器对齐，连接片段的长度与在“事件浏览器”窗口中所设置的入点和出点之间的长度相同，如图 2-73 所示。

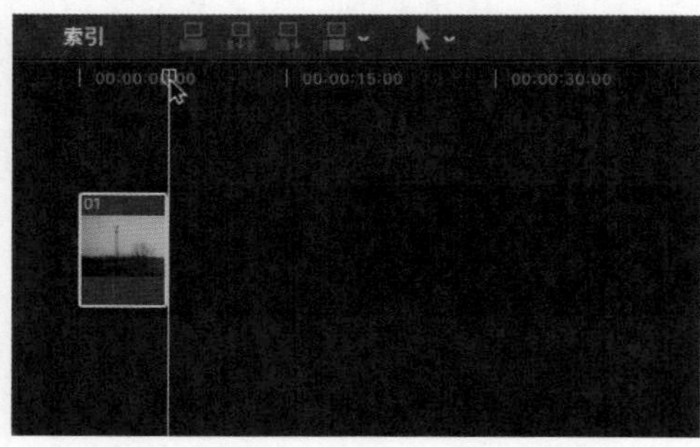

图 2-72

图 2-73

步骤 06 在“磁性时间线”窗口中将播放指示器移至主要故事情节中所选片段的出点位置，如图 2-74 所示。

步骤 07 在“事件浏览器”窗口中浏览素材03，按I键和O键分别为其设置好入点和出点，按快捷键Shift+Q将该片段连接到“磁性时间线”窗口中的主要故事情节上。此时Final Cut Pro自动将“事件浏览器”窗口中片段的出点与播放指示器对齐，连接片段的长度与在“事件浏览器”窗口中所设置的入点和出点之间的长度相同，如图 2-75 所示。

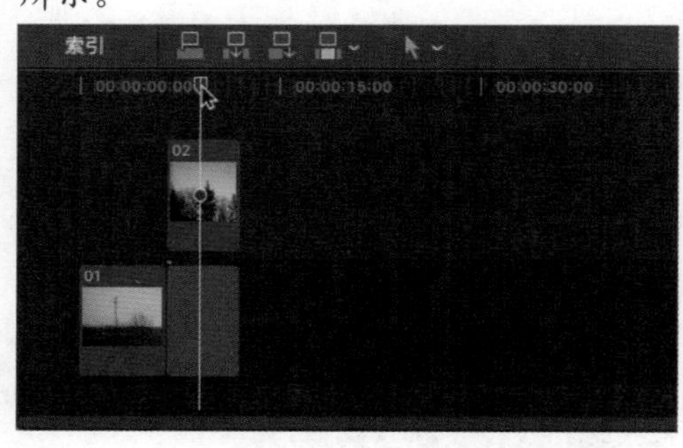

图 2-74

图 2-75

提示

如果要进行三点编辑，那么只需确定两对入点和出点之中的3个点，Final Cut Pro会自动根据一个片段所持续的时间推算出另外一个片段所持续的时间，从而得出第四个点的位置。编辑结果取决于在“事件浏览器”窗口和“磁性时间线”窗口中设定的3个点：两个开始点和一个结束点，或一个开始点和两个结束点。在Final Cut Pro 中执行三点编辑有以下几种情况：一是已确定“事件浏览器”窗口中所选片段的入点、出点和“磁性时间线”窗口中所选片段的入点；二是已确定“事件浏览器”窗口中所选片段的入点、出点和“磁性时间线”窗口中所选片段的出点；三是已确定“磁性时间线”窗口中所选片段的入点、出点和“事件浏览器”窗口中所选片段的入点；四是已确定“磁性时间线”窗口中所选片段的入点、出点和“事件浏览器”窗口中所选片段的出点。

2.11 抽帧画面 唯美浪漫婚礼

抽帧就是将片段中的个别帧抽取出来，然后组成新的片段。快速抽帧的方法与制作静帧图像的方法类似，用户在“事件浏览器”窗口中的视频片段上选择需要制作成静帧图像的画面，然后执行“编辑”|“连接静帧”命令，即可完成抽帧操作。下面将介绍具体的操作方法。

步骤 01 执行“文件”|“新建”|“事件”命令，打开“新建事件”对话框，设置“事件名称”为“2.11 唯美浪漫婚礼”，单击“好”按钮，新建一个事件。

步骤 02 在“事件浏览器”窗口的空白处右击，打开快捷菜单，选择“导入媒体”命令，打开“媒体导入”对话框，在“名称”下拉列表中选择对应文件夹下的视频素材，然后单击“导入所选项”按钮，将选择的视频素材导入“事件浏览器”窗口中，如图 2-76 所示。

步骤 03　在“事件浏览器”窗口中选择新添加的视频片段，将其添加至“磁性时间线”窗口的视频轨道上，如图 2-77 所示。

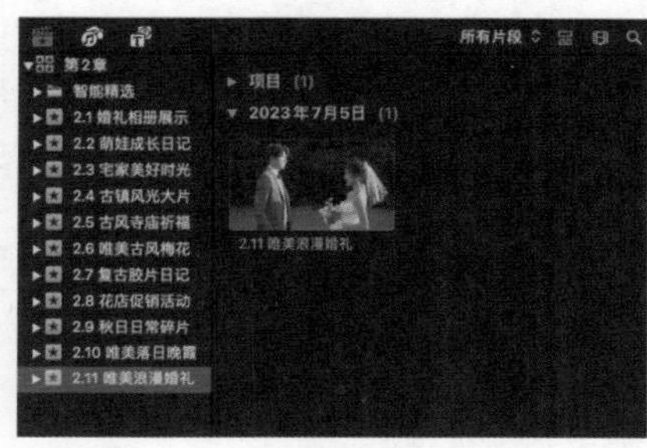

图 2-76

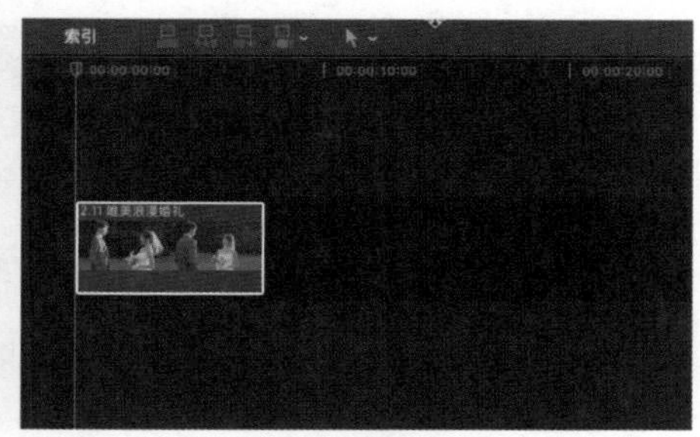

图 2-77

步骤 04　将播放指示器移至00:00:06:03的位置，选择“磁性时间线”窗口上的视频片段，按快捷键Option+F，即可制作指定位置的静帧图像，如图 2-78 所示。

步骤 05　选择“磁性时间线”窗口中的静帧图像，执行“修改”|“更改时间长度”命令，如图 2-79 所示。

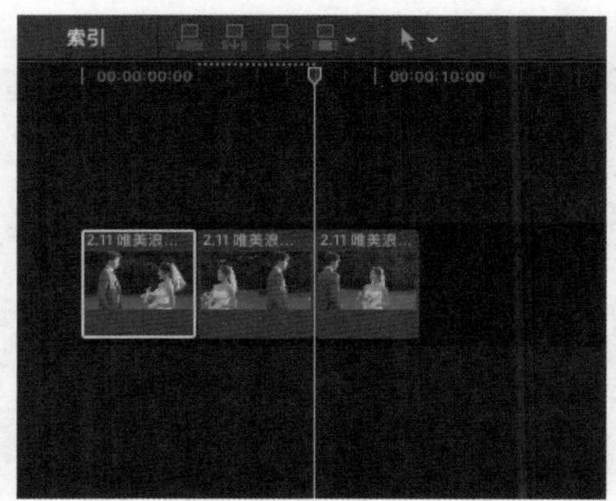

图 2-78

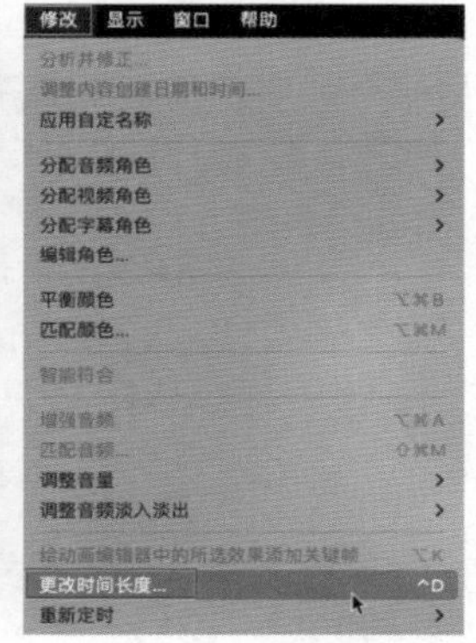

图 2-79

步骤 06　在“检视器”窗口中的时间码处修改时间长度为00:00:00:10，如图 2-80 所示。

步骤 07　按回车键，即可完成静帧图像时间长度的修改，如图 2-81 所示。

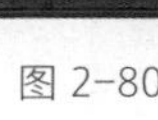

图 2-80

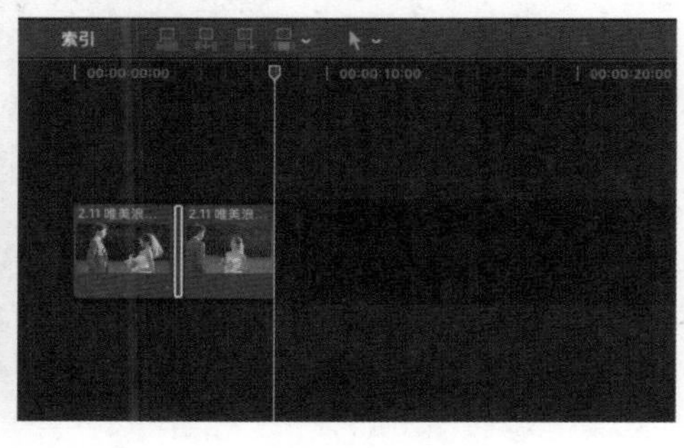

图 2-81

知识专题：更改片段播放速度的方式

在Final Cut Pro中，可以对片段进行均匀和变速等速度调整操作，同时保留音频的音高。在匀速调整视频片段时，可以通过“快速”“慢速”“自定速度”这3种方式来进行设置，不同的播放速度会产生不同的时间长度。下面介绍更改片段播放速度的方式。

1．快速播放片段

如果想将视频片段快速播放，则可以选择“快速”子菜单中的命令来进行调整。设置片段快速播放的方法有以下几种。

◇ 选择视频片段，执行“修改”|“重新定时”|“快速”命令，在展开的子菜单中选择对应的快速命令，可以不同的程度快速播放片段，如图2-82所示。

◇ 选择视频片段，执行“修改”|“重新定时”|“显示重新定时编辑器”命令，选择的片段上显示重新定时编辑器，单击指示条上文字右侧的下拉按钮，在下拉列表中选择“快速”选项，然后在展开的子列表中选择合适的数值即可，如图2-83所示。

图2-82

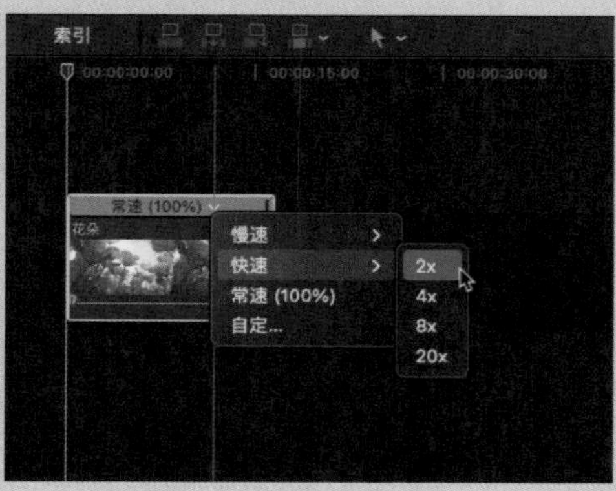

图2-83

使用以上任意一种方法均可将视频片段的播放速度调整为快速。当调整为快速后，视频片段的持续时间会缩短，且指示条变为蓝色，如图2-84所示。

图2-84

2. 慢速播放片段

如果想将视频片段慢速播放，并延长视频片段的持续时间，则可以选择“慢速”子菜单中的命令进行调整。

调整片段慢速播放的方法很简单，用户只需要选择视频片段，然后执行“修改”|“重新定时”|“慢速”命令，在展开的子菜单中，选择相应的慢速命令即可，如图 2-85 所示。当片段调整为慢速播放后，视频片段的持续时间会延长，且指示条变为橙色，如图 2-86 所示。

图 2-85

图 2-86

3. 自定速度播放片段

通过“自定速度”命令，可以自定义片段的播放速度。选择视频片段，执行“修改”|“重新定时”|“自定速度”命令，如图 2-87 所示。打开“自定速度”设置区域，在其中可以对视频片段的播放方向、速度和时间长度等进行设置，如图 2-88 所示。

图 2-87

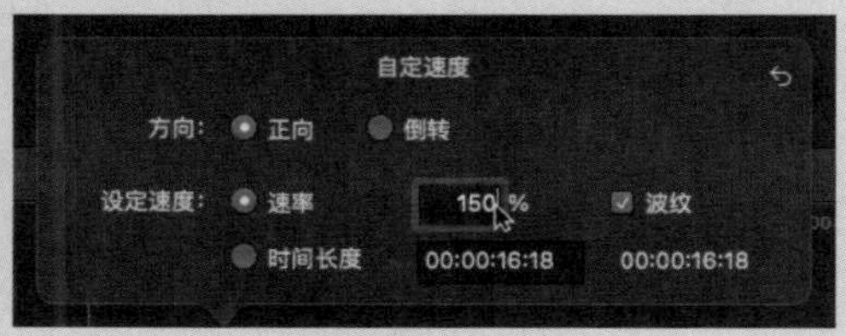

图 2-88

"自定速度"设置区域中各主要选项的含义如下。

◇ "方向"选项区：该选项区用来决定视频片段的播放方向。选中"正向"单选按钮，则视频片段按照正常顺序播放；选中"倒转"单选按钮，可以将视频片段反向播放。

◇ "速率"单选按钮：选中该单选按钮，可以调整播放速度参数值。速率百分比越大，片段播放速度越快。

◇ "时间长度"单选按钮：选中该单选按钮，可以调整视频片段的播放时长。

◇ "波纹"复选框：选中该复选框后，在修改片段速度时，其持续时间会发生相应变化。

◇ "还原"按钮 ：单击该按钮，可以将设定恢复到正常状态。

4. 使用速度斜坡

通过"速度斜坡"命令可以将视频片段分为4个具有不同速度百分比的部分，从而创建变化效果。

在"磁性时间线"窗口中，选择要应用速度变化效果的范围片段或整个视频片段，执行"修改"|"重新定时"|"速度斜坡"命令，如图 2-89所示。如果要分段减慢视频的播放速度，则可以在"速度斜坡"子菜单中选择"到0%"命令；如果要分段加快视频的播放速度，则可以在"速度斜坡"子菜单中选择"从0%"命令。

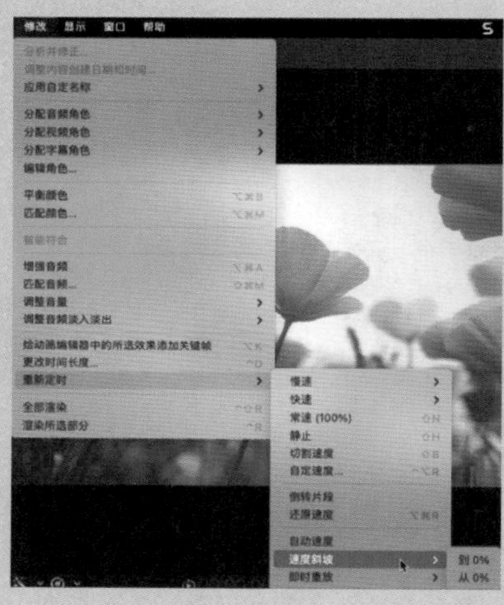

图 2-89

5. 使用快速跳剪

跳剪是一种常用的剪辑手法，使用该剪辑手法能够压缩时空，增强片段节奏感。在处理一些过于平淡的片段时，可以使用这一手法。

在"磁性时间线"窗口中，选择要应用速度变化效果的范围片段或整个视频片段，执行"修改"|"重新定时"|"在标记处跳跃剪切"命令，如图 2-90所示。在展开的子菜单中选择不同的帧选项，可以跳跃至不同帧处进行剪切。

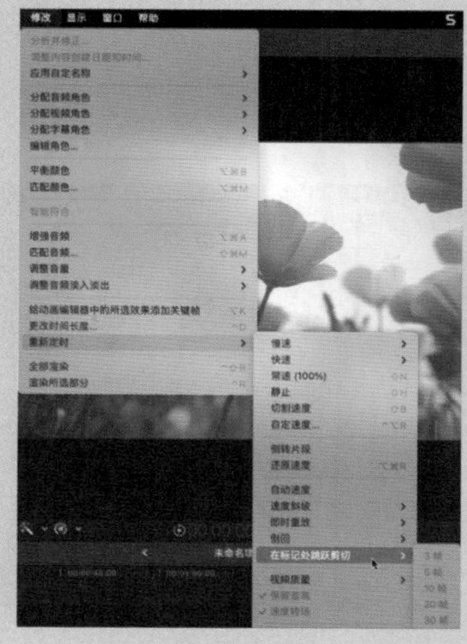

图 2-90

2.12 变速镜头 听见秋的声音

在Final Cut Pro中，通过“重新定时”功能可以依次设置视频的变速效果。下面介绍变速镜头的制作方法。

步骤 01 执行“文件”|“新建”|“事件”命令，打开“新建事件”对话框，设置“事件名称”为“2.12 听见秋的声音”，单击“好”按钮，新建一个事件。

步骤 02 在“事件浏览器”窗口的空白处右击，打开快捷菜单，选择“导入媒体”命令，打开“媒体导入”对话框，在“名称”下拉列表中选择对应文件夹下的视频素材，然后单击“导入所选项”按钮，将选择的视频素材导入“事件浏览器”窗口中，如图2-91所示。

步骤 03 在“事件浏览器”窗口中选择视频素材，将其添加至“磁性时间线”窗口的视频轨道上，如图2-92所示。

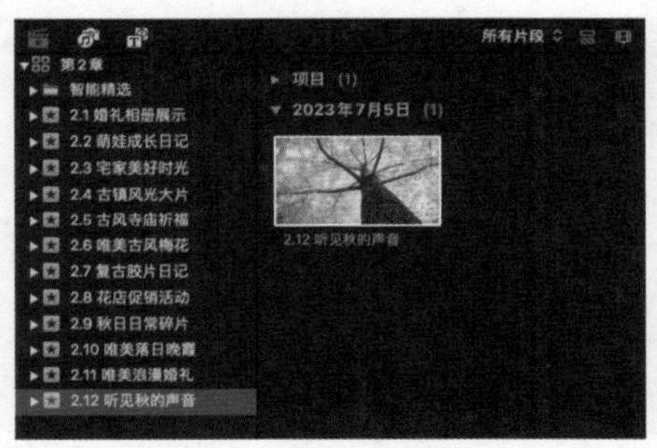

图 2-91

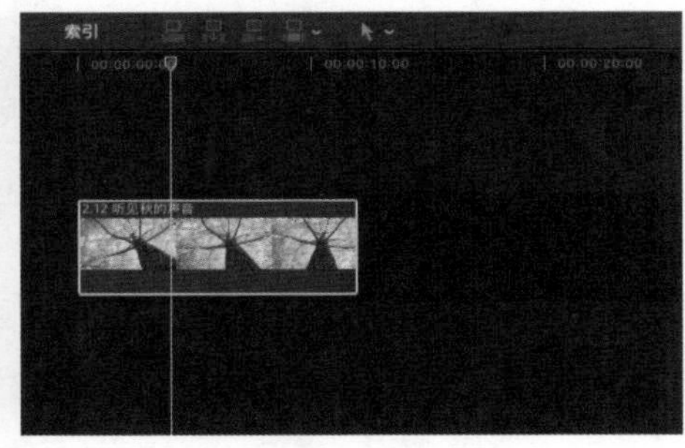

图 2-92

步骤 04 将播放指示器移至00:00:02:00位置，执行“修改”|“重新定时”|“切割速度”命令，如图2-93所示。

步骤 05 将视频片段切割为两部分。在左侧的视频片段上单击“常速（100%）”右侧的下拉按钮，在下拉列表中选择“慢速”|“50%”选项，如图2-94所示，即可将片段调整为慢速播放。

图 2-93

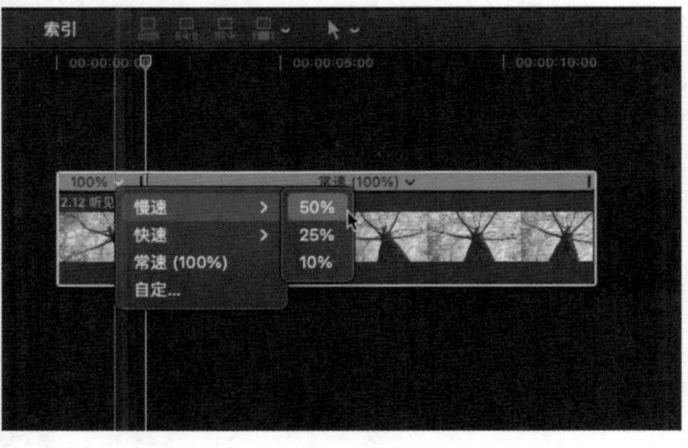

图 2-94

步骤 06 在右侧的视频片段上单击“常速（100%）”右侧的下拉按钮，在下拉列表中选择“快速”|“2x”选项，如图 2-95 所示。

步骤 07 将片段调整为快速播放，“磁性时间线”窗口中的效果如图 2-96 所示。

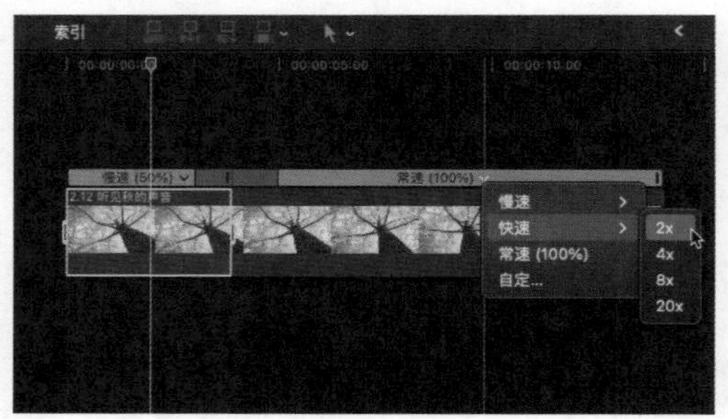

图 2-95

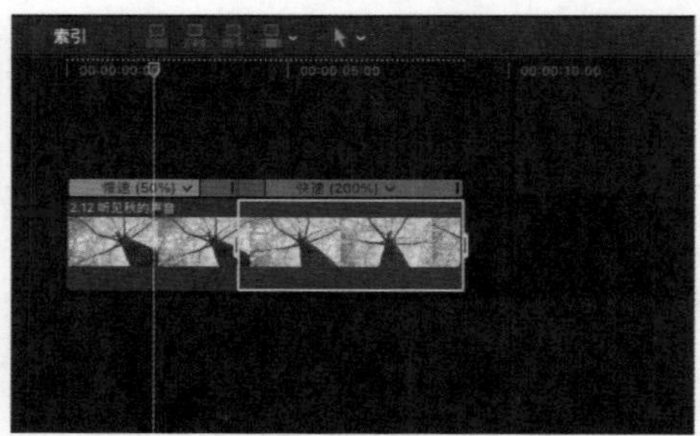

图 2-96

2.13 次级故事情节 户外生日派对

使用“创建故事情节”命令可以制作出次级故事情节，将“磁性时间线”窗口中的所有视频片段连接在一起，使其成为一个整体。下面介绍制作常见次级故事情节的具体方法。

步骤 01 在“事件资源库”窗口的空白处右击，在弹出的快捷菜单中选择“新建事件”命令，打开“新建事件”对话框，设置“事件名称”为“2.13 户外生日派对”，单击“好”按钮，新建一个事件。

步骤 02 在“事件浏览器”窗口的空白处右击，打开快捷菜单，选择“导入媒体”命令，打开“媒体导入”对话框，在“名称”下拉列表中选择对应文件夹下的视频素材，单击“导入所选项”按钮，将选择的视频片段导入“事件浏览器”窗口。

步骤 03 在“事件浏览器”窗口中浏览素材01，按I键和O键分别为该片段设置好入点和出点，如图 2-97 所示。

图 2-97

步骤 04 单击“将所选片段连接到主要故事情节”按钮，将片段添加至“磁性时间线”窗口的对应轨道上，如图 2-98 所示。

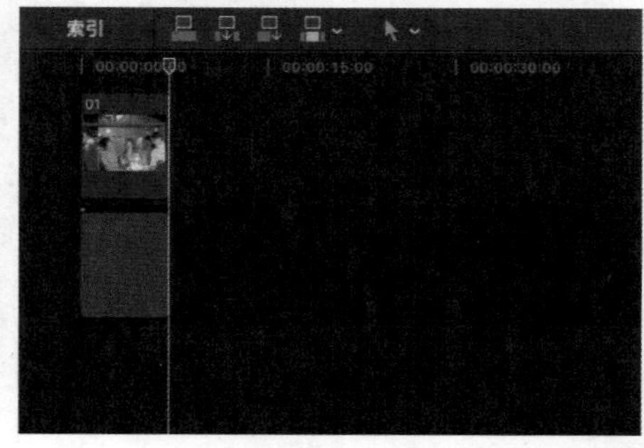

图 2-98

步骤 05 参照步骤03和步骤04的操作方法为素材03设置好入点和出点，并将其添加至“磁性时间线”窗口的对应轨道上。

步骤 06 对新添加的两个视频片段进行右击操作，打开快捷菜单，选择“创建故事情节”命令，如图 2-99所示。

步骤 07 为选择的视频片段创建次级故事情节，如图 2-100所示，创建好的次级故事情节将显示灰色的矩形框。

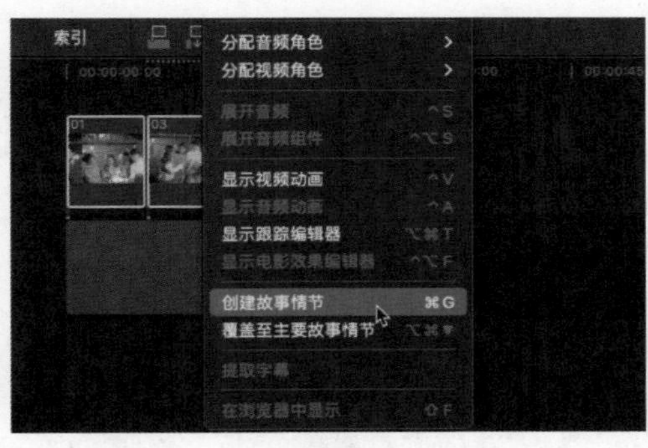

图 2-99

图 2-100

步骤 08 在“事件浏览器”窗口中为素材02设置好入点和出点，将其拖曳至次级故事情节的中间，此时鼠标指针右下角有一个带“+”的绿色圆形标记，如图 2-101所示。

步骤 09 释放鼠标左键，即可在已有的次级故事情节中间添加一个视频片段，如图 2-102所示。

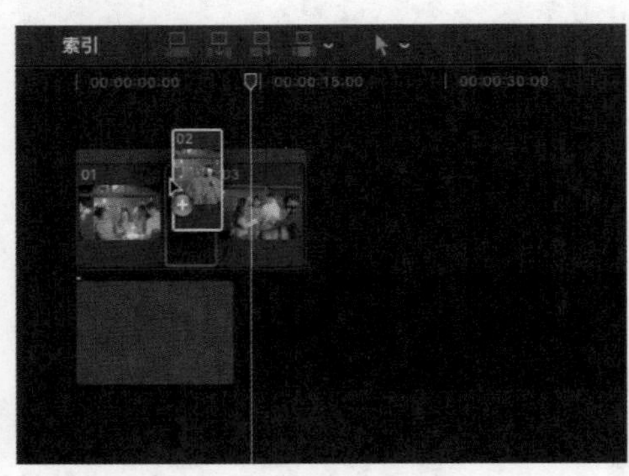

图 2-101

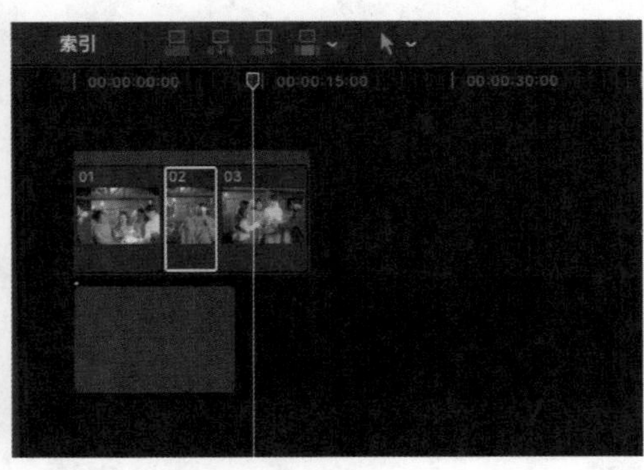

图 2-102

提示

故事情节是与主要故事情节（轨道中片段的主序列）相连的片段序列。故事情节结合了连接片段的便利性与主要故事情节的精确编辑功能。通过“创建故事情节”命令，可以将连接片段整理成一个次级故事情节，统一地连接到主要故事情节中的片段上。在创建故事情节后，所选的连接片段被放置到同一个矩形框内，合并为一个次级故事情节。最左边只有一条连接线与主要故事情节相连。次级故事情节也是连接片段，移动与之相连的主要故事情节时，它也会同时移动。

2.14 提取覆盖 户外旅行大片

通过“提取”与“覆盖”功能，可以对故事情节进行提取与覆盖操作。下面介绍提取与覆盖故事情节的操作方法。

步骤 01 在“事件资源库”窗口的空白处右击，在弹出的快捷菜单中选择“新建事件”命令，打开“新建事件”对话框，设置“事件名称”为“2.14 户外旅行大片”，单击“好”按钮，新建一个事件。

步骤 02 在“事件浏览器”窗口的空白处右击，打开快捷菜单，选择“导入媒体”命令，打开“媒体导入”对话框，在“名称”下拉列表中选择对应文件夹下的视频素材，单击“导入所选项”按钮，将选择的视频片段导入“事件浏览器”窗口，如图 2-103 所示。

步骤 03 在“事件浏览器”窗口中选择视频片段，将其添加至“磁性时间线”窗口的视频轨道上，然后在视频片段上右击，打开快捷菜单，选择“从故事情节中提取”命令，如图 2-104 所示。

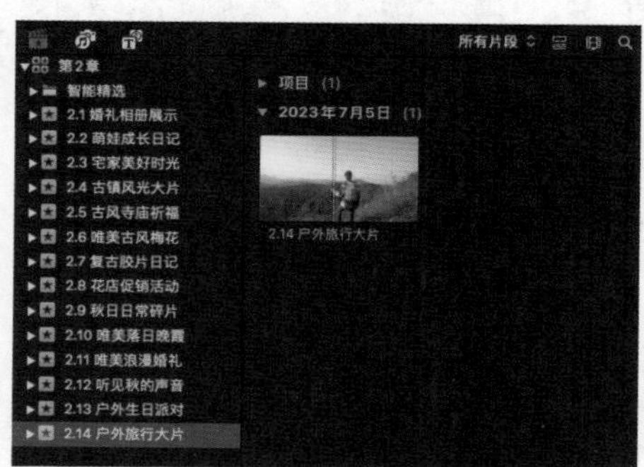

图 2-103

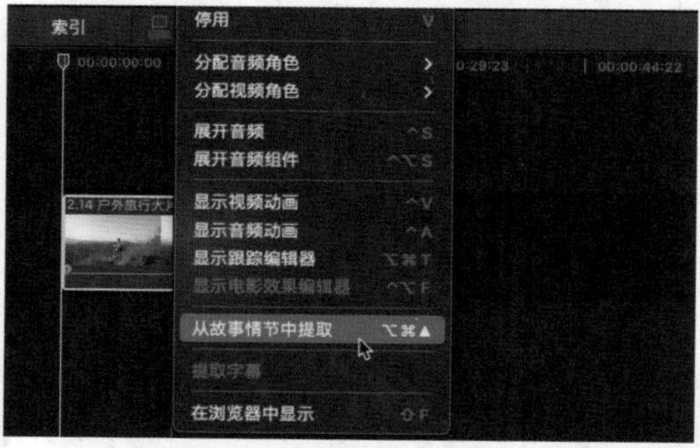

图 2-104

步骤 04 所选片段会被移动到原故事情节的上方并与原故事情节相连，而原故事情节中仍保留所选片段的位置，如图 2-105 所示。

步骤 05 在“磁性时间线”窗口中选择视频片段并右击，打开快捷菜单，选择“覆盖至主要故事情节”命令，如图 2-106 所示。

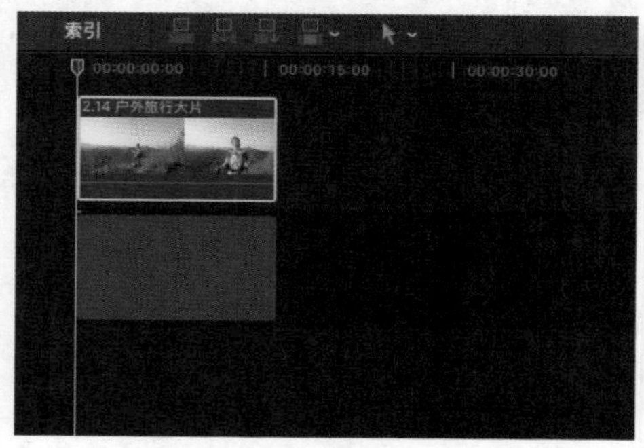

图 2-105

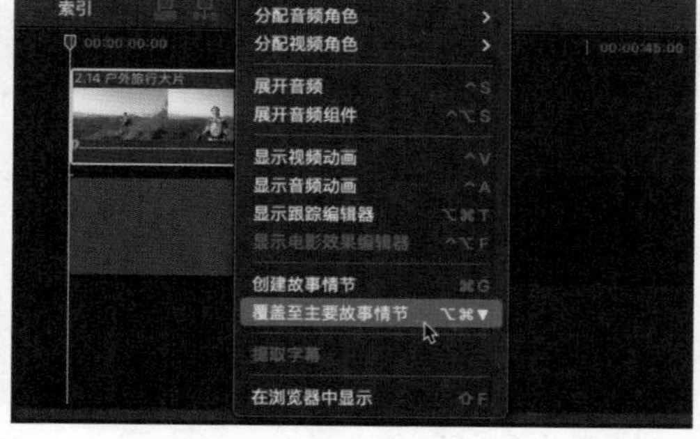

图 2-106

步骤 06 次级故事情节会向下移动，将主要故事情节中相应位置的片段覆盖，如图 2-107 所示。

图 2-107

知识专题：轨道外观设置

当用户在进行一项规模较大的剪辑工作时，多而杂的素材难免会令用户眼花缭乱，非常影响剪辑感受。此时，可以通过设置轨道的外观来解决这一问题。

在 Final Cut Pro 中，可以更改片段在轨道中的显示方式。例如，可以显示带或不带视频连续画面或音频波形的片段；也可以更改片段的垂直高度，以及调整视频连续画面的相对大小和片段缩略图中的音频波形；还可以仅显示片段标签。

设置轨道外观的具体方法是：在“磁性时间线”窗口中，单击“更改片段在时间线中的外观”按钮，打开“片段设置”面板，如图 2-108 所示。如果要调整连续画面的显示和波形，则可以单击“更改片段在时间线中的外观”按钮；如果要显示片段的名称和角度，则可以勾选“片段名称”和“片段角色”复选框。

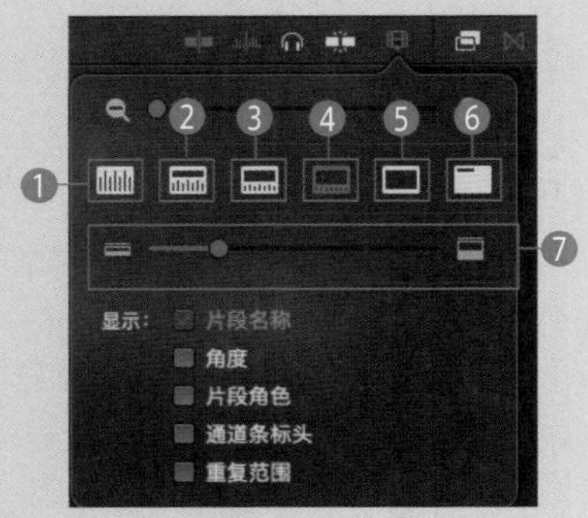

图 2-108

“片段设置”面板中各主要选项的含义如下。

◇ ❶按钮：单击该按钮，可以显示仅带有大型音频波形的片段。

◇ ❷按钮：单击该按钮，可以显示带有大型音频波形和小型连续画面的片段。

◇ ❸按钮：单击该按钮，可以显示带有等大的音频波形和连续画面的片段。

◇ ❹按钮：单击该按钮，可以显示带有小型音频波形和大型连续画面的片段。

◇ ❺按钮：单击该按钮，可以显示仅带有大型连续画面的片段。

◇ ❻按钮：单击该按钮，可以只显示片段标签。

◇ ⑦ [slider icon] 选项区：在该选项区中，可以拖曳滑块调整轨道的垂直高度；向左拖曳“片段高度”滑块可以减小片段高度，向右拖曳可以增大片段高度。

◇ “片段名称”复选框：勾选该复选框，可以按名称查看片段。

◇ “角度”复选框：勾选该复选框，可以按照活跃的视频角度和活跃的音频角度的名称来查看多机位片段。

◇ “片段角色”复选框：勾选该复选框，可以按角色查看片段。

◇ “通道条标头”复选框：勾选该复选框，可以始终显示通道条名称。

2.15 多机位剪辑 元宵手工汤圆

我们在拍摄教学、访谈或谈话类影片时，会在同一个场景中架设多台摄像机。这些摄像机会从不同的角度和景别来拍摄相同的场景。在剪辑时，需要切换机位，并在切换的过程中对齐音频和画面。如果每次切换都要进行如此复杂的工作，会浪费大量的时间和精力，此时就需要在Final Cut Pro中模拟一个导播台功能，对机位进行实时调度与切换。下面将讲解多机位剪辑的具体操作。

步骤 01 执行“文件”|“新建”|“事件”命令，打开“新建事件”对话框，设置“事件名称”为“2.15 元宵手工汤圆”，单击“好”按钮，新建一个事件。

步骤 02 在“事件浏览器”窗口的空白处右击，打开快捷菜单，选择“导入媒体”命令，打开“媒体导入”对话框，在“名称”下拉列表中选择对应文件夹下的视频素材，然后单击“导入所选项”按钮，将选择的视频素材导入“事件浏览器”窗口中，如图 2-109 所示。

步骤 03 在“事件浏览器”窗口中右击新添加的片段，在弹出的快捷菜单中选择“新建多机位片段”命令，如图 2-110 所示。

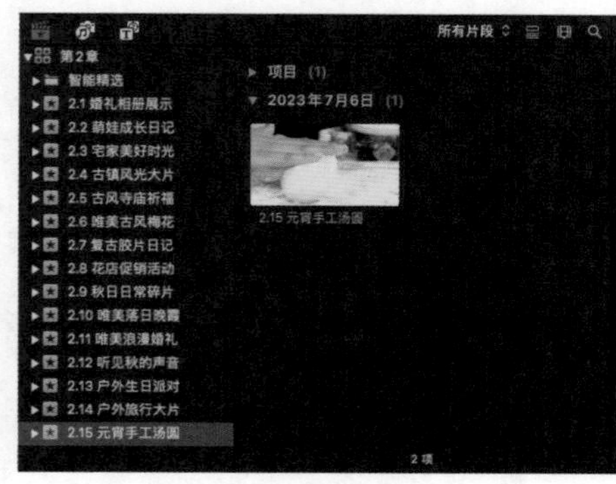

图 2-109

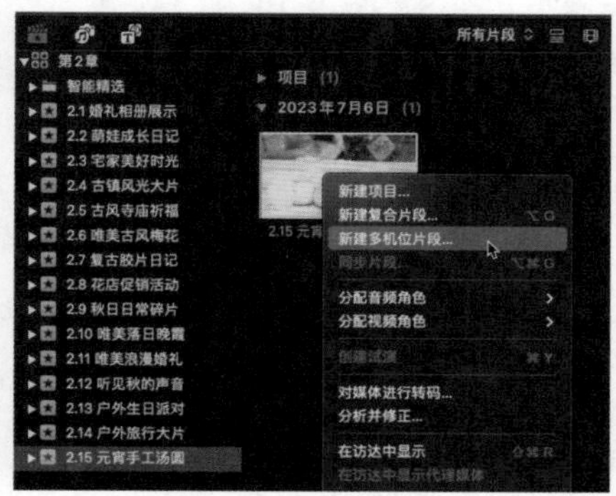

图 2-110

步骤 04 打开“多机位片段名称”对话框，设置“多机位片段名称”为“多机位片段”，单击“好”按钮，如图 2-111 所示。

步骤 05 新建一个多机位片段，它会在“事件浏览器”窗口中显示，如图 2-112 所示。

图 2-111

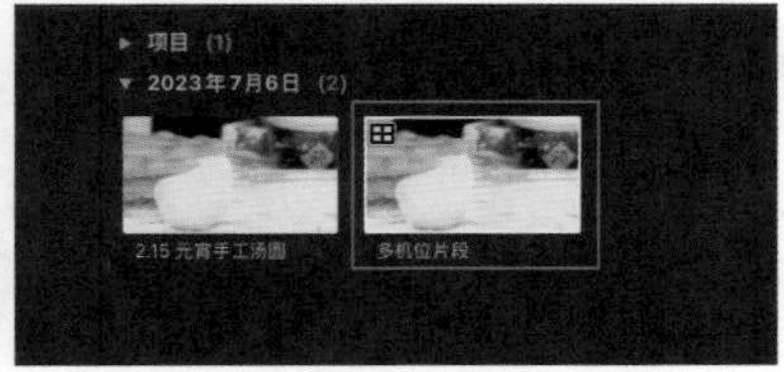

图 2-112

步骤 06 将视频素材添加至“磁性时间线”窗口的视频轨道上，双击展开多机位片段，然后选择视频片段，单击其上方的下拉按钮，在下拉列表中选择“添加角度”选项，如图 2-113 所示，添加一个角度。

步骤 07 单击“未命名”右侧的下拉按钮，在下拉列表中选择“同步到监视角度”选项，如图 2-114 所示。

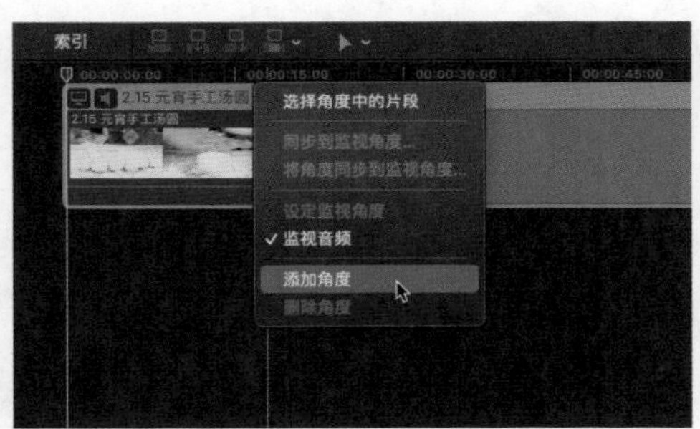

图 2-113

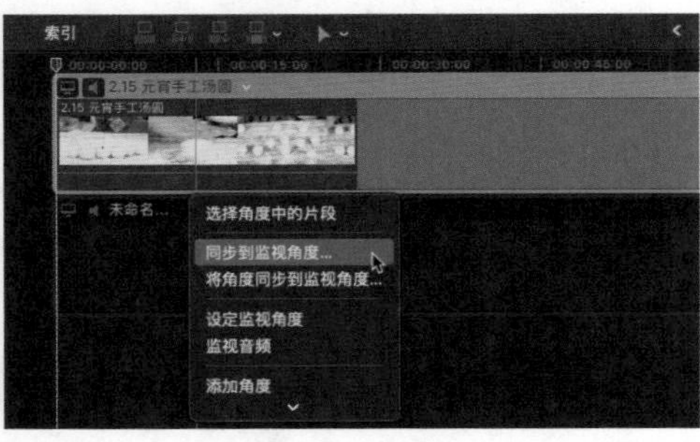

图 2-114

步骤 08 同步多机位片段的角度，单击“完成”按钮，如图 2-115 所示，得到最终效果。

图 2-115

第 3 章

添加音频：享受声音的动感魅力

声音与影片中的画面同样重要，将影片画面与音频效果完美地结合起来，能增强影片的质感与真实感，从而将观众更好地带入故事情节中，使他们产生身临其境的感受并得到良好的视听体验。在编辑音频素材时，要控制好音量的电平、声相和通道，并合理使用音频效果，才能处理好音频素材，使音频效果更具质感。本章将详细讲解在视频剪辑中应用音频的具体方法。

3.1 音频剪辑 林间清脆鸟鸣

音频片段与视频片段一样，都可以通过剪辑变得更加符合用户所需。下面将介绍对音频素材进行剪辑的具体操作方法。

步骤 01 新建一个名称为“第3章”的资源库。然后在“事件资源库”窗口中新建一个“事件名称”为“3.1 林间清脆鸟鸣”的事件。

步骤 02 在“事件浏览器”窗口的空白处右击，打开快捷菜单，选择“导入媒体”命令，打开“媒体导入”对话框，在对应的文件夹下选择视频文件和音频文件，单击“导入所选项”按钮，导入所选的视频和音频素材，如图 3-1 所示。

步骤 03 打开已有的项目文件，选择“事件浏览器”窗口中的视频和音频素材，将其依次添加至“磁性时间线”窗口的主要故事情节上，如图 3-2 所示。

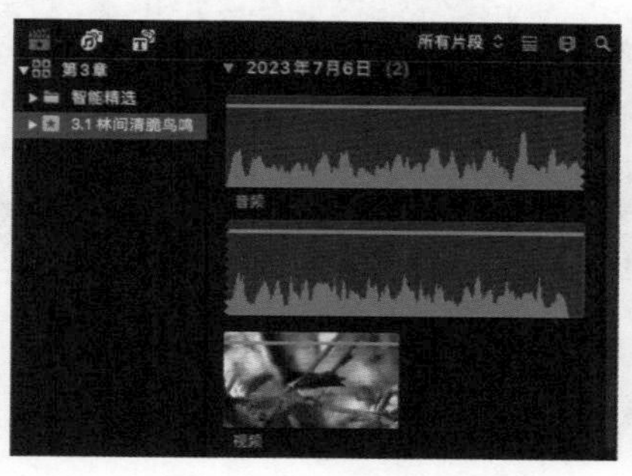

图 3-1

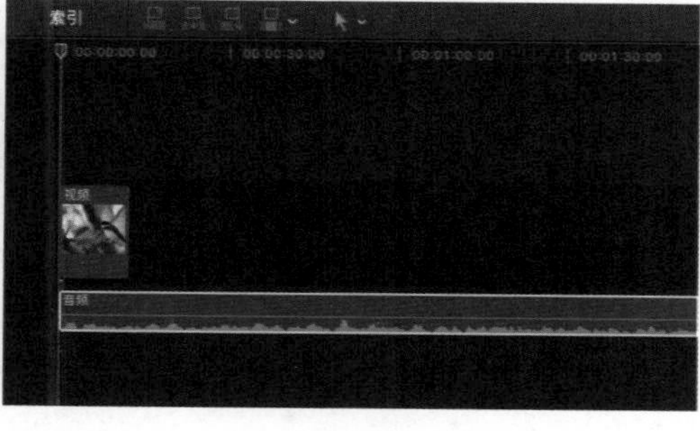

图 3-2

步骤 04 选择音频片段，将鼠标指针移至音频片段的末尾，当鼠标指针变为形状时，按住鼠标左键并向左拖曳，如图 3-3 所示。

步骤 05 拖曳至与视频片段的末尾相同的位置后，释放鼠标左键，即可剪辑音频素材，如图 3-4 所示。

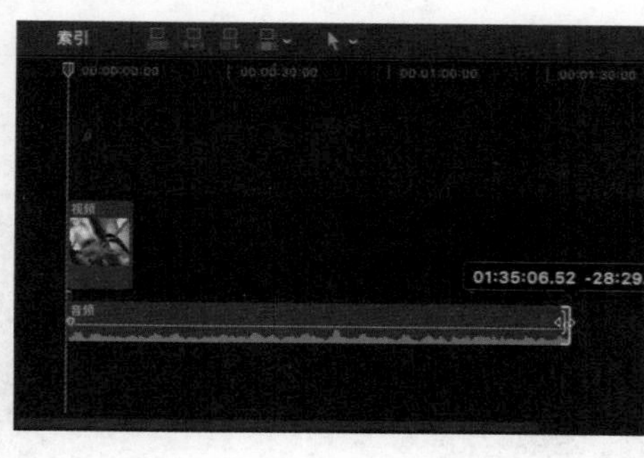

图 3-3

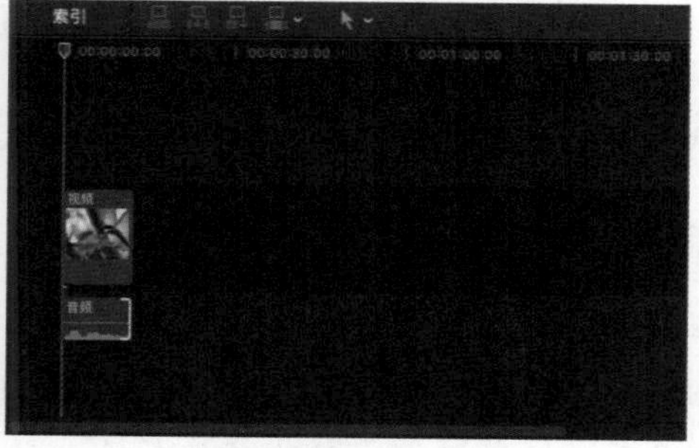

图 3-4

步骤 06 使用“缩放”工具将轨道放大，将鼠标指针悬停在音频片段的左侧滑块上，按住鼠标左键并向右拖曳滑块，制作音频淡入效果，如图 3-5 所示。

步骤 07 将鼠标指针悬停在音频片段的右侧滑块上，按住鼠标左键并向左拖曳滑块，制作音频淡出效果，如图 3-6 所示。

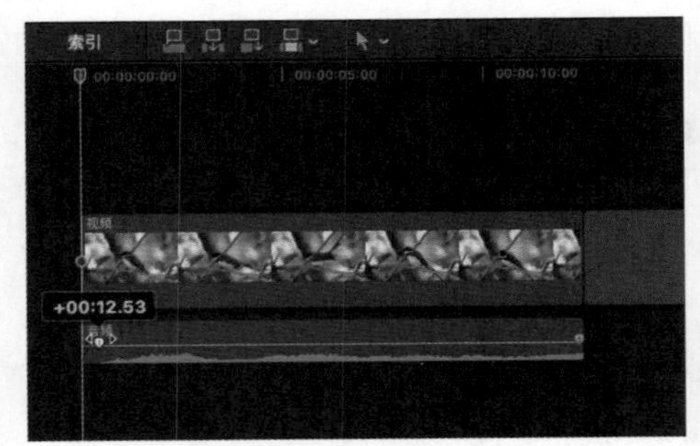

图 3-5

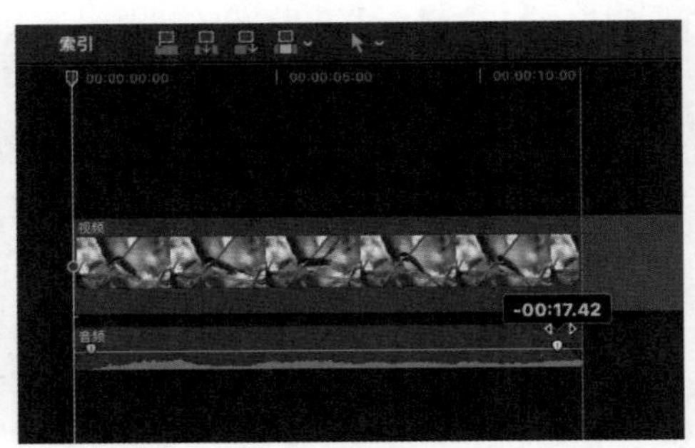

图 3-6

步骤 08 完成音频的剪辑后，在“检视器”窗口中单击“从播放头位置向前播放-空格键”按钮，即可试听音频效果，视频画面效果如图 3-7 所示。

图 3-7

3.2 音频音量 夏日动感冲浪

在视频剪辑工作中，调整音频音量是处理音频素材时的基础操作。在 Final Cut Pro 中，向上或向下拖曳音频片段的音量控制线，可以调整音频整体片段的音量。下面介绍如何调整音频的整体音量。

步骤 01 在“事件资源库”窗口中的空白处右击，打开快捷菜单，选择“新建事件”命令，打开“新建事件”对话框，设置“事件名称”为“3.2 夏日动感冲浪”，其他参数保持默认设置，单击“好”按钮，新建一个事件。

步骤 02 在“事件浏览器”窗口的空白处右击，在弹出的快捷菜单中，选择“导入媒体”命令，打开“媒体导入”对话框，在“名称”下拉列表中选择对应文件夹下的视频素材和音频素材，单击“导入所选项”按钮，将选择为媒体素材导入“事件浏览器”窗口，如图 3-8 所示。

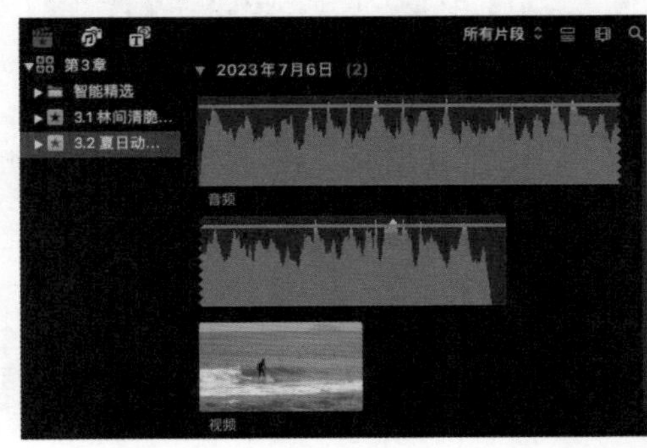

图 3-8

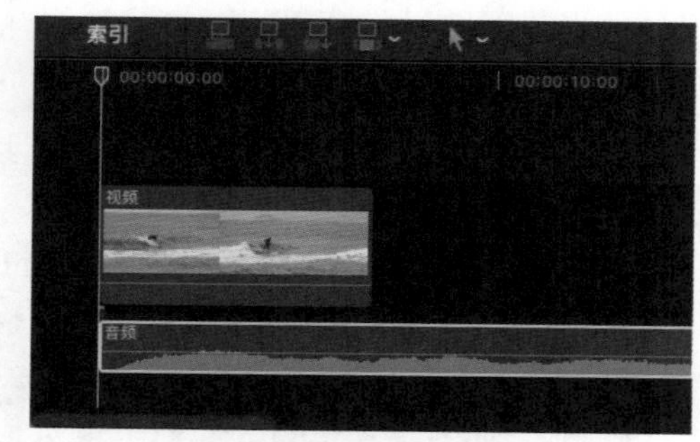

图 3-9

步骤 03 选择视频片段和音频片段，将其依次添加至“磁性时间线”窗口中的轨道上，如图 3-9 所示，并将音频裁剪至和视频同长。

步骤 04 选择音频片段，然后执行“修改”|“更改时间长度”命令，如图 3-10 所示。

步骤 05 在弹出的“时间码”对话框中输入时间长度为 00:00:06:22，完成音频片段时间长度的更改，如图 3-11 所示。

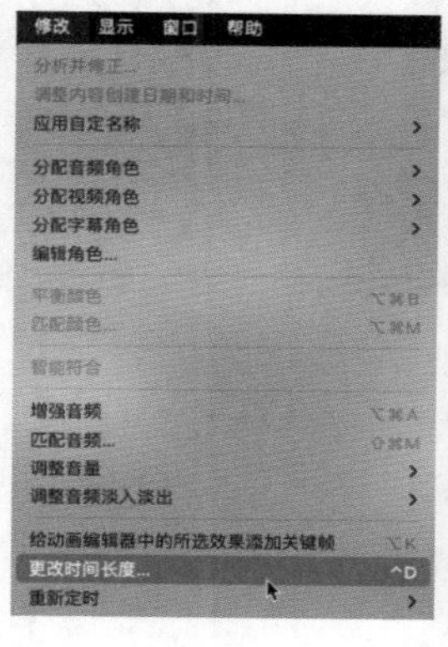

图 3-10

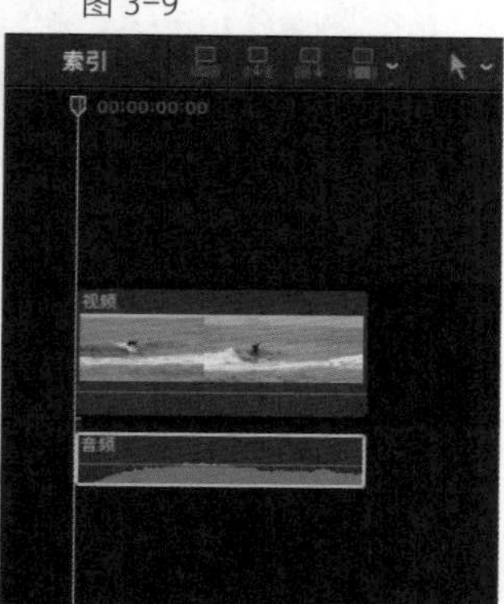

图 3-11

步骤 06 将鼠标指针悬停在音量控制线上，此时鼠标指针会变为上下双向箭头形状，按住鼠标左键并向下拖曳，即可调低音频的整体音量，如图 3-12 所示。

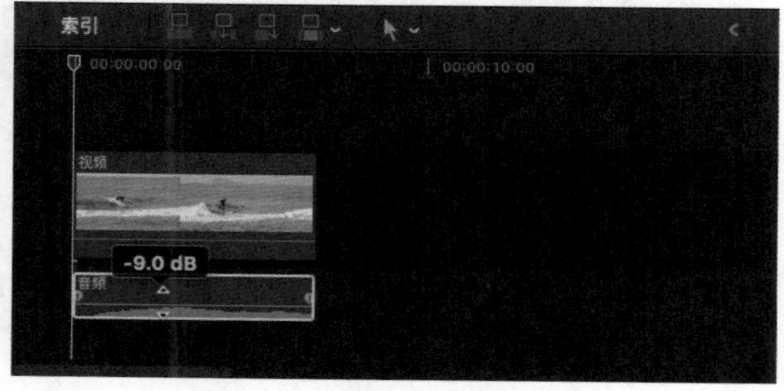

图 3-12

提示

在拖曳音量控制线时，最大值为 12dB，意为在原音量的基础上增加 12dB；最小值为负无穷，调至最小值时，音频将被静音。

3.3 区域音量 古风视频配乐

要调整音频片段中某一个区域内的音量，可以通过“范围选择”工具来设定区域范围。下面介绍调整特定区域内音量的具体操作方法。

步骤 01 新建一个“事件名称”为“3.3 古风视频配乐”的事件，在新添加事件的“事件浏览器”窗口的空白处右击，在弹出的快捷菜单中选择“导入媒体”命令，打开“媒体导入”对话框，在“名称”下拉列表中选择对应文件夹下的视频素材和音频素材，然后单击“导入所选项”按钮，将选择的媒体素材全部导入“事件浏览器”窗口，如图3-13所示。

步骤 02 选择视频片段和音频片段，将其依次添加至“磁性时间线”窗口中的轨道上，并将音频片段的时间长度调整至与视频片段的时间长度一致，如图3-14所示。

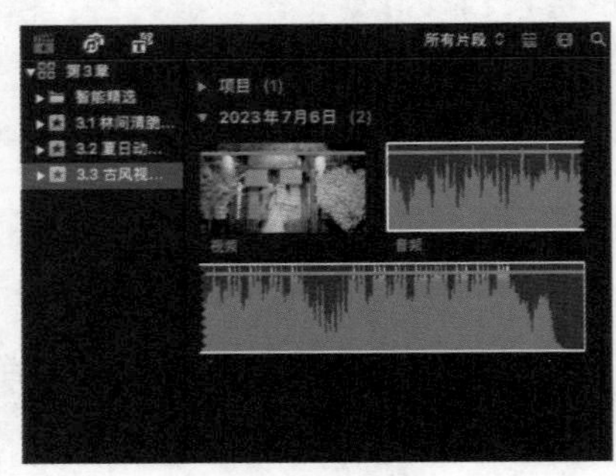

图 3-13

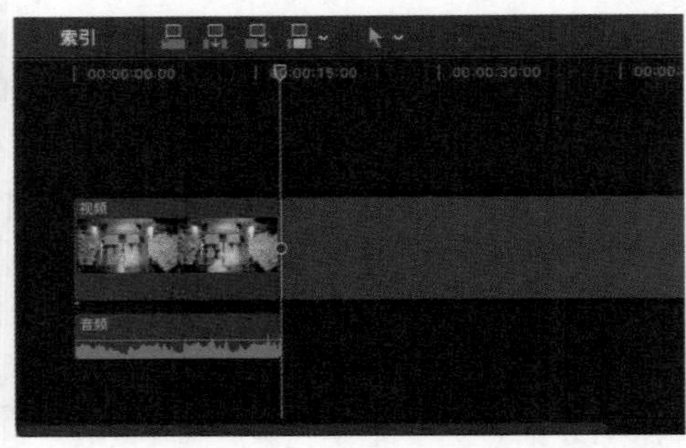

图 3-14

步骤 03 在“磁性时间线”窗口的工具栏中，单击“选择”工具右侧的下拉按钮，在下拉列表中选择“范围选择”工具，如图3-15所示。

步骤 04 将鼠标指针移至音频片段上，当鼠标指针呈形状时，按住鼠标左键并拖曳，框选音频片段上需要调整的部分，如图3-16所示。

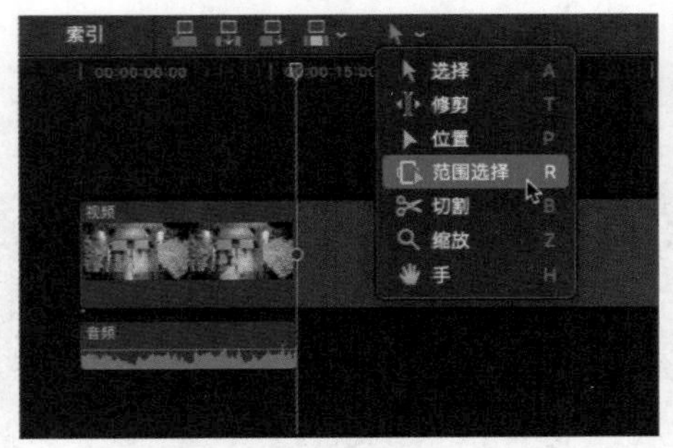

图 3-15

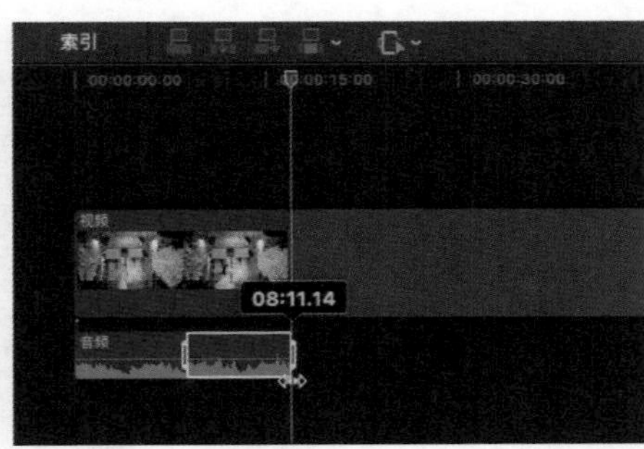

图 3-16

步骤 05 执行3次“修改”|“调整音量”|“调低（-1dB）”命令，如图3-17所示。

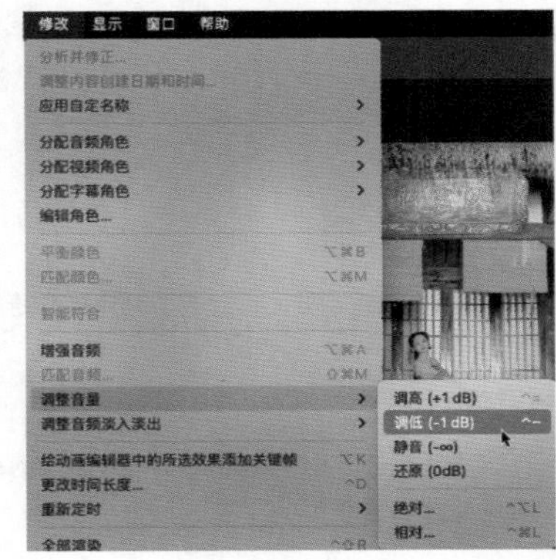

图 3-17

步骤 06 将范围内音频片段的音量调低，如图 3-18 所示。

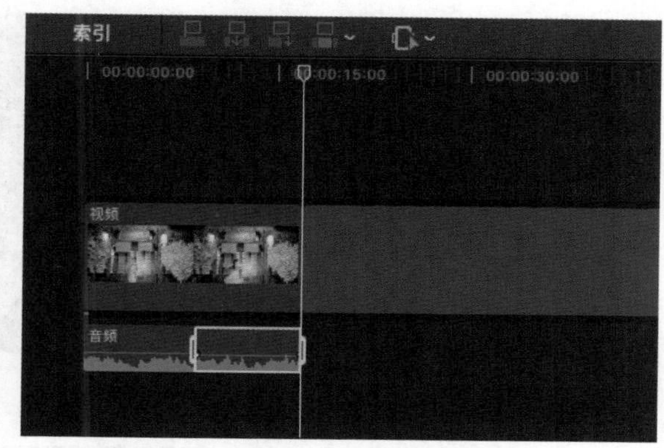

图 3-18

3.4 关键帧调整 城市烟花表演

通过手动创建关键帧的方式，可以对某一区域中的音频音量进行调整。下面介绍利用关键帧调整音量的具体操作方法。

步骤 01 新建一个“事件名称”为“3.4 城市烟花表演”的事件，在新添加事件的“事件浏览器”窗口的空白处右击，在弹出的快捷菜单中选择“导入媒体”命令，打开“媒体导入”对话框，在“名称”下拉列表中选择对应文件夹下的视频素材和音频素材，然后单击“导入所选项”按钮，将选择的媒体素材导入“事件浏览器”窗口，如图 3-19 所示。

步骤 02 选择视频片段和音频片段，将其依次添加至“磁性时间线”窗口中的轨道上，并将音频片段的时间长度调整至与视频片段的时间长度一致，如图 3-20 所示。

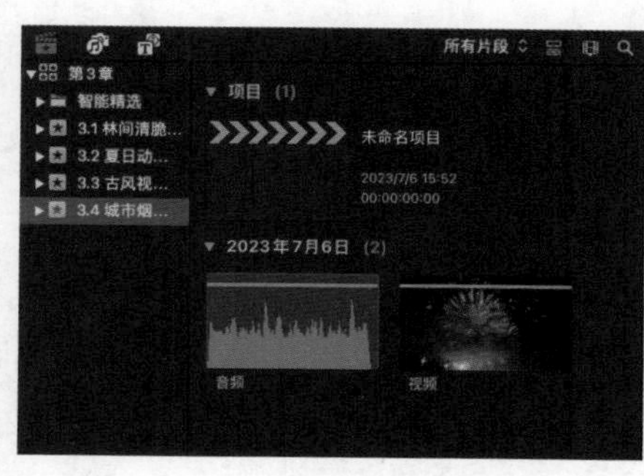

图 3-19

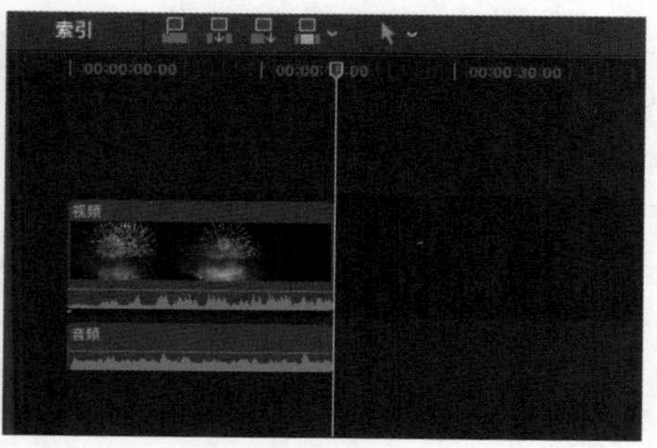

图 3-20

步骤 03 按住 Option 键的同时，将鼠标指针悬停在音量控制线上的相应位置，此时鼠标指针下方将出现一个关键帧标记，如图 3-21 所示。

步骤 04 单击即可在音量控制线上添加一个关键帧。使用同样的方法，在音量控制线上依次添加多个关键帧，如图 3-22 所示。

图 3-21

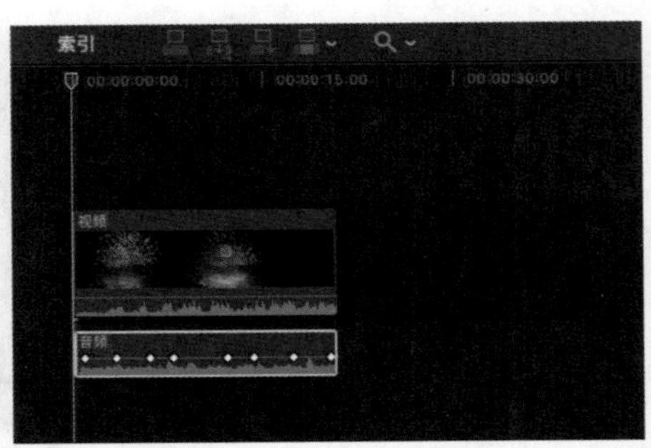

图 3-22

步骤 05 添加关键帧后，按住鼠标左键上下拖曳关键帧之间的音量控制线，可以调整对应区域内音量的大小，如图 3-23 所示。

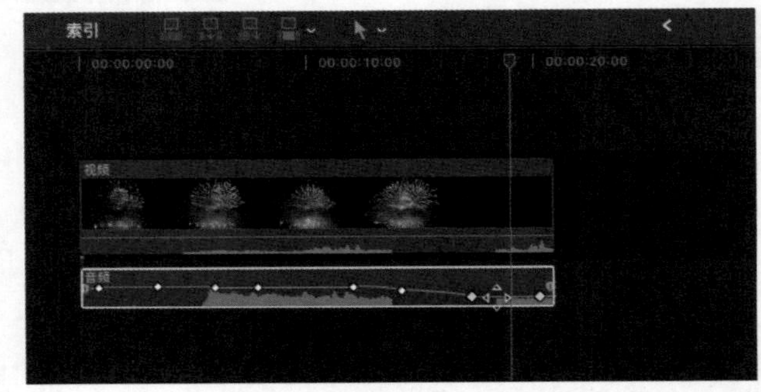

图 3-23

提示

选择创建的关键帧，按住鼠标左键进行左右拖曳可以调整它的位置。按快捷键 Option ＋ ↑ 可以提高关键帧所在位置的音量；按快捷键 Option ＋ ↓ 可以降低关键帧所在位置的音量。

知识专题：了解音频渐变

声音一般分为 4 个阶段，分别是：由无声到最大音量的上升阶段，声音开始降低的衰退阶段，声音延续的保持阶段，声音逐渐消失的释放阶段。这 4 个阶段在音波中显示为一个连贯的过程，但在编辑过程中，由于对片段进行了整理与分割，声音会在开始和结束位置被截断。针对这一情况，可以通过在音频片段的开始和结束位置添加音频渐变效果来使两个音频片段之间的连接更自然。在单个音频片段的开始和结束位置添加渐变效果，可以使声音产生淡入淡出的效果。

为音频添加渐变效果的方法很简单，将鼠标指针悬停在音频片段的滑块上，待鼠标指针变成左右双向箭头形状后，按住鼠标左键并向右拖曳滑块，上方的时间码会显示当前调整的帧数。滑块与音频开始位置的距离越远，创建的渐变效果的长度也就越长，音频的变化就越柔和，如图 3-24 所示。

在滑块上右击，或者在按住Command键的同时单击滑块，在弹出的快捷菜单中可以对渐变效果的类型进行切换，如图 3-25所示。

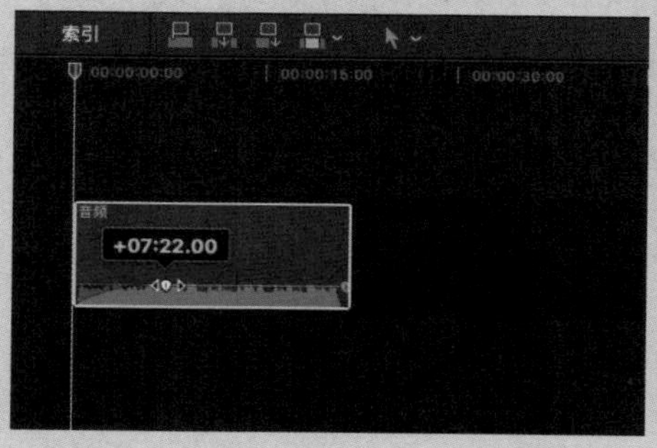

图 3-24

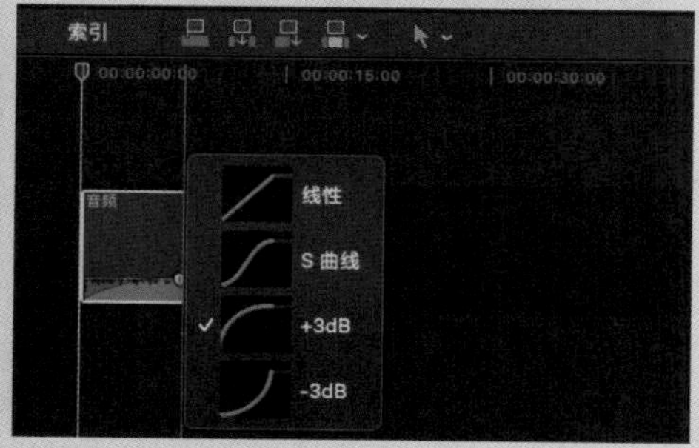

图 3-25

该快捷菜单中的各主要命令的含义如下。

◇ 线性：使用该渐变效果在轨道中体现为具有上升或下降趋势的直线，渐变的过程是均匀的。

◇ S曲线：使用该渐变效果后，音频将产生渐入渐出的声音效果。这是一款适用于音频在开始渐显、在末尾渐隐的效果。

◇ +3dB：这是默认的渐变效果，也称为快速渐变，主要适用于片段之间的渐变过渡，可以使编辑点上的音频过渡得更加自然。

◇ -3dB：该渐变效果也称为慢速渐变，通过制造声音慢慢消退的效果来掩盖片段中明显的杂音。

3.5 渐变效果 炫酷动漫配乐

在音频片段的开始和结束位置添加音频渐变效果，可以让音频连贯播放。下面介绍添加音频渐变效果的具体方法。

步骤 01 新建一个“事件名称”为“3.5炫酷动漫配乐”的事件，在新添加事件的“事件浏览器”窗口的空白处右击，在弹出的快捷菜单中选择“导入媒体”命令，打开“媒体导入”对话框，在“名称”下拉列表中选择对应文件夹下的视频素材和音频素材，然后单击“导入所选项”按钮，将选择的媒体素材导入“事件浏览器”窗口，如图 3-26所示。

步骤 02 选择视频片段和音频片段，将其依次添加至“磁性时间线”窗口中的轨道上，并将音频片段的时间长度调整至与视频片段的时间长度一致，如图 3-27所示。

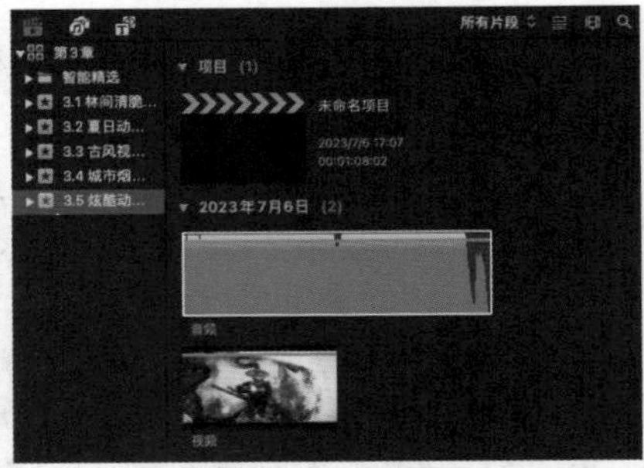

图 3-26

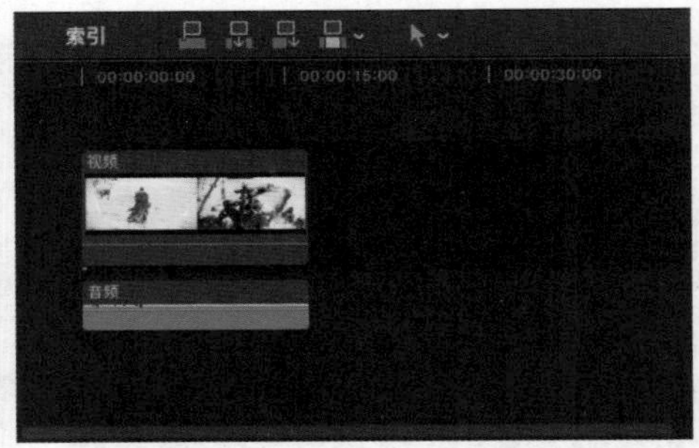

图 3-27

步骤 03 将鼠标指针悬停在音频片段的左侧滑块上，待鼠标指针变为左右双向箭头形状后，按住鼠标左键并向右拖曳滑块，添加音频渐变效果，如图 3-28 所示。

步骤 04 在滑块上右击，打开快捷菜单，选择“-3dB”命令，如图 3-29 所示。

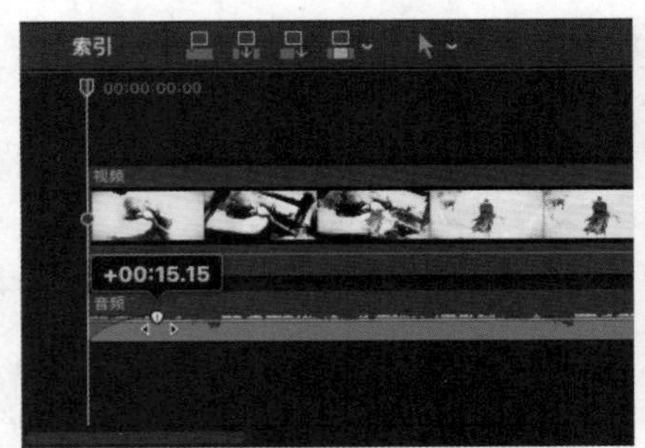

图 3-28

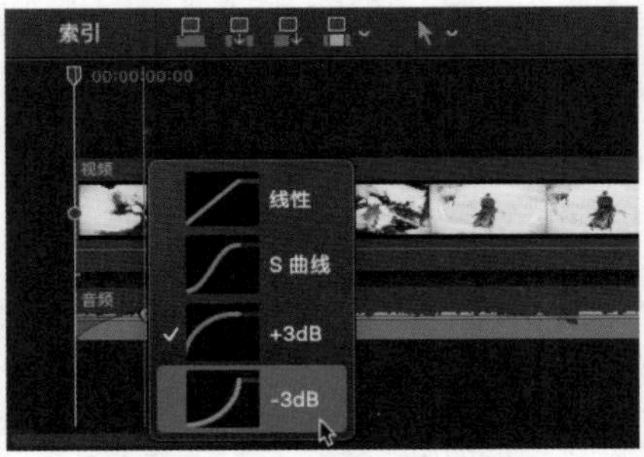

图 3-29

步骤 05 将鼠标指针悬停在音频片段的右侧滑块上，待鼠标指针变为左右双向箭头形状后，按住鼠标左键并向左拖曳滑块，添加音频渐变效果，如图 3-30 所示。

步骤 06 在滑块上右击，打开快捷菜单，选择“S 曲线”命令，如图 3-31 所示。

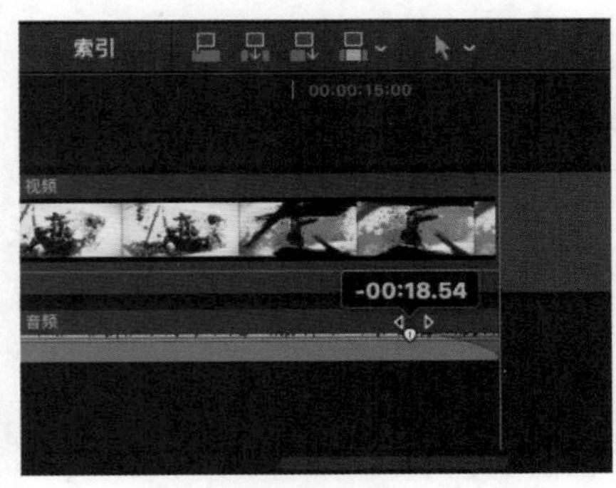

图 3-30

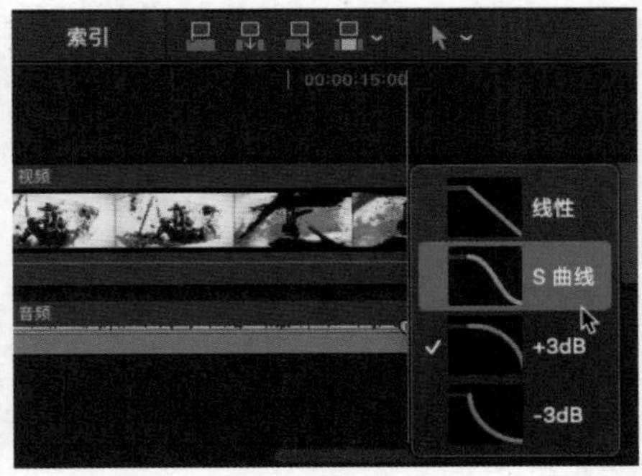

图 3-31

3.6 过渡处理 镜头里的年味

为了使音频具有更好的效果，可以先对音频的音量进行适当调整，然后在两个音频片段之间添加过渡效果。

步骤 01 新建一个“事件名称”为“3.6 镜头里的年味”的事件，在新添加事件的“事件浏览器”窗口的空白处右击，在弹出的快捷菜单中选择“导入媒体”命令，打开“媒体导入”对话框，在“名称”下拉列表中选择对应文件夹下的视频素材和音频素材，然后单击“导入所选项”按钮，将选择的媒体素材导入“事件浏览器”窗口，如图 3-32 所示。

步骤 02 选择视频片段，将其添加至“磁性时间线”窗口的视频轨道中，将音频素材添加至视频片段的下方，并调整音频素材的时间长度，使其与视频素材的时间长度一致，如图 3-33 所示。

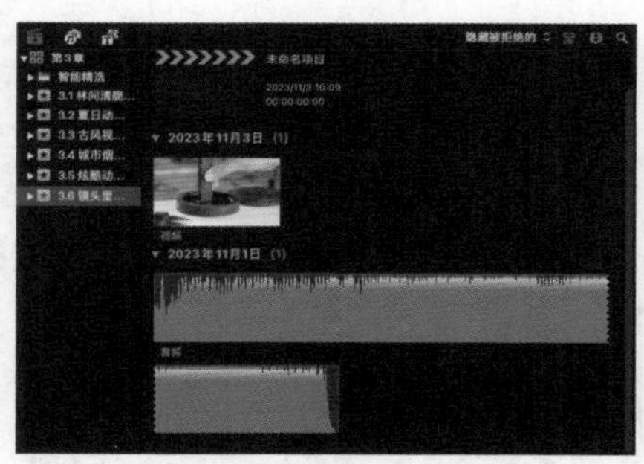

图 3-32

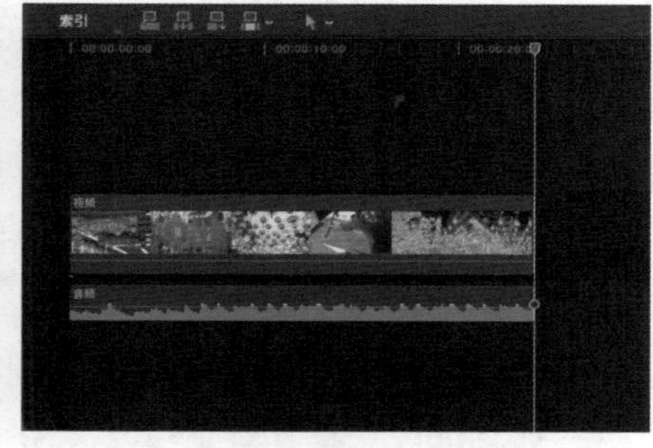

图 3-33

步骤 03 将播放指示器移至00:00:06:16的位置，在“磁性时间线”窗口的工具栏中选择“切割”工具，如图 3-34 所示。

步骤 04 在播放指示器所在的位置单击音频素材，即可将音频素材拆分为两个音频片段，如图 3-35 所示。

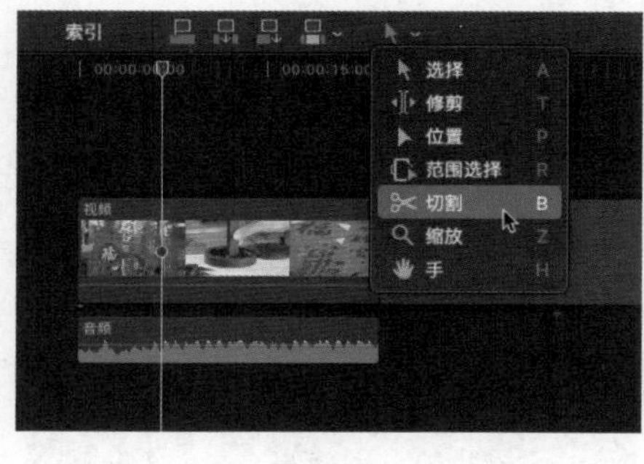

图 3-34

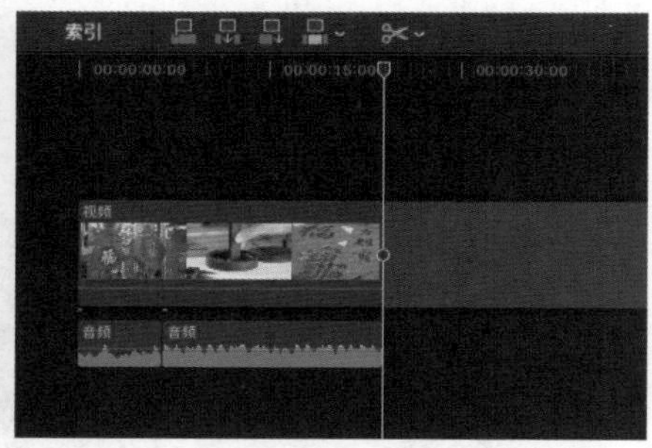

图 3-35

步骤 05 在“磁性时间线”窗口的工具栏中选择“选择”工具，然后将鼠标指针移至左侧音频片段的音量控制线上，向上拖曳至合适位置，适当调高音频片段的音量，如图 3-36 所示。

步骤 06 按住Option键的同时，将鼠标指针悬停在右侧音频片段的音量控制线上，待鼠标指针下方出现一个关键帧标志后，单击添加多个关键帧，将鼠标悬停在第二个和第三个关键帧的中间位置，按住鼠标左键向下拖曳，调整关键帧处的音量，如图 3-37 所示。

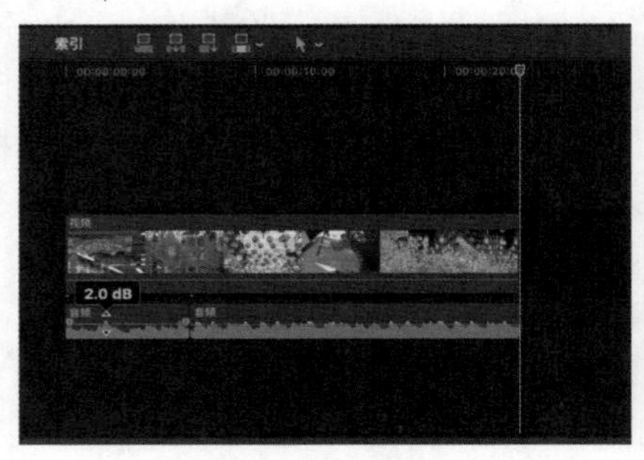

图 3-36

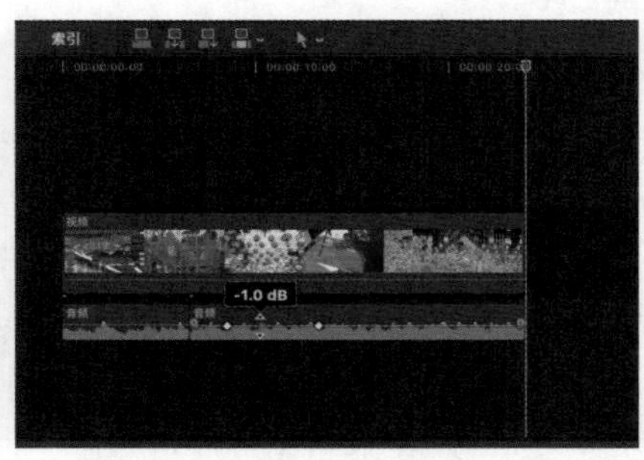

图 3-37

步骤 07 将鼠标指针悬停在左侧音频片段的左侧滑块上，鼠标指针变为左右双向箭头形状后，按住鼠标左键并向右拖曳滑块，添加音频渐变效果，如图 3-38 所示。

步骤 08 将鼠标指针悬停在右侧音频片段的右侧滑块上，鼠标指针变为左右双向箭头形状后，按住鼠标左键并向左拖曳滑块，添加音频渐变效果，如图 3-39 所示。

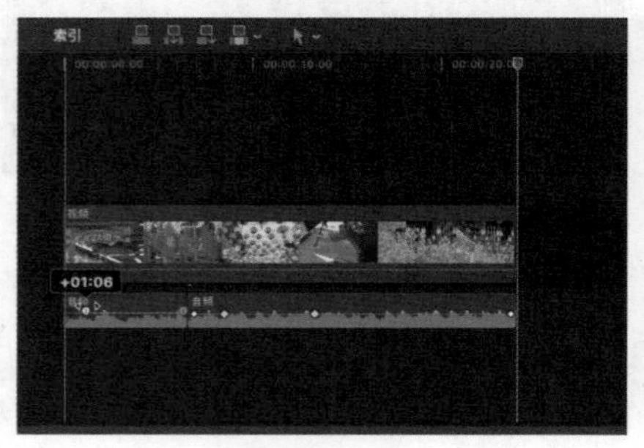

图 3-38

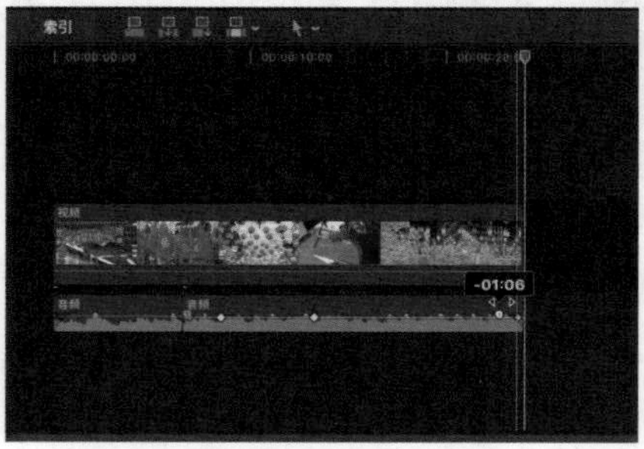

图 3-39

步骤 09 将鼠标指针移至两个音频片段中间并单击，执行“编辑”|“添加交叉叠化”命令，如图 3-40 所示。

步骤 10 在两个音频片段中间添加“交叉叠化”效果，如图 3-41 所示。

图 3-40

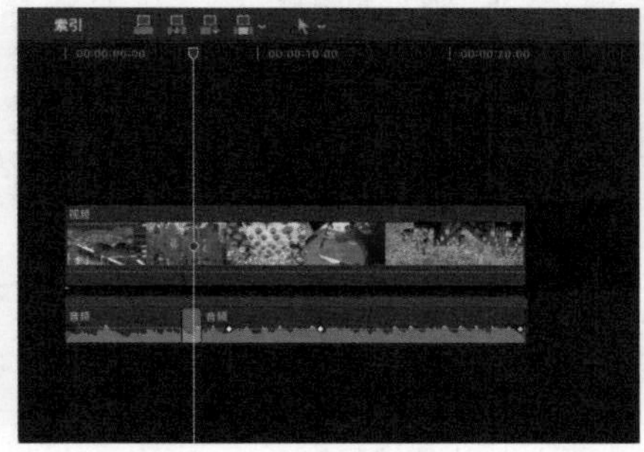

图 3-41

步骤 11 完成音频的过渡处理后，在“检视器”窗口中单击“从播放头位置向前播放-空格键”按钮▶，试听音频效果，视频画面效果如图 3-42 所示。

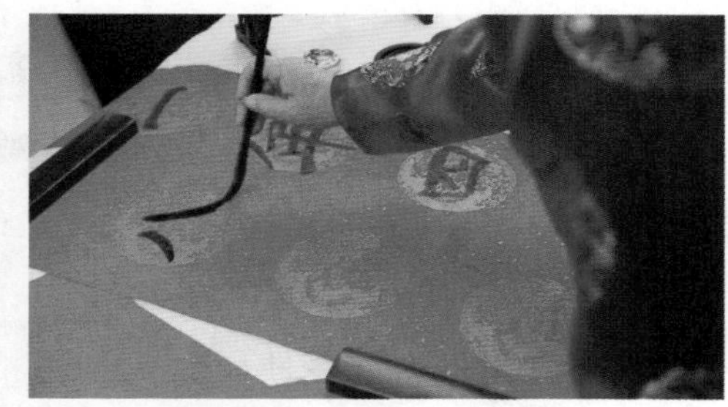

图 3-42

知识专题：认识“音频检查器”窗口

除了可以在“磁性时间线”窗口对音频进行查看与调整外，还可以在“音频检查器”窗口中对选择的音频进行调整。下面将详细讲解在Final Cut Pro的“音频检查器”窗口中查看与控制音量的具体方法。

1. 在“音频检查器”窗口中调整音量

在视频轨道上选择音频片段，在“检查器”窗口中单击“显示音频检查器”按钮🔊，打开“音频检查器”窗口，如图 3-43 所示。

图 3-43

在“音频检查器”窗口的“音量”选项区中，拖曳该选项区中的滑块，可以修改当前音频片段的音量。在调整音频片段的音量时，还可以直接单击“音量”右侧的音量值，当数值被激活变为蓝色后，输入准确数值并按回车键进行确认，如图 3-44 所示。

图 3-44

2. 利用“音频检查器”窗口分析音频

在“音频检查器”窗口中可以对选择的音频片段进行分析。其分析方法很简单，单击“音频分析”右侧的“显示”按钮，将打开“音频分析”选项区，用户可以在其中勾选“响度”“降噪”“嗡嗡声消除”等复选框，被勾选的复选框下方会显示相应选项的数值，如图 3-45 所示。

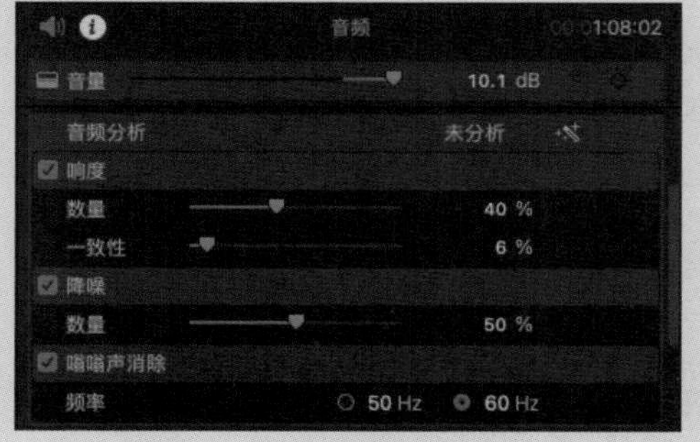

图 3-45

3.7 均衡效果 公路上的车流

为音频添加均衡效果可以更有效地控制声音，提高声音的清晰度和精准度，从而获得更好的音效。下面介绍为音频添加均衡效果的具体方法。

步骤 01 新建一个“事件名称”为“3.7 公路上的车流”的事件，在“事件浏览器”窗口的空白处右击，在弹出的快捷菜单中选择“导入媒体”命令，打开“媒体导入”对话框，选择对应文件夹下的视频素材和音频素材，单击“导入所选项”按钮，将选择的媒体素材添加至“事件浏览器”窗口中，如图 3-46 所示。

步骤 02 选择视频素材和音频素材，将其依次添加至“磁性时间线”窗口的轨道上，如图 3-47 所示。

图 3-46

图 3-47

步骤 03 在“音频检查器”窗口的“音频增强”选项区中，勾选“均衡”复选框，单击“平缓”右侧的按钮，展开下拉列表，选择“低音增强”选项，如图 3-48 所示。

步骤 04 单击“显示高级均衡器”按钮，打开图形均衡器，选择均衡器中各个频段上的滑块，按住鼠标左键上下拖曳，可以对声音效果进行自定义调整，如图 3-49 所示。

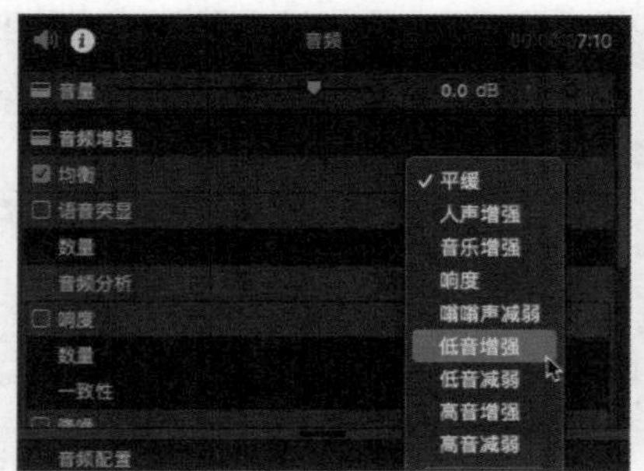

图 3-48

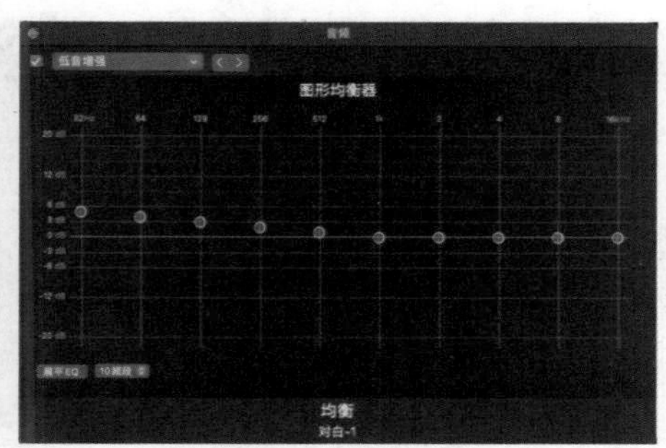

图 3-49

3.8 立体声模式 蜜蜂采蜜音效

声相模式类似于一种能够控制声音信号在音频通道中输出位置的设置。通过声相模式可以快速地改变声音的定位，营造出一种空间感，让画面与声音能够更好地融合在一起。在“音频检查器”窗口中，单击“声相”选项区中“模式”右侧的按钮，展开下拉列表，该下拉列表中提供了多种预设效果，选择不同选项，可以得到不同的声相模式。下面介绍设置立体声模式的具体方法。

步骤 01 新建一个“事件名称”为“3.8 蜜蜂采蜜音效”的事件，在“事件浏览器”窗口的空白处右击，在弹出的快捷菜单中选择“导入媒体”命令，打开“媒体导入”对话框，选择对应文件夹下的视频素材和音频素材，单击“导入所选项”按钮，将选择的媒体素材添加至“事件浏览器”窗口中，如图 3-50 所示。

步骤 02 选择视频素材和音频素材，将其依次添加至“磁性时间线”窗口的轨道上，并将音频片段的时间长度调整至与视频片段的时间长度一致，如图 3-51 所示。

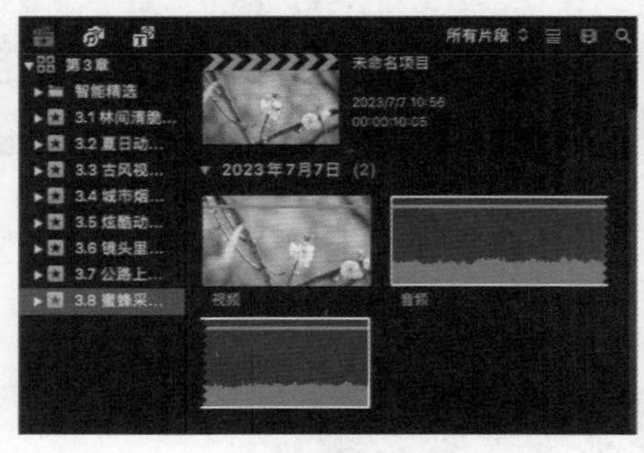

图 3-50

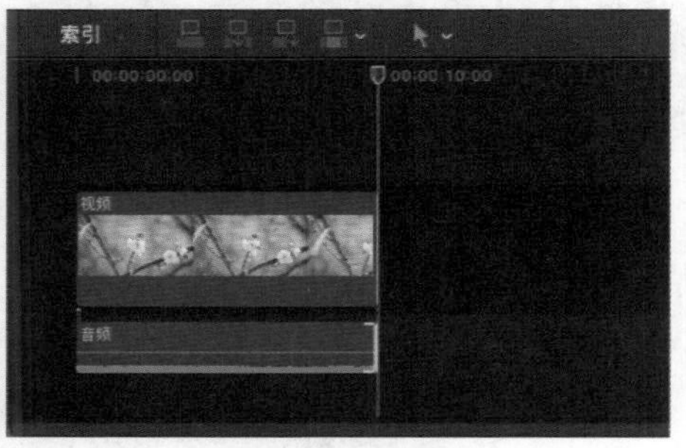

图 3-51

步骤 03 选择音频片段，在“音频检查器”窗口的“声相”选项区中，单击“模式”右侧的按钮，展开下拉列表，选择“立体声左/右”选项，如图 3-52 所示。

步骤 04 将播放指示器移至00:00:02:00位置，在“音频检查器”窗口的“声相”选项区中，修改“数量”为100.0，然后单击“添加关键帧”按钮，添加一个关键帧，如图 3-53 所示。

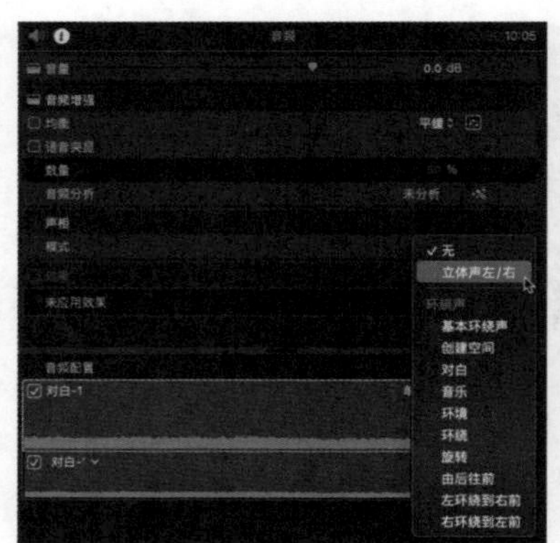

图 3-52

图 3-53

步骤 05 将播放指示器移至00:00:05:19位置，在“音频检查器”窗口的“声相”选项区中，修改“数量”为-100.0，如图 3-54所示，系统将自动在播放指示器所在的位置添加一个关键帧。

步骤 06 将播放指示器移至00:00:10:05位置，在“音频检查器”窗口的“声相”选项区中，修改“数量”为60.0，如图 3-55所示，系统将自动在播放指示器所在的位置添加一个关键帧。

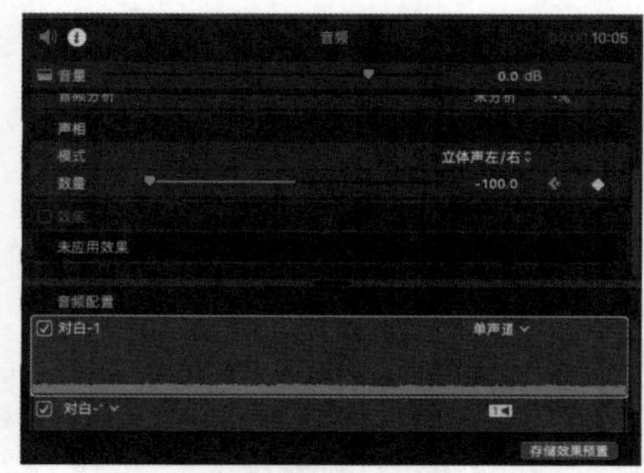

图 3-54

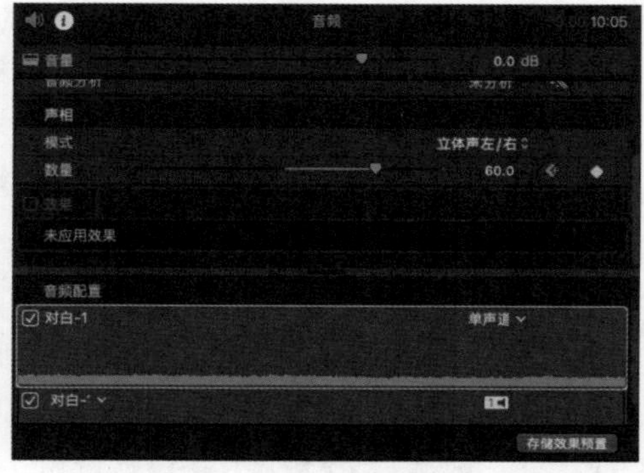

图 3-55

步骤 07 将鼠标指针移至音频片段的音量控制线上，向上拖曳至合适位置，适当调高音频片段的音量，如图 3-56所示。

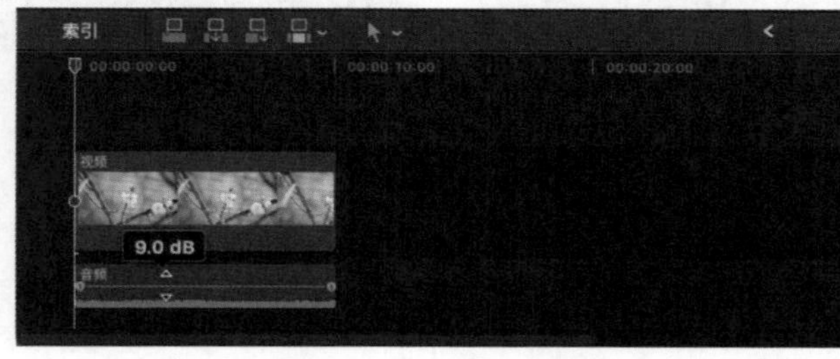

图 3-56

步骤 08 完成音频片段立体声效果的制作后，在“检视器”窗口中单击“从播放头位置向前播放-空格键”按钮▶，试听立体声音频效果，视频画面效果如图 3-57 所示。

图 3-57

3.9 环绕声模式 企业宣传片头

在应用了环绕声模式后，音频声相器的音频通道会从原来的两个扩展为 6 个，分别为：左环绕（Ls）、左（L）、中（C）、右（R）、右环绕（Rs）、低音（LEF）通道。下面介绍设置环绕声模式的具体方法。

步骤 01 新建一个“事件名称”为“3.9 企业宣传片头”的事件，在“事件浏览器”窗口的空白处右击，在弹出的快捷菜单中选择“导入媒体”命令，打开“媒体导入”对话框，选择对应文件夹下的视频素材和音频素材，单击“导入所选项”按钮，将选择的媒体素材添加至“事件浏览器”窗口中，如图 3-58 所示。

步骤 02 选择视频素材和音频素材，将依次添加至“磁性时间线”窗口的轨道上，并将音频片段的时间长度调整至与视频片段的时间长度一致，如图 3-59 所示。

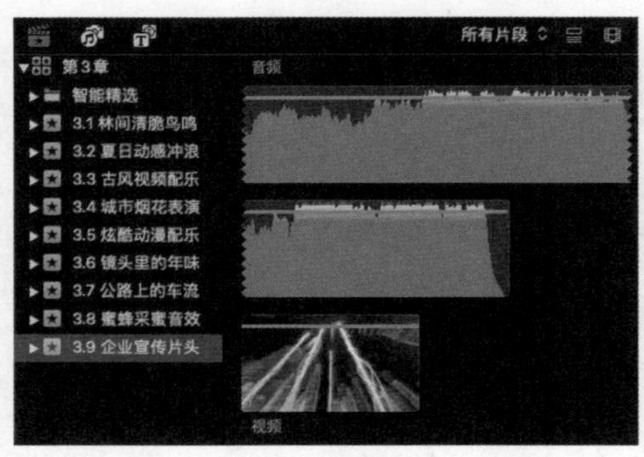

图 3-58

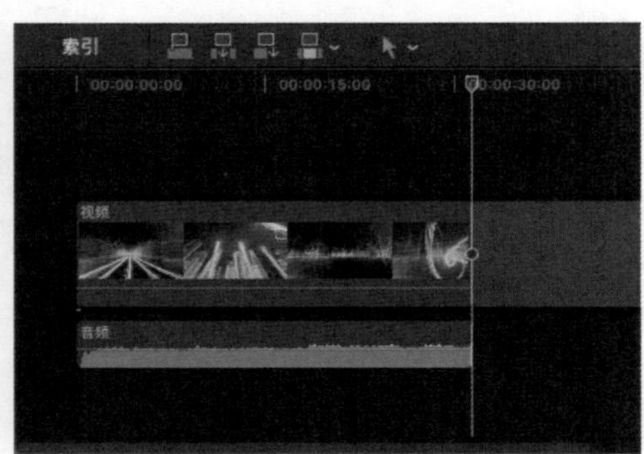

图 3-59

步骤 03 选择音频片段，在“音频检查器”窗口的“声相”选项区中，单击“模式”右侧的按钮，展开下拉列表，选择“基本环绕声”选项，如图 3-60 所示。

步骤 04 在“声相”选项区的“环绕声声相器”中，拖曳声相器中心的圆形滑块，调整各个音频通道的声音，如图 3-61 所示，完成环绕声的制作。

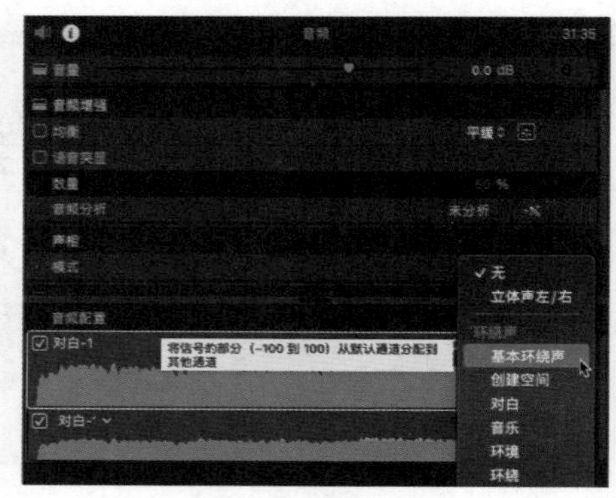

图 3-60

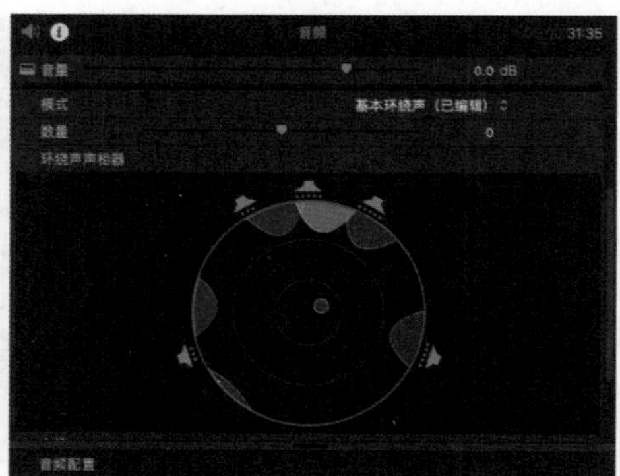

图 3-61

步骤 05 在“检视器”窗口中单击“从播放头位置向前播放-空格键”按钮▶，试听环绕声音频效果，视频画面效果如图 3-62 所示。

图 3-62

提示

当音频片段拥有两个及以上的音频通道时，利用“音频检查器”窗口中的“音频配置”选项区可以对多个通道进行控制，有选择性地进行激活与屏蔽。在“音频检查器”窗口的“音频配置”选项区中，单击“立体声”右侧的下拉按钮，在下拉列表中选择合适的声道，如图 3-63 所示，即可更改音频的声道。如果需要屏蔽音频通道，则可以取消勾选音频通道前的复选框，如图 3-64 所示。

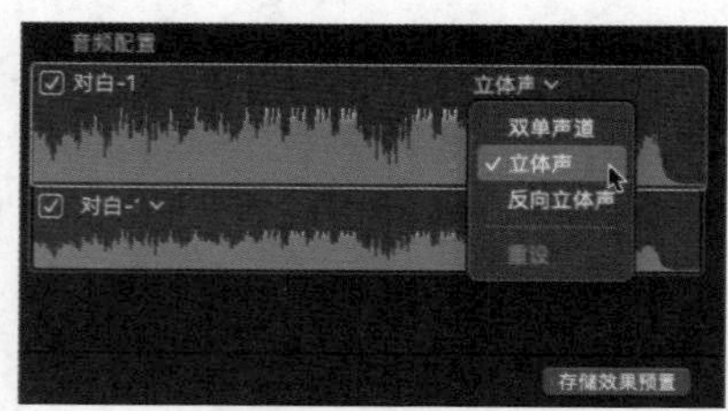

图 3-63

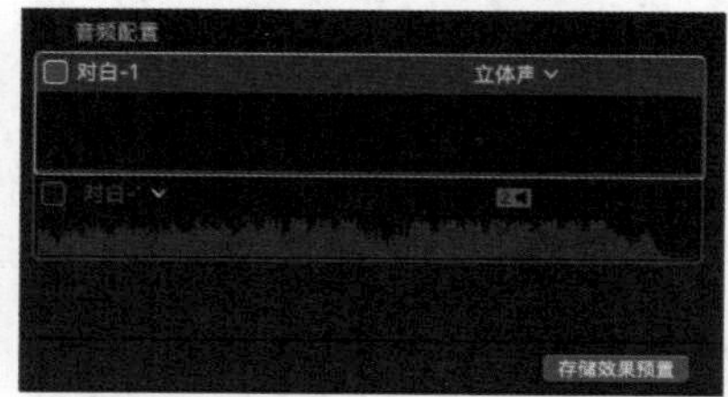

图 3-64

知识专题：常用音频效果

常用的音频效果有电平、调制、回声、空间和失真等，下面将对这些常用的音频效果进行讲解。

1. 电平音频效果

电平音频效果可以控制音频的大小，将焦点和入点、出点添加到片段中，并优化声音，以在不同情况下进行播放。“效果浏览器”窗口的“电平”列表框中包含众多电平音频效果，常用的电平音频效果有Adaptive Limiter、Compressor、Enveloper、Expander等，如图 3-65所示。

2. 调制音频效果

调制音频效果用于给声音增添动感和深度。调制音频效果通常会使传入的信号延迟几毫秒，并使用低频振荡器（LFO）调制延迟的信号（低频振荡器可用于调制某些效果中的延迟时间）。“效果浏览器”窗口的“调制”列表框中包含众多调制音频效果，如图 3-66所示。

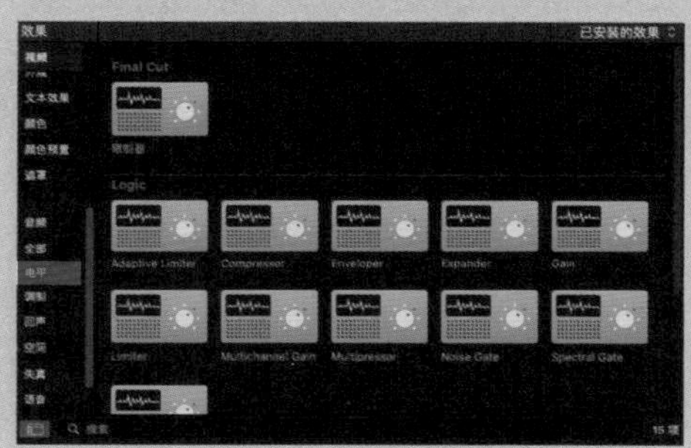

图 3-65

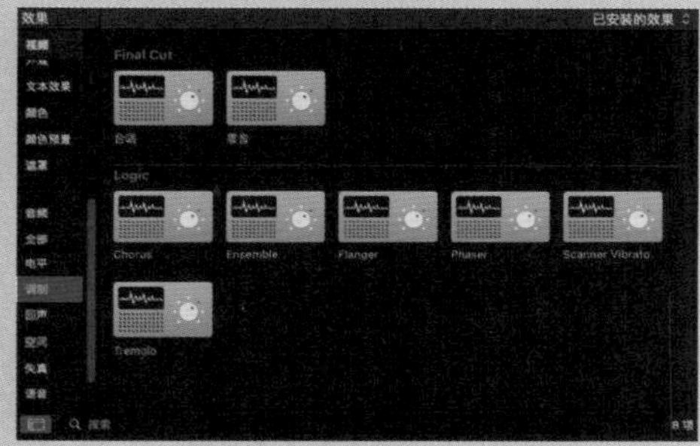

图 3-66

3. 回声音频效果

回声音频效果可用于存储输入信号，并在推迟一段时间后重复保持和延迟的信号，从而创建回声效果或延迟效果。“效果浏览器”窗口的“回声”列表框中，包含众多回声音频效果，如图 3-67所示。

4. 空间音频效果

空间音频效果可用来模拟多种原声环境的声音，例如房间、音乐厅、洞窟或空旷场所的声音。“效果浏览器”窗口的“空间”列表框中包含众多空间音频效果，如图 3-68所示。

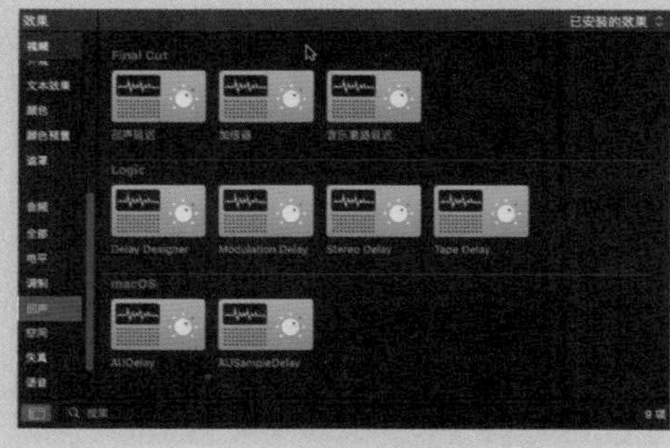

图 3-67

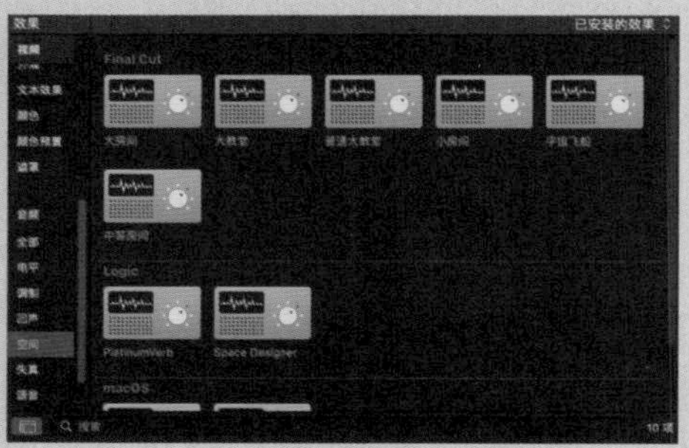

图 3-68

5. 失真音频效果

使用失真音频效果可以创建模拟失真的声音，还可以从根本上转换音频。失真音频效果一般用于模拟由电子管、晶体管或数码电路产生的失真效果。“效果浏览器”窗口的“失真”列表框中包含众多失真音频效果，如图 3-69 所示。

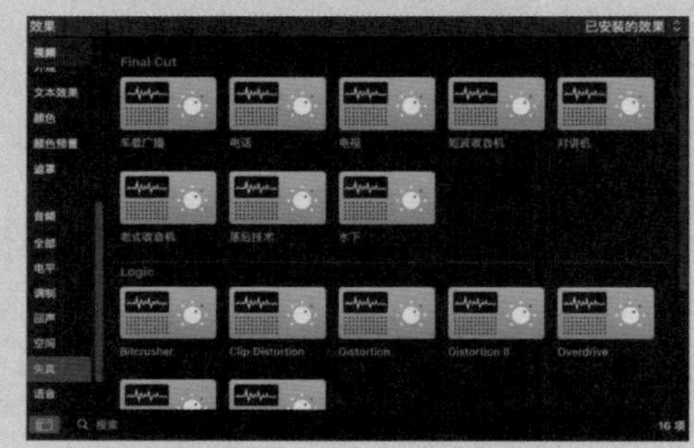

图 3-69

6. 语音音频效果

使用语音音频效果可以校正声音的音高问题或改善音频信号，还可以创建同音或轻微加重的声部，甚至可以创建和声。“效果浏览器”窗口的“语音”列表框中包含众多语音音频效果，如图 3-70 所示。

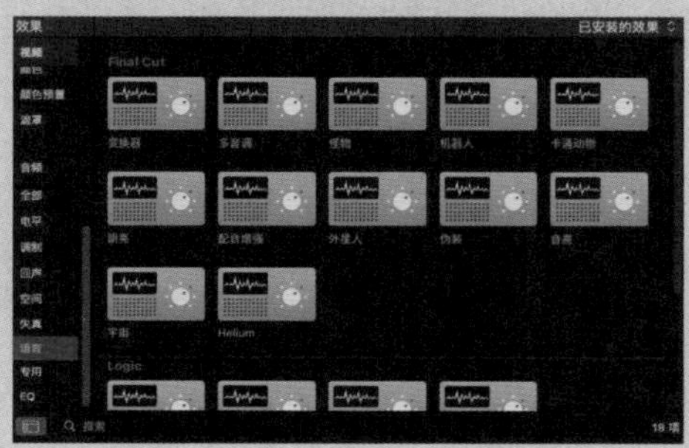

图 3-70

7. 专用音频效果

专用音频效果用于完成制作音频时碰到的任务。例如，Denoiser（降噪器）会消除或减少低于某个临界音量的噪声，Exciter（激励器）通过生成人工高频组件来给录音添加生命力，SubBass（最低音栓）可生成源于传入信号的人工低音信号。“效果浏览器”窗口的“专用”列表框中包含众多专用音频效果，如图 3-71 所示。

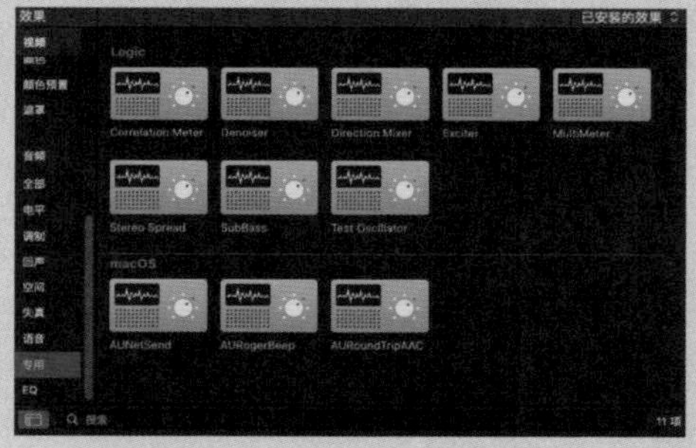

图 3-71

8. EQ 音频效果

EQ 是最常见的音频效果器，它可以调整音频片段中不同频率的电平，从而控制某一频率电平的大小。这样的操作可以改善音频的声音品质，规避某些频率上的噪声。“效果浏览器”窗口的“EQ”列表框中包含众多 EQ 音频效果，如图 3-72 所示。

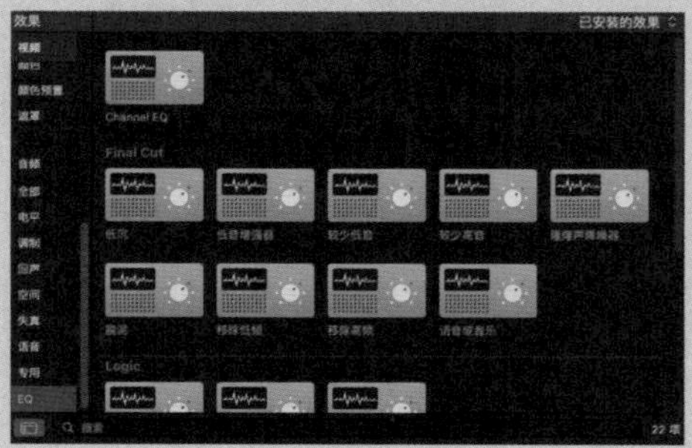

图 3-72

3.10 回声效果 发布会倒计时

在Final Cut Pro中，用户只要将选中的音频效果拖曳至音频片段上，即可制作出相应的效果。下面介绍添加回声效果的方法。

步骤 01 新建一个“事件名称”为“3.10发布会倒计时”的事件，在“事件浏览器”窗口的空白处右击，在弹出的快捷菜单中选择“导入媒体”命令，打开“媒体导入”对话框，选择对应文件夹下的视频素材和音频素材，单击“导入所选项”按钮，将选择的媒体素材添加至“事件浏览器”窗口中，如图3-73所示。

步骤 02 选择视频素材和音频素材，将其依次添加至“磁性时间线”窗口的轨道上，并将音频片段的时间长度调整至与视频片段的时间长度一致，如图3-74所示。

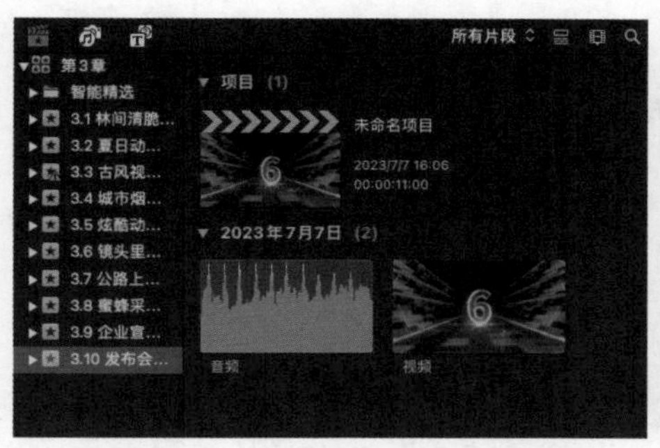

图3-73

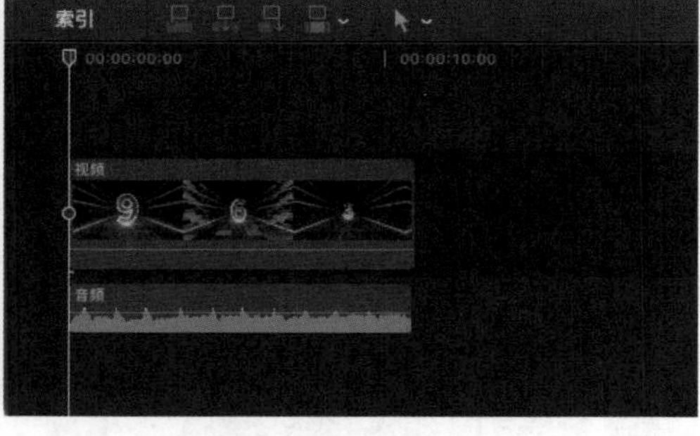

图3-74

步骤 03 在“效果浏览器”窗口的左侧列表框中选择“回声”选项，在右侧列表框中选择“回声延迟”音频效果，如图3-75所示。

步骤 04 将选择的音频效果添加至音频片段上，然后在“音频检查器”窗口的“回声延迟”选项区中，修改“数量”为15.0，如图3-76所示，即可完成“回声延迟”音频效果的添加与编辑。

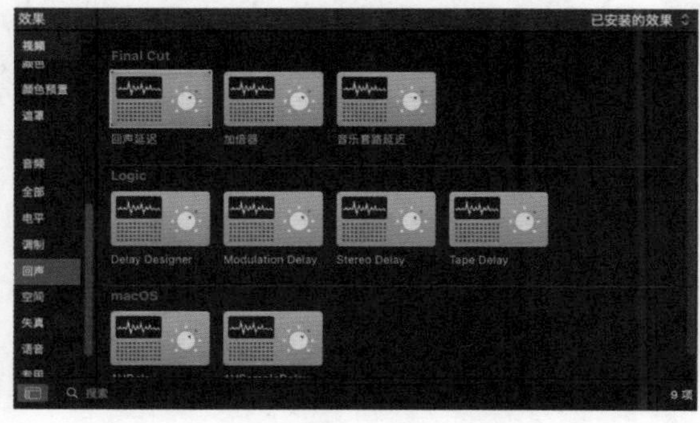

图3-75

图3-76

3.11 特效配音 唯美花瓣特效

本节将通过实例来介绍音频片段的添加和优化操作。在项目中添加音频片段后，用户可以为音频片段添加渐变、过渡和滤镜效果来实现音频的优化操作。

步骤 01 新建一个“事件名称”为“3.11 唯美花瓣特效”的事件，然后在新添加事件的“事件浏览器”窗口的空白处右击，在弹出的快捷菜单中选择“导入媒体”命令，打开“媒体导入”对话框，选择对应文件夹下的视频素材和音频素材，单击“导入所选项”按钮，将选择的媒体素材添加至“事件浏览器”窗口中，如图 3-77 所示。

步骤 02 选择视频素材和音频素材，将其依次添加至“磁性时间线”窗口的轨道上，将音频片段的时间长度调整至与视频片段的时间长度一致，如图 3-78 所示。

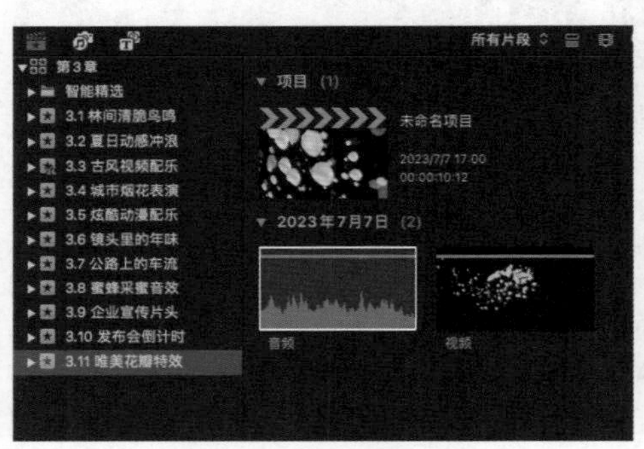

图 3-77

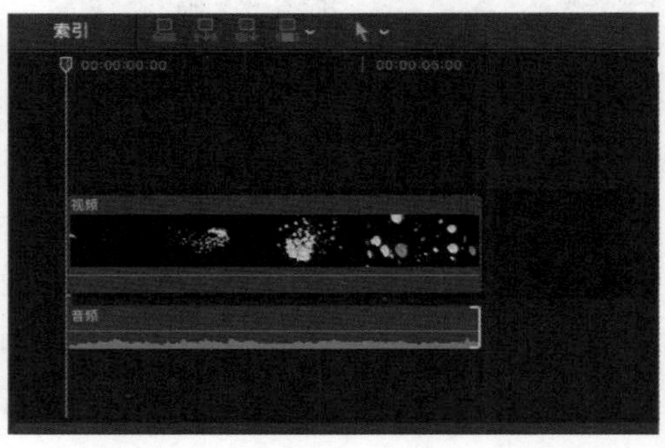

图 3-78

步骤 03 按住 Option 键的同时，将鼠标指针悬停在音频片段的音量控制线上，待鼠标指针下方出现一个带有“+”符号的菱形标志，单击添加多个关键帧，如图 3-79 所示。

步骤 04 将鼠标指针悬停在关键帧之间的音量控制线上，按住鼠标左键进行拖曳，调整关键帧之间的音量，如图 3-80 所示。

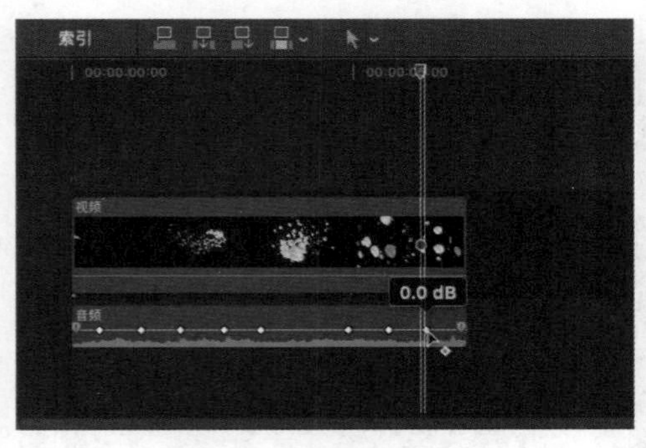

图 3-79

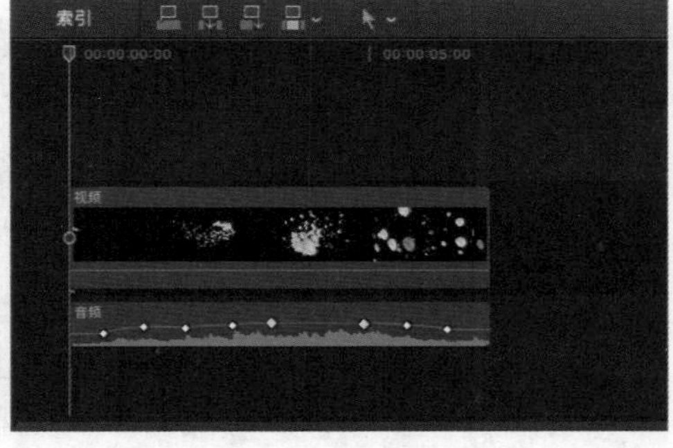

图 3-80

步骤 05 将鼠标指针悬停在音频片段的左侧滑块上，待鼠标指针变为左右双向箭头形状后，按住鼠标左键并向右拖曳滑块，添加音频渐变效果，如图 3-81 所示。

步骤 06 将鼠标指针悬停在音频片段的右侧滑块上，待鼠标指针变为左右双向箭头形状后，按住鼠标左键并向左拖曳滑块，添加音频渐变效果，如图 3-82 所示。

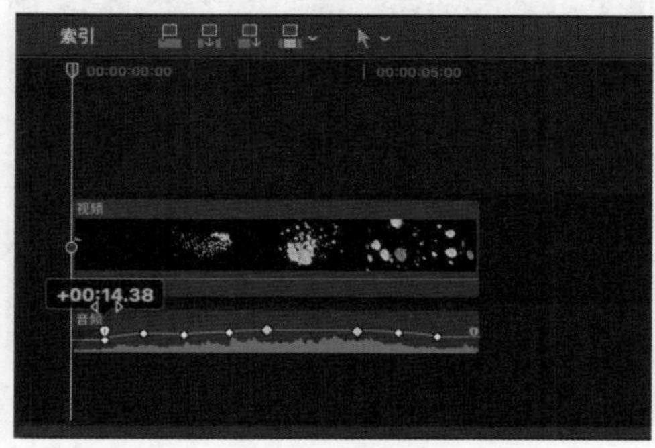

图 3-81

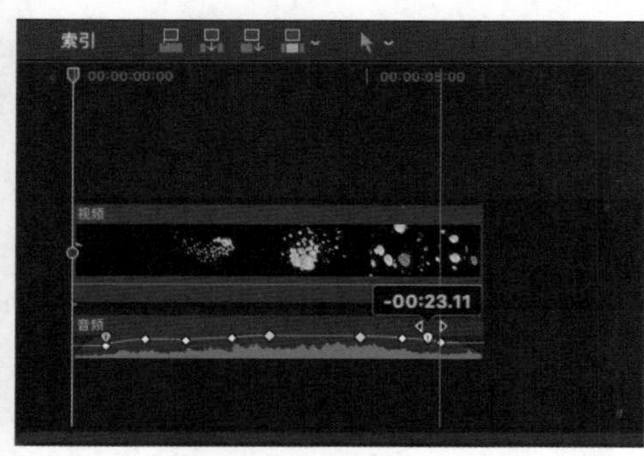

图 3-82

步骤 07 选择音频片段，在“音频检查器”窗口的“声相”选项区中，单击“模式”右侧的按钮，展开下拉列表，选择“立体声左/右”选项，如图 3-83 所示。

步骤 08 将播放指示器移至00:00:00:13 位置，在“音频检查器”窗口的“声相”选项区中，修改“数量”为 100.0，然后单击“添加关键帧”按钮，添加一个关键帧，如图 3-84 所示。

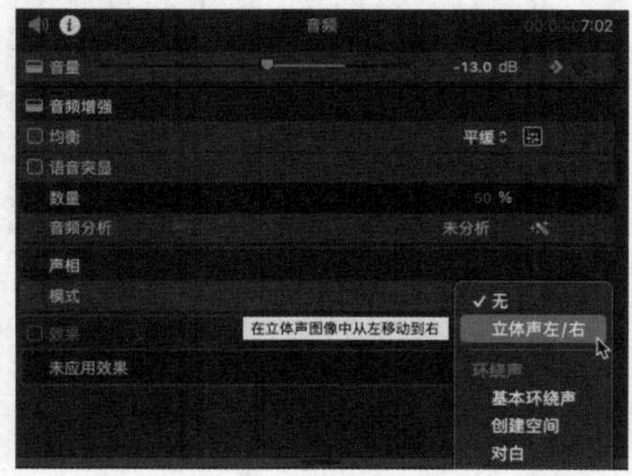

图 3-83

图 3-84

步骤 09 将播放指示器移至00:00:01:23 位置，在“音频检查器”窗口的“声相”选项区中，修改“数量”为 -100.0，系统将自动在播放指示器所在的位置添加一个关键帧，如图 3-85 所示。

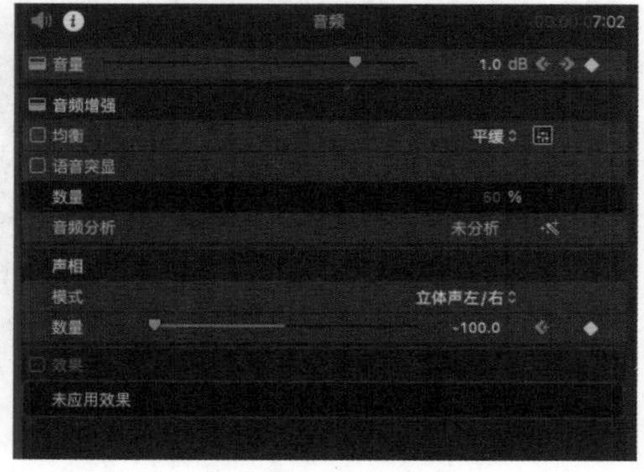

图 3-85

步骤 10　将播放指示器移至 00:00:04:22 位置，在“音频检查器”窗口的“声相”选项区中，修改“数量”为 60.0，系统将自动在播放指示器所在的位置添加一个关键帧，如图 3-86 所示。

图 3-86

步骤 11　在“效果浏览器”窗口的左侧列表框中选择“空间”选项，在右侧列表框中选择“中等房间”音频效果，如图 3-87 所示。

步骤 12　按住鼠标左键，将选择的音频效果拖曳至音频片段上，如图 3-88 所示。

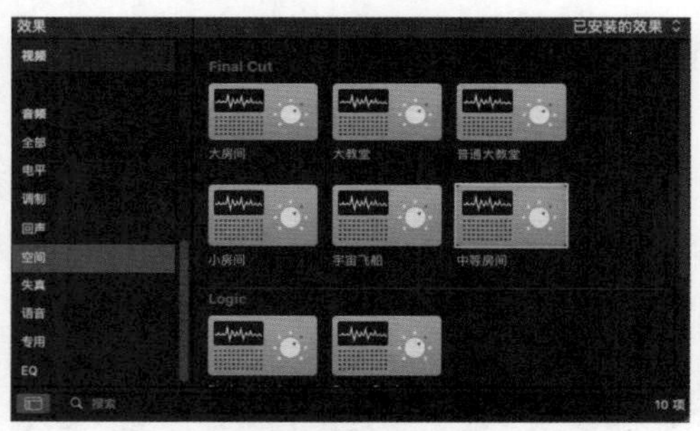

图 3-87

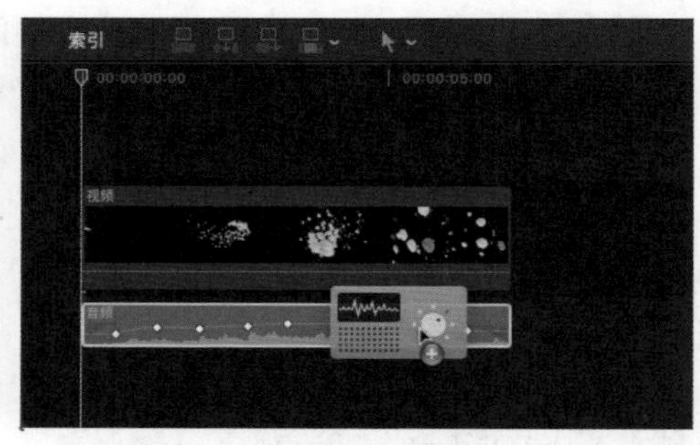

图 3-88

步骤 13　参照步骤 11 和步骤 12 的操作方法，为音频片段添加“EQ”列表框中的“低音增强器”效果，如图 3-89 所示。

步骤 14　在“音频检查器”窗口的“低音增强器”选项区中，修改“数量”为 60.0，如图 3-90 所示。

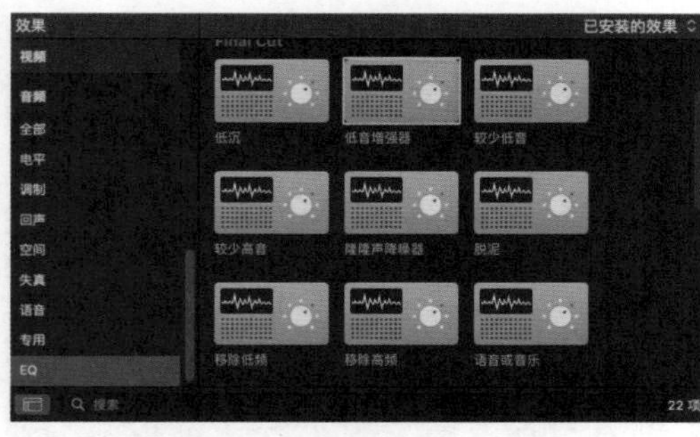

图 3-89

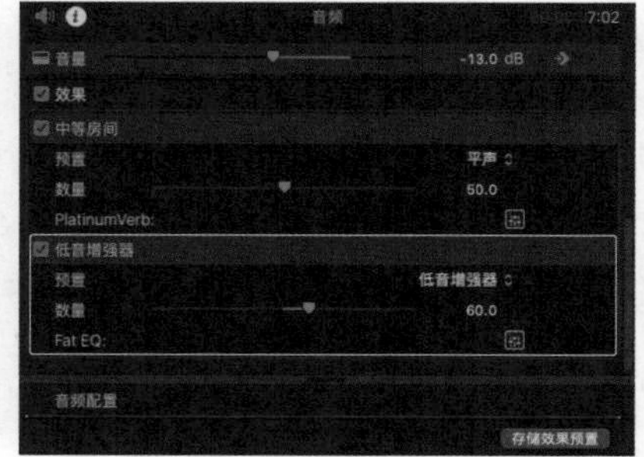

图 3-90

第 4 章

添加字幕：让视频锦上添花

在创作影片的过程中，通过文字可以向观众传达影片所要表述的信息。例如，在影片的开头介绍影片中发生的事件及背景信息等内容；在播放过程中显示场景及其名称等详细信息；在影片结束时，显示参与影片创作的人员信息等。本章将详细介绍视频剪辑中有关字幕应用的相关知识。

4.1 基本字幕 樱花茶园美景

使用“连接字幕”子菜单中的“基本字幕”命令为影片添加文字是基础且常用的方式。下面将介绍为视频添加基本字幕的具体操作方法。

步骤 01 新建一个名称为“第 4 章”的资源库。然后在“事件资源库”窗口中新建一个“事件名称”为“4.1 樱花茶园美景”的事件。

步骤 02 在“事件浏览器”窗口的空白处右击，在弹出的快捷菜单中选择“导入媒体”命令，打开“媒体导入”对话框，在“名称”下拉列表中选择对应文件夹下的视频素材，然后单击“导入所选项”按钮，将视频素材导入“事件浏览器”窗口，如图 4-1 所示。

步骤 03 选择视频片段，将其添加至“磁性时间线”窗口的视频轨道上，如图 4-2 所示。

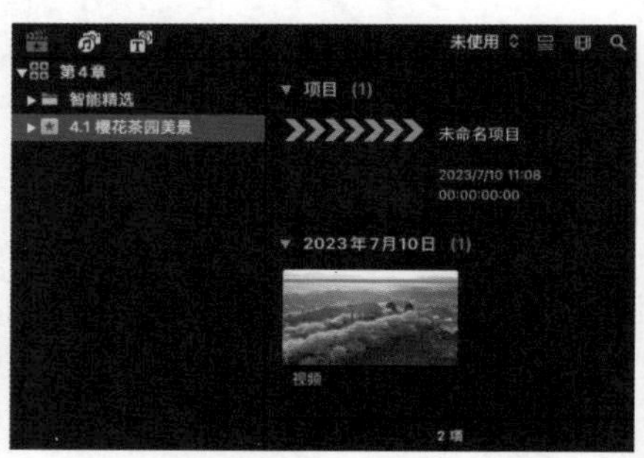

图 4-1

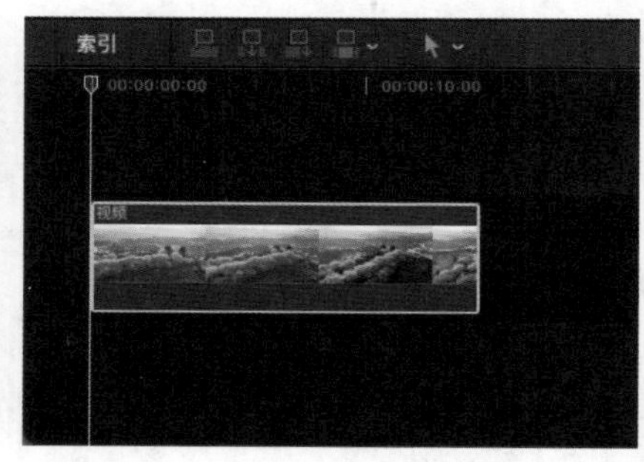

图 4-2

步骤 04 执行“编辑”|“连接字幕”|“基本字幕”命令，如图 4-3 所示。

步骤 05 在视频片段的上方新建一个字幕片段，将新添加的字幕片段的时间长度调整至与视频片段的时间长度一致，如图 4-4 所示。

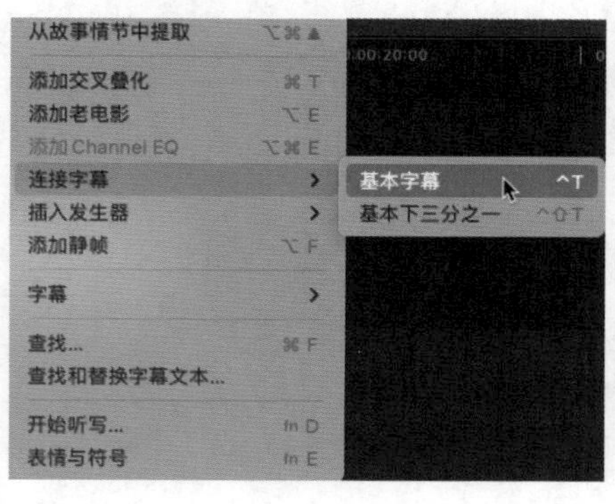

图 4-3

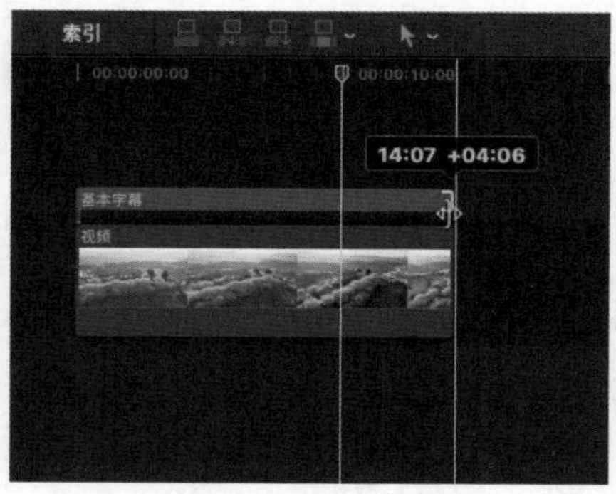

图 4-4

步骤 06 选择字幕片段，然后在“检视器”窗口中双击标题文本，在文本呈被选中状态时将“标题”二字删除，输入新的文本“樱花茶园”，如图 4-5 所示。

步骤 07 在“检视器”窗口中选择文本，按住鼠标左键进行拖曳，将标题文本移动到检视器的右上角，如图 4-6 所示。

图 4-5

图 4-6

步骤 08 上述操作完成后，再为视频添加一首合适的音乐。在“检视器”窗口中可查看最终的字幕效果，如图 4-7 所示。

图 4-7

提示

选择字幕片段后，用户可以在“检视器”窗口中输入新的文本内容，也可以在“文本检查器”窗口的“文本”选项区中输入新的文本内容。

4.2 基本下三分之一 时尚潮流穿搭

添加“基本下三分之一”字幕的方法与添加“基本字幕”的方法相同，但添加的“基本下三分之一”字幕无须移动，它会直接显示在“检视器”窗口的左下角。

步骤 01 新建一个“事件名称”为“4.2 时尚潮流穿搭”的事件，在“事件浏览器”窗口的空白处右击，在弹出的快捷菜单中选择“导入媒体”命令，打开“媒体导入”对话框，在“名称”下拉列表中选择对应文件夹下的视频素材，然后单击“导入所选项”按钮，将选择的视频素材导入“事件浏览器”窗口，如图 4-8 所示。

步骤 02 选择已添加的视频片段，将其添加至“磁性时间线”窗口的视频轨道上，如图 4-9 所示。

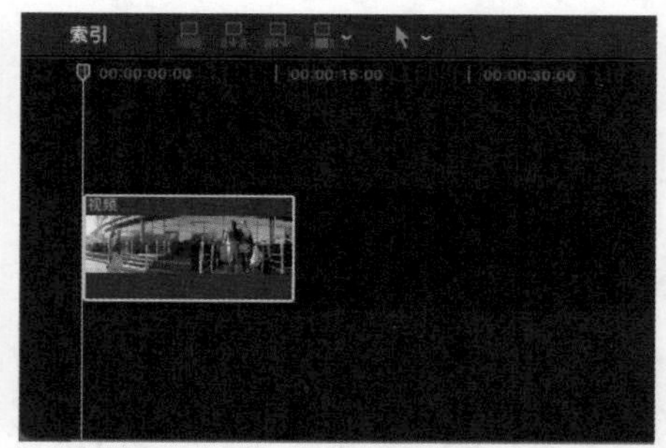

图 4-8　　　　图 4-9

步骤 03　执行“编辑”|“连接字幕”|“基本下三分之一”命令，如图 4-10 所示。

步骤 04　在视频片段的上方新建一个字幕片段，将新添加的字幕片段的时间长度调整至与视频片段的时间长度一致，如图 4-11 所示。

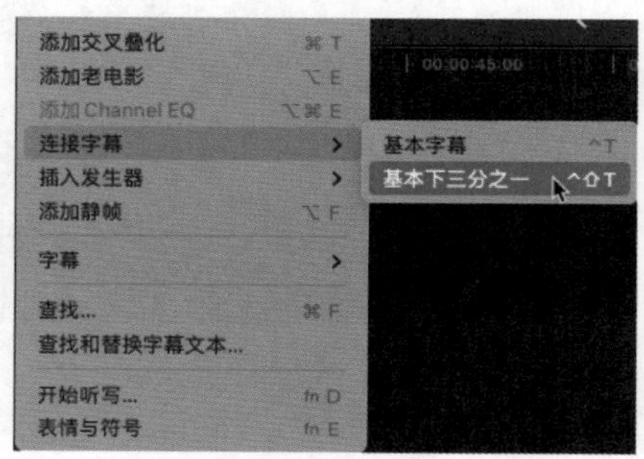

图 4-10　　　　图 4-11

步骤 05　执行操作后，即可在视频画面左下角添加一个“名称描述”字幕，如图 4-12 所示。

步骤 06　选择字幕片段，然后在“检视器”窗口中双击名称文本，在文本呈被选中状态时将“名称”二字删除，输入新的文本“秋季新款”，如图 4-13 所示。

步骤 07　参照步骤 06 的操作方法将“描述”二字修改为“休闲百搭中长款外套”。

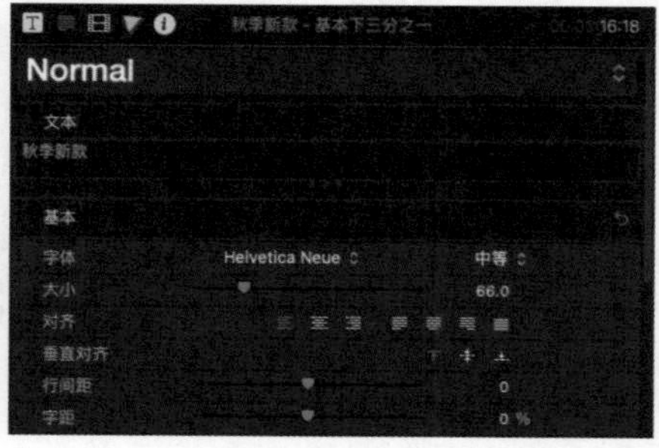

图 4-12　　　　图 4-13

步骤 08 上述操作完成后，再为视频添加一首合适的音乐。在“检视器”窗口中可查看最终的字幕效果，如图 4-14所示。

图 4-14

知识专题：修改文字设置

添加标题字幕后，如果要进一步对文字格式与外观属性进行调整，可以在“文本检查器”窗口中进行相关操作，如图 4-15所示。

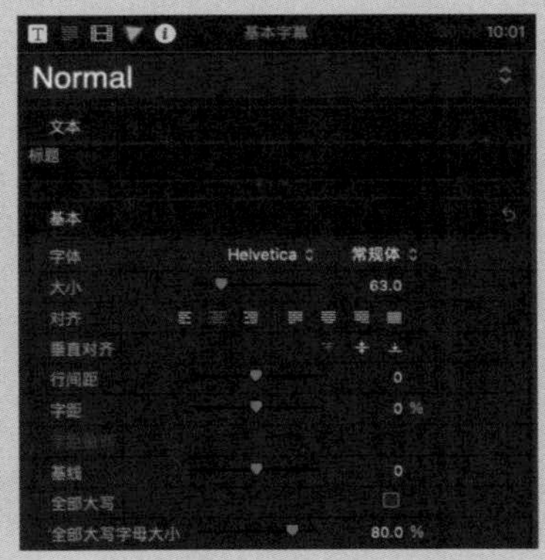

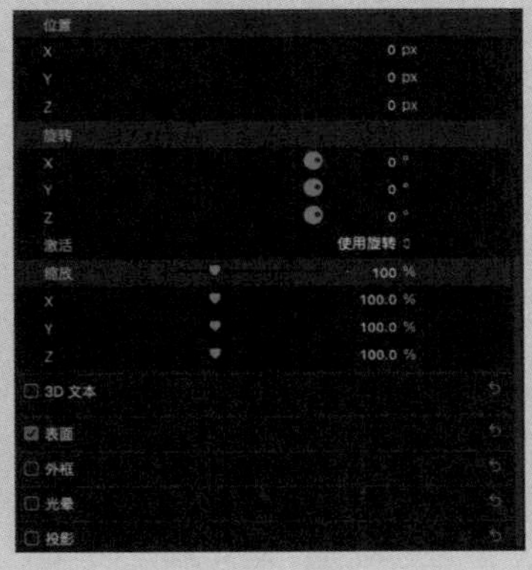

图 4-15

1. 基本

在“字幕检查器”窗口的“基本”选项区中，可以对字幕中文字的字体、大小、对齐方式、行间距等参数或属性进行设置。在“基本”选项区中，各选项的含义如下。

◇ 字体：展开该选项的下拉列表，可以选择不同的字体样式。

◇ 常规体：展开该选项的下拉列表，可以选择字体的粗细样式。

◇ 大小：可以左右拖曳滑块改变字体的大小，也可以单击滑块右侧的数值后直接输入数值调整字体的大小。

◇ 对齐：设置文字与行末文字的对齐方式，包括向左对齐、居中对齐和向右对齐。

◇ 垂直对齐：设置垂直方向文字的对齐方式。

◇ 行间距：当输入多行文字时，用来设置行与行之间的距离。

◇ 字距：用来设置字幕文字之间的距离。

◇ 基线：设置每行文字的基础高度。

◇ 全部大写：勾选该复选框，可以将输入的英文字母切换为大写形式。

◇ 全部大写字母大小：设置大写英文字母的大小。

提示

在“基本”选项区中，单击选项区右侧的“隐藏”文本，可以屏蔽或者激活该选项。单击该选项右侧的“还原”按钮，可以将其恢复为默认状态。

2．3D文本

启用“3D文本”功能可以制作出具有立体感的文本效果。在“字幕检查器”窗口中勾选“3D文本”复选框，然后单击其右侧的“显示”文本，即可显示“3D文本”选项区，如图 4-16所示。在该选项区中可以设置3D文本的填充颜色、不透明度、模糊等属性。图 4-17所示为制作的3D文本效果。

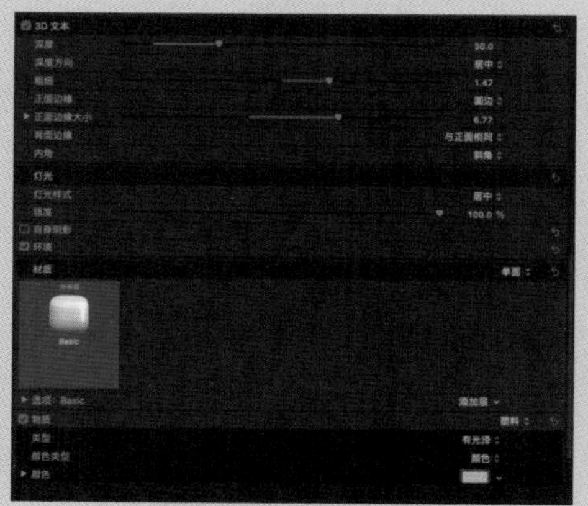

图 4-16

图 4-17

3．表面

启用“表面”功能可以为字幕填充颜色。在“字幕检查器”窗口中勾选“表面”复选框，然后单击其右侧的“显示”文本，即可显示“表面”选项区中的内容，如图 4-18所示。在该选项区中可以调整填充颜色、不透明度、模糊等属性。

图 4-18

“表面”选项区中各选项的含义如下。

◇ 填充以：该下拉列表中包含“颜色”“渐变”“纹理”3个选项，选择不同的选项可以得到不同的填充效果。

◇ 颜色：单击色块，打开“颜色”面板，在该面板中可以选择不同的颜色，如图 4-19 所示。

◇ 不透明度：拖曳滑块可以调整文本的不透明度效果。

◇ 模糊：拖曳滑块可以调整文本的模糊效果。

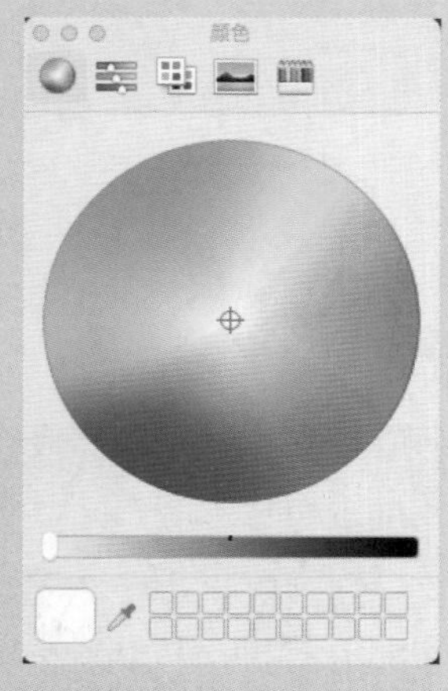

图 4-19

4. 外框

启用“外框”功能可以为字幕文本添加外框。在“字幕检查器”窗口中勾选“外框”复选框，然后单击其右侧的“显示”按钮，即可显示“外框”选项区中的内容，如图 4-20 所示。在该选项区中可以调整填充颜色、不透明度、宽度等属性。图 4-21 所示为添加外框后的字幕效果。

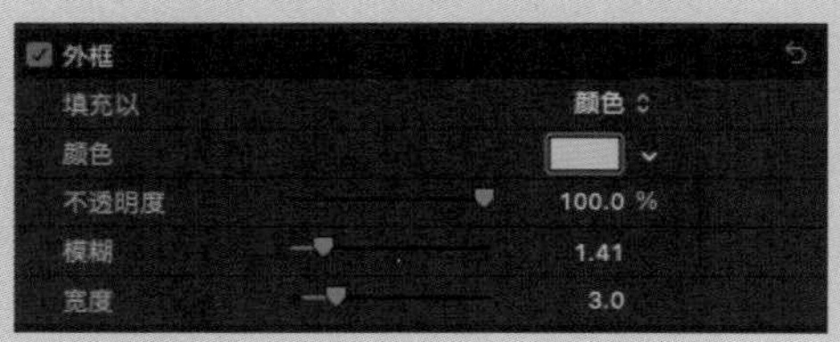

图 4-20

图 4-21

5. 光晕

启用“光晕”功能可以为字幕文本添加发光效果，该功能的效果与“外框”功能的效果类似。在“字幕检查器”窗口中勾选“光晕”复选框，然后单击其右侧的“显示”按钮，即可显示“光晕”选项区中的内容，如图 4-22 所示。在该选项区中可以设置填充颜色、不透明度、半径等属性。图 4-23 所示为添加光晕后的字幕效果。

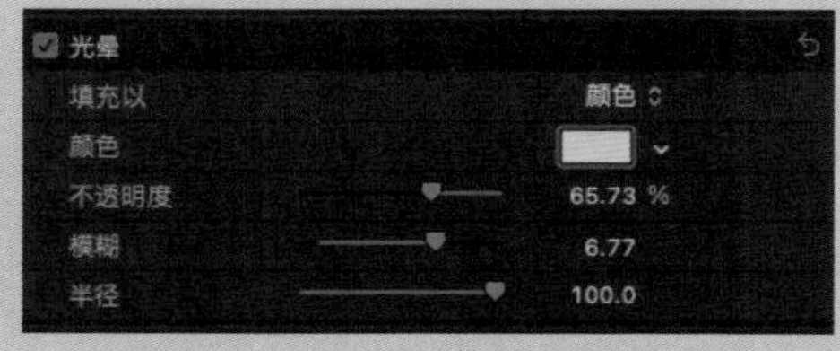

图 4-22

图 4-23

6. 投影

启用“阴影”功能可以为字幕添加阴影效果。在“字幕检查器”窗口中勾选“投影”复选框，然后单击其右侧的“显示”按钮，即可显示“投影”选项区中的内容，如图 4-24所示。在该选项区中可以设置填充颜色、不透明度、距离、角度等属性。图 4-25所示为添加阴影后的字幕效果。

图 4-24

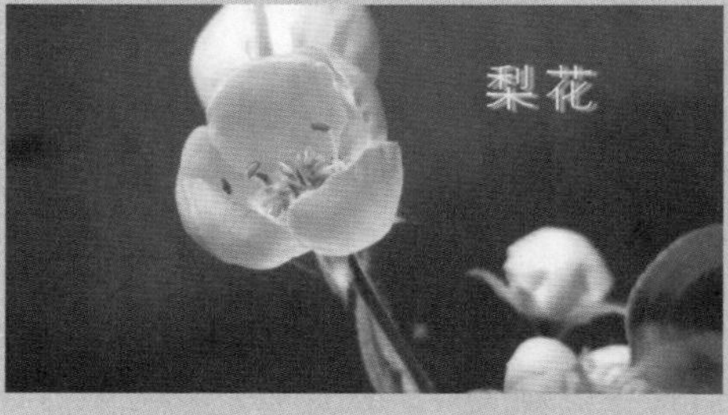

图 4-25

4.3 开场字幕 春日游玩随记

了解字幕的添加与编辑方法后，可以很方便地为影片添加开场字幕、描述字幕等。下面介绍添加开场字幕的具体方法。

步骤 01 新建一个“事件名称”为“4.3 春日游玩随记”的事件，在“事件浏览器”窗口的空白处右击，在弹出的快捷菜单中，选择“导入媒体”命令，打开“媒体导入”对话框，在“名称”下拉列表中选择对应文件夹下的视频素材，然后单击“导入所选项”按钮，将视频素材导入“事件浏览器”窗口，如图 4-26所示。

步骤 02 选择视频片段，将其添加至“磁性时间线”窗口的视频轨道上，如图 4-27所示。

图 4-26

图 4-27

步骤 03 执行“编辑”|“连接字幕”|“基本字幕”命令，如图 4-28 所示。

步骤 04 在视频片段的上方新建一个字幕片段，将播放指示器移至00:00:03:02处，调整字幕片段的时间长度，使其末端和播放指示器对齐，如图 4-29 所示。

图 4-28

图 4-29

步骤 05 选择字幕片段，然后在“检视器”窗口中选择标题文本，按住鼠标左键进行拖曳，将标题文本移动到合适的位置，如图 4-30 所示。

步骤 06 在“文本检查器”窗口的“文本”选项区中，输入新的文本“春日游玩随记”，如图 4-31 所示。

图 4-30

图 4-31

步骤 07 在“基本”选项区中，展开“字体”下拉列表，选择“圆体-简”字体，设置“大小”为129.0，设置“字距”为51.93%，如图 4-32 所示。

步骤 08 勾选“外框”复选框，然后单击“显示”文本，如图 4-33 所示，展开该选项区。

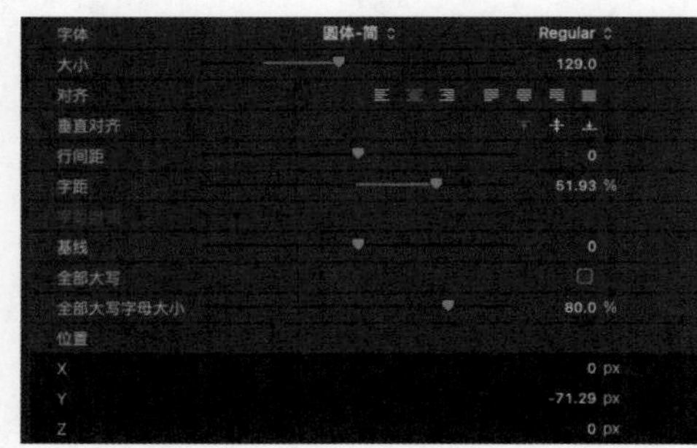

图 4-32

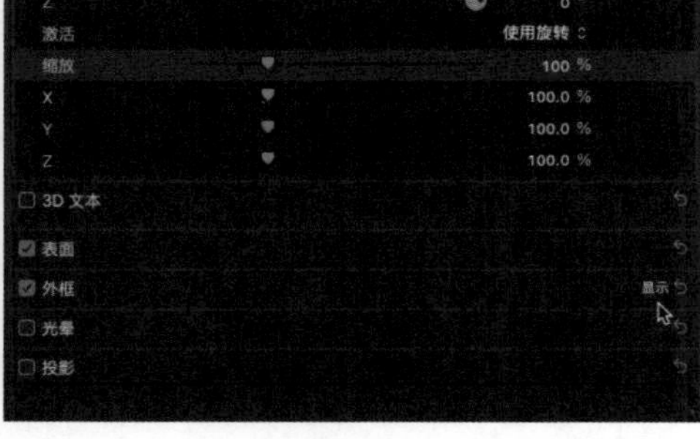

图 4-33

步骤 09 单击色块，如图 4-34 所示。打开“颜色”面板，在该面板中选择粉色，如图 4-35 所示。

图 4-34

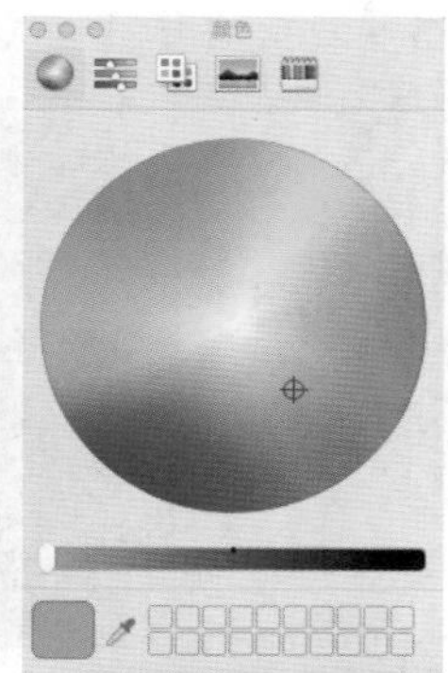

图 4-35

步骤 10 在“外框”选项区中，设置“模糊”为 10，设置“宽度”为 2.0，如图 4-36 所示。

步骤 11 参照步骤 08 至步骤 10 的操作方法，展开“光晕”选项区，设置“颜色”为粉色，“模糊”为 6.2，如图 4-37 所示。

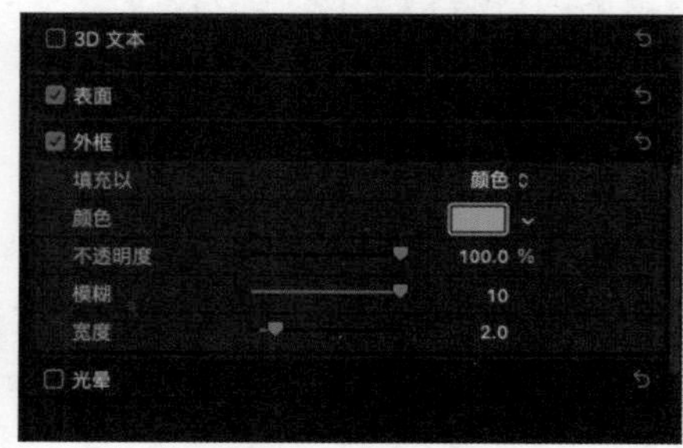

图 4-36

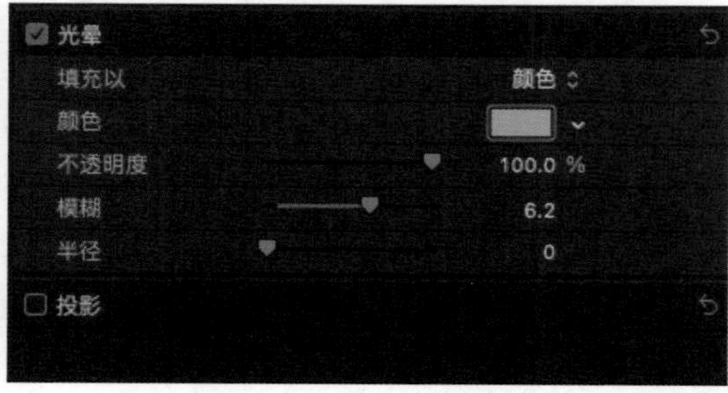

图 4-37

步骤 12 上述操作完成后，再为视频添加一首合适的音乐。在“检视器”窗口中可查看最终的字幕效果，如图 4-38 所示。

图 4-38

知识专题："字幕和发生器"窗口

在视频中添加特效字幕，可以通过"字幕和发生器"窗口进行。"字幕和发生器"窗口的"字幕"列表框中包含多种特效字幕，如图 4-39 所示。

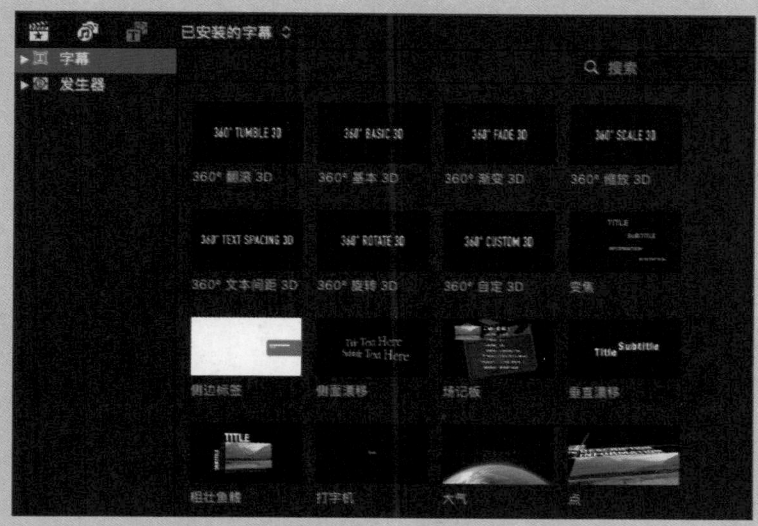

图 4-39

在"字幕和发生器"窗口中选择任意一款特效字幕，按住鼠标左键进行拖曳，将其放置到轨道中的合适位置后，释放鼠标左键，即可添加特效字幕，如图 4-40 所示。添加特效字幕后，用户只需直接在"字幕检查器"窗口的"文本"选项区中输入文本内容。添加特效后的字幕效果如图 4-41 所示。

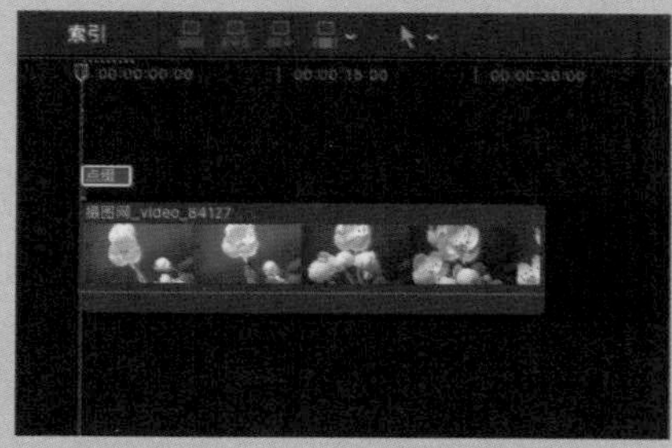

图 4-40

图 4-41

4.4 特效字幕 环保公益视频

在为视频片段添加特效字幕时，可以在“字幕和发生器”窗口的“字幕”列表框中选择预设字幕进行添加，从而快速完成特效字幕的制作。下面介绍为视频添加特效字幕的具体方法。

步骤 01 新建一个“事件名称”为“4.4 环保公益视频”的事件，在新添加事件的“事件浏览器”窗口的空白处右击，在弹出的快捷菜单中选择“导入媒体”命令，打开“媒体导入”对话框，在“名称”下拉列表中选择对应文件夹下的视频素材，然后单击“导入所选项”按钮，将选择的视频素材导入“事件浏览器”窗口，如图 4-42 所示。

步骤 02 选择已添加的视频片段，将其添加至“磁性时间线”窗口的视频轨道上，如图 4-43 所示。

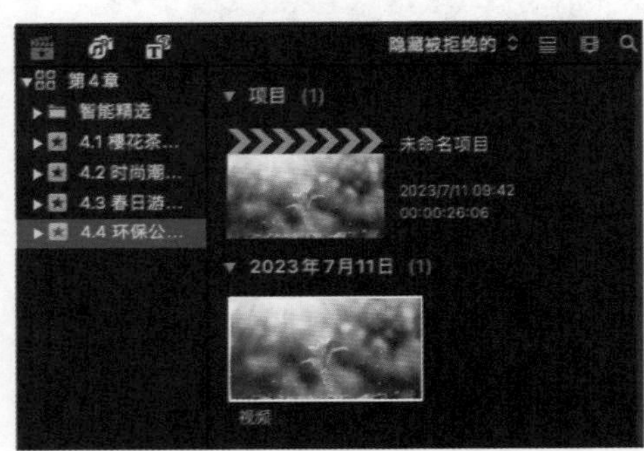

图 4-42

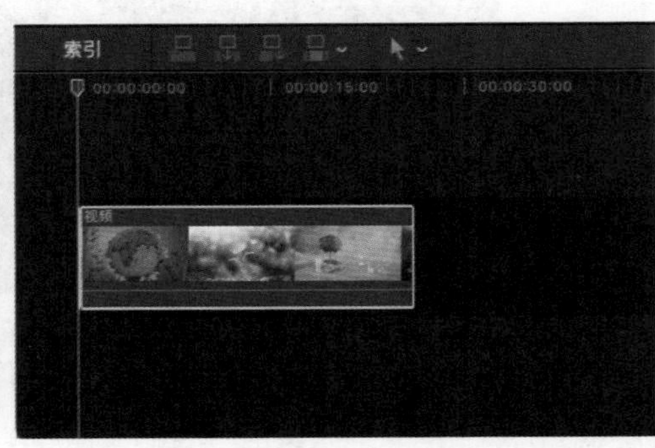

图 4-43

步骤 03 在“事件资源库”窗口中，单击“显示或隐藏‘字幕和发生器’边栏”按钮，打开“字幕和发生器”窗口，在左侧列表框中选择“字幕”选项，然后在右侧的列表框中搜索并选择“光晕”特效字幕，如图 4-44 所示。

步骤 04 将选择的特效字幕添加至“磁性时间线”窗口的视频轨道中，将播放指示器移至00:00:04:00 处，调整字幕片段的时间长度，使其末端和播放指示器对齐，如图 4-45 所示。

图 4-44

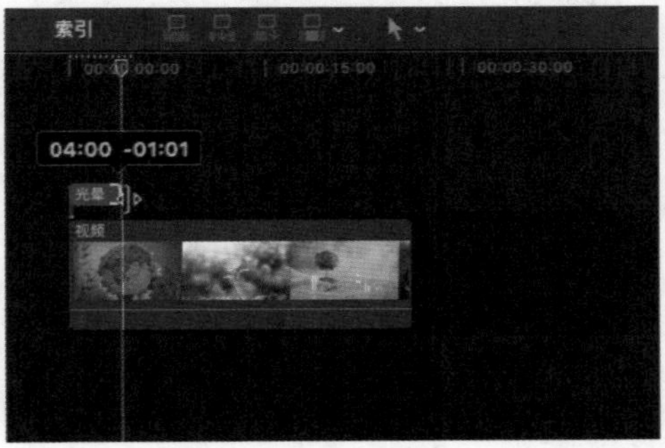

图 4-45

步骤 05 选择特效字幕片段，在“字幕检查器”窗口的“文本”选项区中输入文本“环保公益视频”。

步骤 06 在“基本”选项区中，设置文本的“Font”（字体）为“报隶-简”，设置“Size”（大小）为138.0，设置“字距”为17.69%，如图4-46所示。

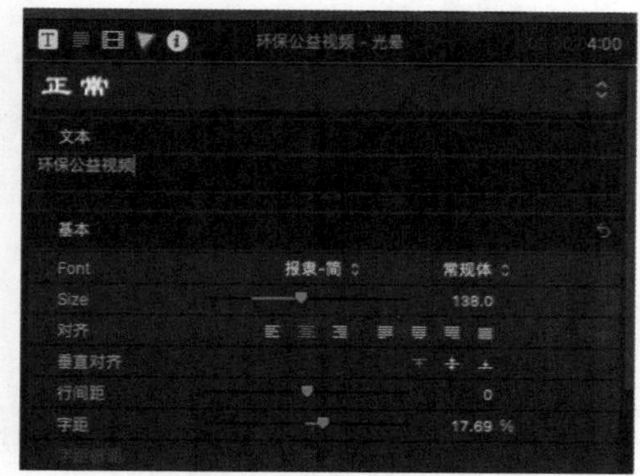

图 4-46

步骤 07 上述操作完成后，再为视频添加一首合适的音乐。在“检视器”窗口中可查看最终的字幕效果，如图4-47所示。

图 4-47

4.5 复制字幕 水果店铺广告

在添加字幕后，如果需要为字幕设置统一的字体格式，可以先通过“拷贝”和“粘贴”功能对字幕进行复制和粘贴操作，然后再对复制得到的字幕中的文本内容进行修改。下面介绍复制字幕的具体操作方法。

步骤 01 新建一个“事件名称”为“4.5 水果店铺广告”的事件，在新添加事件的“事件浏览器”窗口的空白处右击，在弹出的快捷菜单中选择“导入媒体”命令，打开“媒体导入”对话框，在“名称”下拉列表中选择对应文件夹下的视频素材，然后单击“导入所选项”按钮，将选择的视频素材导入“事件浏览器”窗口，如图4-48所示。

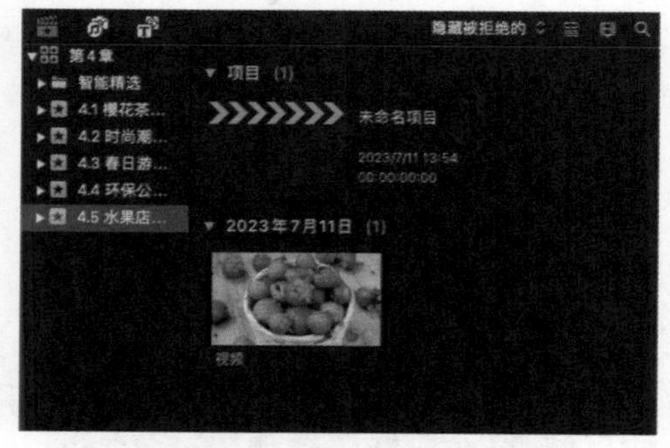

图 4-48

步骤 02　选择视频片段，将其添加至“磁性时间线”窗口的视频轨道上，如图 4-49 所示。

图 4-49

步骤 03　执行“编辑”|“连接字幕”|“基本字幕”命令，在视频片段的上方新建一个字幕片段，并将新添加的字幕片段的时间长度调整至与视频中蓝莓场景的时间长度一致，如图 4-50 所示。

步骤 04　选择基本字幕片段，在“字幕检查器”窗口中的“文本”选项区中输入文本“蓝莓”，然后在“基本”选项区中，设置“字体”为“报隶-简”，“大小”为 128.0，“字距”为 20.54%，如图 4-51 所示。

图 4-50

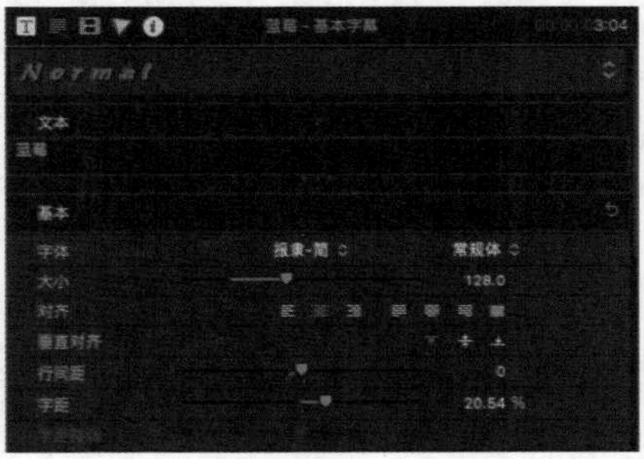

图 4-51

步骤 05　勾选“表面”复选框，单击“表面”复选框右侧的“显示”按钮，展开该选项区，设置“颜色”为蓝色，如图 4-52 所示。

步骤 06　上述操作完成后，即可完成字幕的添加与编辑。在“检视器”窗口中将字幕移至合适的位置，效果如图 4-53 所示。

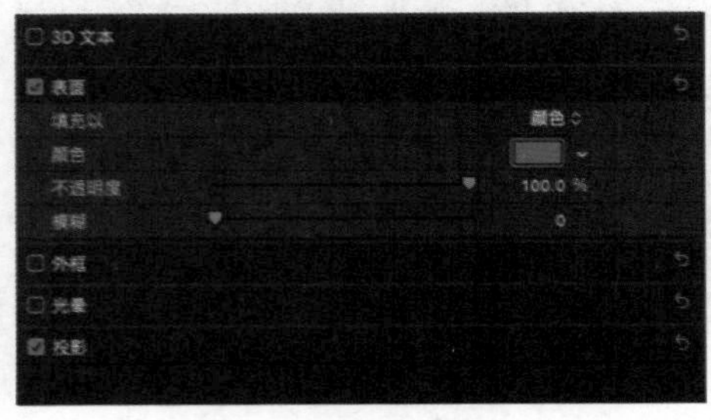

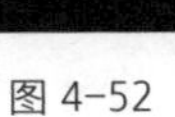
图 4-52

图 4-53

步骤 07　选择基本字幕片段，执行“编辑”|“拷贝”命令，如图 4-54 所示，复制字幕。

步骤 08　将播放指示器移至 00:00:03:03 位置，然后执行“编辑”|“粘贴”命令，如图 4-55 所示。

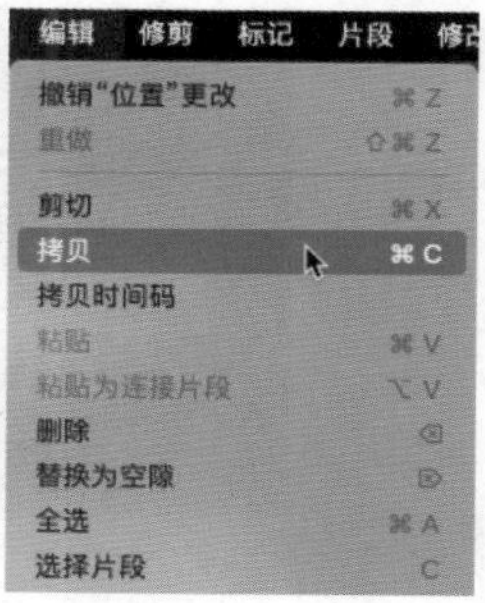

图 4-54

图 4-55

步骤 09　将选择的字幕粘贴至蓝莓字幕的后方，调整字幕片段的时间长度，使其和视频中樱桃场景的时间长度一致，如图 4-56 所示。

步骤 10　选择粘贴的字幕片段，然后在“文本检查器”窗口的“文本”选项区中输入文本“樱桃”，如图 4-57 所示。

图 4-56

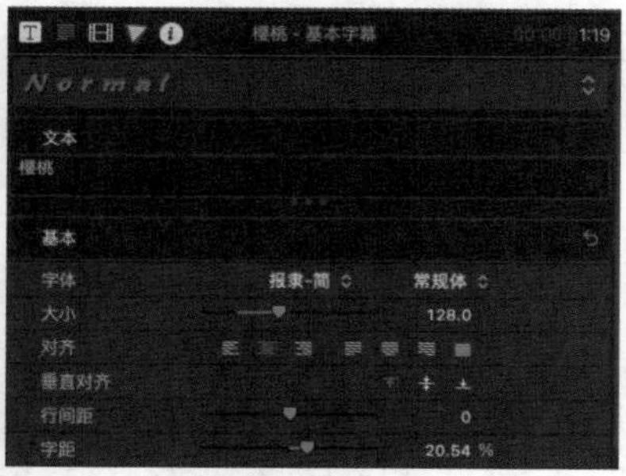

图 4-57

步骤 11　在“表面”选项区中，单击“颜色”右侧的色块，打开“颜色”面板，选择紫色，如图 4-58 所示。

步骤 12　上述操作完成后，即可更改粘贴的字幕的内容和颜色。在“检视器”窗口中将字幕移至合适的位置，效果如图 4-59 所示。

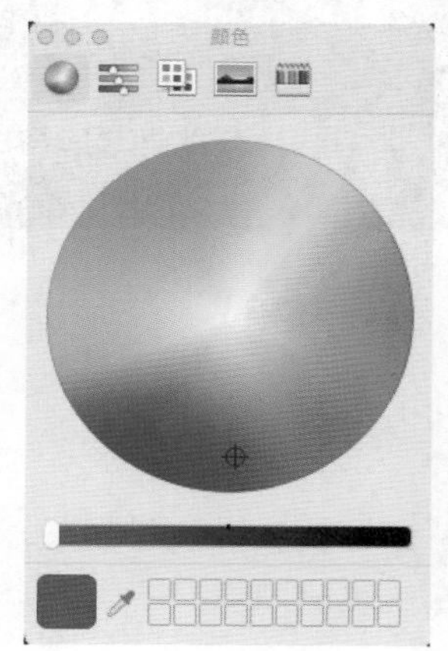

图 4-58

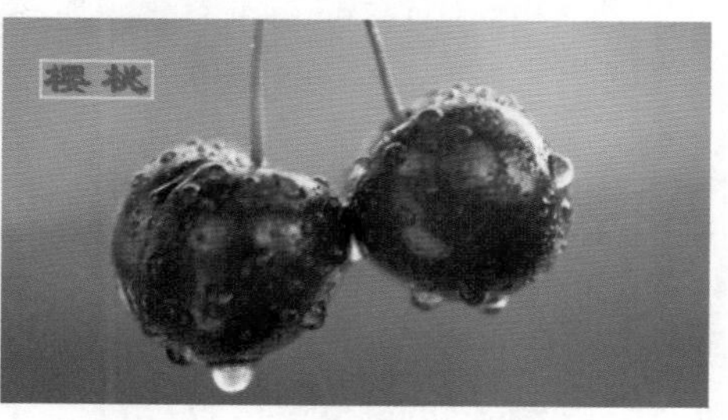

图 4-59

步骤13 参照步骤08至步骤12的操作方法，为视频添加“葡萄”“草莓”“荔枝”“橙子”字幕，并将其时间长度调整至和视频中对应画面的时间长度一致，如图4-60所示。

图 4-60

步骤14 上述操作完成后，再为视频添加一首合适的音乐。在“检视器”窗口中可查看最终的字幕效果，如图4-61所示。

图 4-61

4.6 滚动字幕 电影片尾效果

当一部影片播放完毕后，片尾通常会播放这部影片的演员、制片人、导演等信息，这些信息被称为滚动字幕。滚动字幕在达芬奇中也能制作。下面将介绍具体的操作方法。

步骤 01 新建一个“事件名称”为“4.6 电影片尾效果”的事件，在新添加事件的“事件浏览器”窗口的空白处右击，在弹出的快捷菜单中选择“导入媒体”命令，打开“媒体导入”对话框，在“名称”下拉列表中选择对应文件夹下的视频素材，然后单击“导入所选项”按钮，将选择的视频素材导入“事件浏览器”窗口，如图 4-62 所示。

步骤 02 选择已添加的视频片段，将其添加至“磁性时间线”窗口的视频轨道上，如图 4-63 所示。

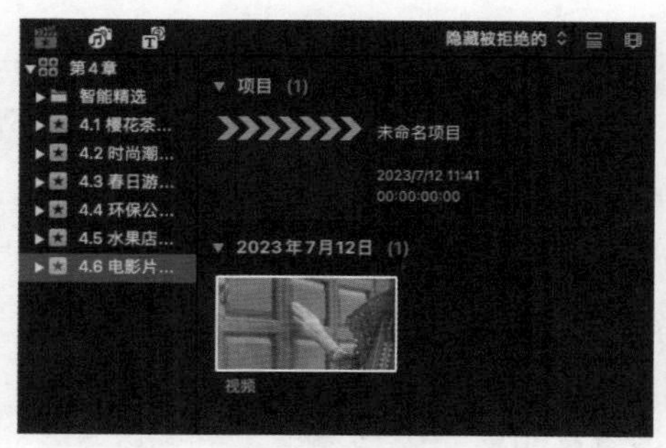

图 4-62

图 4-63

步骤 03 在“事件资源库”窗口中单击“显示或隐藏‘字幕和发生器’边栏”按钮，打开“字幕和发生器”窗口，在左侧列表框中选择“字幕”选项，然后在右侧的列表框中选择“滚动”特效字幕，如图 4-64 所示。

步骤 04 将选择的特效字幕添加至“磁性时间线”窗口的视频轨道中，将新添加的字幕片段的时间长度调整至与视频片段的时间长度一致，如图 4-65 所示。

图 4-64

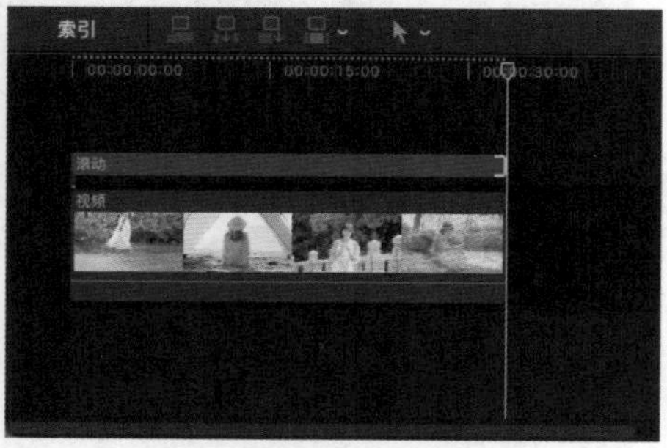

图 4-65

步骤 05 选择“滚动”字幕片段，在“字幕检查器”窗口的“文本”选项区中输入文本“演职人员名单”，如图 4-66 所示。

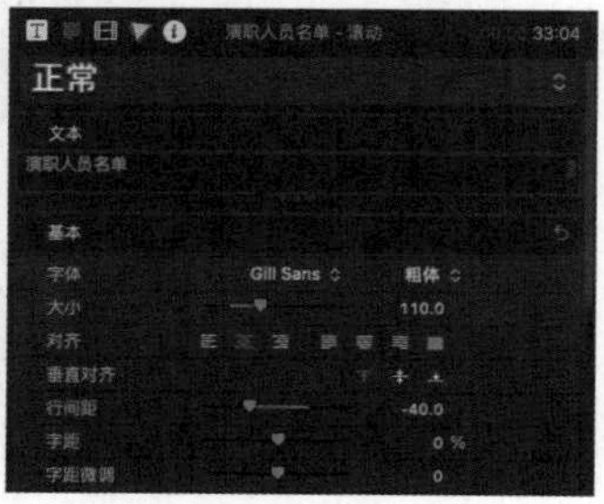

图 4-66

步骤 06 选择“滚动”字幕片段，在“检视器”窗口中将字幕移至画面右侧，并将“名称 描述”文本修改为新的文本内容，如图 4-67 所示。

图 4-67

步骤 07 选择视频片段，将播放指示器移至视频的起始位置，在“视频检查器”窗口的“变换”选项区中，单击“缩放（全部）”右侧的“添加关键帧”按钮，如图 4-68 所示，在视频的起始位置添加一个关键帧。

步骤 08 将播放指示器移至 00:00:03:00 处，在“视频检查器”窗口的“变换”选项区中，设置“缩放（全部）”为 55%，如图 4-69 所示，系统将自动在播放指示器所在位置添加一个关键帧。

图 4-68

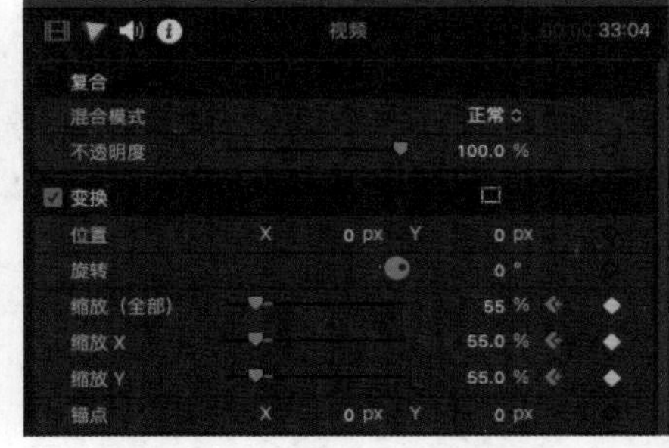

图 4-69

步骤 09 保持播放指示器位置不变，单击“位置”右侧的“添加关键帧”按钮，如图 4-70 所示，在播放指示器所在位置添加一个关键帧。

步骤 10 将播放指示器移至 00:00:06:00 处，在“视频检查器”窗口的“变换”选项区中，设置“位置 X”为 -432.1px，如图 4-71 所示，系统将自动在播放指示器所在位置添加一个关键帧。

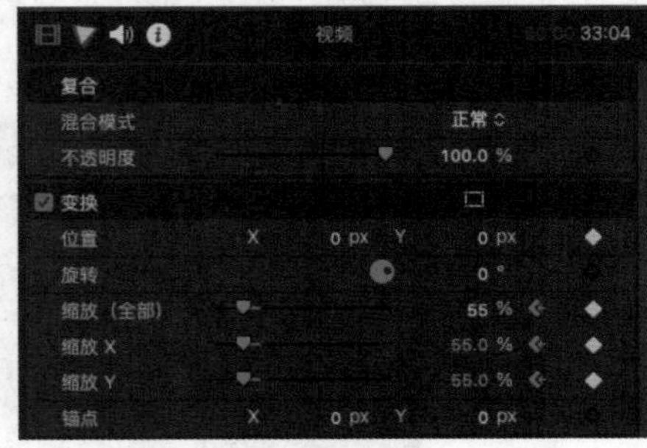

图 4-70

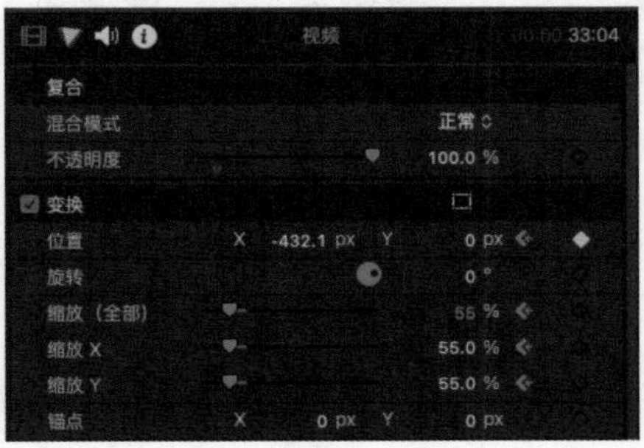

图 4-71

步骤 11 上述操作完成后，再为视频添加一首合适的音乐。在“检视器”窗口中可查看最终的字幕效果，如图 4-72 所示。

图 4-72

知识专题：发生器的应用

Final Cut Pro 的“字幕和发生器”窗口中提供了多种动态素材与视频模板，直接调用这些素材与模板，可以方便、快捷地进行视频编辑。下面将详细讲解 Final Cut Pro 中发生器的使用方法，包括背景发生器、元素发生器以及纹理发生器。

1. 背景发生器

“字幕和发生器”窗口的“背景”列表框中包含单色背景、木纹和石材等纹理背景，以及含有动画移动效果的动画背景。

使用背景发生器的具体方法是：在“字幕和发生器”窗口的左侧列表框中选择“背景”选项，在右侧的列表框中选择一种背景发生器，如图 4-73 所示；按住鼠标左键进行拖曳，将其添加至“磁性时间线”窗口的视频轨道上即可。背景发生器的应用效果如图 4-74 所示。

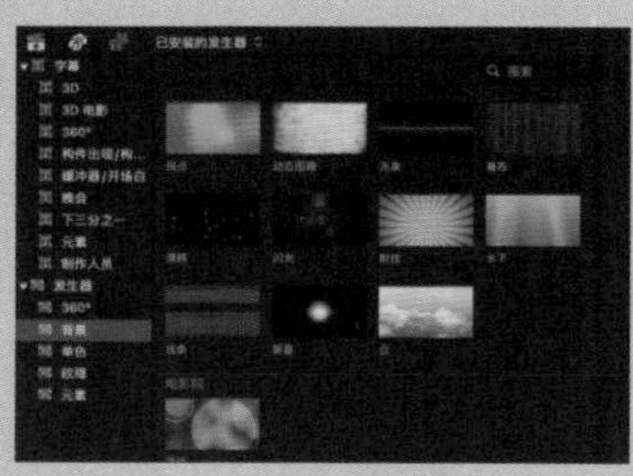

图 4-73

图 4-74

2. 元素发生器

在很多影视剧的粗剪过程中，会看到一个带有时间码的影片，该时间码会从画面的第一帧持续到画面结束。时间码可以方便各个部门的工作人员对影片进行全面检查，然后根据时间码的汇总意见进行修订。

使用元素发生器的具体方法是：在“字幕和发生器”窗口的左侧列表框中选择“元素”选项，然后在右侧的列表中选择“时间码”发生器，如图 4-75 所示；按住鼠标左键进行拖曳，将其添加至“磁性时间线”窗口的视频轨道上即可。

元素发生器的应用效果如图 4-76 所示。

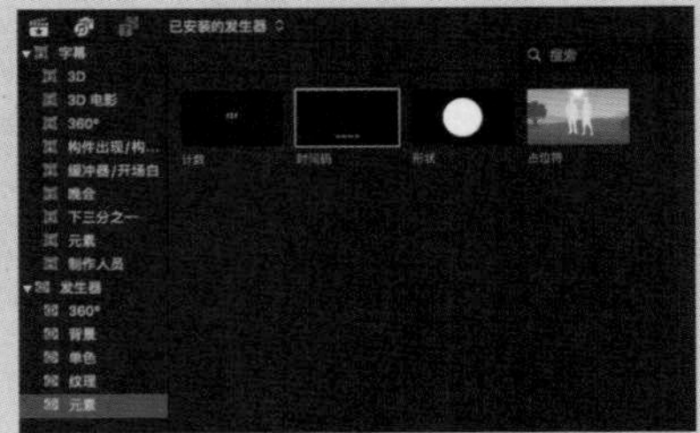

图 4-75

图 4-76

3. 纹理发生器

使用纹理发生器的具体方法是：在“字幕和发生器”窗口的左侧列表框中选择“纹理”选项，如图 4-77 所示，然后在右侧的列表框中自行选择一种纹理发生器；按住鼠标左键进行拖曳，将其添加至“磁性时间线”窗口的视频轨道上即可。

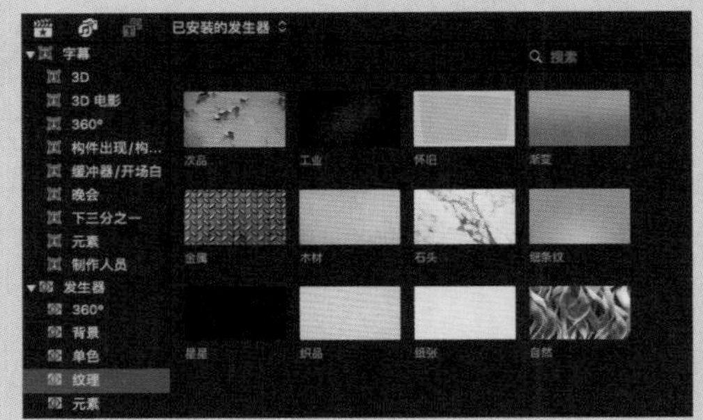

图 4-77

4.7 时间码 中秋古调 DV

在视频片段上添加“时间码”发生器，可以直接在视频片段上显示视频的时间长度。下面介绍添加“时间码”发生器的具体方法。

步骤 01 新建一个“事件名称”为“4.7 中秋古调 DV”的事件，在“事件浏览器”窗口的空白处右击，在弹出的快捷菜单中选择“导入媒体”命令，打开“媒体导入”对话框，选择对应文件夹下的视频素材，单击“导入所选项”按钮，将选择的视频片段添加至“事件浏览器”窗口，如图 4-78 所示。

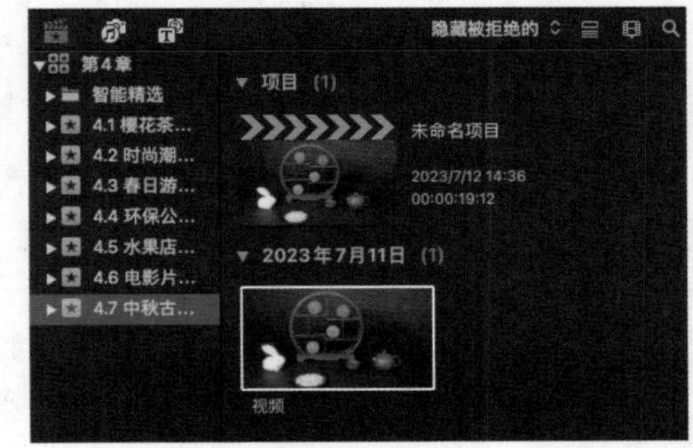

图 4-78

步骤 02 在“事件浏览器”窗口中选择视频片段，将其添加至“磁性时间线”窗口的视频轨道上，如图 4-79 所示。

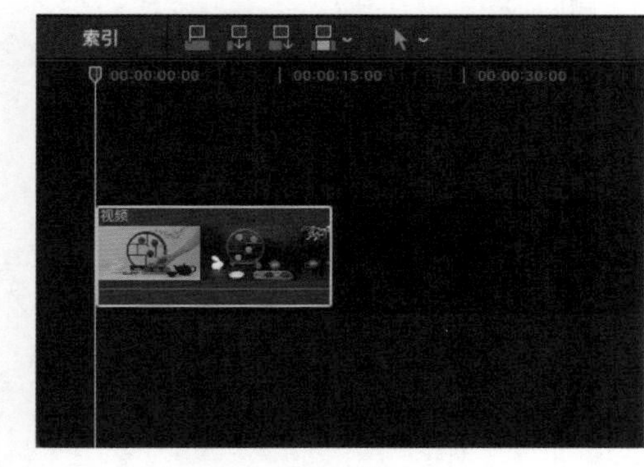

图 4-79

步骤 03 在“字幕和发生器”窗口中，在左侧列表框中选择“发生器”|“元素”选项，然后在右侧的列表框中选择“时间码”发生器，如图 4-80 所示。

步骤 04 将选择的“时间码”发生器添加至“磁性时间线”窗口的视频片段的上方，然后调整添加的“时间码”发生器的时间长度，如图 4-81 所示。

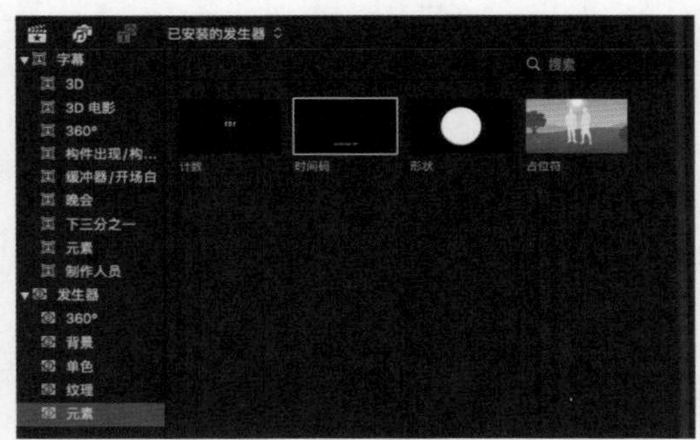

图 4-80

图 4-81

步骤 05 选择“时间码”发生器，在“发生器检查器”窗口中，设置“Size”为 38.0，单击“Background Color”（背景颜色）左侧的三角形按钮▶，展开选项区，设置“不透明度”为 0，如图 4-82 所示。

步骤 06 执行操作后，即可将时间码缩小，并去除时间码的背景颜色，如图 4-83 所示。

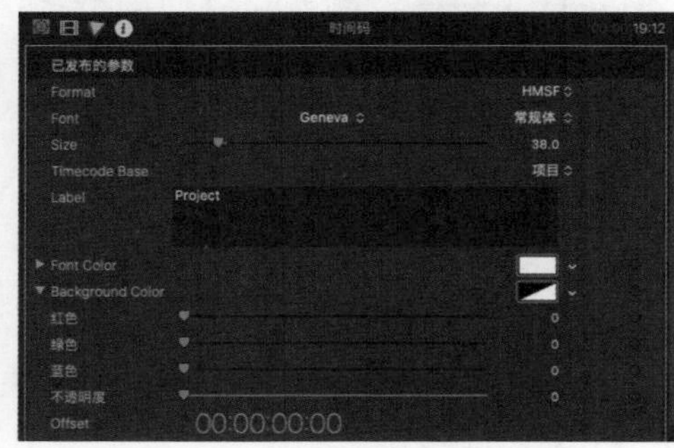

图 4-82

图 4-83

步骤 07 在“检视器”窗口中将时间码移至合适的位置，单击“从播放头位置向前播放-空格键”按钮▶，预览时间码效果，如图 4-84所示。

图 4-84

4.8 打字效果 夏日 Vlog 片头

本节将制作Vlog视频中常用的打字效果，方法简单便捷，配合打字音效可以使字幕效果更加自然逼真。下面介绍制作打字效果的具体操作方法。

步骤 01 新建一个“事件名称”为“4.8 夏日 Vlog片头”的事件，在新添加事件的“事件浏览器”窗口的空白处右击，在弹出的快捷菜单中选择“导入媒体”命令，打开“媒体导入”对话框，在“名称”下拉列表中选择对应文件夹下的视频素材，然后单击“导入所选项”按钮，将选择的视频素材导入“事件浏览器”窗口，如图 4-85所示。

步骤 02 选择视频片段，将其添加至“磁性时间线”窗口的视频轨道上，如图 4-86所示。

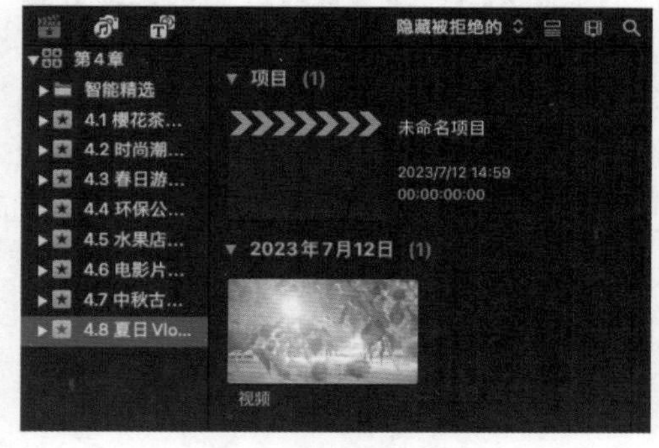

图 4-85

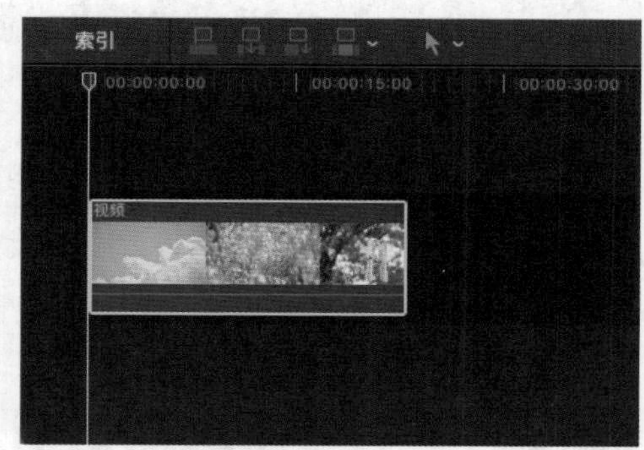

图 4-86

步骤 03 在“事件资源库”窗口中单击“显示或隐藏‘字幕和发生器’边栏”按钮，打开“字幕和发生器”窗口，在左侧列表框中选择“字幕”选项，然后在右侧的列表框中选择“打字机”特效字幕，如图 4-87所示。

步骤 04 将选择的特效字幕添加至“磁性时间线”窗口的视频轨道中，将播放指示器移至00:00:02:23处，调整字幕片段的时间长度，使其末端和播放指示器对齐，如图 4-88所示。

图 4-87

图 4-88

步骤 05 选择特效字幕片段，在“字幕检查器”窗口的“文本”选项区中，输入文本“七月盛夏之旅”，在“基本”选项区中，设置文本的“Font”（字体）为“华文楷体”，设置“Size”（大小）为 120.0，设置“字距”为 24.23%，如图 4-89 所示。执行操作后，即可更改字幕字体并将字幕放大，如图 4-90 所示。

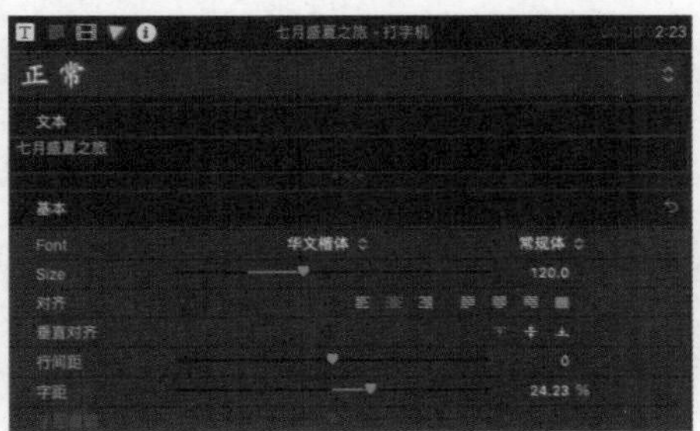

图 4-89

图 4-90

步骤 06 上述操作完成后，再为视频添加一首合适的音乐。在“检视器”窗口中可查看最终的字幕效果，如图 4-91 所示。

图 4-91

第 5 章

转场效果：让画面切换更流畅

为视频添加和制作特殊效果，不仅需要对视频片段进行剪辑，还需要为视频片段添加合适的滤镜效果及转场效果，这样才能实现画面视觉效果的最大化，以使观众获得丰富的视听体验。本章将介绍Final Cut Pro 中转场效果的应用方法，帮助读者掌握转场效果的各类使用技巧。

5.1 添加转场效果 古风人像视频

在两个视频片段之间或一个视频片段的左右两端添加转场效果，可以使视频之间的切换及视频的入场，出场更加自然。下面介绍添加转场效果的具体操作方法。

步骤 01 新建一个名称为“第5章”的资源库。然后在“事件资源库”窗口中新建一个“事件名称”为“5.1 古风人像视频”的事件。

步骤 02 在“事件浏览器”窗口的空白处右击，在弹出的快捷菜单中选择“导入媒体”命令，打开“媒体导入”对话框，在“名称”下拉列表中选择对应文件夹下的视频素材，单击“导入所选项”按钮，将选择的视频片段添加至“事件浏览器”窗口中，如图 5-1 所示。

步骤 03 在“事件浏览器”窗口中选择所有的视频片段，将其添加至“磁性时间线”窗口的视频轨道上，并适当进行裁剪，如图 5-2 所示。

图 5-1

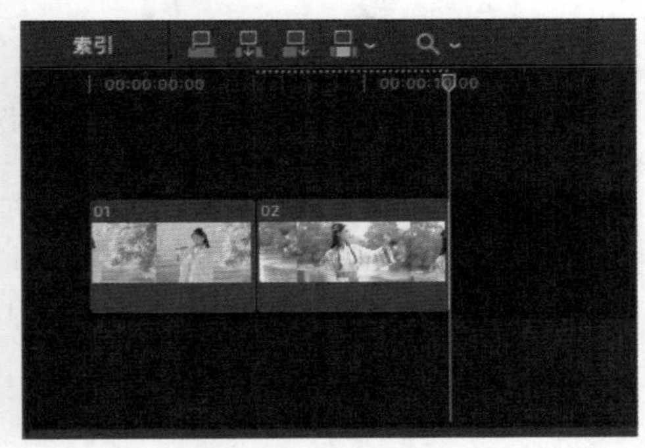

图 5-2

步骤 04 在“磁性时间线”窗口的右上方单击“显示或隐藏转场浏览器”按钮 ⋈，打开“转场浏览器”窗口，在左侧列表框中选择“对象”选项，在右侧列表框中选择“面纱”转场效果，如图 5-3 所示。

步骤 05 将选择的转场效果添加至视频片段的中间位置，此时鼠标指针右下角有一个带“+”的绿色圆形标记，如图 5-4 所示。

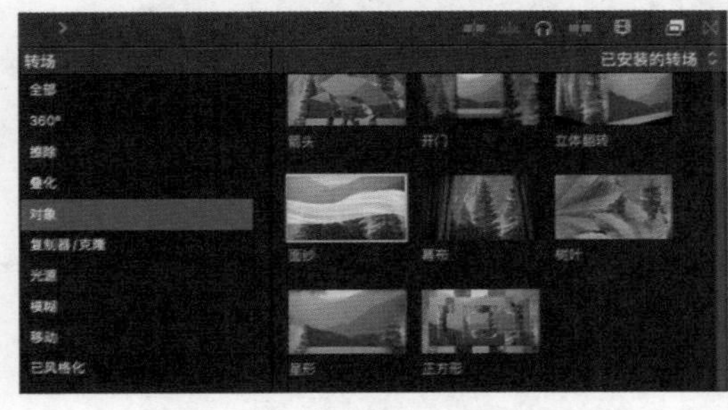

图 5-3

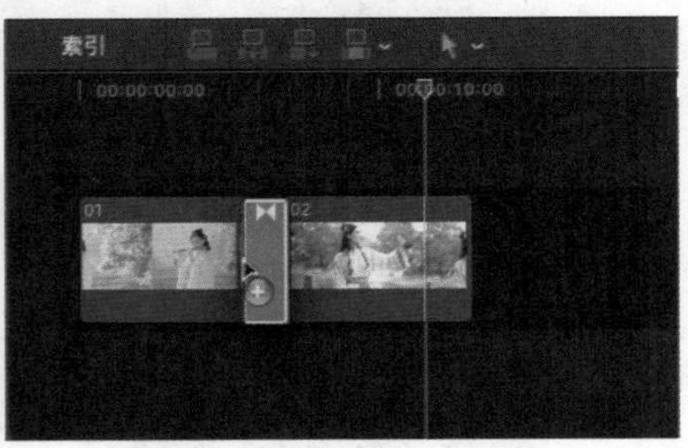

图 5-4

步骤 06 释放鼠标左键，即可在两个视频片段之间添加一个转场效果，“磁性时间线”窗口中的效果如图 5-5 所示。

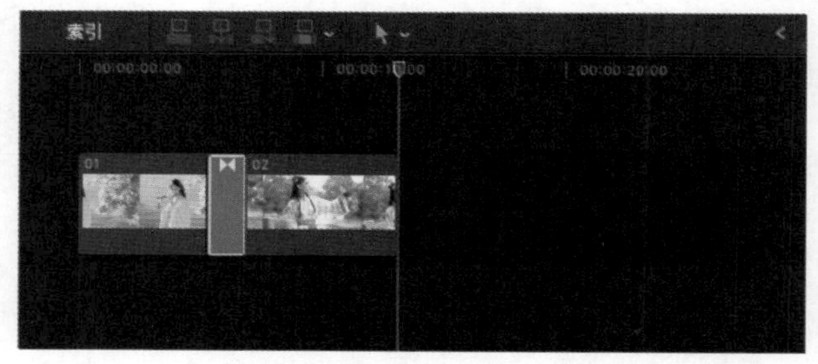

图 5-5

步骤 07 在“检视器”窗口中单击“从播放头位置向前播放 - 空格键”按钮▶，预览转场效果，如图 5-6 所示。

图 5-6

知识专题：常用转场效果

Final Cut Pro 提供了100 多种转场效果，包括擦除、叠化、对象、复制器/克隆、光源、模糊和移动等类型，如图 5-7 所示。

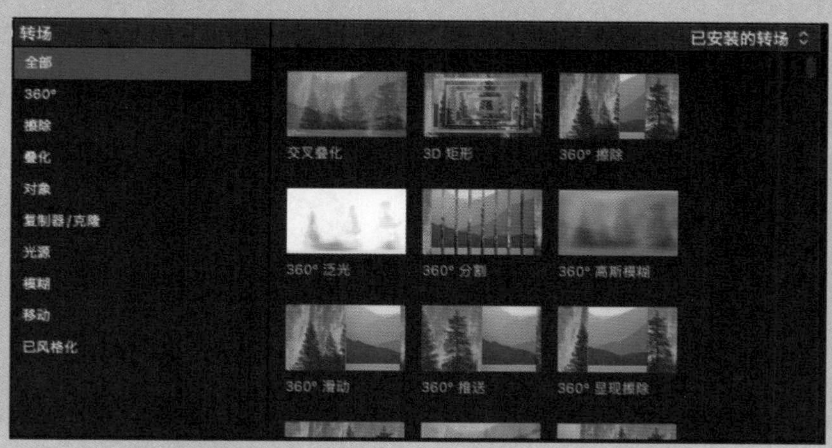

图 5-7

在Final Cut Pro中，常用的转场效果有交叉叠化、擦除、带状、卷页、翻转、棋盘格、开门、圆形和星形等。下面对常用的9种转场效果进行介绍。

1. 交叉叠化

“交叉叠化”转场效果可以使前一个镜头的画面与后一个镜头的画面相叠加，前一个镜头的画面会逐渐隐去，后一个镜头的画面将逐渐显现。图 5-8所示为应用“交叉叠化”转场效果的画面效果。

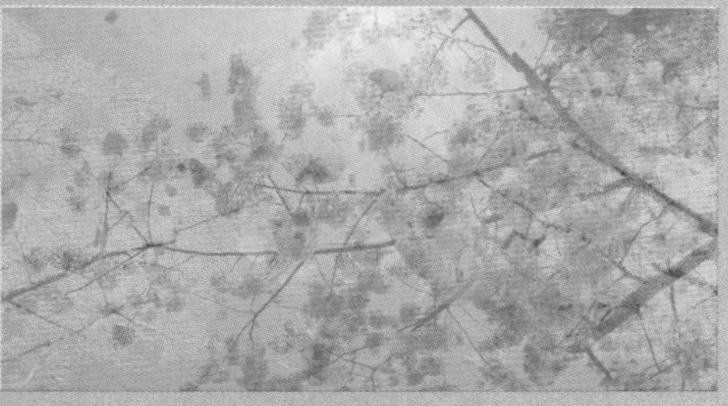

图 5-8

2. 擦除

“擦除”转场效果可以使前一个镜头的画面向右滑行，在其左方显现后一个镜头的画面。图 5-9所示为应用“擦除”转场效果的画面效果。

图 5-9

3. 带状

“带状”转场效果可以用几何形状在前一个镜头的画面中进行移动或缩放，然后逐渐显现后一个镜头的画面。图 5-10所示为应用“带状”转场效果的画面效果。

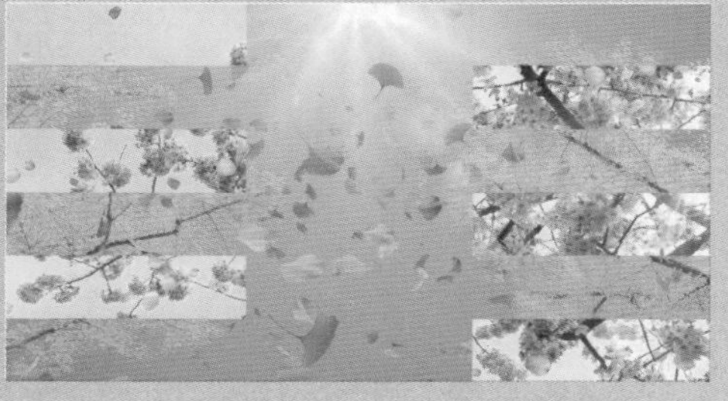

图 5-10

4. 卷页

“卷页”转场效果可以使前一个镜头的画面以卷页的形式滑行，然后在其下方显现后一个镜头的画面。图 5-11 所示为应用“擦除”转场效果的画面效果。

图 5-11

5. 翻转

“翻转”转场效果可以使画面以屏幕中线为轴进行运动，前一个镜头的画面逐渐翻转消失，后一个镜头的画面转到正面开始播放。图 5-12 所示为应用“翻转”转场效果的画面效果。

图 5-12

6. 棋盘格

“棋盘格”转场效果可以将前一个镜头的画面分割成多个大小相等的方格，再逐渐显现后一个镜头的画面。图 5-13 所示为应用“棋盘格”转场效果的画面效果。

图 5-13

7. 开门

“开门”转场效果可以使前一个镜头的画面以两扇门的形式打开并消失，使后一个镜头的画面逐渐出现。图 5-14所示为应用“开门”转场效果的画面效果。

图 5-14

8. 圆形

“圆形”转场效果可以使后一个镜头的画面以圆形的形式放大出现，并使前一个镜头的画面逐渐消失。图 5-15所示为应用“圆形”转场效果的画面效果。

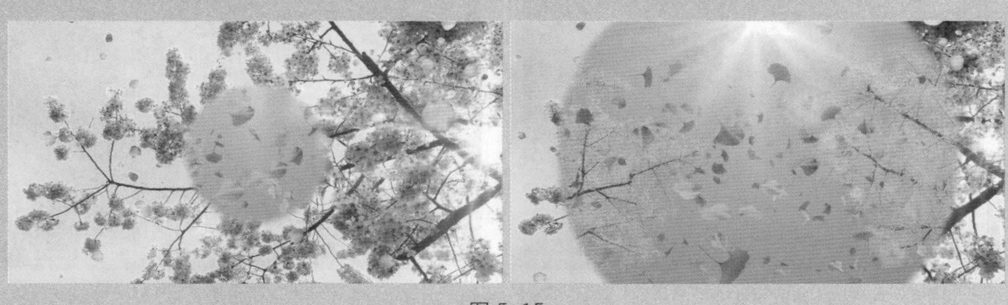

图 5-15

9. 星形

“星形”转场效果可以使后一个镜头的画面以星形的形式放大出现，并使前一个镜头的画面逐渐消失。图 5-16所示为应用“星形”转场效果的画面效果。

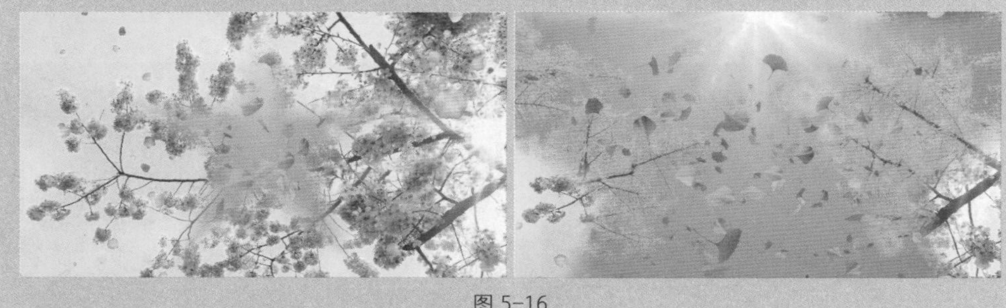

图 5-16

提示

“圆形”“正方形”“星形”转场效果除了形状不同外，本质上没有什么区别。这些形状转场效果都是以圆形、星形等平面图形为蓝本，通过逐渐放大或缩小的运动方式来达到切换镜头的目的。

5.2 添加首尾转场效果 美食广告视频

在添加转场效果时，不仅可以将其添加到所选片段的某个编辑点上，还可以直接将其添加到整个片段上。下面介绍如何在同一片段的首尾处添加转场效果。

步骤 01 在“事件资源库”窗口的空白处右击，在弹出的快捷菜单中选择“新建事件”命令，打开“新建事件”对话框，设置“事件名称”为“5.2 美食广告视频”，单击“好”按钮，新建一个事件。

步骤 02 在“事件浏览器”窗口的空白处右击，在弹出的快捷菜单中选择“导入媒体”命令，打开“媒体导入”对话框，在“名称”下拉列表中选择对应文件夹下的视频素材，单击“导入所选项”按钮，将选择的视频片段添加至“事件浏览器”窗口中，如图 5-17 所示。

步骤 03 在“事件浏览器”窗口中选择视频片段，将其添加至“磁性时间线”窗口的视频轨道上，如图 5-18 所示。

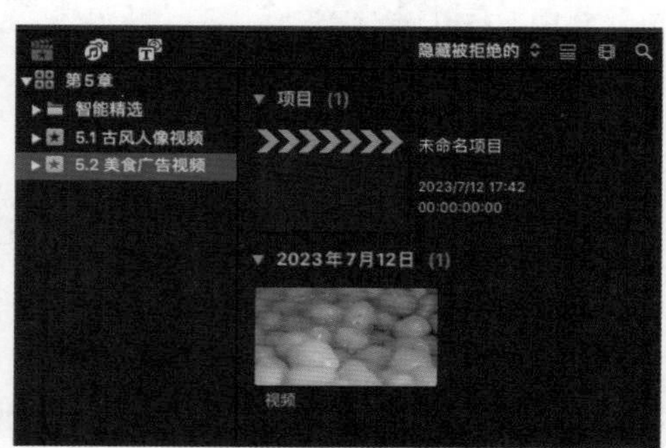

图 5-17

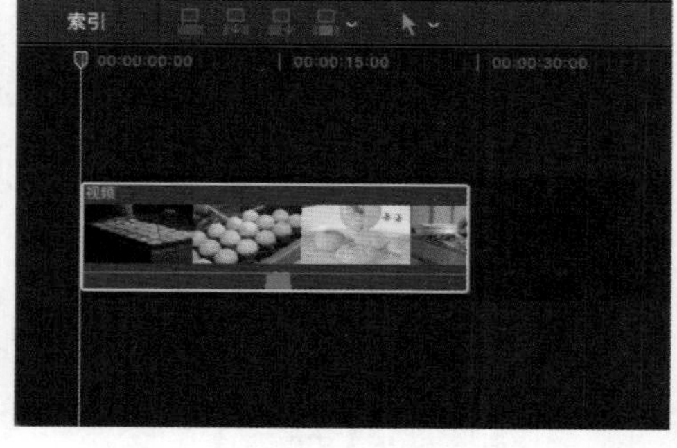

图 5-18

步骤 04 在“转场浏览器”窗口的左侧列表框中选择“叠化”选项，在右侧列表框中选择“交叉叠化”转场效果，如图 5-19 所示。

步骤 05 在选择的转场效果上双击，即可在视频片段的开头和结尾处添加该转场效果，如图 5-20 所示。

图 5-19

图 5-20

步骤 06 在“检视器”窗口中单击“从播放头位置向前播放-空格键”按钮▶，预览转场效果，如图 5-21 所示。

图 5-21

提示

按快捷键Command+A全选视频轨道上的所有片段，然后在选择的转场效果上双击，即可在所有片段上添加该转场效果。如果需进行多选，则在选择片段或编辑点的同时按住Command键即可。

5.3 连接片段 海景氛围大片

在Final Cut Pro 中，用户可以直接在连接片段上添加转场效果。下面介绍在连接片段上添加转场效果的具体方法。

步骤 01 在“事件资源库”窗口的空白处右击，在弹出的快捷菜单中选择“新建事件”命令，打开“新建事件”对话框，设置“事件名称”为“5.3 海景氛围大片”，单击“好”按钮，新建一个事件。

步骤 02 在“事件浏览器”窗口的空白处右击，在弹出的快捷菜单中选择“导入媒体”命令，打开“媒体导入”对话框，在“名称”下拉列表中选择对应文件夹下的视频素材，单击“导入所选项”按钮，将选择的视频片段添加至“事件浏览器”窗口，如图 5-22 所示。

步骤 03 在“事件浏览器”窗口中选择所有视频片段，单击“将所选片段连接到主要故事情节”按钮，添加多个连接片段，如图 5-23 所示。

图 5-22

图 5-23

步骤 04　在“转场浏览器”窗口的左侧列表框中选择“对象”选项，在右侧列表框中选择“星形”转场效果，如图 5-24 所示。

步骤 05　将选择的转场效果拖曳至视频轨道中间的连接片段上，释放鼠标左键，弹出提示对话框，单击“创建转场”按钮，会在所选片段与前后片段之间分别添加一个转场效果，如图 5-25 所示。

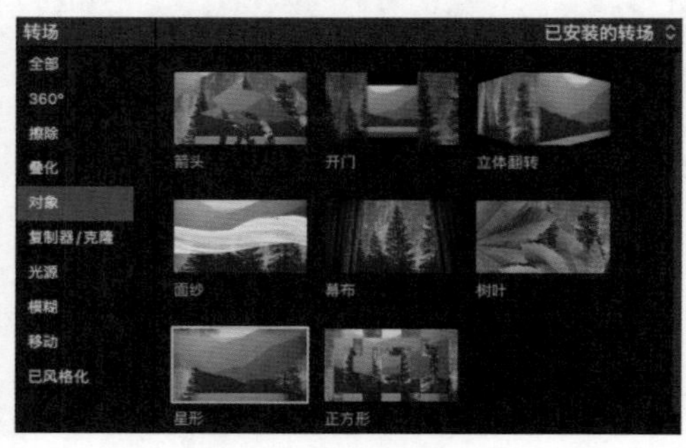

图 5-24

图 5-25

步骤 06　在“检视器”窗口中单击“从播放头位置向前播放-空格键”按钮▶，预览转场效果，如图 5-26 所示。

图 5-26

知识专题：转场效果的名称和时间长度

默认情况下，添加的转场效果的名称并不会在“磁性时间线”窗口的视频轨道上显示，这使得用户很难直观地知道所添加的转场效果的名称。此时，可以通过“检查器”窗口和“时间线索引”窗口查看相关的转场效果名称和参数。

在视频轨道上选择转场效果后，在“检查器”窗口中，可以查看转场效果的名称、方向、尖锐和边缘处理等参数值，如图 5-27 所示。如果只查看转场效果的名称，则在“磁性时间线”窗口的左上角单击“索引”按钮，打开“时间线索引”窗口查看即可，如图 5-28 所示。

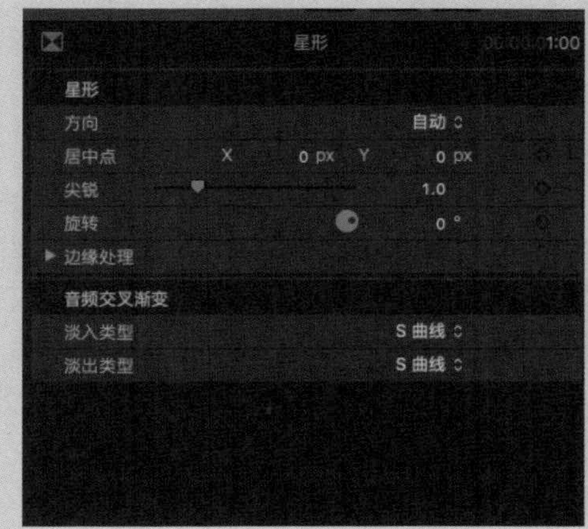

图 5-27

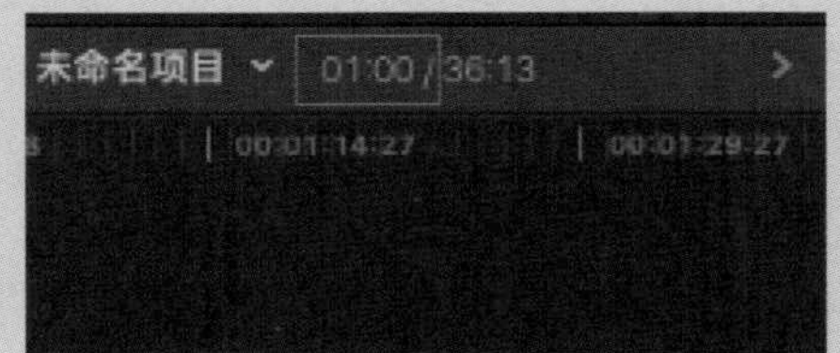

图 5-28

添加转场效果后，其默认时间长度为1s。如果需要查看转场效果的时间长度，可以选择转场效果，在“磁性时间线”窗口上方的项目名称右侧或“检查器”窗口的右上角进行查看，如图 5-29 所示。

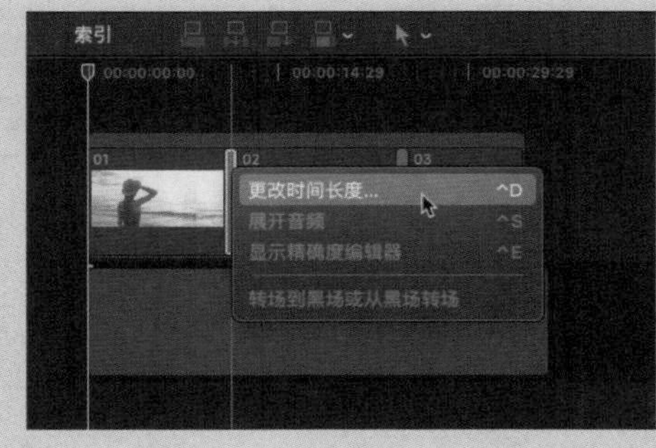

图 5-29

在视频轨道中选择转场效果后右击，在弹出的快捷菜单中选择“更改时间长度”命令，如图 5-30 所示，或按快捷键Command+D，“检视器”窗口下方的时间码会被激活变为蓝色，此时输入数值即可修改转场效果的时间长度，如图 5-31 所示。

图 5-30

图 5-31

除此之外，用户还可以通过拖曳的方式修改转场效果的时间长度。选择转场效果，将鼠标指针悬停在转场效果的边缘，当鼠标指针变成修剪状态 时，按住鼠标左键进行拖曳，即可调整时间长度，如图 5-32 所示。

图 5-32

5.4 转场效果设置 时尚女鞋广告

在Final Cut Pro中，可以通过“设置”功能来设置转场效果的默认时间长度。下面介绍修改转场效果默认时间长度的具体方法。

步骤 01 在“事件资源库”窗口的空白处右击，在弹出的快捷菜单中选择“新建事件”命令，打开“新建事件”对话框，设置“事件名称”为“5.4 时尚女鞋广告”，单击“好”按钮，新建一个事件。

步骤 02 在“事件浏览器”窗口的空白处右击，在弹出的快捷菜单中选择“导入媒体”命令，打开“媒体导入”对话框，在“名称”下拉列表中选择对应文件夹下的视频素材，单击“导入所选项”按钮，将选择的视频片段添加至“事件浏览器”窗口，如图 5-33 所示。

步骤 03 在“事件浏览器”窗口中选择所有视频片段，将其添加至“磁性时间线”窗口的视频轨道上，如图 5-34 所示。

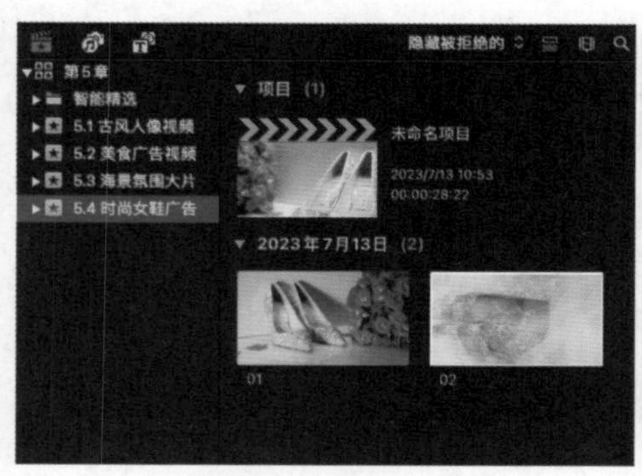

图 5-33

图 5-34

步骤 04　执行“Final Cut Pro”|“设置”命令，如图 5-35 所示。

步骤 05　打开“编辑”面板，设置“转场”为 3.00 秒钟，即可设置好转场效果的默认时间长度，如图 5-36 所示。

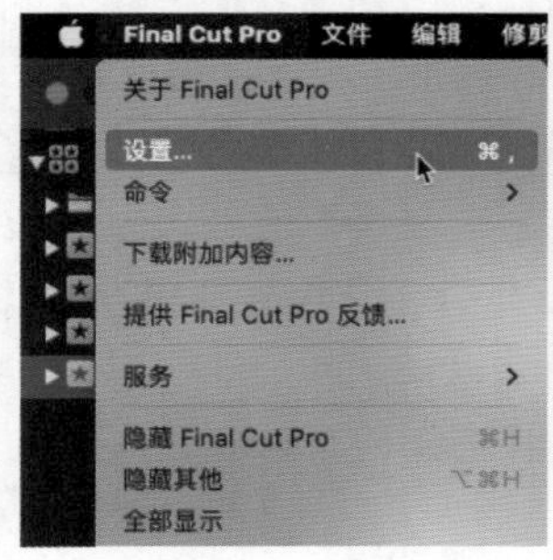

图 5-35

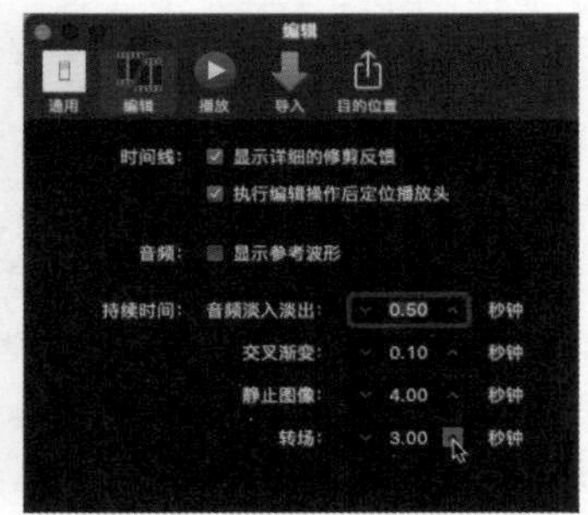

图 5-36

步骤 06　在“转场浏览器”窗口的左侧列表框中选择“叠化”选项，在右侧列表框中选择“光流”转场效果，如图 5-37 所示。

步骤 07　将选择的转场效果添加至第 1 个视频片段的末尾处，添加的转场效果的默认时间长度为 3s，如图 5-38 所示。

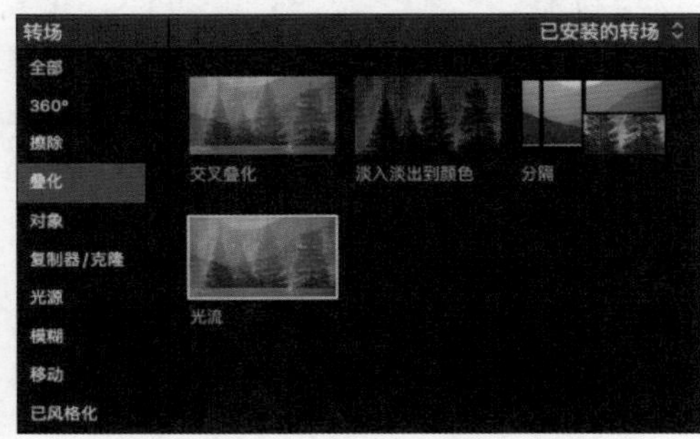

图 5-37

图 5-38

步骤 08　在“检视器”窗口中单击“从播放头位置向前播放 - 空格键”按钮▶，预览转场效果，如图 5-39 所示。

图 5-39

5.5 复制转场效果 旅拍景点打卡

添加转场效果后，如果想将转场效果快速应用到其他视频片段中，可以采用“移动”“复制”“替换”命令来实现。下面介绍如何移动、复制转场效果。

步骤 01 在“事件资源库”窗口的空白处右击，在弹出的快捷菜单中，选择“新建事件”命令，打开“新建事件”对话框，设置“事件名称”为“5.5 旅拍景点打卡”，单击“好”按钮，新建一个事件。

步骤 02 在“事件浏览器”窗口的空白处右击，在弹出的快捷菜单中选择“导入媒体”命令，打开“媒体导入”对话框，在“名称”下拉列表中选择对应文件夹下的视频素材，单击“导入所选项”按钮，将选择的视频片段添加至“事件浏览器”窗口，如图 5-40 所示。

步骤 03 在“事件浏览器”窗口中选择所有视频片段，将其添加至“磁性时间线”窗口的视频轨道上，并进行适当修剪，如图 5-41 所示。

图 5-40

图 5-41

步骤 04 在“转场浏览器”窗口的左侧列表框中选择“叠化”选项，在右侧的列表框中选择“交叉叠化”转场效果，如图 5-42 所示。

步骤 05 将选择的转场效果添加至视频结尾处，如图 5-43 所示。

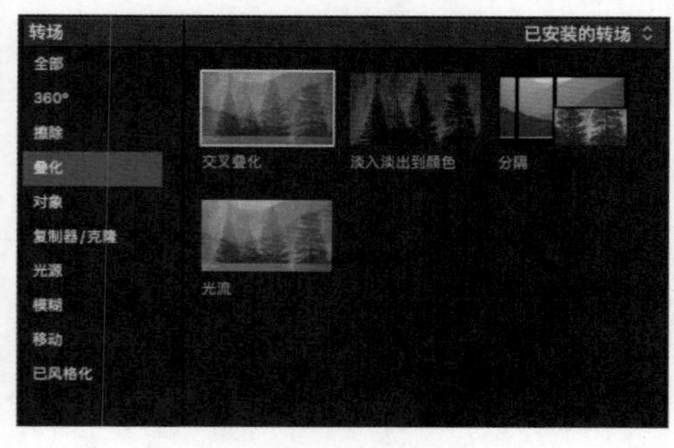

图 5-42

图 5-43

步骤 06 按住Option键，将已添加的转场效果拖曳到视频的起始位置，则可以在新的编辑点上粘贴该转场效果，如图 5-44所示。

图 5-44

步骤 07 在“转场浏览器”窗口的左侧列表框中选择“光源”选项，在右侧的列表框中选择“光噪”转场效果，如图 5-45所示。

步骤 08 将选择的转场效果添加至素材01和素材02之间的编辑点上，如图 5-46所示。

图 5-45

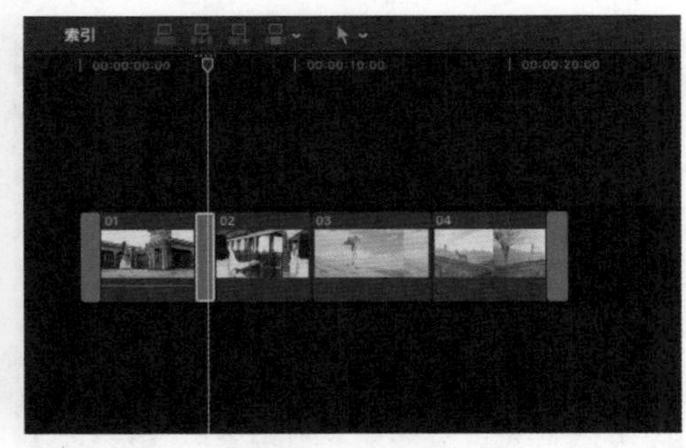

图 5-46

步骤 09 参照步骤06的操作方法，将“光噪”转场效果复制至素材02和素材03之间、素材03和素材04之间的编辑点上，如图 5-47所示。

图 5-47

步骤 10 在“检视器”窗口中单击“从播放头位置向前播放-空格键”按钮▶，预览转场效果，如图 5-48所示。

图 5-48

5.6 “索引”功能 浪漫爱情记录

如果要删除多余的转场效果，可以使用“删除”命令来实现。下面介绍如何通过“索引”功能快速删除同名称的转场效果。

步骤 01 在“事件资源库”窗口的空白处右击，在弹出的快捷菜单中选择“新建事件”命令，打开“新建事件”对话框，设置“事件名称”为“5.6 浪漫爱情记录”，单击“好”按钮，新建一个事件。

步骤 02 在“事件浏览器”窗口的空白处右击，在弹出的快捷菜单中选择“导入媒体”命令，打开“媒体导入”对话框，在“名称”下拉列表中选择对应文件夹下的视频素材，单击“导入所选项”按钮，将选择的视频片段添加至“事件浏览器”窗口，如图 5-49 所示。

步骤 03 在“事件浏览器”窗口中选择视频片段，将其添加至“磁性时间线”窗口的视频轨道上，并适当进行裁剪，如图 5-50 所示。

图 5-49

图 5-50

步骤 04 在“转场浏览器”窗口的左侧列表框中选择“叠化”选项，在右侧的列表框中选择“交叉叠化”转场效果，如图 5-51 所示。

步骤 05 将选择的转场效果添加至素材01和素材02的中间位置，如图 5-52 所示。

图 5-51

图 5-52

步骤 06 按住Option键，将已添加的转场效果拖曳到素材02和素材03的中间位置，并参照上述操作方法将转场效果复制到视频的结尾处，如图 5-53所示。

步骤 07 参照步骤04和步骤05的操作方法在视频的起始位置添加“叠化”选项中的“分隔”转场效果，如图 5-54所示。

图 5-53

图 5-54

提示

预览视频效果，若觉得所有片段之间都使用相同的转场效果太过单调，则可以使用“索引”功能快速删除同名称的转场效果。

步骤 08 在“磁性时间线”窗口的左上角单击“索引”按钮，打开“时间线索引”窗口，在搜索栏中输入转场效果名称并搜索，将搜索到相同名称的转场效果，按住Shift键，选中00:00:11:07和00:00:18:22处的“交叉叠化”转场效果，如图 5-55所示，按Delete键删除，如图 5-56所示。

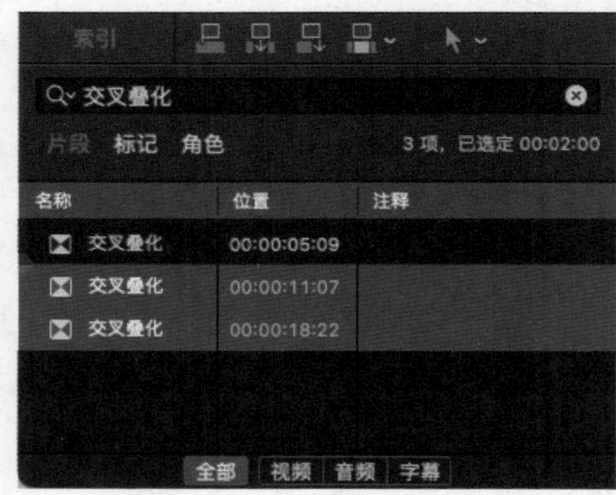

图 5-55

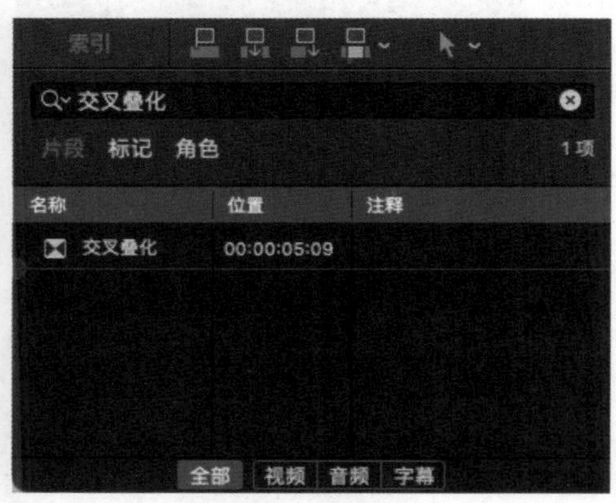

图 5-56

步骤 09 在“检视器”窗口中单击“从播放头位置向前播放-空格键”按钮▶，预览转场效果，如图 5-57所示。

图 5-57

知识专题：精确度编辑器

使用精确度编辑器可以对转场效果的时间长度进行精确调整。下面将介绍如何在Final Cut Pro 中采用精确度编辑器编辑转场效果，显示精确度编辑器的方法有以下几种。

◇ 双击已经添加的转场效果。

◇ 在轨道上选择转场效果并右击，在弹出的快捷菜单中选择“显示精确度编辑器”命令，如图 5-58所示。

◇ 选择转场效果，执行“显示”|“显示精确度编辑器”命令，如图 5-59所示。

◇ 按快捷键Command+E。

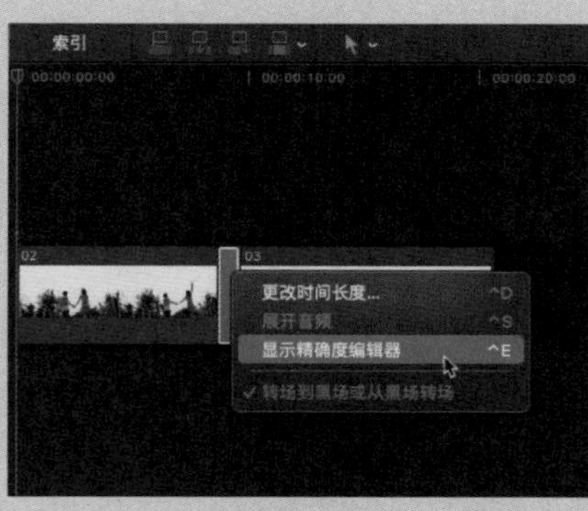

图 5-58

图 5-59

使用以上任意一种方法均可打开精确度编辑器。在打开的精确度编辑器中，转场效果前后的两个片段被拆分，上下两部分分别表示在轨道上相邻的片段。如果要改变转场效果的时间长度，可以将鼠标指针悬停在黄色矩形滑块的边缘进行拖曳调整，如图 5-60所示。将鼠标指针悬停在转场效果的中间，当鼠标指针变成卷动编辑状态后，按住鼠标左键进行左右拖曳，可以改变转场效果在两个片段之间的位置，如图 5-61所示。

图 5-60

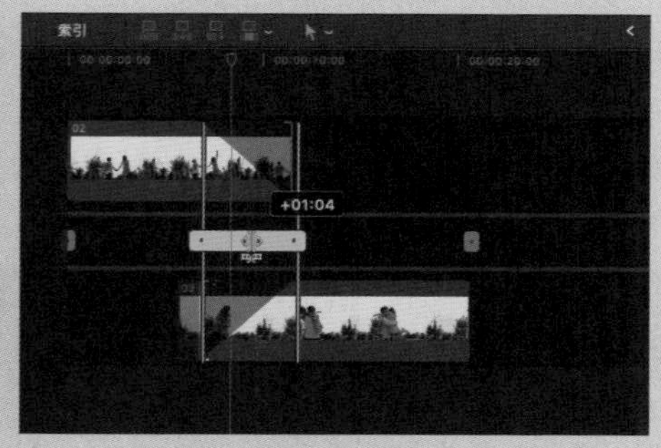

图 5-61

5.7 调整转场效果 亲子游玩碎片

显示精确度编辑器后，可以通过精确度编辑器调整转场效果的位置和时长。下面介绍如何利用精确度编辑器调整转场效果。

步骤 01 在“事件资源库”窗口的空白处右击，在弹出的快捷菜单中选择“新建事件”命令，打开“新建事件”对话框，设置“事件名称”为“5.7 亲子游玩碎片”，单击“好”按钮，新建一个事件。

步骤 02 在“事件浏览器”窗口的空白处右击，在弹出的快捷菜单中选择“导入媒体”命令，打开“媒体导入”对话框，在“名称”下拉列表中选择对应文件夹下的视频素材，然后单击“导入所选项”按钮，即可将选择的视频片段添加至“事件浏览器”窗口中，如图 5-62 所示。

步骤 03 在“事件浏览器”窗口中选择所有视频片段，将其添加至“磁性时间线”窗口的视频轨道上，并适当进行裁剪，如图 5-63 所示。

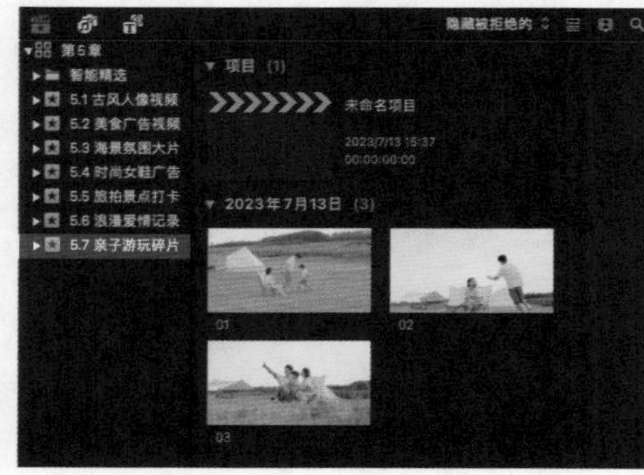

图 5-62

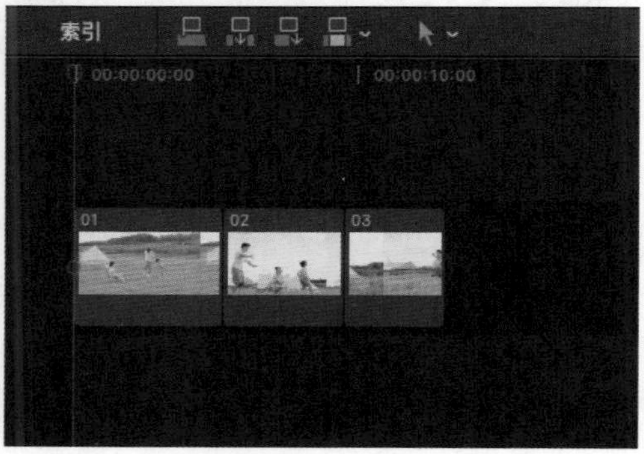

图 5-63

步骤 04 在“转场浏览器”窗口的左侧列表框中选择“对象”选项，在右侧的列表框中选择“开门”转场效果，如图 5-64 所示。

步骤 05 将选择的视频转场添加至视频片段的左侧编辑点上，然后在新添加的转场效果上右击在弹出的快捷菜单中选择“显示精确度编辑器”命令，如图 5-65 所示。

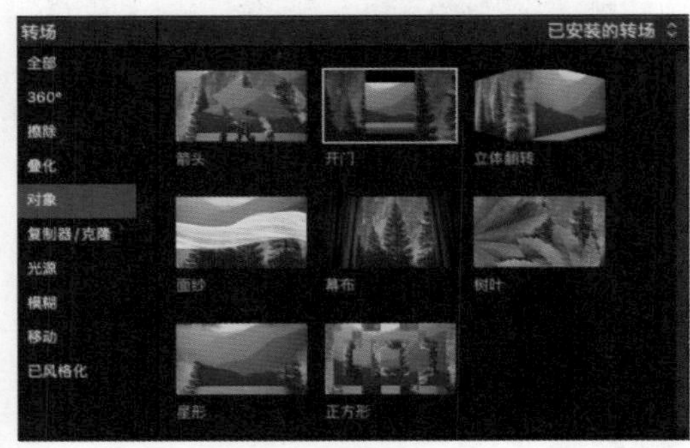

图 5-64

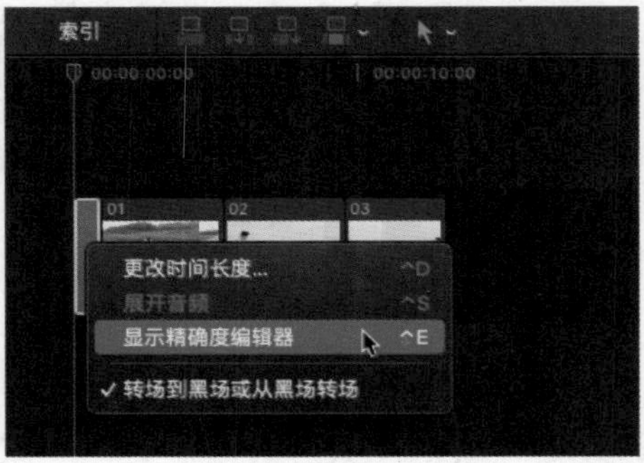

图 5-65

步骤 06 将鼠标指针悬停在黄色矩形滑块的边缘，当鼠标指针变成 后，按住鼠标左键并向右拖曳进行调整，即可改变转场效果的时间长度，如图 5-66 所示。

图 5-66

步骤 07 在“检视器”窗口中单击“从播放头位置向前播放-空格键”按钮，预览转场效果，如图 5-67 所示。

图 5-67

5.8 擦除转场效果 调色对比视频

在 Final Cut Pro 中，灵活使用转场效果并结合滤镜效果，可以制作出常见的调色对比视频。下面将介绍具体的制作方法。

步骤 01 在“事件资源库”窗口的空白处右击，在弹出的快捷菜单中选择“新建事件”命令，打开“新建事件”对话框，设置“事件名称”为“5.8 调色对比视频”，单击“好”按钮，新建一个事件。

步骤 02 在“事件浏览器”窗口的空白处右击，在弹出的快捷菜单中选择“导入媒体”命令，打开“媒体导入”对话框，在“名称”下拉列表中选择对应文件夹下的视频素材，然后单击“导入所选项”按钮，将选择的视频素材导入“事件浏览器”窗口中，如图 5-68 所示。

步骤 03 在“事件浏览器”窗口中选择视频片段，将其添加至“磁性时间线”窗口的视频轨道上，如图 5-69 所示。

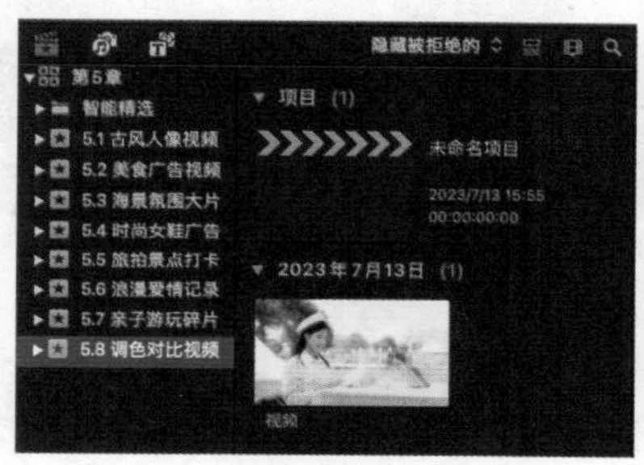

图 5-68

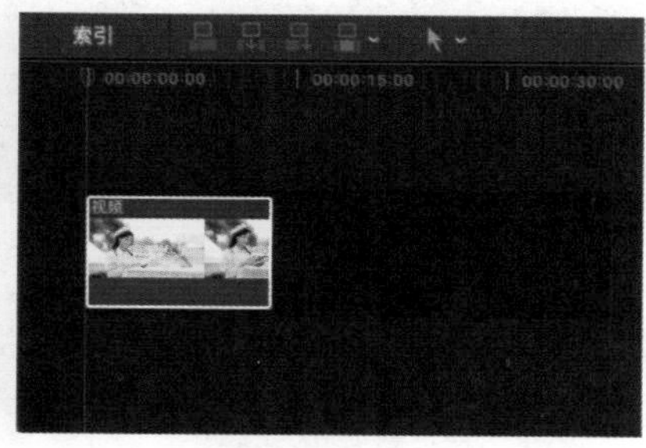

图 5-69

步骤 04 按住 Option 键，将已经添加好的视频片段向右拖曳，在轨道中复制出一个视频片段，如图 5-70 所示。

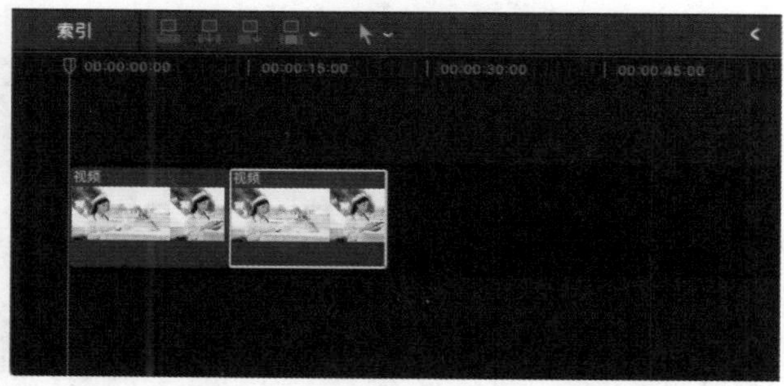

图 5-70

步骤 05 在“磁性时间线”窗口右上方单击“显示或隐藏效果浏览器”按钮，打开“效果浏览器”窗口，在左侧列表框中，选择“风格化”选项，在右侧列表框中选择“老电影”滤镜效果，如图 5-71 所示。

步骤 06 将选择的滤镜效果添加至视频片段上，此时鼠标指针右下角有一个带“+”的绿色圆形标记，如图 5-72 所示。

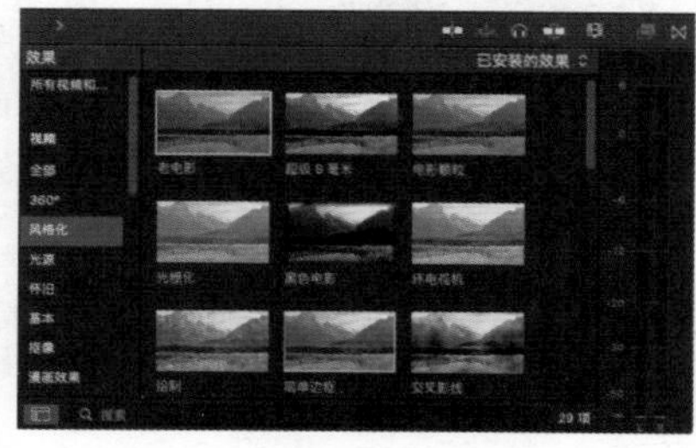

图 5-71

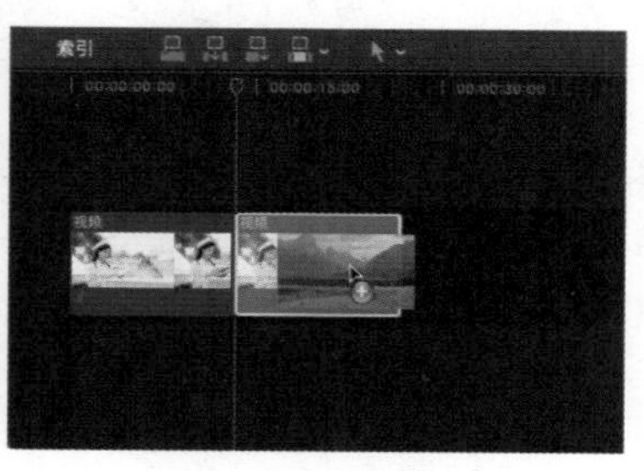

图 5-72

步骤 07 在对视频片段进行适当裁剪后，切换至“转场浏览器”窗口，选择“擦除”转场效果，如图 5-73 所示。

步骤 08 将选择的转场效果拖曳至视频片段的中间位置，释放鼠标左键，即可完成转场效果的添加，如图 5-74 所示。

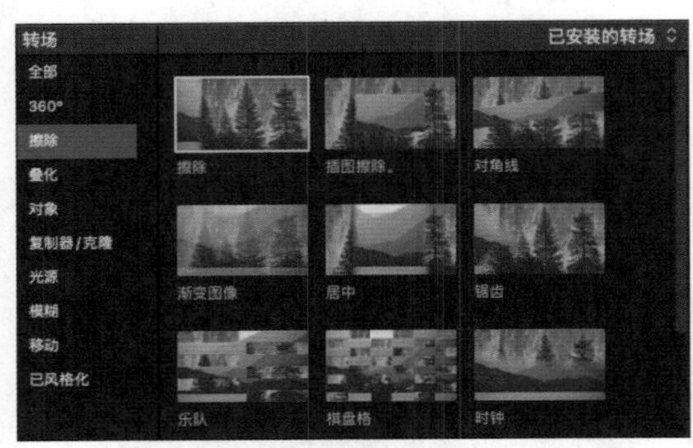

图 5-73

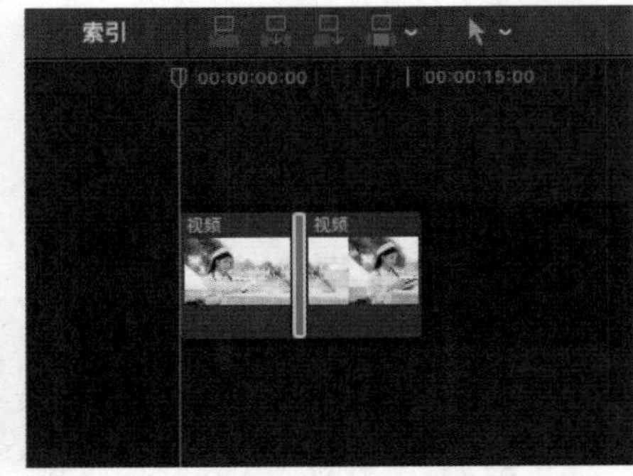

图 5-74

步骤 09 在新添加的转场效果上右击，在弹出的快捷菜单中选择“显示精确度编辑器”命令，如图 5-75 所示。

步骤 10 将鼠标指针悬停在黄色矩形滑块的边缘，当鼠标指针变成后，按住鼠标左键并向右拖曳进行调整，即可改变转场效果的时间长度，如图 5-76 所示。

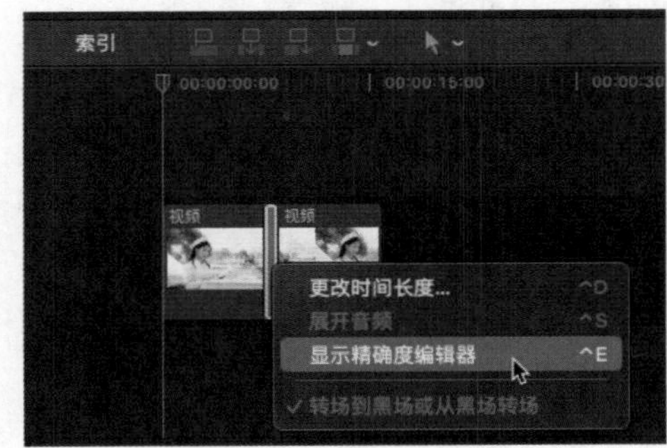

图 5-75

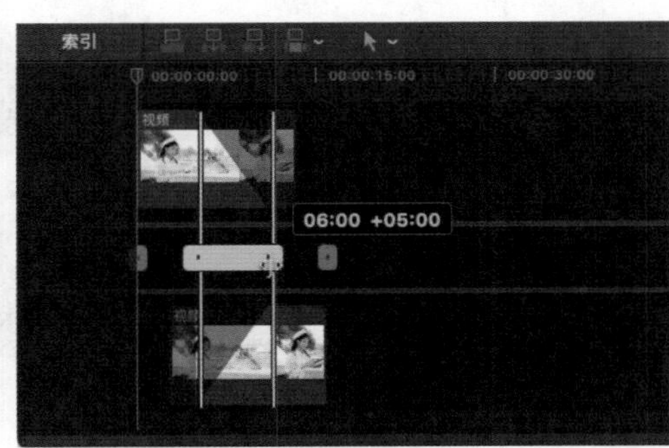

图 5-76

步骤 11 在“检视器”窗口中单击“从播放头位置向前播放 - 空格键”按钮▶，预览最终的视频效果，如图 5-77 所示。

图 5-77

第 6 章

动画合成：呈现创意十足的画面

在制作视频时，不仅可以添加转场效果使画面的切换更自然，还可以通过添加关键帧来为视频画面增添缩放、旋转和移动等动画效果，从而让视频画面更加丰富，让画面效果更加生动。本章将详细讲解合成动画的方法。

6.1 缩放动画 模拟运镜效果

在“视频检查器”窗口中，设置缩放关键帧即可制作出缩放动画效果。下面介绍制作缩放关键帧动画的具体方法。

步骤 01 新建一个名称为“第 6 章”的资源库。然后在“事件资源库”窗口的空白处右击，在弹出的快捷菜单中选择“新建事件”命令，打开“新建事件”对话框，设置“事件名称”为“6.1 模拟运镜效果”，单击“好”按钮，新建一个事件。

步骤 02 在“事件浏览器”窗口的空白处右击，在弹出的快捷菜单中选择“导入媒体”命令，打开“媒体导入”对话框，在“名称”下拉列表中选择对应文件夹下的图像素材，然后单击“导入所选项”按钮，将选择的图像素材导入“事件浏览器”窗口，如图 6-1 所示。

步骤 03 选择素材 01～06，将其添加至“磁性时间线”窗口的视频轨道上，并将每段素材都裁剪至 2s 左右，如图 6-2 所示。

图 6-1

图 6-2

步骤 04 选择素材 01，将播放指示器移至 00:00:00:00 位置，在“视频检查器”窗口的“变换”选项区中，设置“缩放（全部）”为 130%，然后单击“缩放（全部）”右侧的“添加关键帧”按钮，添加一组关键帧，如图 6-3 所示。

步骤 05 将播放指示器移至素材 01 的末端，在“视频检查器”窗口的“变换”选项区中，设置“缩放（全部）”为 100%，系统将自动在播放指示器所在的位置添加一组关键帧，如图 6-4 所示。

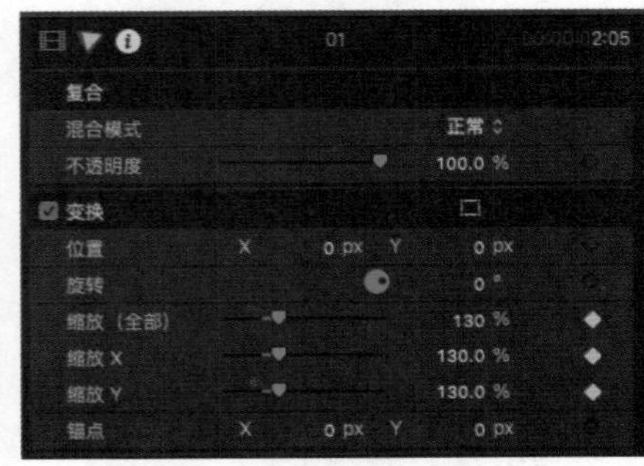

图 6-3

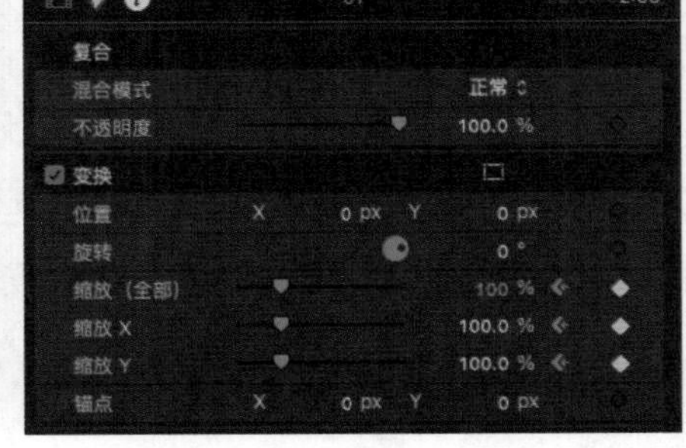

图 6-4

步骤06 参照步骤04和步骤05的操作方法，为余下的素材添加缩放关键帧。

步骤07 完成关键帧动画的制作后，再为视频添加一首合适的音乐，然后在“检视器”窗口中单击“从播放头位置向前播放-空格键”按钮▶，预览动画效果，如图6-5所示。

图 6-5

知识专题：关键帧动画

在Final Cut Pro中，每个片段都拥有内置的运动参数。因此，在编辑视频的过程中，可以通过调节片段的运动参数来控制视频画面的位置、角度和大小。下面将详细讲解运用关键帧控制运动参数的操作方法。

1. 在“视频检查器”窗口中制作关键帧动画

在“检查器”窗口中可以通过拖曳参数滑块或输入精确的数值来制作关键帧动画。按快捷键Command+4，打开“检查器”窗口，将其切换为“视频检查器”窗口，在该窗口中依次设置好“复合”和“变换”选项区中的关键帧参数，如图6-6所示，可以得到不同的视频动画效果。

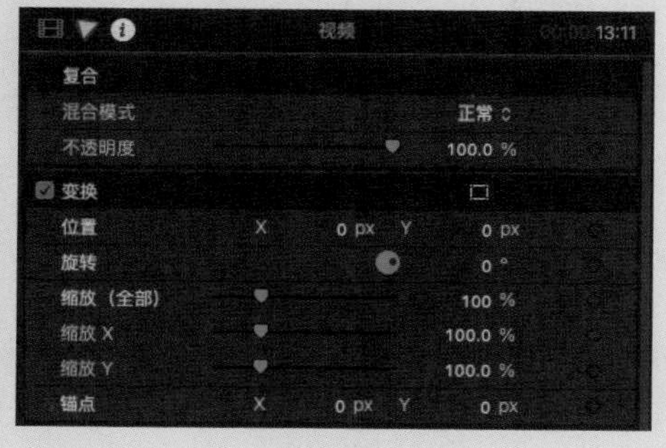

图 6-6

a. 不透明度关键帧动画

通过设置不透明度关键帧，可以制作出淡入淡出的特殊效果。设置不透明度关键帧的具体方法是：选择视频片段后，移动播放指示器，然后在“视频检查器”窗口中，设置“不透明度”参数，并单击该参数右侧的“添加关键帧”按钮◈添加关键帧。添加多个不透明度关键帧后，在“检视器”窗口中单击“从播放头位置向前播放-空格键”按钮▶，可以预览制作好的淡入淡出动画效果，如图6-7所示。

图 6-7

b. 缩放关键帧动画

通过设置缩放关键帧，可以有效地调整视频画面的显示大小。设置缩放关键帧的具体方法是：选择视频片段后，移动播放指示器，然后在“视频检查器”窗口中，设置“缩放”参数，并单击该参数右侧的“添加关键帧”按钮添加关键帧。添加多个缩放关键帧后，在“检视器”窗口中单击“从播放头位置向前播放-空格键”按钮，可以预览制作好的缩放动画效果，如图 6-8 所示。

图 6-8

提示

在进行缩放设置时，可以选择等比例缩放视频，也可以选择不等比例缩放视频。在“视频检查器”窗口的“变换”选项区中，单独修改“缩放X”和“缩放Y”参数，可以单独进行X轴和Y轴方向的缩放操作。

c. 旋转关键帧动画

通过设置旋转关键帧，可以有效地调整视频画面的角度。设置旋转关键帧的具体方法是：选择视频片段后，移动播放指示器，然后在“视频检查器”窗口中，设置“旋转”参数，并单击该参数右侧的“添加关键帧”按钮添加关键帧。添加多个旋转关键帧后，在“检视器”窗口中单击“从播放头位置向前播放-空格键”按钮，可以预览制作好的旋转动画效果，如图 6-9 所示。

图 6-9

d. 位置关键帧动画

通过设置位置关键帧，可以有效地调整视频画面的显示位置。设置位置关键帧的具体方法是：选择视频片段后，移动播放指示器，然后在“视频检查器”窗口中，设置“位置”参数，并单击该参数右侧的“添加关键帧”按钮添加关键帧。添加多个位置关键帧后，在“检视器”窗口中单击“从播放头位置向前播放-空格键”按钮，可以预览制作好的位置移动动画效果，如图 6-10 所示。

图 6-10

2. 在“检视器”窗口中制作关键帧动画

除了可以在“视频检查器”窗口中为片段制作关键帧动画外，还可以以更为直观的方式在“检视器”窗口中为片段制作关键帧动画。

在“检视器”窗口中制作关键帧动画的方法很简单。选择视频片段，在“检视器”窗口的左下角单击“变换”按钮，或者在“检视器”窗口中右击，在弹出的快捷菜单中选择“变换”命令，激活“检视器”窗口中画面的8个控制点，如图 6-11 所示。

图 6-11

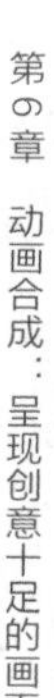

在“检视器”窗口中，选择其中一个控制点，按住鼠标左键并进行拖曳，即可调整视频的大小，如图 6-12 所示；如果需要变换视频画面的角度，可以拖曳视频画面中间的锚点，如图 6-13 所示；如果需要变换视频画面的位置，可以在“检视器”窗口的视频画面上按住鼠标左键进行拖曳。

图 6-12

图 6-13

如果要添加关键帧动画，可在“检视器”窗口中单击“在播放头位置添加新关键帧”按钮，首先指定播放指示器的位置，然后在“检视器”窗口的视频画面的控制点上按住鼠标左键进行拖曳。

3. 在“磁性时间线”窗口中制作关键帧动画

除了可以通过“视频检查器”窗口和“检视器”窗口设置关键帧动画以外，还可以在“磁性时间线”窗口中通过“显示视频动画”命令显示视频动画，并打开“视频动画”面板。“视频动画”面板包含“变换”“修剪”“变形”“复合：不透明度”4个选项，如图 6-14 所示。

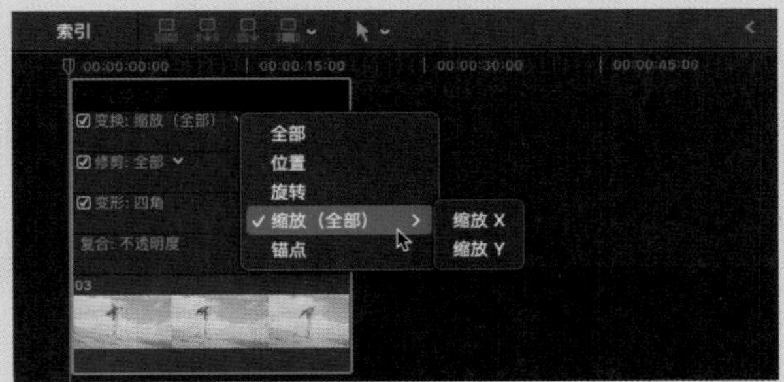

图 6-14

如果要用“磁性时间线”窗口控制不透明度动画，则单击“复合：不透明度”右侧的图标，或者在该区域双击，展开“复合：不透明度”选项区。该选项区中有一条白色的调整线贯穿整个片段，将鼠标指针悬停在调整线上，鼠标指针将变成上下双向箭头形状，向上或向下拖曳，可以调整片段的不透明度。默认情况下，不透明度为100%，越往下不透明度越高，在调整不透明度的过程中会显示百分比数值，如图 6-15 所示。

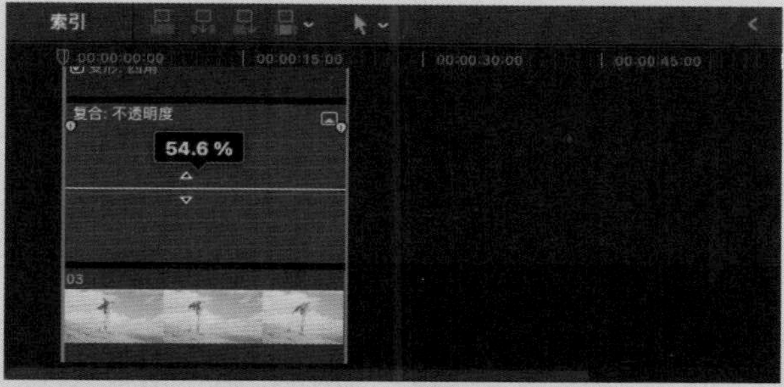

图 6-15

如果要用“磁性时间线”窗口控制变换动画效果，可以在“视频动画”面板中单击“变换：全部”右侧的下拉按钮，展开下拉列表，如图 6-16 所示，选择其中的选项，可以调整视频片段的位置、角度、大小和锚点。

如果要用“磁性时间线”窗口控制修剪动画效果，可以在“视频动画”面板中单击“修剪：全部”右侧的下拉按钮，展开下拉列表，如图 6-17 所示，选择不同的选项，可以从不同的位置修剪视频。

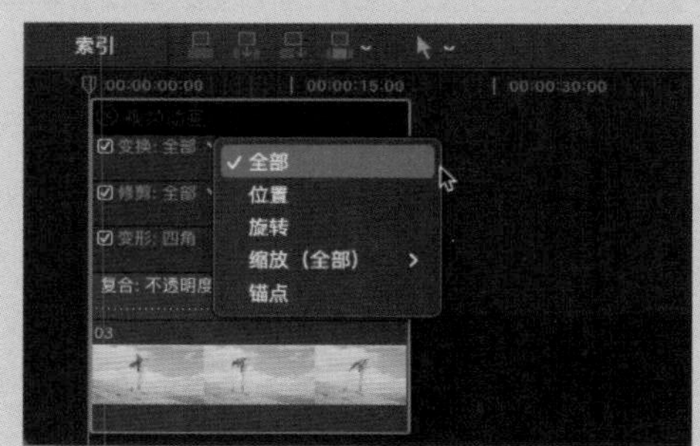

图 6-16

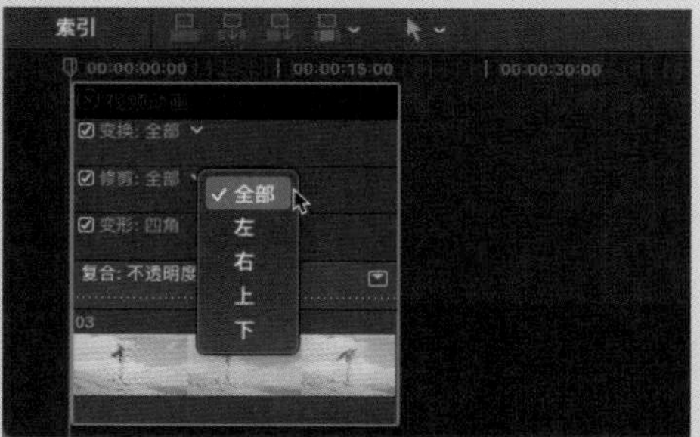

图 6-17

提示

显示视频动画的方法有多种，可以执行“片段”|“显示视频动画”命令，也可以在“磁性时间线”窗口的视频片段上右击，在弹出的快捷菜单中选择“显示视频动画”命令。

6.2 不透明度 无缝转场效果

使用“不透明度”参数与“添加关键帧”功能，可以制作不透明度关键帧动画，结合画中画还可以制作无缝转场效果。下面介绍使用不透明度关键帧动画制作无缝转场效果的具体方法。

步骤 01 新建一个“事件名称”为“6.2 无缝转场效果”的事件，在“事件浏览器”窗口的空白处右击，在弹出的快捷菜单中选择“导入媒体”命令，打开“媒体导入”对话框，在“名称”下拉列表中选择对应文件夹下的视频素材，然后单击“导入所选项”按钮，将选择的视频素材导入“事件浏览器”窗口，如图 6-18 所示。

步骤 02 选择素材 01，将其添加至“磁性时间线”窗口的视频轨道上，并对其进行适当裁剪；将播放指示器移至 00:00:03:00 处，选择素材 02，将其添加至素材 01 的上方，并使素材 02 的起始位置与播放指示器对齐，然后对其进行适当裁剪，如图 6-19 所示。

图 6-18

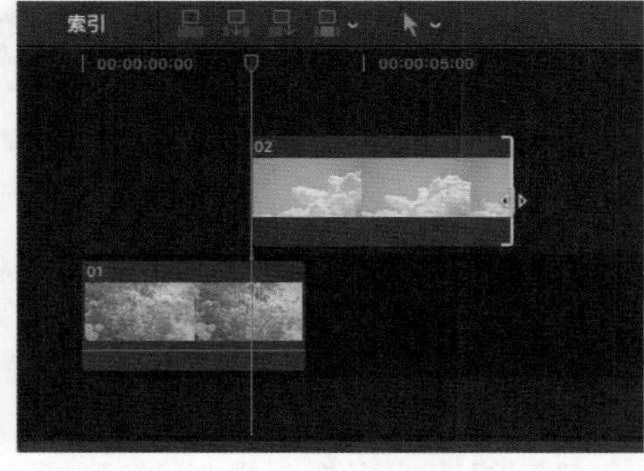

图 6-19

步骤 03 将播放指示器移至素材 01 的末端，选择素材 02，在“视频检查器”窗口的“复合”选项区中，单击“不透明度”右侧的“添加关键帧”按钮，添加一个关键帧，如图 6-20 所示。

步骤 04 将播放指示器移至素材 02 的起始位置，在“视频检查器”窗口的“复合”选项区中，设置“不透明度”为 0%，如图 6-21 所示，系统将自动在播放指示器所在位置添加一个关键帧。

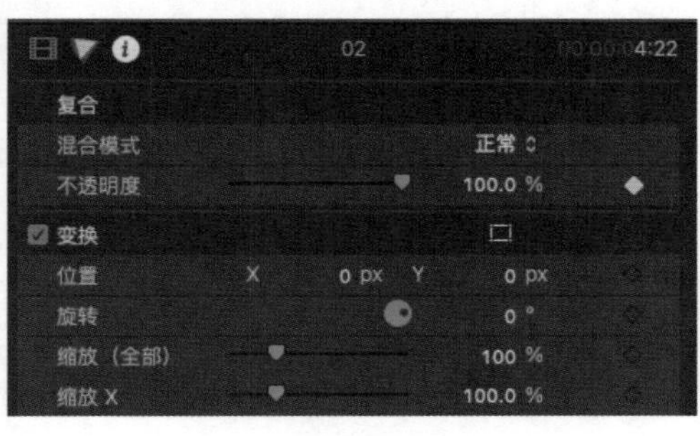

图 6-20

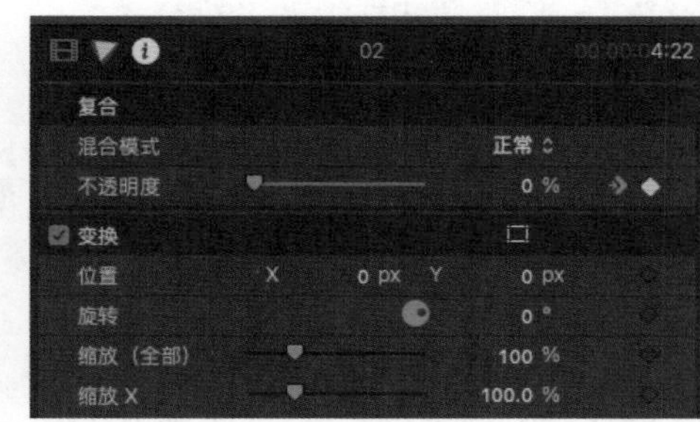

图 6-21

步骤 05 将播放指示器移至 00:00:06:16 处，选择素材 03，将其添加至素材 02 的上方，并使素材 03 的起始位置与播放指示器对齐，然后对其进行适当裁剪，如图 6-22 所示。

步骤 06 将播放指示器移至素材 02 的末端，选择素材 03，在“视频检查器”窗口的“复合”选项区中，单击“不透明度”右侧的“添加关键帧”按钮，添加一个关键帧，如图 6-23 所示。

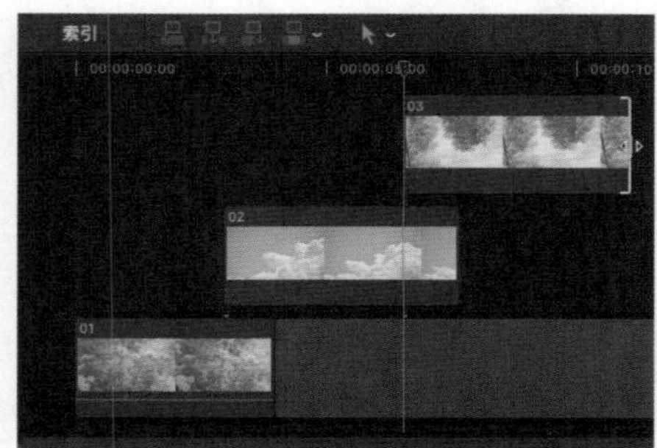

图 6-22

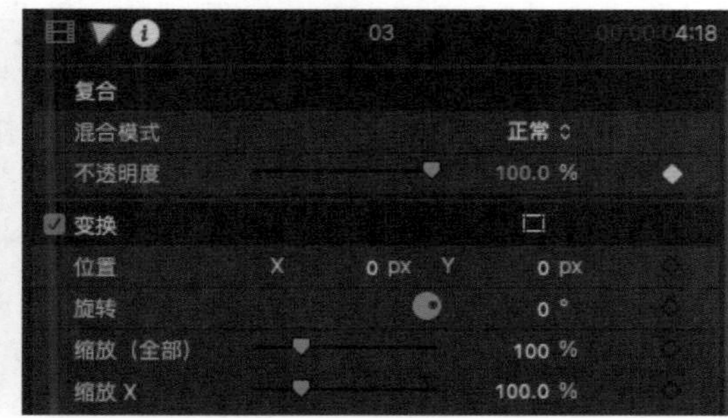

图 6-23

步骤 07　将播放指示器移至素材03的起始位置，在“视频检查器”窗口的“复合”选项区中，设置“不透明度”为0%，如图 6-24所示，系统将自动在播放指示器所在位置添加一个关键帧。

步骤 08　参照步骤06和步骤07的操作方法，将素材04添加至“磁性时间线”窗口的视频轨道上，对其进行适当裁剪，并添加不透明度关键帧，如图 6-25所示。

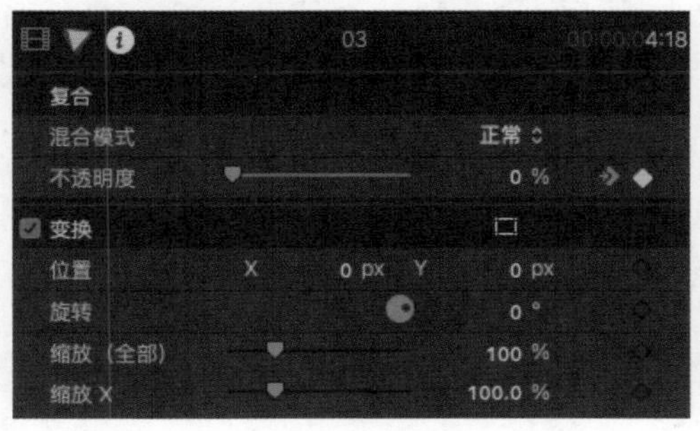

图 6-24

图 6-25

步骤 09　完成不透明度关键帧动画的制作后，再为视频添加一首合适的音乐，然后在“检视器”窗口中单击“从播放头位置向前播放-空格键”按钮▶，预览视频效果，如图 6-26所示。

图 6-26

6.3 删除关键帧 水墨国风片头

显示视频动画后，可以通过添加与删除关键帧来制作符合心意的动画效果。下面介绍添加与删除关键帧的具体方法。

步骤 01 新建一个“事件名称”为“6.3 水墨国风片头”的事件，在“事件浏览器”窗口的空白处右击，在弹出的快捷菜单中选择“导入媒体”命令，打开“媒体导入”对话框，在“名称”下拉列表中选择对应文件夹下的视频素材，然后单击“导入所选项”按钮，将选择的视频素材导入“事件浏览器”窗口，如图 6-27 所示。

步骤 02 选择视频片段，将其添加至“磁性时间线”窗口的视频轨道上，如图 6-28 所示。

图 6-27

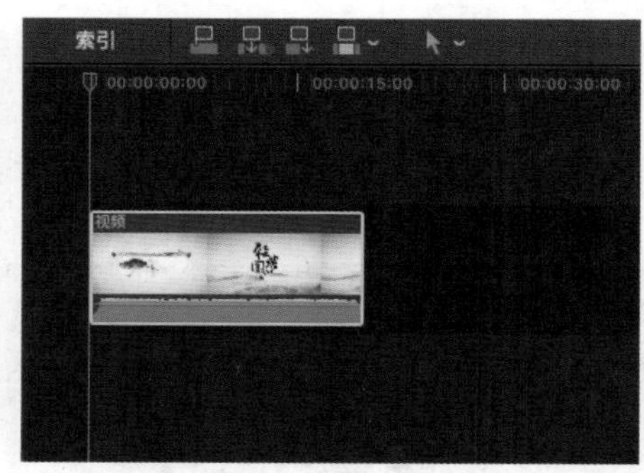

图 6-28

步骤 03 选择视频片段，将播放指示器移至视频的起始位置，在“视频检查器”窗口的“变换”选项区中，设置“缩放（全部）”为 138%，并单击“添加关键帧”按钮添加一个关键帧，如图 6-29 所示。

步骤 04 将播放指示器向后移动并更改“缩放（全部）”参数，更改两次，系统将自动在播放指示器所在位置添加关键帧。

步骤 05 在视频片段上右击，在弹出的快捷菜单中选择“显示视频动画”命令，如图 6-30 所示。

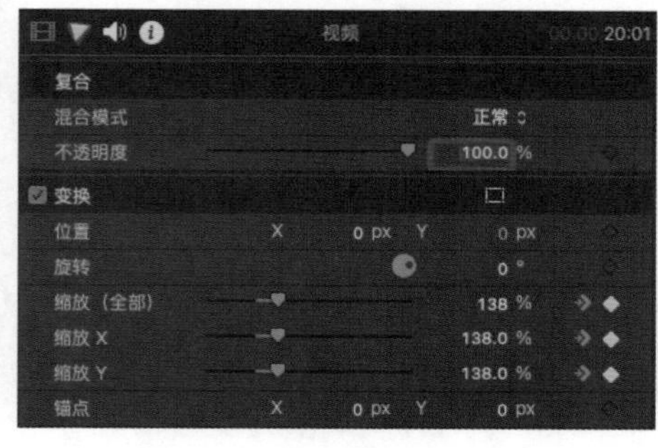

图 6-29

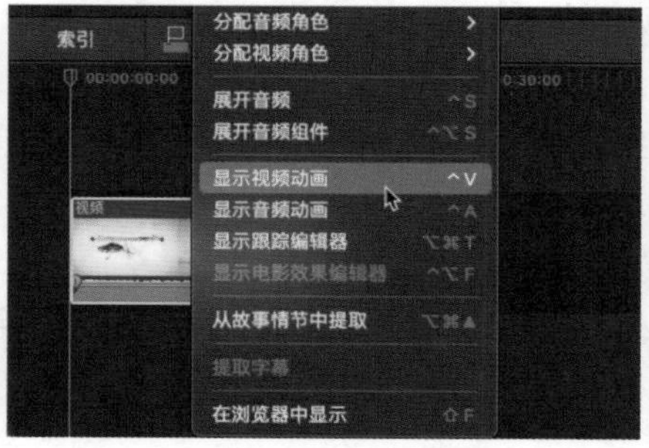

图 6-30

步骤 06 执行操作后，视频轨道中即可显示视频动画，并显示出视频片段中已经添加的关键帧，如图 6-31 所示。

步骤 07 右击第3个关键帧，打开快捷菜单，选择“删除关键帧”命令，如图6-32所示，即可删除选中的关键帧。

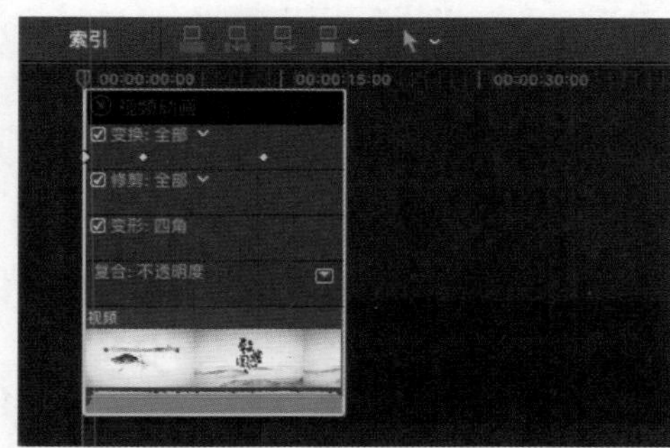

图 6-31

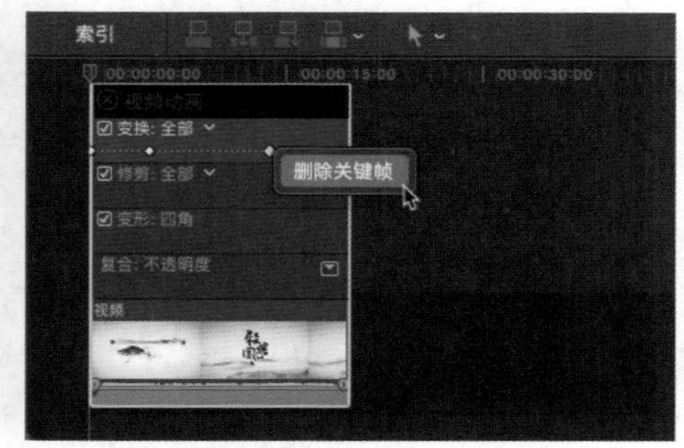

图 6-32

步骤 08 删除关键帧后，再为视频添加一首合适的音乐，然后在“检视器”窗口中单击“从播放头位置向前播放-空格键”按钮▶，预览视频效果，如图6-33所示。

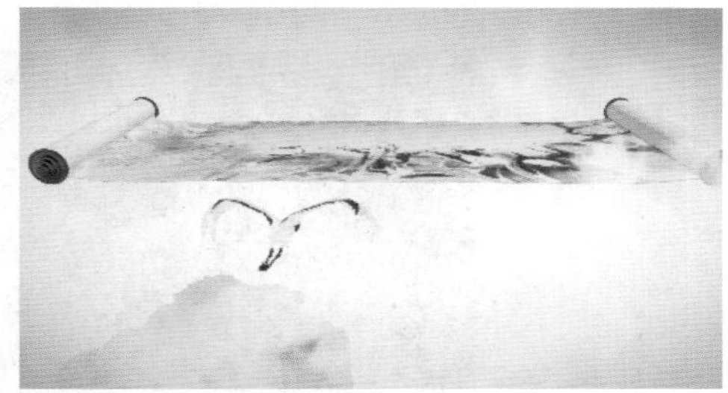

图 6-33

知识专题：抠像技术概述

使用“抠像”功能可以将视频画面的背景抠除。下面将详细讲解抠除视频和图像的相关技巧。

1. 色彩抠像

通过色彩抠像，可以将画面中具有相同色彩的区域抠除。色彩抠像的具体方法是：首先在“磁性时间线”窗口中将前景片段（包含要移除的颜色的片段）添加到视频轨道中，然后将背景片段拖曳至视频轨道中前景片段的下方，再在“效果浏览器”窗口的左侧列表框中选择“抠像”选项，在右侧的列表框中选择“抠像器”滤镜效果，如图6-34所示；将其添加至前景片段上，即可完成色彩抠像。色彩抠像后的效果如图6-35所示。

图 6-34

图 6-35

在“磁性时间线”窗口中选择含“抠像器”滤镜效果的前景片段，然后在“检查器”窗口中单击“显示视频检查器”按钮，打开“视频检查器”窗口，如图 6-36 所示，该窗口中有各种用于修改和改善“抠像器”滤镜效果的控制选项。

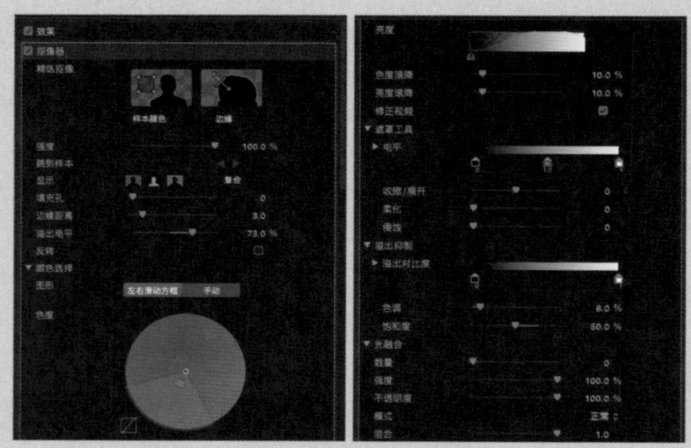

图 6-36

在“抠像器”滤镜效果下，“视频检查器”窗口中各主要选项的含义如下。

◇ “精炼抠像”选项区：在该选项区中，单击“样本颜色”缩略图，可以在“检视器”窗口中需要移除颜色的区域中绘制矩形；单击“边缘”缩略图，可以跨“检视器”窗口中的夸区域绘制线条（一端位于要保留的区域中，另一端位于要移除的区域中），然后移动线条控制柄以调整边缘柔和度。

◇ “强度”滑块：用于调整“抠像器”滤镜效果的自动采样的容差（核心透明度），默认值是100%。当减小“强度”值时，会缩小采样颜色的范围，导致抠像图像的透明度降低；当增大“强度”值时，会扩展采样颜色的范围，导致抠像图像的透明度提高。该参数可用于调整半透明细节区域，如烟雾和反光。

◇ “显示”选项区：用于微调图像，包含“原始状态”“复合”“遮罩”3个按钮。

单击“原始状态”按钮，可以显示未抠像的原始前景图像；单击“遮罩”按钮，可以显示抠像操作生成的灰度遮罩或Alpha通道，其中，白色区域为实色（前景视频不透明）、黑色区域透明（前景完全看不见）、灰色阴影表示不同的透明度级别（可以发现背景视频与前景视频混合）；单击“复合”按钮，可以显示最终复合图像，其中，抠像前景素材位于背景片段上。

◇ “填充孔”滑块：用于调整将实色添加到抠像内边缘透明度的区域。
◇ “边缘距离”滑块：用于调整遮罩的填充区域边缘。减小此参数值将牺牲边缘的半透明度，可以让遮罩的填充区域更接近素材的边缘；增大此参数值会将遮罩的填充区域推离边缘。
◇ “溢出量”滑块：用于抑制前景图像上出现（溢出）的任何背景颜色。
◇ “反转”复选框：勾选该复选框，可以反转抠像操作，从而保留背景颜色和移除前景图像。
◇ “混合”滑块：用于将抠像效果与未抠像效果混合。
◇ “图形”选项区：该选项区提供了两个用于设定如何将“色度”和“亮度”控制中的可调整图形用于微调抠像的选项。单击“左右滑动方框”按钮，可将“色度”和“亮度”控制调整为要创建的遮罩中的柔和度（边缘透明度）；单击“手动”按钮，可将“色度”和“亮度”控制调整为要创建的遮罩中的柔和度（边缘透明度）和容差（核心透明度）。
◇ “色度”选项区：在该选项区中移动色轮中的两个图形，以调整有助于定义抠像遮罩的色相和饱和度的分离范围。
◇ “亮度”选项区：在该选项区中调整控制柄，可以修改亮度通道的分离范围。
◇ “色度滚降”滑块：用于调整色度滚降斜线（显示在“色度”选项区左下方的小图形中）的线性。拖曳此滑块将修改受“色度”控制影响的区域周围的遮罩柔和度。减小此参数值会使图形斜线更平缓，从而柔化遮罩边缘；增大此参数值会使图形斜线较陡峭，从而锐化遮罩边缘。
◇ “亮度滚降”滑块：用于调整亮度滚降斜线（显示在“亮度”选项区中）的线性。拖曳此滑块将修改受“亮度”控制影响的区域周围的遮罩柔和度。减小此参数值会使“亮度”控制中的顶部和底部控制柄之间的斜线更平缓，从而增加遮罩的边缘柔和度；增大此参数值会使斜线较陡峭，从而锐化遮罩边缘，使其更突出。
◇ “修正视频”复选框：勾选该复选框，可将子像素平滑应用于图像的色度分量，从而减少使用4:2:0、4:1:1或4:2:2色度二次采样对压缩媒体进行抠像时产生的锯齿边缘。尽管默认情况下处于勾选状态，但子像素平滑将降低抠像的质量，此时可取消勾选该复选框。
◇ “电平”选项区：该选项区使用灰度渐变修改抠像遮罩的对比度，其方法是拖曳“黑点”“白点”“偏差”3个控制柄。调整遮罩对比度有助于处理抠像的半透明区域，使其更具实色（通过减少白点）或更具半透明性（通过增加黑点）。向右拖曳“偏差”控制柄将侵蚀抠像的半透明区域，而向左拖曳“偏差”控制柄将使抠像的半透明区域更具实色。

◇ “收缩/展开”滑块：用于处理遮罩的对比度，以同时影响遮罩半透明度和遮罩大小。向左拖曳滑块可使半透明区域更具半透明性，同时收缩遮罩；向右拖曳滑块可使半透明区域更具实色，同时扩展遮罩。
◇ “柔化”滑块：用于模糊抠像遮罩，从而按统一的量羽化边缘。
◇ “侵蚀”滑块：用于使抠像实色部分的边缘向内逐渐增加透明度。
◇ “溢出对比度”选项区：通过拖曳“黑点”和“白点”控制柄，可调整要抑制的颜色的对比度。修改溢出对比度可减少前景素材周围的灰色镶边。其中，“黑点”控制柄将使太暗的边缘镶边变亮，“白点”控制柄将使太亮的边缘镶边变暗。根据“溢出量”滑块所抵消的溢出量可知，这些控制可能会对主体造成较大或较小的影响。
◇ “色调”滑块：可恢复抠像前景素材的自然颜色。
◇ “饱和度”滑块：用于修改“色调”滑块引入的色相范围。
◇ “数量”滑块：用于控制总体光融合效果，从而设定光融合效果延伸到前景的距离。
◇ “强度”滑块：用于调整灰度系数的大小，以使融合边缘与抠像前景素材的交互变亮或变暗。
◇ “不透明度”滑块：用于使光融合效果淡入或淡出。
◇ “模式”下拉列表：在该下拉列表中可以选择将采样背景与抠像素材边缘混合的方式。选择“正常”模式，可以将背景层中的亮部和暗部与抠像前景层边缘混合；选择“增量”模式，可以比较前景层和背景层中的重叠像素，然后保留二者中的较亮者，一般适用于创建选择性光融合效果；选择“屏幕”模式，可以将背景层中较亮部分叠加在抠像前景层的融合区域，一般适用于创建主动式光融合效果；选择“叠层”模式，可以将背景层与抠像前景层的融合区域组合，以便使重叠暗部变暗，亮部变亮，且颜色将增强；选择“强光”模式，该模式类似于“叠层”模式，只是颜色更柔和。

提示

在应用“抠像器”滤镜效果后，系统将分析视频，检测绿色或蓝色主色，然后移除该颜色。如果对生成的抠像效果不满意，或需要改进抠像效果，则可以在“视频检查器”窗口中调整色度抠像效果。

2. 亮度抠像

通过亮度抠像，可以根据视频中的亮度在背景片段上复合前景片段。应用亮度抠像的方法与应用色彩抠像的方法相似，唯一的区别在于参数调整。在轨道中添加前景片段和背景片段后，在“效果浏览器”窗口中选择“亮度抠像器”滤镜效果，将其添加至前景片段上，然后调整“亮度抠像器”滤镜效果的参数值，完成亮度抠像操作。在“磁性时间线”窗口中选择含“亮度抠像器”滤镜效果的前景片段，然后打开“视频检查器”窗口，如图 6-37 所示，该窗口中显示了用于改善“亮度抠像器”滤镜效果的控制选项。

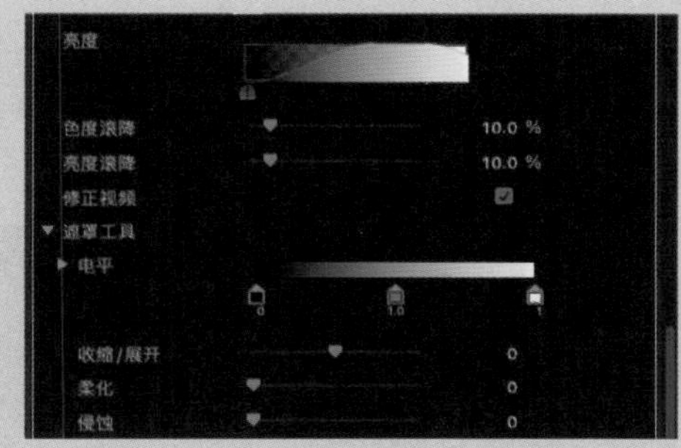

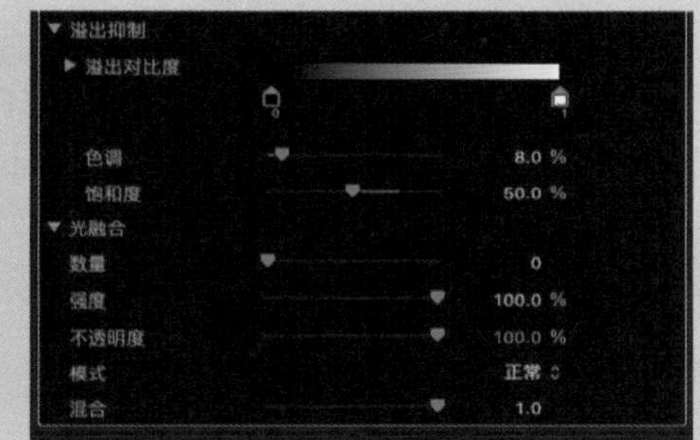

图 6-37

在“亮度抠像器”滤镜效果下，“视频检查器”窗口中的各主要选项的含义如下。

◇ “亮度”选项区：用于调整白色和黑色片段值，在该选项区中拖曳“白色”和“黑色”控制柄会更改参数值，从而产生不透明或全透明的前景视频。

◇ “亮度滚降”滑块：用于调整边缘的柔和度，此参数值越大，边缘就越硬。

◇ “遮罩工具”选项区：该选项区用于精炼以前参数集生成的透明度遮罩。

◇ “光融合”选项区：该选项区用于将复合背景层中的颜色和亮度值与抠像前景层混合。

◇ “混合”滑块：调整抠像效果与未抠像效果的混合程度。

6.4 抠像效果 白鸽展翅高飞

使用“抠像器”效果，可以将画面中不想要的颜色抠除掉，比较常见的使用场景是抠除素材中的绿幕、蓝幕。下面将介绍使用抠像效果，结合绿幕素材进行画面合成的方法。

步骤 01 新建一个“事件名称”为“6.4 白鸽展翅高飞”的事件，在“事件浏览器”窗口的空白处右击，在弹出的快捷菜单中选择“导入媒体”命令，打开“媒体导入”对话框，在“名称”下拉列表中选择对应文件夹下的视频素材和绿幕素材，单击“导入所选项”按钮，将选择的素材添加至“事件浏览器”窗口中，如图 6-38 所示。

步骤 02 在“事件浏览器”窗口中选择视频片段，将其添加至“磁性时间线”窗口的视频轨道上，然后选择绿幕素材，将其添加至视频素材的上方，并对视频素材进行适当裁剪，使其和绿幕素材的时间长度保持一致，如图 6-39 所示。

图 6-38

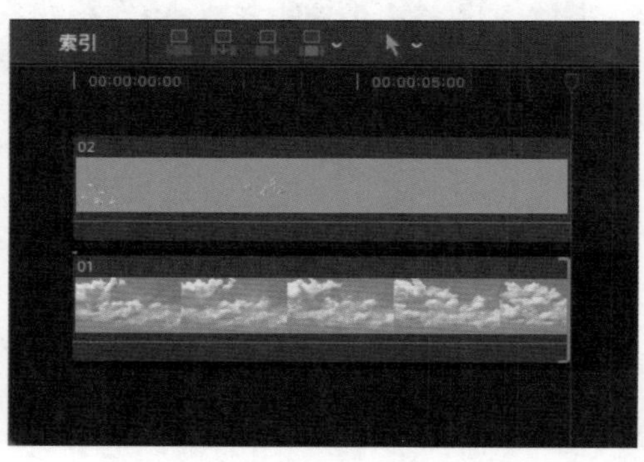

图 6-39

步骤 03 在“效果浏览器”窗口的左侧列表框中选择“抠像”选项，在右侧的列表框中选择“抠像器”滤镜效果，如图 6-40 所示。

步骤 04 将选择的滤镜效果添加至绿幕素材上，即可添加抠像效果，如图 6-41 所示。

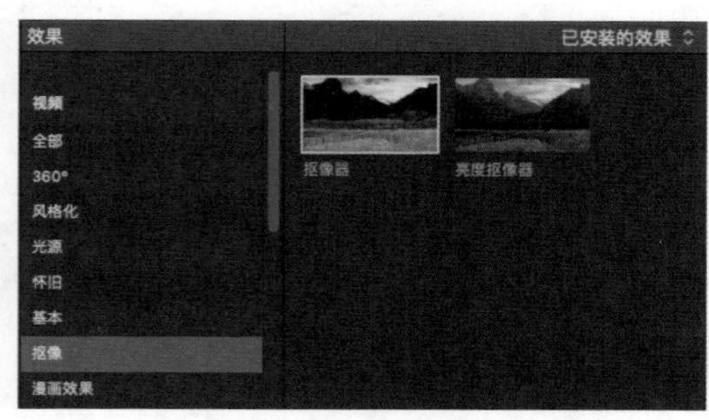

图 6-40

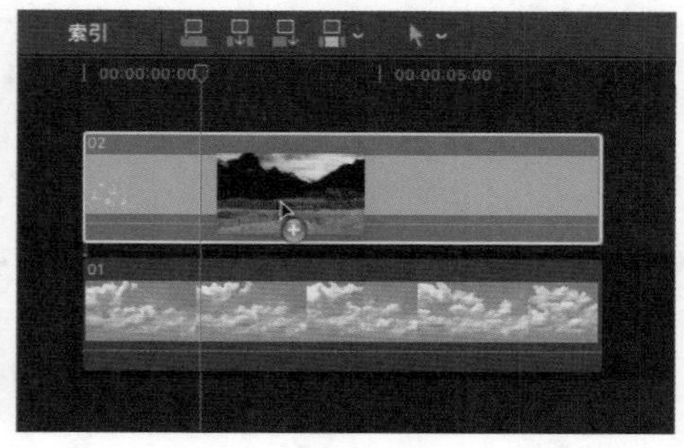

图 6-41

步骤 05 完成所有操作后，再为视频添加一首合适的音乐，然后在“检视器”窗口中单击“从播放头位置向前播放-空格键”按钮▶，预览视频效果，如图 6-42 所示。

图 6-42

6.5 合成动画 毕业纪念相册

通过设置“变换”选项区中的参数，可以将多个视频片段合成一个整体。下面介绍合成动画的具体方法。

步骤 01 新建一个“事件名称”为“6.5 毕业纪念相册”的事件，然后在“事件浏览器”窗口的空白处右击，在弹出的快捷菜单中选择“导入媒体”命令，打开“媒体导入”对话框，在“名称”下拉列表中选择对应文件夹下的素材，然后单击“导入所选项”按钮，将选择的图像素材导入“事件浏览器”窗口，如图 6-43 所示。

步骤 02 选择素材01，将其添加至“磁性时间线”窗口的视频轨道上，然后选择素材02～06，将其添加至素材01的上方，并调整至和素材01同长，如图 6-44 所示。

图 6-43

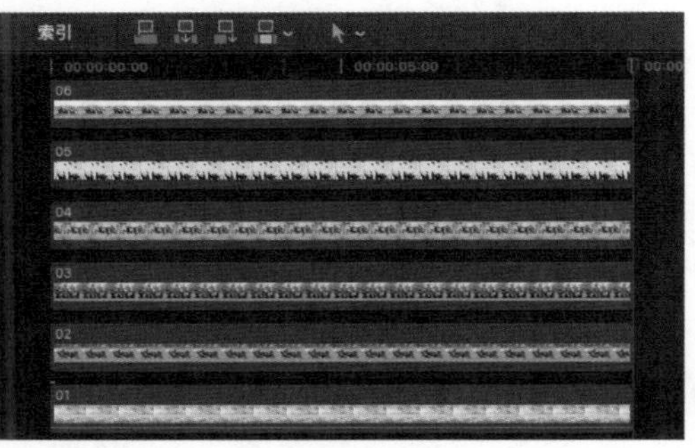

图 6-44

步骤 03 在“效果浏览器”窗口的左侧列表框中选择“风格化”选项，在右侧的列表框中选择“简单边框”滤镜效果，如图 6-45 所示。

步骤 04 将选择的滤镜效果添加至素材02上，然后在“视频检查器”窗口的“简单边框”选项区中，设置“Color”（颜色）为白色，设置“Width”（宽度）为10.0，如图 6-46 所示，完成边框的添加与修改。

步骤 05 参照步骤03和步骤04的操作方法，为余下的素材03、素材04、素材05、素材06添加“简单边框”滤镜效果。

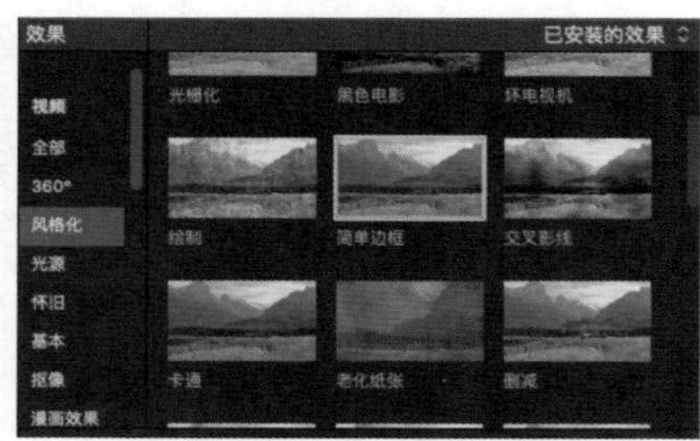

图 6-45

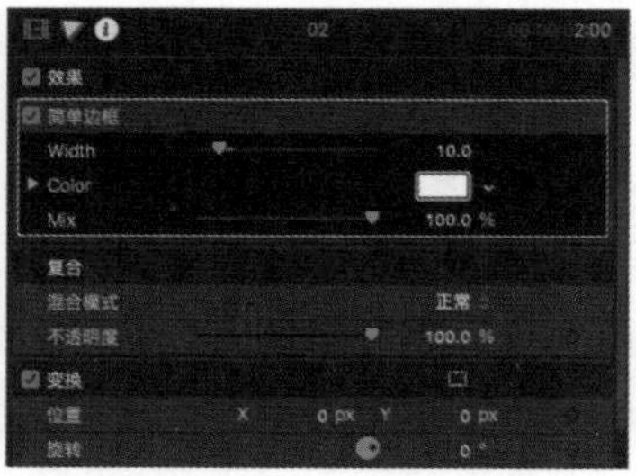

图 6-46

步骤 06 选择素材02，然后将播放指示器移至00:00:00:00位置，在“视频检查器”窗口的“变换”选项区中，单击“旋转”和“缩放（全部）”右侧的“添加关键帧”按钮，添加一组关键帧，如图 6-47 所示。

步骤 07 将播放指示器移至00:00:06:00位置，在“视频检查器”窗口的“变换”选项区中，设置“旋转”为-5.3°，设置“缩放（全部）”为34.28%，系统将自动在播放指示器所在的位置添加一组关键帧，如图 6-48 所示。

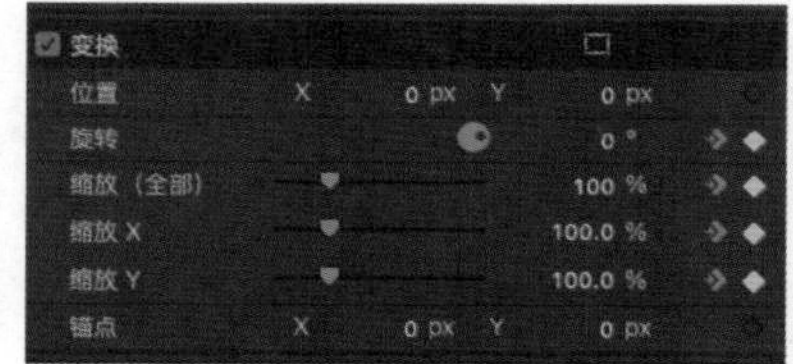

图 6-47

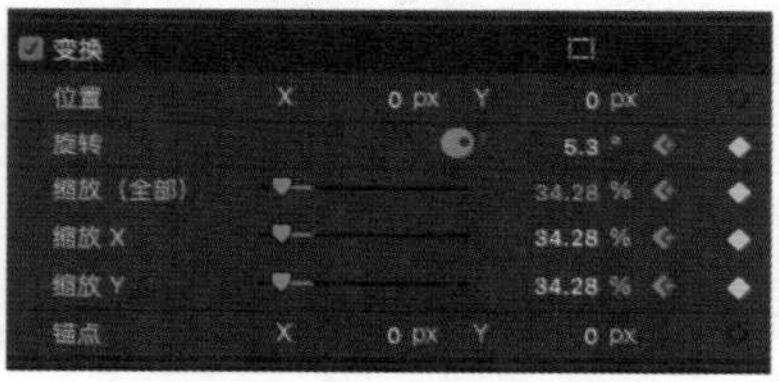

图 6-48

步骤 08 参照步骤7和步骤8的操作方法，为余下的素材03、素材04、素材05、素材06制作旋转缩放的关键帧动画效果。

步骤 09 选择素材02，将播放指示器移至00:00:00:00的位置，在“视频检查器”窗口的“变换”选项区中，单击“位置”旁边的“添加关键帧”按钮，添加一个关键帧，如图6-49所示。

步骤 10 将播放指示器移至00:00:06:00，在“视频检查器”窗口的“变换”选项区中，设置“位置”X参数为-451.8px、Y参数为194.4px，系统将自动在播放指示器所在位置添加一组关键帧，如图6-50所示。

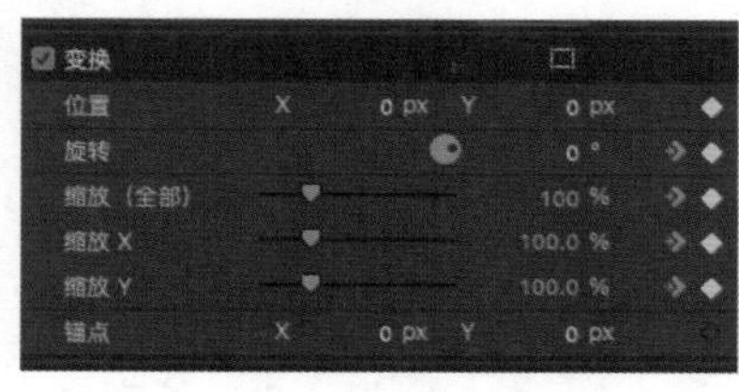

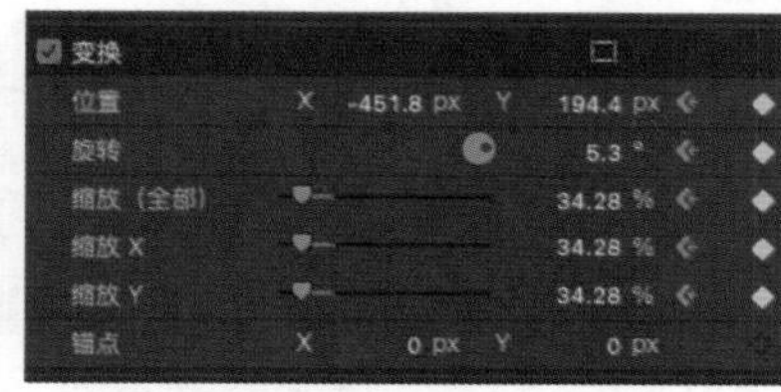

图 6-49

图 6-50

步骤 11 参照步骤10和步骤11操作方法，为余下的素材03、素材04、素材05、素材06添加位置关键帧。

步骤 12 完成合成动画的制作，再为视频添加一首合适的音乐，然后在“检视器”窗口中单击“从播放头位置向前播放-空格键”按钮▶，预览动画效果，如图 6-51 所示。

图 6-51

6.6 变身效果 漫画秒变真人

本节将通过实例来练习转场和抠像合成操作，并结合滤镜效果制作漫画变身效果。下面介绍具体的操作方法。

步骤 01 新建一个“事件名称”为“6.6 漫画秒变真人”的事件，然后在“事件浏览器”窗口的空白处右击，在弹出的快捷菜单中选择“导入媒体”命令，打开“媒体导入”对话框，在“名称”下拉列表中选择对应文件夹下的视频素材和绿幕素材，然后单击“导入所选项”按钮，将选择的素材导入“事件浏览器”窗口中，如图 6-52 所示。

步骤 02 在“事件浏览器”窗口中选择视频片段，将其添加至“磁性时间线”窗口的视频轨道上，然后选择绿幕素材，将其添加至视频素材的上方，并对其进行适当裁剪，使其和视频素材的时间长度保持一致，如图 6-53 所示。

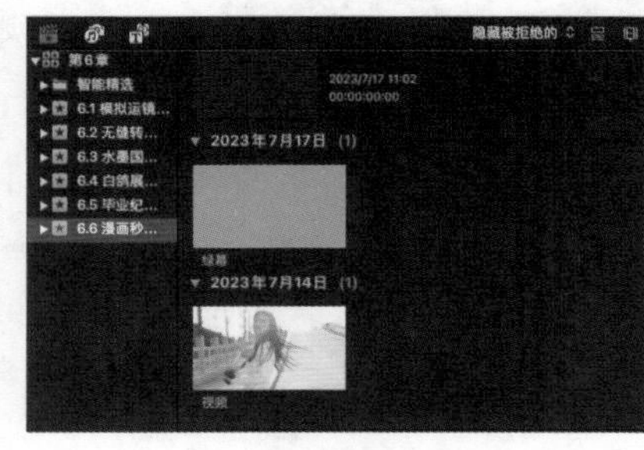

图 6-52

图 6-53

步骤 03 将播放指示器移至00:00:11:19处，使用“切割”工具✂在播放指示器所在位置将视频一分为二，如图 6-54 所示。

步骤 04 在“效果浏览器”窗口的左侧列表框中选择“漫画效果”选项，在右侧列表框中选择“漫画棕褐色”滤镜效果，如图 6-55 所示。

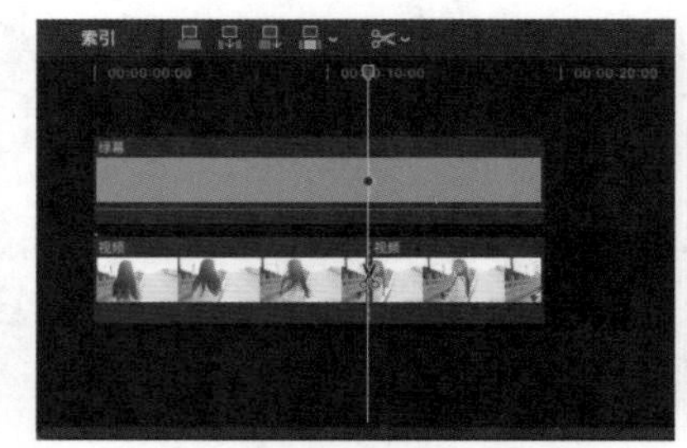

图 6-54

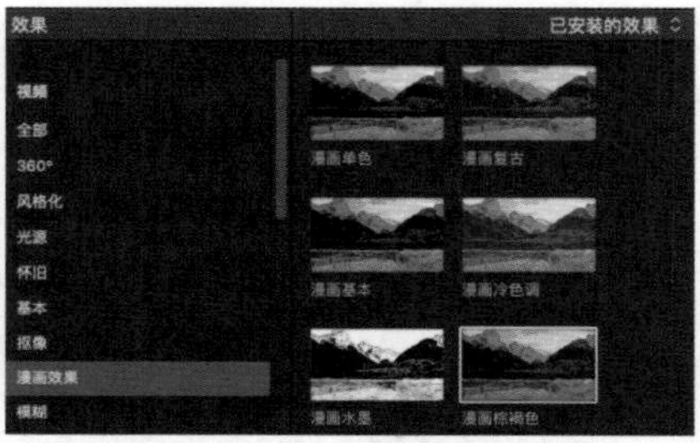

图 6-55

步骤 05　将选择的“漫画棕褐色”滤镜效果添加至切割出来的前半段素材上，如图 6-56 所示。在前半段素材上移动鼠标指针，可以在“检视器”窗口中预览添加滤镜效果之后的画面效果，如图 6-57 所示。

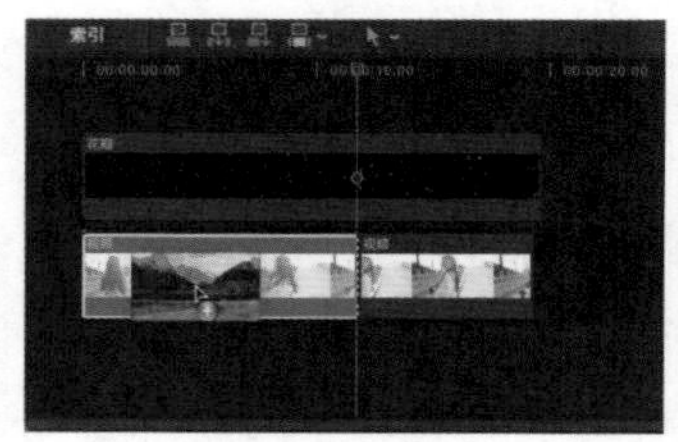

图 6-56

图 6-57

步骤 06　在“效果浏览器”窗口的左侧列表框中选择“抠像”选项，在右侧列表框中选择“抠像器”滤镜效果，如图 6-58 所示。

步骤 07　将选择的“抠像器”滤镜效果添加至绿幕素材上，可以在“检视器”窗口中预览添加滤镜效果之后的画面效果，如图 6-59 所示。

图 6-58

图 6-59

步骤 08　切换至“转场浏览器”窗口，在该窗口的左侧列表框中选择“光源”选项，在右侧列表框中选择“闪光灯”转场效果，如图 6-60 所示。

步骤 09　将选择的转场效果拖曳至两个视频片段的中间位置（即视频的切割处），如图 6-61 所示。

步骤 10　完成视频的制作后，再为视频添加一首合适的音乐，然后在“检视器”窗口中单击“从播放头位置向前播放 - 空格键”按钮▶，预览动画效果，如图 6-62 所示。

图 6-60

图 6-61

图 6-62

第 7 章

视频调色：调出心动的画面色调

画面的品质主要取决于构图、光影和色彩这 3 个方面，因此，在影视作品的制作过程中，极其重要的一步就是调色。通过调色可以干预画面的色彩饱和度、反差、颗粒度以及高光与阴影部分的密度，从而直接影响成片效果。本章将详细讲解视频剪辑中校正色彩的具体方法。

7.1 匹配颜色 夏日荷花调色

使用“匹配颜色”功能可以将多个剪辑片段的色调调整一致。下面介绍匹配片段颜色的具体方法。

步骤 01 新建一个名称为“第7章”的资源库。然后在“事件资源库”窗口的空白处右击，在弹出的快捷菜单中选择“新建事件”命令，打开“新建事件”对话框，设置“事件名称”为“7.1 夏日荷花调色”，单击“好”按钮，新建一个事件。

步骤 02 在“事件浏览器”窗口的空白处右击，在弹出的快捷菜单中选择“导入媒体”命令，打开“媒体导入”对话框，在“名称”下拉列表中选择对应文件夹下的视频素材，然后单击“导入所选项”按钮，将选择的视频素材导入“事件浏览器”窗口，如图 7-1 所示。

步骤 03 选择视频片段，将它们添加至“磁性时间线”窗口的视频轨道上，并对其进行适当裁剪，如图 7-2 所示。

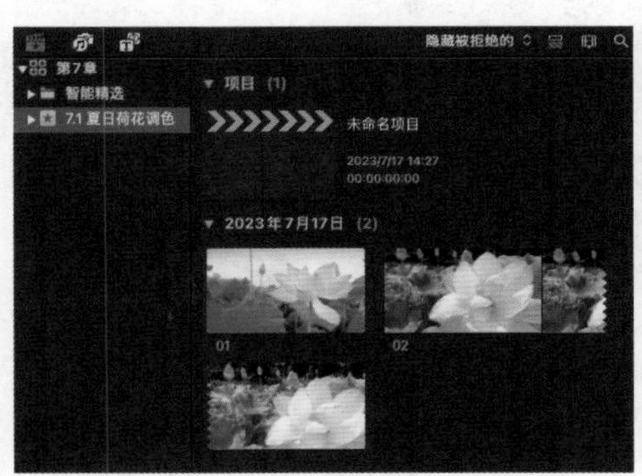

图 7-1

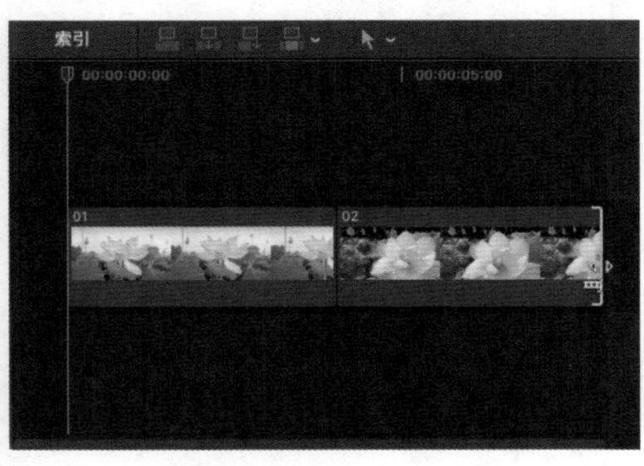

图 7-2

步骤 04 选择素材02，在“检视器”窗口中的左下方单击“选取颜色校正和音频增强选项”按钮 右侧的下拉按钮，在下拉列表中选择“匹配颜色”选项，如图 7-3 所示。

步骤 05 上述操作完成后，“检视器”窗口被一分为二。将鼠标指针移至“磁性时间线”窗口的素材01上，鼠标指针下方会出现相机图标，如图 7-4 所示。

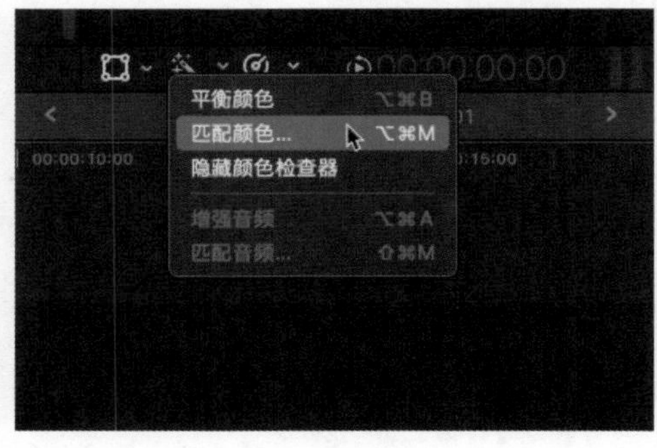

图 7-3

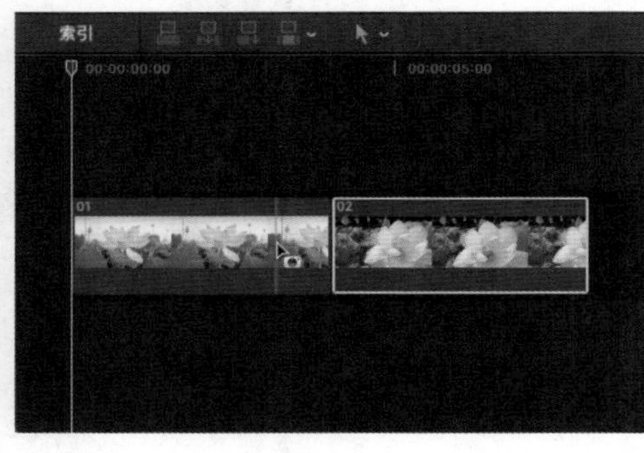

图 7-4

步骤 06 在“素材01”视频片段上单击，即可匹配颜色，然后在“检视器”窗口的右下角单击“应用匹配项”按钮，如图 7-5所示。

图 7-5

步骤 07 上述操作完成后，即可在“检视器”窗口中查看匹配颜色后的最终效果，图 7-6所示为调色前后的对比图。

图 7-6

知识专题：一级色彩校正

使用“一级色彩校正”功能可以在整体上调整视频片段的画面，平衡画面中的色彩，并解决画面中的对比度、饱和度和曝光度等问题。下面将详细讲解在Final Cut Pro中进行一级色彩校正的方法，具体内容包括色彩校正和调整画面饱和度等操作。

1. 平衡色彩

通过Final Cut Pro 中的“平衡颜色”功能，可以自动且快速地调整所选片段画面中较为明显的色偏和对比度。调用“平衡颜色”功能的方法有以下几种。

◇ 执行“修改”|“平衡颜色”命令，如图 7-7所示。
◇ 在“检视器”窗口中，单击左下角的“选取颜色校正和音频增强选项”按钮右侧的下拉按钮，在下拉列表中选择“平衡颜色”选项，如图 7-8所示。
◇ 按快捷键 Option+Command+B。

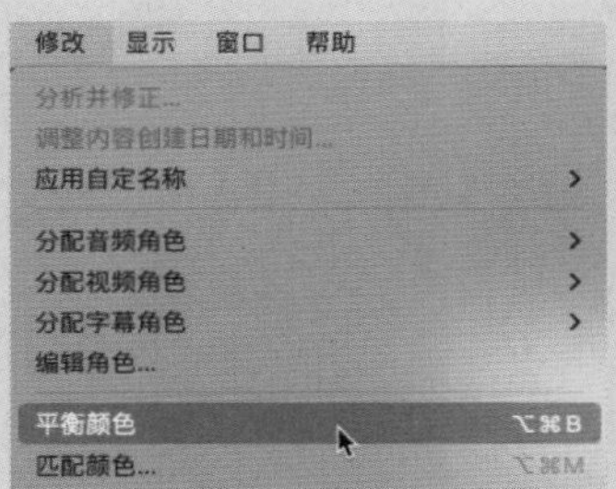

图 7-7

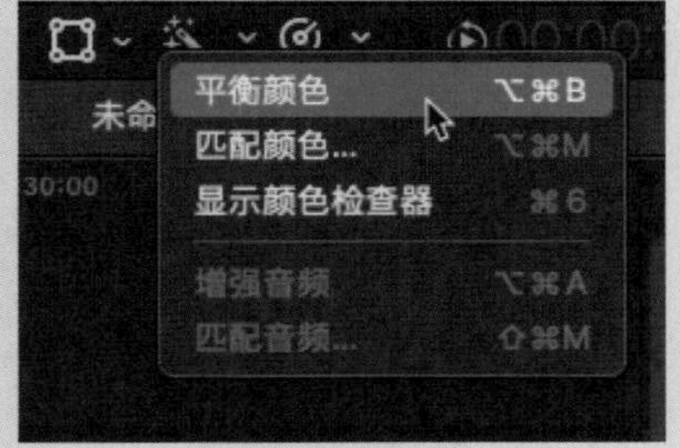

图 7-8

使用以上任意一种方法均可平衡媒体素材中的颜色，并自动解决所选片段画面中的色彩平衡及偏色问题。平衡颜色前后的对比效果如图 7-9 所示。

图 7-9

在应用了“平衡颜色”功能后，“视频检查器”窗口的“效果”选项区中会自动添加一个“平衡颜色”选项，如图 7-10 所示。勾选该选项前的复选框，可以对平衡颜色前后的画面进行对比。

提示

在“磁性时间线”窗口的视频轨道上框选多个片段，使用“平衡颜色”功能可以同时对多个片段的色彩进行校正。

图 7-10

2. 手动校正色彩

除了可以自动对画面的色彩进行平衡与校正外，还可以手动对画面进行调节。手动校正色彩的方法很简单，直接在“检查器”窗口的左上方单击“显示颜色检查器”按钮 ，即可切换至“颜色检查器”窗口，如图 7-11 所示。

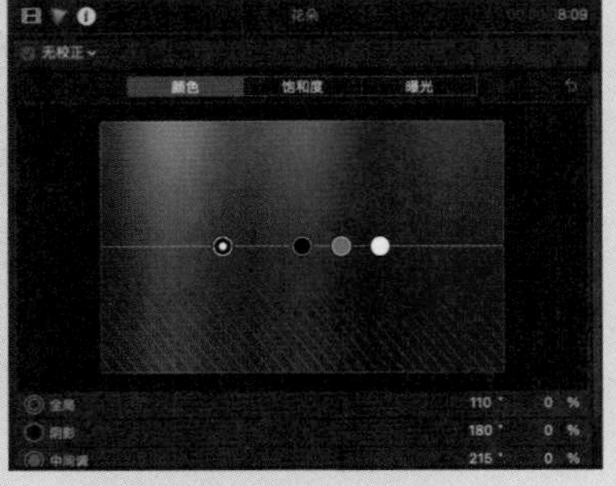

图 7-11

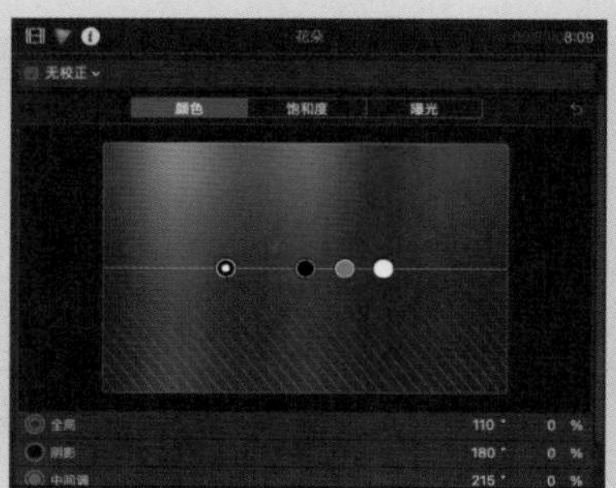

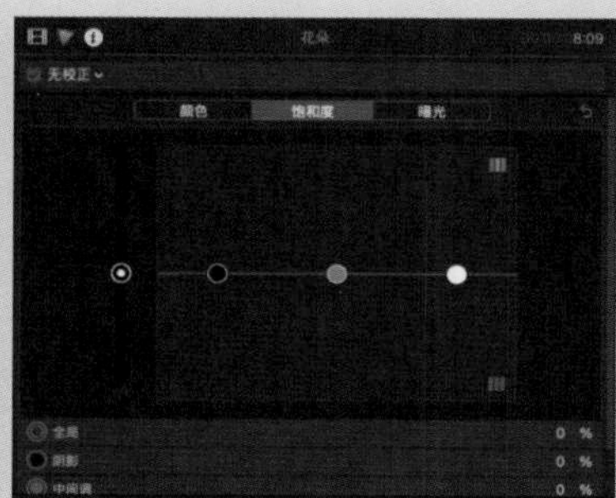

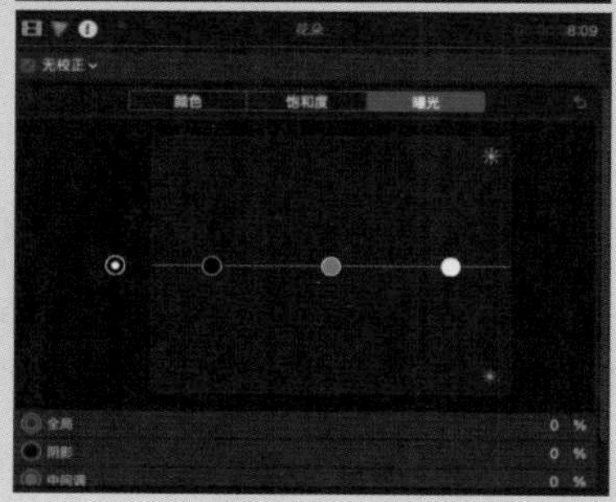

在“颜色检查器”窗口中可以对画面中的颜色、饱和度及曝光进行调节，单击上方的“颜色”“饱和度”“曝光”按钮，可以在各选项卡之间进行切换，如图 7-12 所示。

图 7-12

在“颜色检查器”窗口中进行参数调整时，需要注意以下几点。

◇ 画面的颜色通常由三原色组成，分别为红色、绿色和蓝色。三原色中的任意两种颜色混合后会出现黄色、品红色和青色。

◇ 饱和度用于调整画面的鲜艳程度。饱和度越低，画面越接近黑白色效果。

◇ 曝光度是指画面的亮度。当画面的亮度为100%时，即最高亮度，画面显示为白色。而当亮度为0%时，画面显示为黑色。

在同一视频片段中，用户可以通过选择“+颜色板”选项添加多个色彩校正，如图 7-13 所示。添加了多个色彩校正后，可以在列表中对颜色板进行切换，如图 7-14 所示。

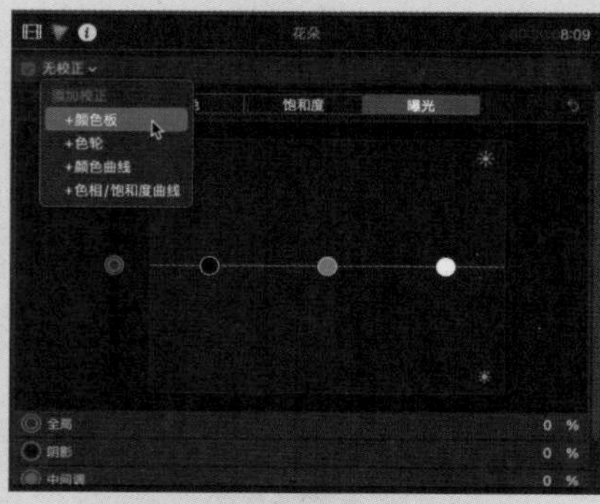

图 7-13

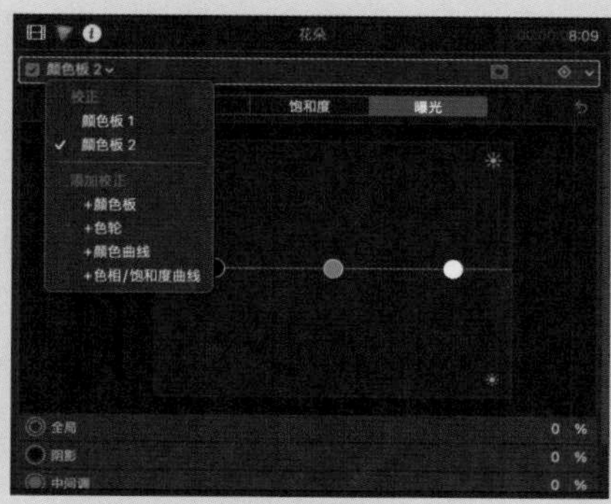

图 7-14

提示

在手动调节画面时，建议按照亮度、颜色、饱和度的顺序并结合视频观测仪进行。

3. 调整画面饱和度

使用“饱和度”功能可以控制图像中颜色的强度。数值越大，画面饱和度越高，画面色彩就越鲜艳。

调整画面饱和度的方法很简单，用户只需要在“颜色检查器”窗口中单击“饱和度”按钮，然后拖曳4个圆点，则可以分别调整全局、阴影、中间调和高光4个部分的饱和度，如图 7-15所示。

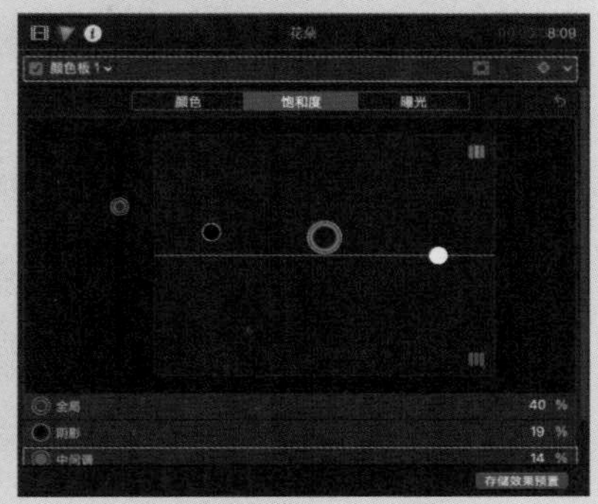

图 7-15

7.2 调整亮度和对比度 可爱宠物调色

当视频画面过暗时，通过“亮度”和“对比度”滤镜效果可以调整视频画面的亮度和对比度。下面介绍调整画面亮度与对比度的具体方法。

步骤 01 新建一个“事件名称”为“7.2 可爱宠物调色”的事件，在新添加事件的“事件浏览器”窗口的空白处右击，在弹出的快捷菜单中选择“导入媒体”命令，打开“媒体导入”对话框，在“名称”下拉列表中选择对应文件夹下的视频素材，然后单击“导入所选项”按钮，将选择的视频素材导入“事件浏览器”窗口，如图 7-16所示。

步骤 02 选择视频片段，将其添加至“磁性时间线”窗口的视频轨道上，并对其进行适当剪辑，如图 7-17所示。

图 7-16

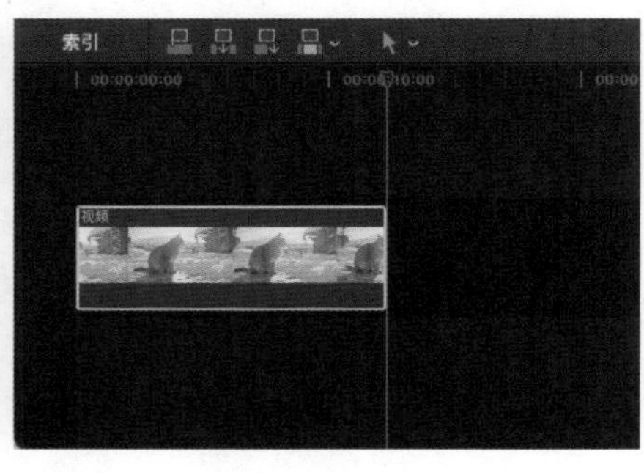

图 7-17

步骤 03 在“效果浏览器”窗口的左侧列表框中选择“颜色预置”选项，在右侧的列表框中选择“变亮”滤镜效果，如图 7-18 所示。

步骤 04 将选择的“变亮”滤镜效果添加至视频片段上，然后在“颜色检查器”窗口中，单击“曝光”按钮，并在该选项卡中将第 4 个圆点向上拖曳，如图 7-19 所示。

图 7-18

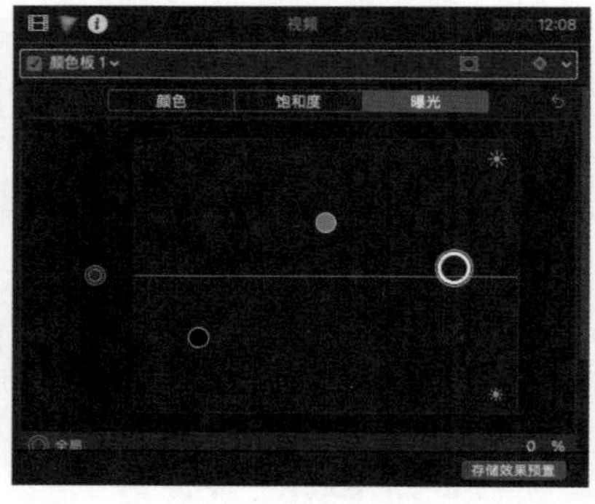

图 7-19

步骤 05 上述操作完成后，即可调整视频画面的亮度。在“检视器”窗口中可查看调整后的效果，如图 7-20 所示。

步骤 06 在“效果浏览器”窗口的左侧列表框中选择“颜色预置”选项，在右侧的列表框中选择“对比度”滤镜效果，如图 7-21 所示。

图 7-20

图 7-21

步骤 07 将选择的“对比度”滤镜效果添加至视频片段上，即可调整视频画面的对比度。在“检视器”窗口中可查看调整后的效果，如图 7-22 所示。

图 7-22

7.3 复制颜色 艳丽花朵调色

在为某个视频片段应用“颜色”效果后，通过“拷贝”和“粘贴属性”功能，可以直接将已添加的“颜色”效果复制到其他视频片段上。下面介绍复制颜色属性的具体方法。

步骤 01 新建一个“事件名称”为“7.3 艳丽花朵调色”的事件，在新添加事件的“事件浏览器”窗口的空白处右击，在弹出的快捷菜单中选择“导入媒体”命令，打开“媒体导入”对话框，在“名称”下拉列表中选择对应文件夹下的视频素材，然后单击“导入所选项”按钮，将视频素材导入“事件浏览器”窗口，如图 7-23 所示。

步骤 02 选择视频片段，将其添加至“磁性时间线”窗口的视频轨道上，并对素材01进行适当剪辑，至少保留花朵特写画面，如图 7-24 所示。

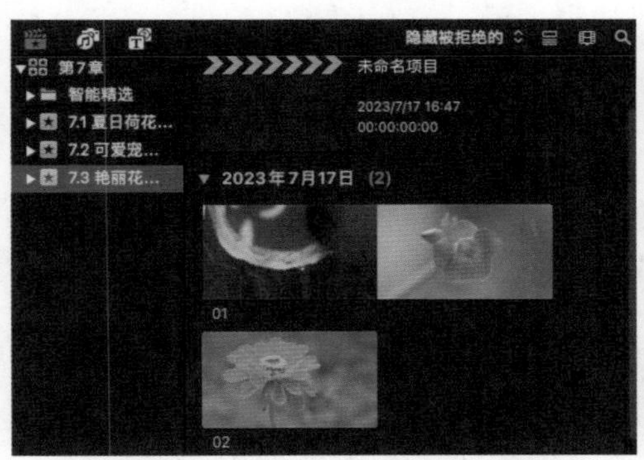

图 7-23

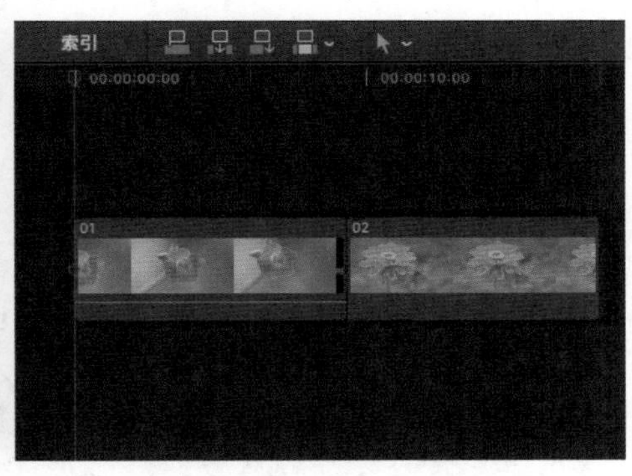

图 7-24

步骤 03 选择素材01，执行“修改”|“平衡颜色”命令，如图 7-25 所示。

步骤 04 平衡素材01的颜色，在“检视器”窗口中可以查看当前画面效果，如图 7-26 所示。

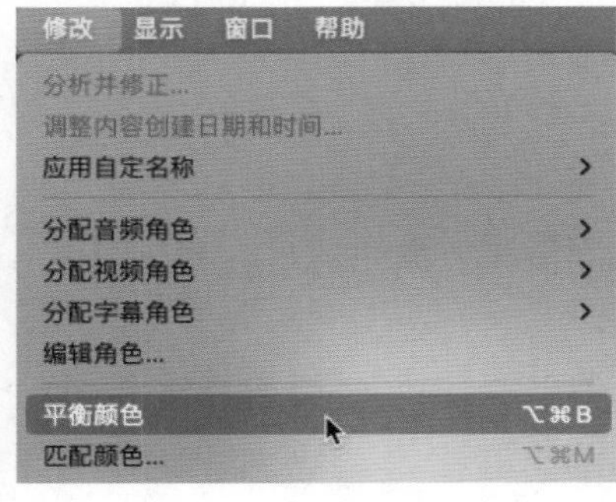

图 7-25

图 7-26

步骤 05 选择素材01，执行“编辑”|“拷贝”命令，复制颜色属性，如图 7-27 所示。

步骤 06 选择素材02，执行“编辑”|“粘贴属性”命令，如图 7-28 所示。

步骤 07 打开“粘贴属性”对话框，勾选“效果”复选框，然后单击“粘贴”按钮，如图 7-29 所示。

图 7-27

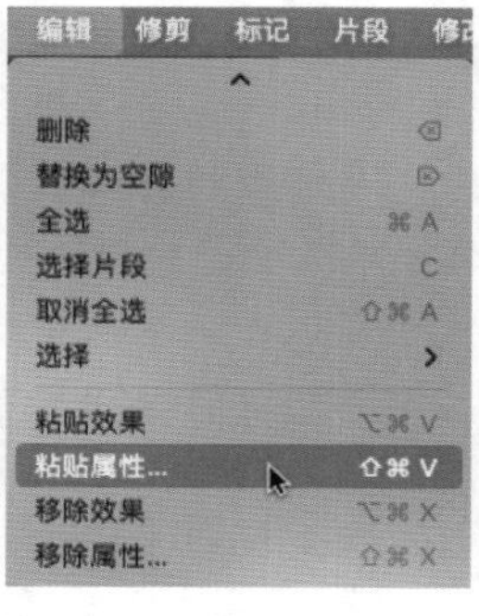

图 7-28

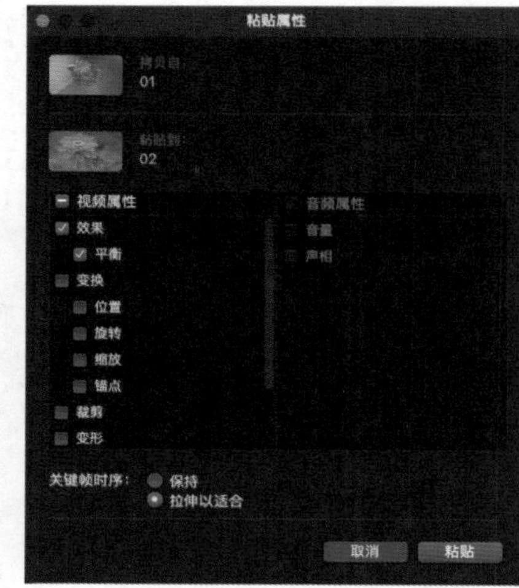

图 7-29

步骤 08 完成上述操作后，即可复制和粘贴颜色属性，在“检视器”窗口中可查看复制颜色属性后的片段效果，图 7-30 所示为调色前后的对比图。

图 7-30

提示

因为调节参数是一定的，所以并不能利用复制和粘贴效果或属性的方式做到对不同片段画面中的问题进行具体分析，该方式仅适用于对在相同或相似条件下拍摄的片段进行色彩校正。

知识专题：认识视频观测仪

色彩与声音一样，容易给人带来主观感受，为了更加直观地评价色彩的相关参数值，可以借助视频观测仪。在 Final Cut Pro 中，使用“视频观测仪”窗口可以观察色彩的分布区域，在“检视器”窗口和“检视器”窗口中视频画面的旁边为视频观测仪。

显示“视频观测仪”窗口的方法有以下几种。

◇ 执行“显示”|“在检视器中显示”|“视频观测仪”命令，如图 7-31 所示。
◇ 执行“显示”|“在事件检视器中显示”|“视频观测仪”命令。

◇ 在“检视器”窗口中，单击“显示”右侧的下拉按钮，在下拉列表中选择“视频观测仪”选项，如图 7-32 所示。

◇ 按快捷键Command+7。

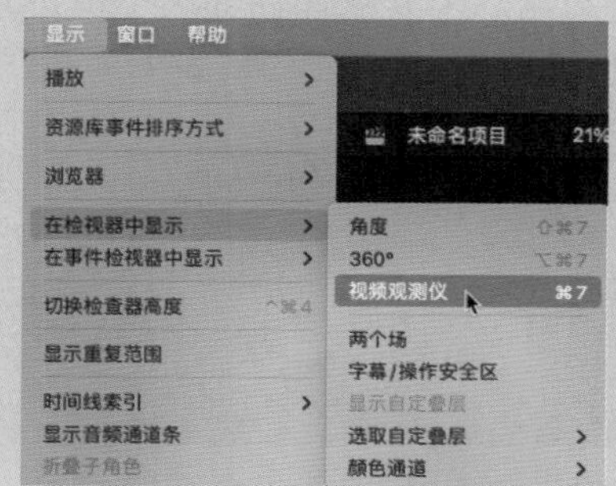

图 7-31

图 7-32

使用以上任意一种方法都可以打开“视频观测仪”窗口。“检视器”窗口将被一分为二，左半部分为“视频观测仪”窗口，在其中可对右侧的画面进行分析，如图 7-33 所示。

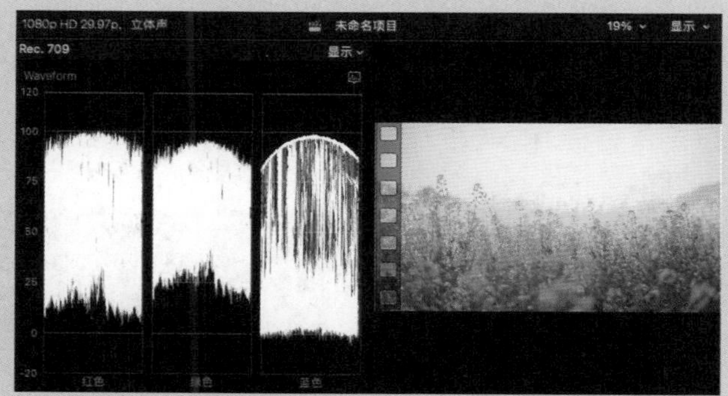

图 7-33

在“视频观测仪”窗口中，对当前画面进行分析的结果可以通过直方图、矢量显示器、波形3个方式进行显示，如图 7-34 所示。如果要切换显示数量和布局方式，可以在“视频观测仪”窗口中单击“显示”右侧的下拉按钮，在下拉列表中选择合适的图标进行切换，如图 7-35 所示。

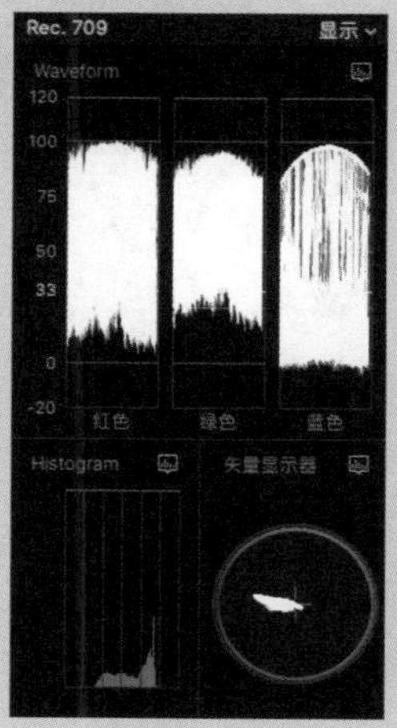

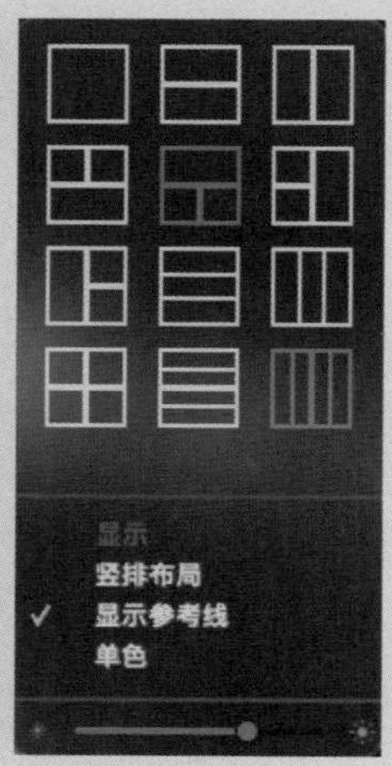

图 7-34

图 7-35

单击“视频观测仪”窗口右上角的“选取观测仪及其设置”按钮，在展开的下拉列表中可以进行显示方式的切换，如图 7-36 所示。

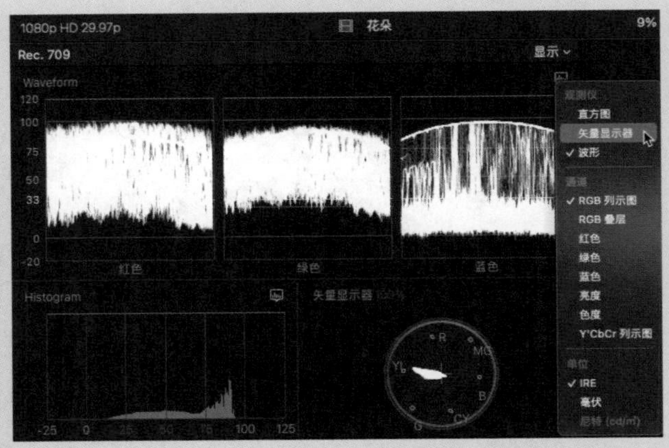

图 7-36

下面将对视频观测仪的各种显示方式进行讲解。

1. 直方图

直方图通过计算每个颜色或亮度的像素总数，以及创建显示每个亮度或颜色百分比的像素图形，提供图像的统计分析结果。从左到右的每个刻度增量都表示一个亮度或颜色百分比，且直方图每个分段的高度都显示与该百分比对应的像素数。在默认情况下，打开“视频观测仪”窗口后直接显示的是直方图，且直方图以“RGB叠层”的方式进行显示，如图 7-37 所示。

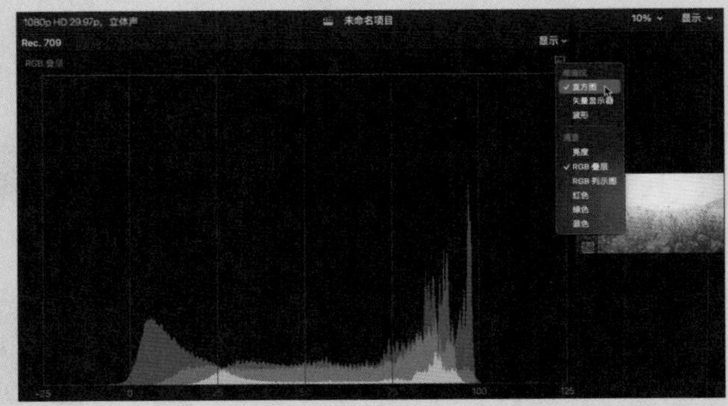

图 7-37

单击“视频观测仪”窗口右上角的“选取观测仪及其设置”按钮，在展开的下拉列表中可以选择在当前直方图中仅显示亮度、RGB列示图或某一个颜色通道。

在直方图中可以查看当前画面中某一个通道在各亮度区域中包含的像素数。底部的数值（-25～125）表示色调的百分比分布，越往左越暗，越往右越亮。在视频播放标准中，最低的亮度是0，低于0的画面显示为黑色；最高的亮度为100，超过100的画面显示为白色，而直方图的高度表示色调中包含的像素数。

“通道”选项区中，各选项的含义如下。

◇ 亮度：仅显示视频的亮度分量。标尺上每一级的图形高度表示图像中处于该亮度区域的像素数（相对于所有其他值）。

◇ RGB叠层：将红色、绿色和蓝色分量的波形组合在一个显示窗口中。

◇ RGB列示图：显示3个图形，可以将视频显示为单独的红色、绿色和蓝色分量。这些波形的颜色为红色、绿色和蓝色，以便进行标识。

◇ 红色：仅显示红色通道。

◇ 绿色：仅显示绿色通道。

◇ 蓝色：仅显示蓝色通道。

2. 矢量显示器

矢量显示器在圆形标尺上显示图像中颜色的分布情况，视频中的颜色由落在此标尺内的一系列相连点来表示。标尺的角度表示显示的色相以及红色、绿色、蓝色主色和黄色、青色、洋红色次色的目标。从标尺的中心到外圈的距离表示当前显示颜色的饱和度。标尺的中心表示0饱和度，而外圈表示最大饱和度。

在“视频观测仪”窗口中，单击右上角的“选取观测仪及其设置”按钮，展开下拉列表，选择“矢量显示器”选项，进入矢量显示器，如图7-38所示。矢量显示器为圆形，圆形中有一个色环，色环内部的标记点表示画面中所包含的色相，包括红色R、绿色G、蓝色B、青色CY、黄色YL和品红色MG，利用矢量显示器可以查看画面中关于色相及饱和度的信息。

单击“视频观测仪”窗口右上角的“选取观测仪及其设置”按钮，在展开的下拉列表中可以选择矢量显示器的大小和相位，如图7-38所示。

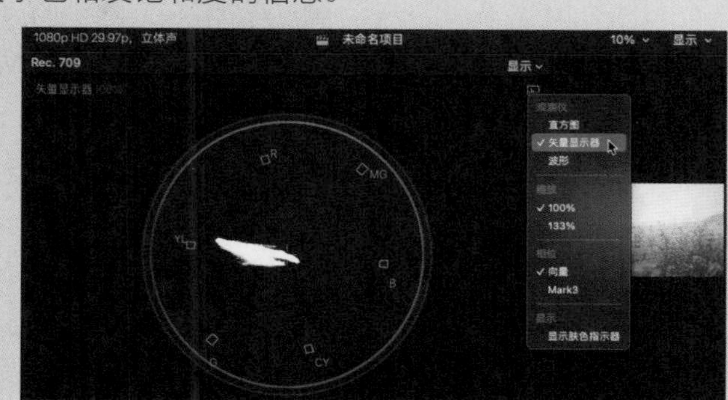

图7-38

“缩放”“相位”“显示”选项区中各主要选项的含义如下。

◇ 100%：以100%的饱和度设定彩条目标（表示标准彩条测试信号中每种颜色的方块）的参考色度。源媒体素材使用100%彩条作为参考时，可以选择该选项。

◇ 133%：以75%的饱和度设定彩条目标的参考色度。源媒体素材使用75%彩条作为参考时，可以选择该选项。

◇ 向量：使用正常色度色相作为参考，其中红色靠近顶部。

◇ Mark3：使用90度色度色相作为参考，其中红色位于右侧。

◇ 显示/隐藏肤色指示器：显示或隐藏表示人类肤色色度相位的对角线，它介于黄色和红色彩条目标之间。

提示

在矢量显示器中，介于黄色和红色之间由圆心连接至边缘的灰色线条为肤色指示器，代表人物脸部皮肤的色相。当画面中出现人物时，在没有特别的色彩偏向的情况下，代表肤色的延伸部分越接近这线条，表示当前人物皮肤的色相越接近实际。

3. 波形

“波形”观测仪显示当前检查的片段中的相对亮度、色度或 RGB。这些值是从左到右显示的，镜像图像中亮度和色度相对分布。波形中的波峰和波谷分别对应画面中的亮部和暗部，波形也将着色为与视频中项目的颜色匹配的颜色。

在“视频观测仪”窗口中单击右上角的“选取观测仪及其设置”按钮，展开下拉列表，选择“波形”选项，进入波形图，如图 7-39 所示。

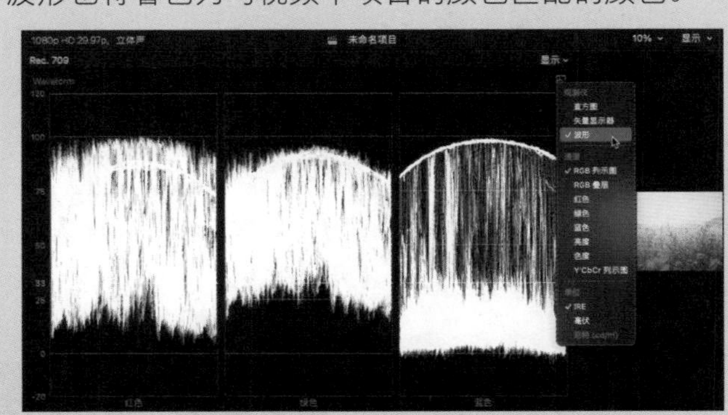

图 7-39

“波形”观测仪与“直方图”观测仪相同，在垂直方向上的数值范围为-20～120，最低的亮度是0，小于0的画面显示为黑色；最高的亮度为100，超过100的画面显示为白色。当数值小于0或大于100时，则表示当前画面中有过暗或过亮的部分存在。

单击“视频观测仪”窗口右上角的“选取观测仪及其设置”按钮，在展开的下拉列表中可以选择波形显示的通道颜色和单位。

“通道”和“单位”选项区中各选项的含义如下。

- ◇ RGB 列示图：显示3个并排的波形图，可以将视频显示为单独的红色、绿色和蓝色分量。这些波形的颜色为红色、绿色和蓝色，以便进行标识。
- ◇ RGB 叠层：将红色、绿色和蓝色分量的波形组合在一个显示窗口中。
- ◇ 红色：仅显示红色通道。
- ◇ 绿色：仅显示绿色通道。
- ◇ 蓝色：仅显示蓝色通道。
- ◇ 亮度：仅显示视频的亮度分量。
- ◇ 色度：仅显示视频的色度分量，且着色分量与视频颜色匹配。
- ◇ Y'CbCr 列示图：并排呈现的3个波形图为单独的 Y（亮度）、Cb（蓝色差通道）和 Cr（红色差通道）分量。波形的颜色为白色、洋红色和黄色，以便简单地辨别出每个分量的波形。

◇ IRE：以 IRE 为单位显示视频范围。

◇ 毫伏：以毫伏为单位显示视频范围。

◇ 尼特（cd/ ㎡）：以尼特为单位显示视频范围。

知识专题：二级色彩校正

使用“二级色彩校正”功能可以通过创建遮罩的方式对画面的特定区域或特定颜色范围进行调整，且不会影响遮罩外的画面效果。下面将详细讲解在 Final Cut Pro 中进行二级色彩校正的操作方法。

1. 添加形状遮罩

使用形状遮罩可以定义图像中的某个区域，以便在该区域内部或外部添加色彩校正。在添加形状遮罩时，不仅可以添加单个或多个形状遮罩确定显示区域，也可以使用关键帧将这些形状遮罩制作成动画，使它们在摄像机摇动时跟随移动的对象或区域移动。

添加形状遮罩的具体方法是：在轨道中选择视频片段，为选择的视频片段添加色彩校正，然后在“颜色检查器”窗口的“颜色板”选项区中，单击“应用形状或颜色遮罩，或者反转已应用的遮罩”按钮，展开下拉列表，选择“添加形状遮罩”选项，如图 7-40 所示。操作完成后，即可添加形状遮罩，此时“检视器”窗口中，将显示同心圆，如图 7-41 所示。在同心圆的控制点上按住鼠标左键进行拖曳，可以调整同心圆的大小和形状。

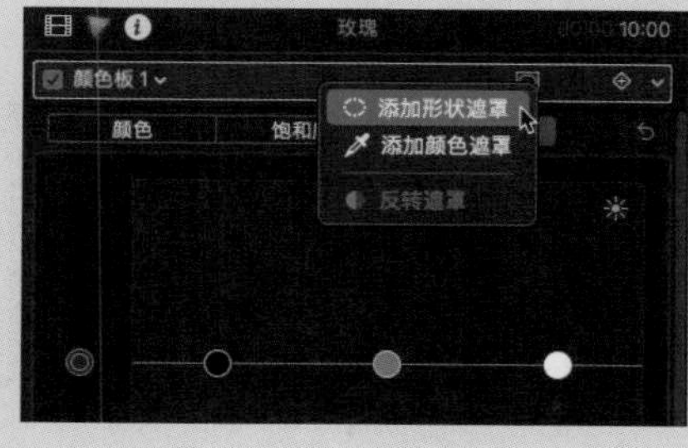

图 7-40

图 7-41

添加形状遮罩后，在“颜色”选项卡中选择圆点并上下拖曳，调整形状遮罩内的颜色，前后对比效果如图 7-42 所示。

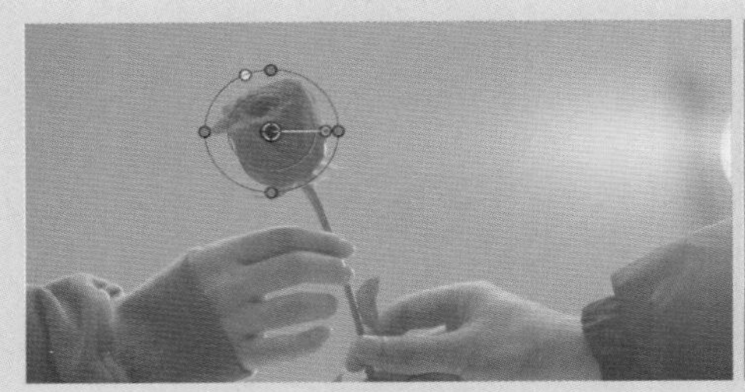

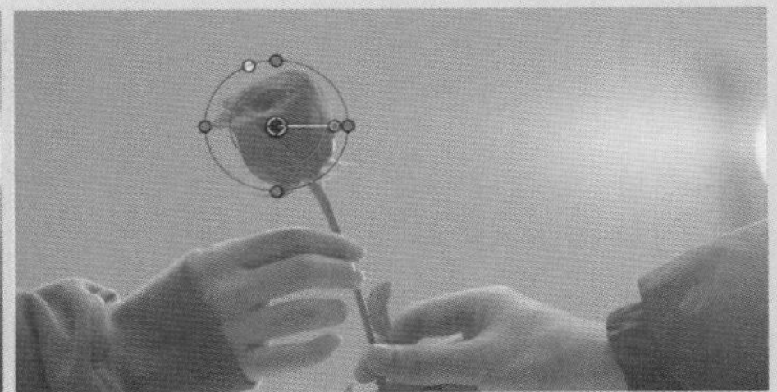

图 7-42

2. 添加颜色遮罩

使用颜色遮罩可以隔离图像中的特定颜色，并在校正特定颜色或校正图像部分区域时排除该颜色。

添加颜色遮罩的具体方法是：在轨道中选择视频片段，为选择的视频片段添加色彩校正，然后在“颜色检查器”窗口的“颜色板”选项区中，单击“应用形状或颜色遮罩，或者反转已应用的遮罩”按钮，展开下拉列表，选择“添加颜色遮罩”选项，如图 7-43 所示。操作完成后，即可添加颜色遮罩。当鼠标指针呈滴管形状时，在“检视器”窗口中将滴管放在图像中要隔离的颜色上，按住鼠标左键并拖曳，将显示一个圆圈，如图 7-44 所示。释放鼠标左键后，完成颜色范围的选择，圆圈的大小决定了颜色遮罩包括的颜色范围。

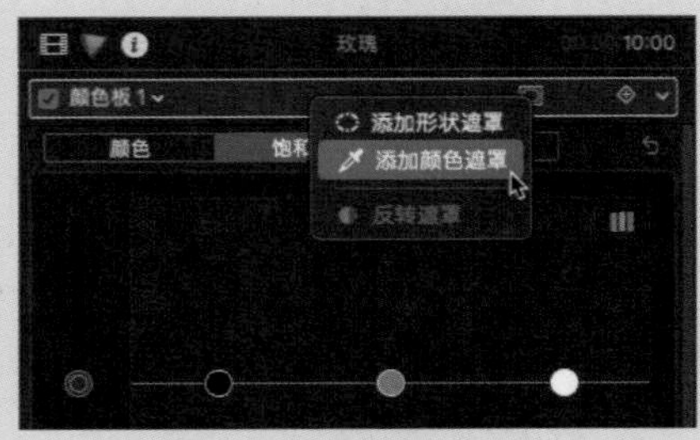

图 7-43

图 7-44

如果要调整颜色遮罩的参数值，可以在“颜色遮罩”选项区中进行修改，如图 7-45 所示。

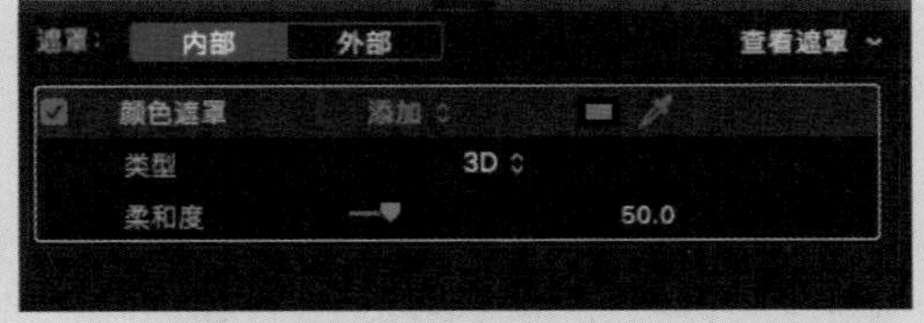

图 7-45

“颜色遮罩”选项区中各主要选项的含义如下。

◇ 内部：单击该按钮，可以将色彩校正应用于所选颜色。

◇ 外部：单击该按钮，可以将色彩校正应用于所选颜色之外的任何内容。

◇ 柔和度：用于调整颜色遮罩的边缘。

◇ 查看遮罩：单击该文字，可以查看颜色遮罩的 Alpha 通道。

7.4 褪色效果 城市天空调色

使用形状遮罩可以在指定范围内降低画面的饱和度，制作出画面褪色效果。下面介绍如何制作画面褪色效果。

步骤 01 新建一个“事件名称”为“7.4 城市天空调色”的事件，在“事件浏览器”窗口的空白处右击，在弹出的快捷菜单中选择“导入媒体”命令，打开“媒体导入”对话框，选择对应文件夹下的视频素材，单击“导入所选项”按钮，将选择的视频片段添加至“事件浏览器”窗口，如图 7-46 所示。

步骤 02 在“事件浏览器”窗口中选择视频片段，将其添加至“磁性时间线”窗口的视频轨道上，并对其进行适当剪辑，如图 7-47 所示。

图 7-46

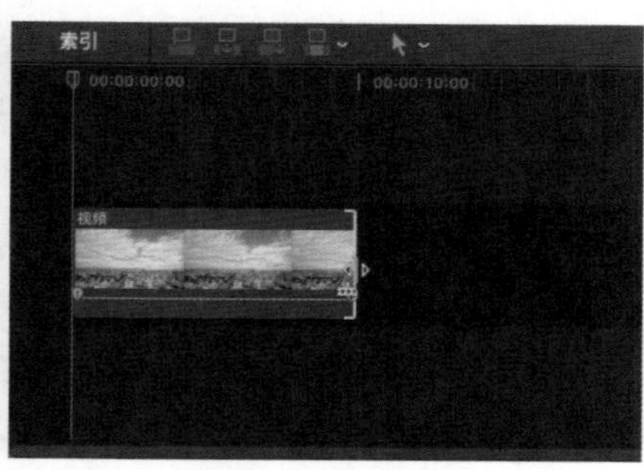

图 7-47

步骤 03 选择视频片段，在“颜色检查器”窗口中单击“无校正”右侧的下拉按钮，在下拉列表中选择“+颜色板”选项，如图 7-48 所示。

步骤 04 添加一个色彩校正，然后单击“应用形状或颜色遮罩，或者反转已应用的遮罩”按钮，展开下拉列表，选择“添加形状遮罩”选项，如图 7-49 所示。

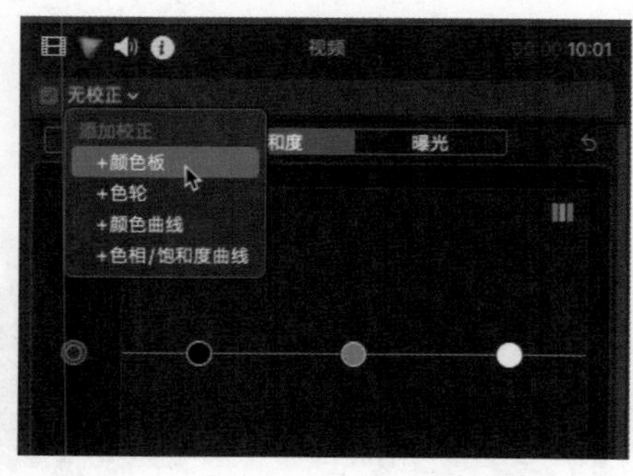

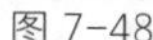
图 7-48

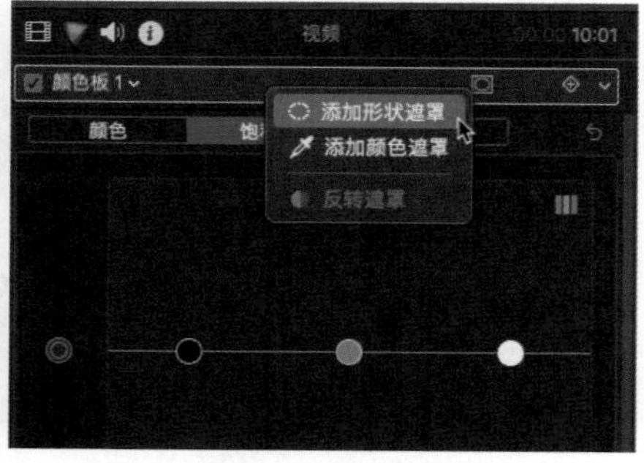

图 7-49

步骤 05 添加一个形状遮罩，“检视器”窗口中将显示一个同心圆，选择同心圆中的白色控制点，按住鼠标左键进行拖曳，将同心圆调整为正方形，然后再拖曳绿色控制点调整遮罩的大小，使其将画面全部覆盖，如图 7-50 所示。

步骤 06 在“颜色检查器”窗口中单击“饱和度”按钮，在该选项卡中将 4 个圆点向下拖曳，如图 7-51 所示。

图 7-50

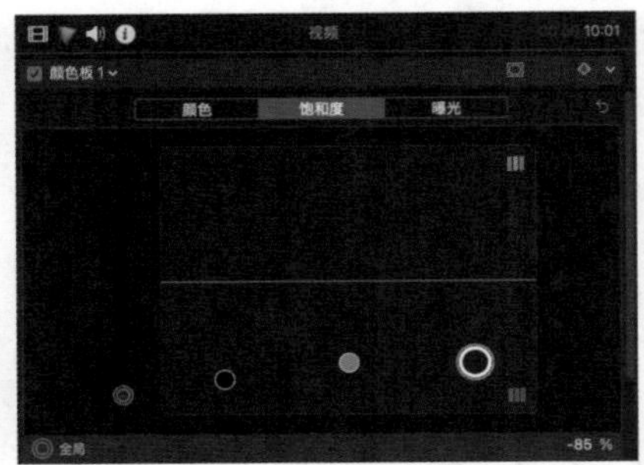

图 7-51

步骤 07　遮罩内部画面的饱和度降低，制作出了画面褪色效果。在“检视器”窗口中查看画面褪色效果，如图 7-52 所示。

图 7-52

提示

在“颜色检查器”窗口的“遮罩”选项区中可以选择调整的范围，如图 7-53 所示。单击“内部”按钮，会在设定的遮罩区域内进行调节，不影响所选区域外部的画面。而单击“外部”按钮则正好相反，仅调整遮罩区域外部的画面，对所选区域的内容没有影响。

图 7-53

7.5　区域校色 枯黄草地调色

使用颜色遮罩可以在特定的区域中校正图像的色彩。下面介绍为视频特定区域校色的具体方法。

步骤 01　新建一个“事件名称”为“7.5 枯黄草地调色”的事件，在新添加事件的“事件浏览器”窗口的空白处右击，在弹出的快捷菜单中选择“导入媒体”命令，打开“媒体导入”对话框，选择对应文件夹下的视频素材，单击“导入所选项”按钮，将选择的视频片段添加至“事件浏览器”窗口中，如图 7-54 所示。

图 7-54

步骤 02　在“事件浏览器”窗口中选择视频片段，将其添加至“磁性时间线”窗口中相应的视频轨道上，如图7-55所示。

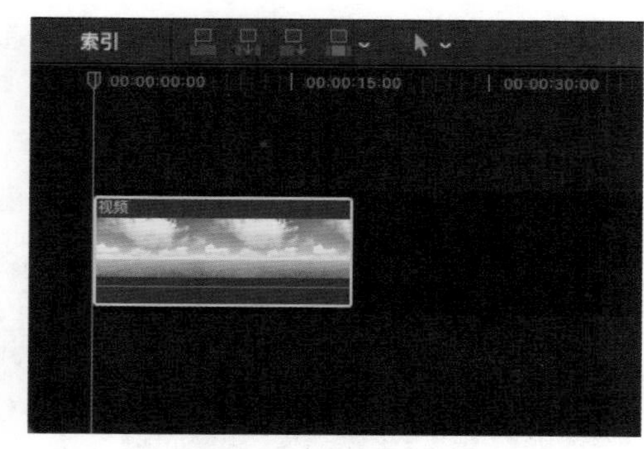

图 7-55

步骤 03　选择视频片段，在“颜色检查器”窗口中单击“无校正”右侧的下拉按钮，在下拉列表中选择“+色轮”选项，如图7-56所示。

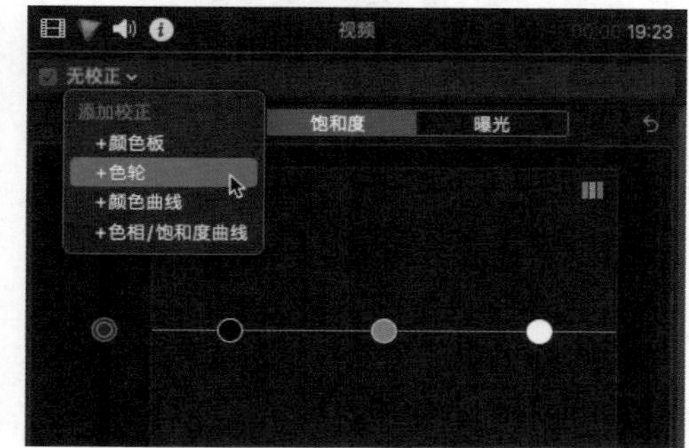

图 7-56

步骤 04　添加一个色彩校正，然后单击“应用形状或颜色遮罩，或者反转已应用的遮罩”按钮，展开下拉列表，选择“添加颜色遮罩”选项，如图7-57所示。

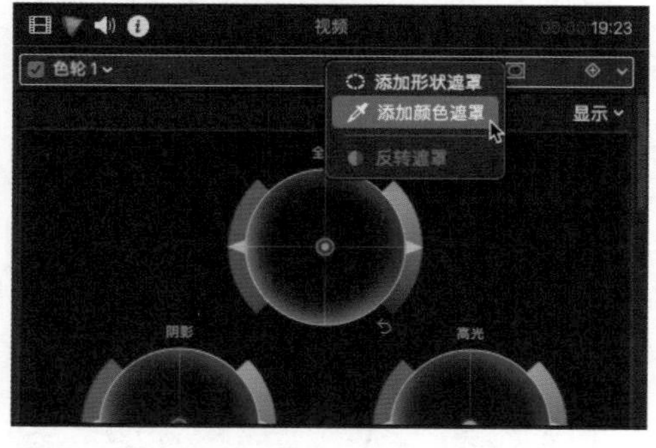

图 7-57

步骤 05　添加一个颜色遮罩，当鼠标指针呈滴管形状时，按住鼠标左键进行拖曳，出现一个圆圈，如图7-58所示，释放鼠标左键，完成色彩范围的选择。

图 7-58

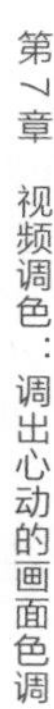

步骤 06　在“颜色检查器”窗口的“色轮1”选项区中，按住“全局”“阴影”“高光”色轮中间的圆点，将其向绿色方向移动至合适的位置，如图 7-59 所示。

步骤 07　画面中的草地区域颜色校正。在“检视器”窗口中可以预览校正颜色后的画面效果，如图 7-60 所示。

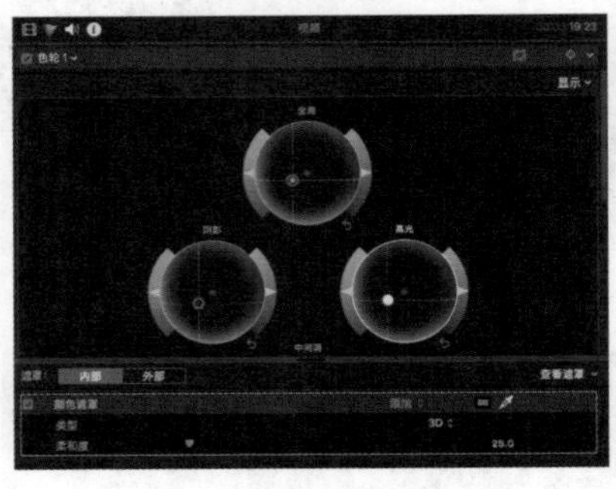

图 7-59

图 7-60

7.6　色轮曲线 清冷人像调色

本节将通过实例来练习视频颜色的校正操作，通过“+颜色板”“+颜色曲线”等功能来实现清冷人像视频的调色。下面将介绍具体的操作方法。

步骤 01　新建一个“事件名称”为“7.6 清冷人像调色”的事件，然后在新添加事件的“事件浏览器”窗口的空白处右击，在弹出的快捷菜单中选择“导入媒体”命令，打开“媒体导入”对话框，选择对应文件夹下的视频素材，然后单击“导入所选项”按钮，将选择的视频素材导入“事件浏览器”窗口，如图 7-61 所示。

步骤 02　在“事件浏览器”窗口中选择新添加的视频片段，将其添加至“磁性时间线”窗口的视频轨道上，并进行适当裁剪，如图 7-62 所示。

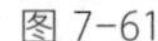
图 7-61

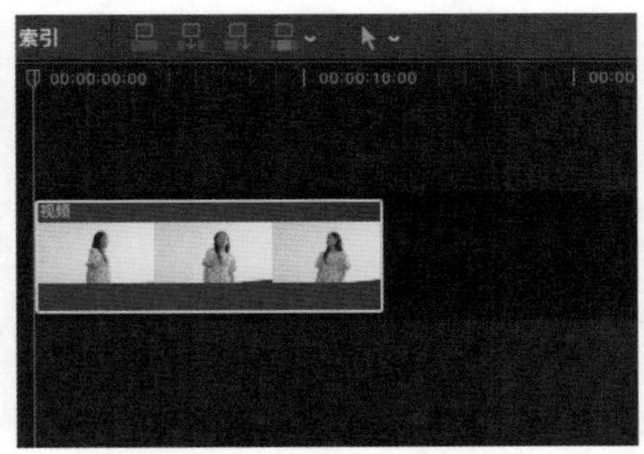

图 7-62

步骤 03　选择视频片段，在“颜色检查器”窗口中单击“无校正”右侧的下拉按钮，在下拉列表中选择“+颜色板”选项，如图 7-63 所示。

步骤 04　在“颜色检查器”窗口中单击“饱和度”按钮，并在该选项卡中将第 4 个圆点向上拖曳，如图 7-64 所示。

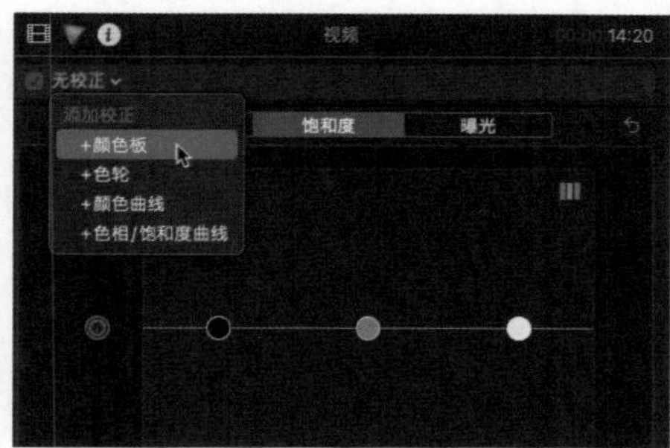

图 7-63

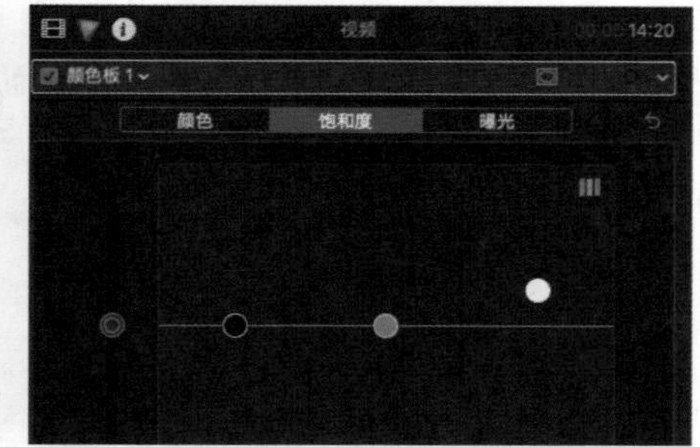

图 7-64

步骤 05 在“颜色检查器”窗口中单击“曝光”按钮，并在该选项卡中将第 4 个圆点向上拖曳，如图 7-65 所示。

步骤 06 在“检视器”窗口中查看调整后的效果，如图 7-66 所示。

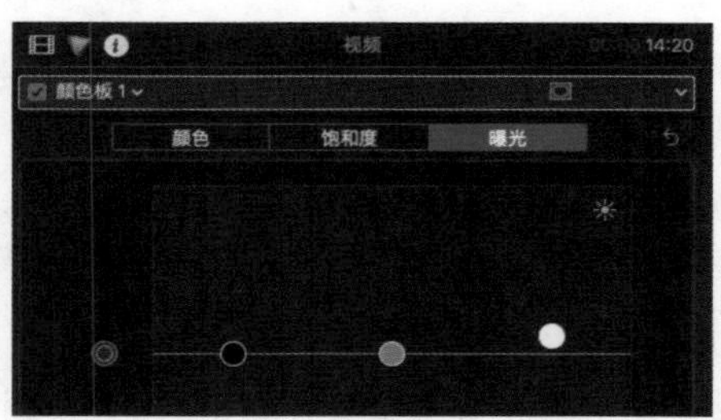

图 7-65

图 7-66

步骤 07 在“颜色检查器”窗口中选择“+颜色曲线”选项，展开曲线面板。在白色曲线上添加两个控制点，并将其适当向上拖曳；在红色曲线上添加一个控制点，并将其向下拖曳；在绿色曲线上添加一个控制点，并将其向下拖曳，如图 7-67 所示。

步骤 08 在“检视器”窗口中查看调整后的效果，如图 7-68 所示。

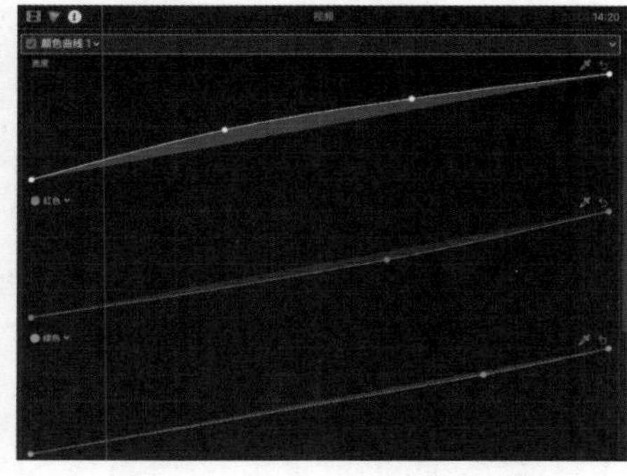

图 7-67

图 7-68

步骤 09 在“颜色检查器”窗口中选择“+色轮”选项，展开色轮面板，将“全局”“阴影”“高光”“中间调”色轮中间的圆点均向青色方向拖曳，如图 7-69 所示。

步骤 10 在色轮面板的下方，设置“色温”为4577.3，设置“色调”为-3.9，如图 7-70 所示。

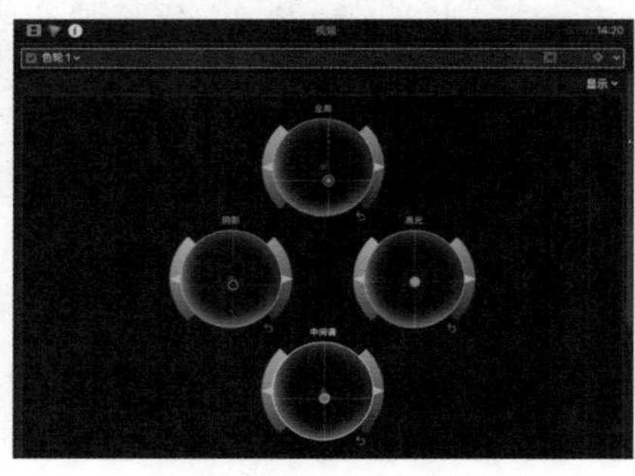

图 7-69

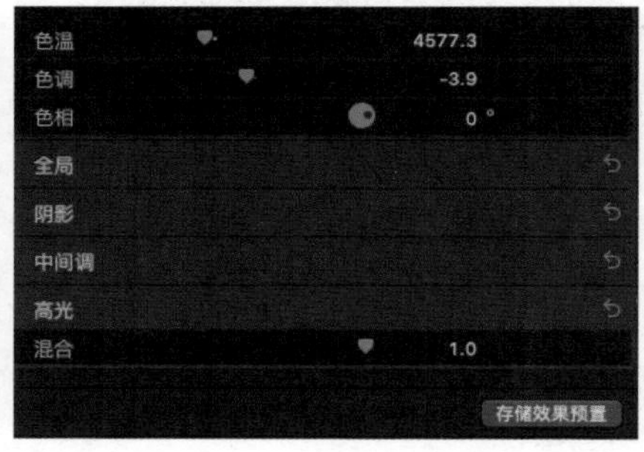

图 7-70

步骤 11 在“效果浏览器”窗口的左侧列表框中选择“颜色”选项，在右侧的列表框中选择“色调”滤镜效果，如图 7-71 所示。

步骤 12 将选择的“色调”滤镜效果添加至视频片段上，在“视频检查器”窗口的“色调”选项区中，将“Amount”（数量）设置为14.2，将“Color”（颜色）设置为青色，将“Protect Skin”（保护皮肤）设置为100.0，如图 7-72 所示。

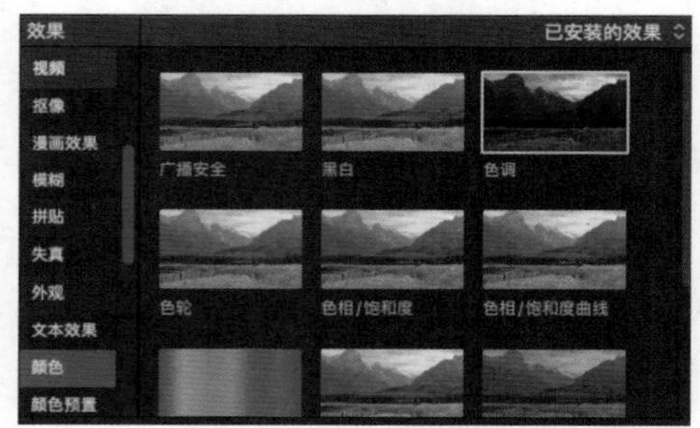

图 7-71

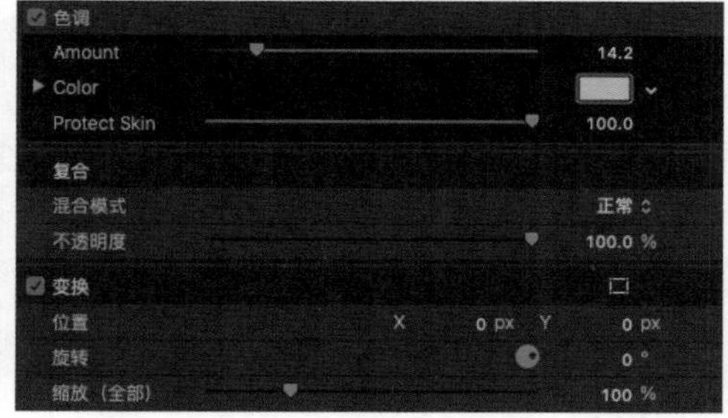

图 7-72

步骤 13 选择视频片段，执行“修改”|“平衡颜色”命令，如图 7-73 所示，解决画面中的色彩平衡及偏色问题。

步骤 14 在“检视器”窗口中预览调整后的效果，如图 7-74 所示。

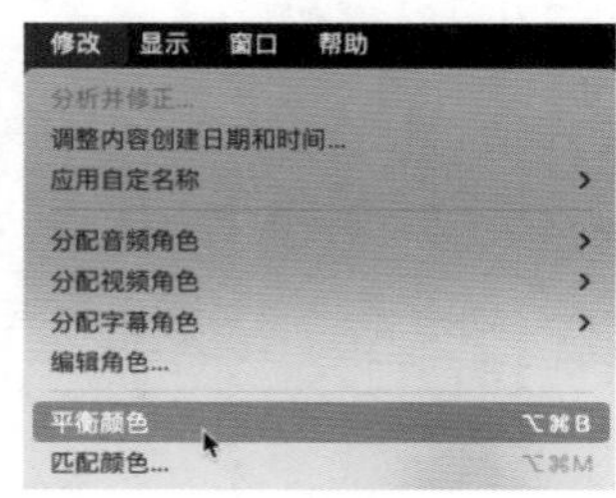

图 7-73

图 7-74

知识专题：视频滤镜效果的应用

添加滤镜效果不仅可以修改视频的色彩，还可以为视频添加遮罩、边框和灯光等效果。下面将详细讲解Final Cut Pro 中视频滤镜效果的添加方法。

1. 添加单一滤镜效果

Final Cut Pro 内置了丰富的滤镜库，用户可以自行选择滤镜库中的滤镜效果，将其应用到视频中。

执行“窗口”|“在工作区中显示”|“效果”命令，或按快捷键Command+5，或单击“磁性时间线”窗口右上方的“显示或隐藏效果浏览器”按钮，打开“效果浏览器”窗口。在“效果浏览器”窗口中选择需要添加的滤镜效果，如图 7-75 所示，按住鼠标左键并进行拖曳，将效果放置到轨道上的视频片段中。在添加效果的过程中，鼠标指针右下角会出现一个带“+”的绿色圆形标记，此时选择的视频片段处于高亮状态，如图 7-76 所示。

图 7-75

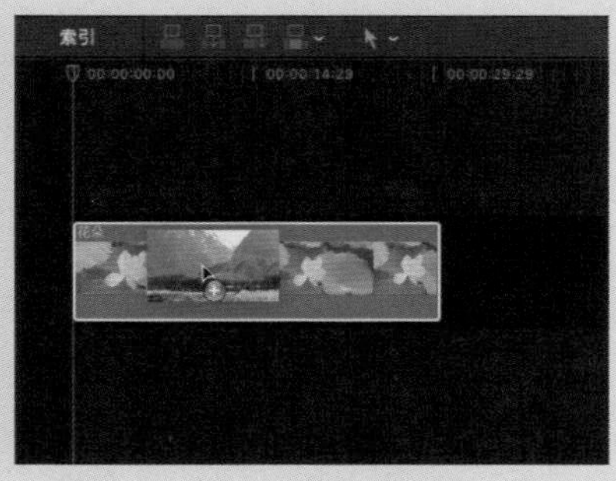

图 7-76

释放鼠标左键，即可完成单一滤镜效果的添加。图 7-77 所示为视频片段添加“光晕”滤镜效果的前后对比图。

图 7-77

2. 添加多个滤镜效果

在进行视频的编辑时，为了增强视频片段的质感，并实现视觉效果的最大化，往往会为某一个片段添加多个滤镜效果。

在“效果浏览器”窗口中选择多个滤镜效果，按住鼠标左键并进行拖曳，将选中的多个滤镜效果添加到轨道中的素材片段上即可。在添加多个滤镜效果后，“视频检查器”窗口的“效果”选项区中将显示添加的多个滤镜效果，如图7-78所示。

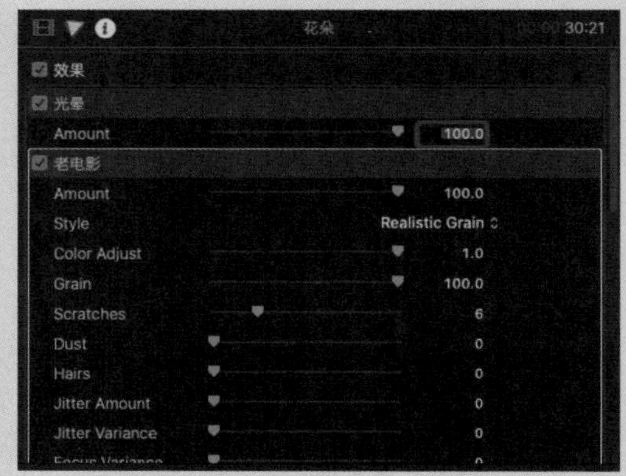

图7-78

提示

在为同一个视频片段添加多个滤镜效果后，滤镜效果在“效果”选项区中会按照从上至下的顺序排列。如果想得到不同的画面效果，可以尝试改变滤镜效果的排列顺序。

3. 删除与隐藏滤镜效果

添加滤镜效果后，如果对某些滤镜效果所产生的画面效果不满意，可以将该滤镜效果删除或隐藏。

如果要删除滤镜效果，可以在“视频检查器”窗口的“效果”选项区中选择不要的滤镜效果，按Delete键。如果要隐藏滤镜效果，则可以在“视频检查器”窗口的“效果”选项区中取消勾选滤镜左侧的复选框，如图7-79所示。

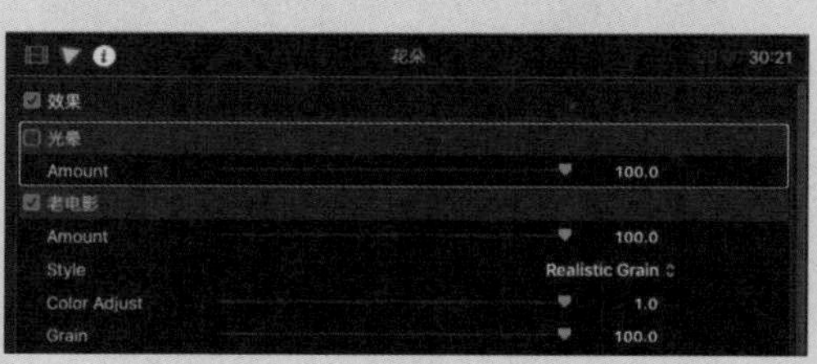

图7-79

提示

如果要恢复滤镜效果的显示，可以在“视频检查器”窗口的“效果”选项区中勾选被隐藏的滤镜效果左侧的复选框。

4. 为多个片段添加滤镜效果

在进行视频的编辑时，为了使画面效果（镜头组镜）统一，需要为多段视频素材添加相同的滤镜效果。

为多个片段添加相同滤镜效果的操作方法很简单：在“磁性时间线”窗口中框选多个视频片段，然后在“效果浏览器”窗口中双击滤镜效果。

提示

在框选多段视频素材，并将滤镜效果拖曳到多个所选片段上时，需要注意的是，此操作无法为选择的所有片段同时添加该滤镜效果，仅处于高亮状态的片段会被添加滤镜效果。

5. 复制与粘贴片段属性

在为视频片段添加相同的滤镜效果后，需要调整滤镜效果的相关参数，但如果逐个进行调整，要花费很多时间。针对这种情况，可以先调整其中一个片段的滤镜效果参数，再将调整完成后的滤镜效果复制到其他片段上。这样不仅能保证画面效果的统一，还能节省大量时间。

复制片段属性给其他片段的方法很简单：在轨道中选择视频片段，按快捷键Command+C复制选中的片段，然后选中其他的片段，执行“编辑”|“粘贴属性”命令，如图 7-80 所示；打开“粘贴属性”对话框，在对话框中勾选“效果”复选框，单击“粘贴”按钮，如图 7-81 所示。

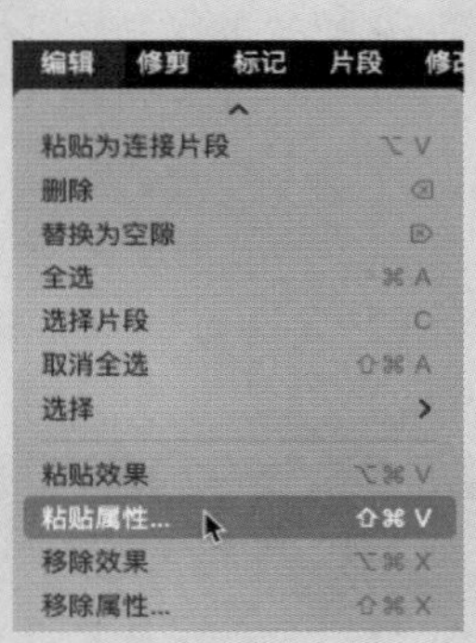

图 7-80

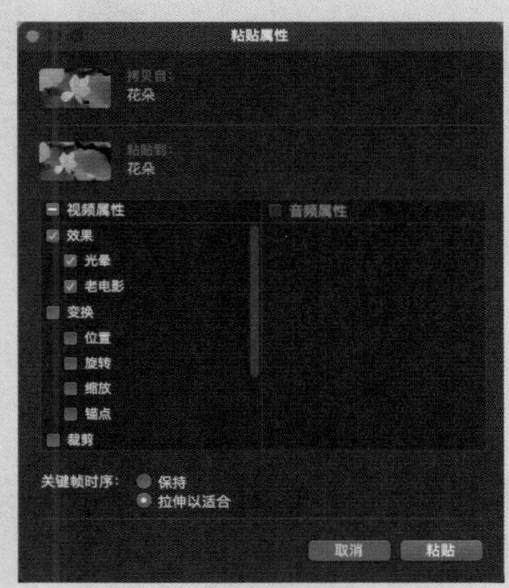

图 7-81

在“粘贴属性”对话框中，各主要选项的含义如下。

◇ “视频属性”列表框：该列表框中包含效果、变换、裁剪、变形等视频属性，勾选对应的复选框，可应用对应的视频属性。
◇ “音频属性”列表框：该列表框中包含各种音频属性。
◇ “保持”单选按钮：选中该单选按钮，可以确保关键帧之间的时间长度不变。
◇ “拉伸以适合”单选按钮：选中该单选按钮，可以按时间调整关键帧以匹配目标片段的时间长度。

7.7 试演特效 新鲜水果调色

在制作好试演片段后，可以在“效果浏览器”窗口中选择滤镜效果进行添加，制作出试演特效。下面介绍制作试演特效的具体方法。

步骤 01 新建一个“事件名称”为“7.7 新鲜水果调色”的事件，在“事件浏览器”窗口的空白处右击，在弹出的快捷菜单中选择“导入媒体”命令，打开“媒体导入”对话框，在“名称”下拉列表中选择对应文件夹下的视频素材，然后单击“导入所选项”按钮，将选择的视频素材导入“事件浏览器”窗口，并为素材01～03设置好入点和出点，如图 7-82所示。

步骤 02 选择添加的所有片段，右击，在弹出的快捷菜单中选择“创建试演”命令，如图 7-83所示。

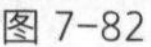
图 7-82

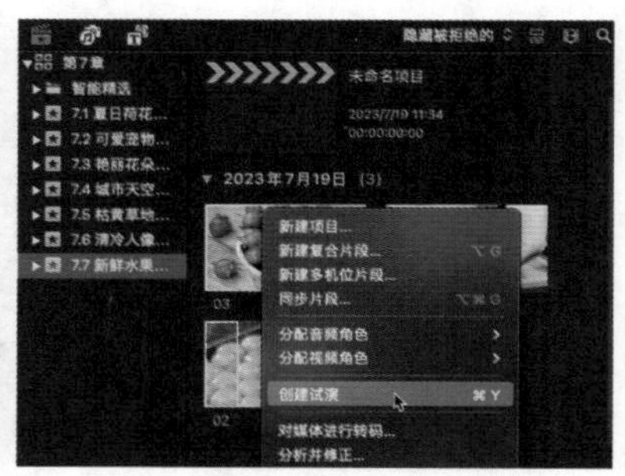

图 7-83

步骤 03 “事件浏览器”窗口中显示创建的试演片段，如图 7-84所示。

步骤 04 选择试演片段，将其添加至“磁性时间线”窗口的视频轨道上，如图 7-85所示。

图 7-84

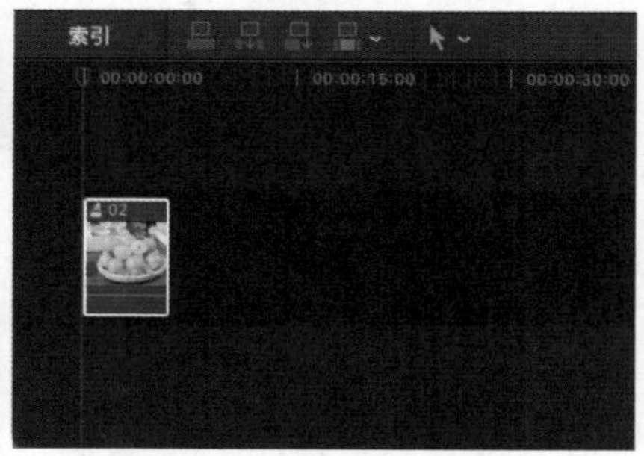

图 7-85

步骤 05 在“效果浏览器”窗口的左侧列表框中选择“风格化”选项，在右侧的列表框中选择“电影颗粒”滤镜效果，如图 7-86所示，将其添加至视频片段上。

步骤 06 参照步骤05为视频片段添加“风格化”选项中的“照片回忆”滤镜效果，如图 7-87所示。

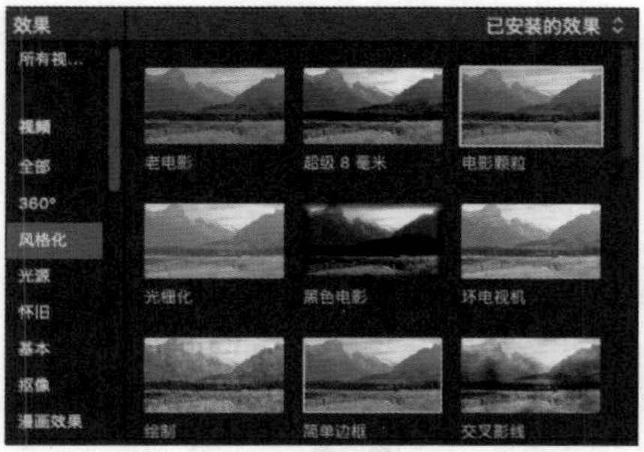

图 7-86

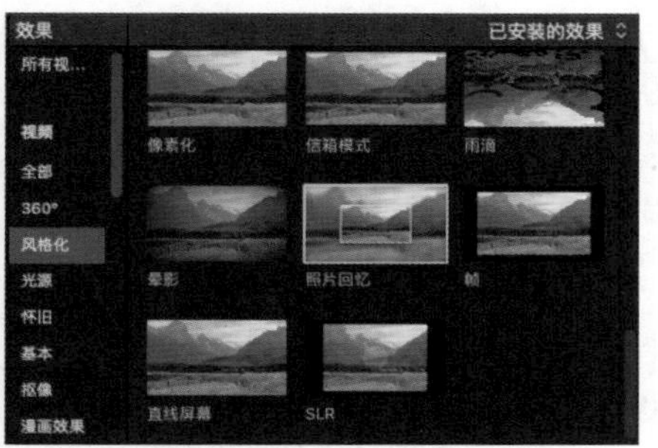

图 7-87

步骤 07 在“检视器”窗口中预览添加滤镜效果后的画面效果，如图 7-88 所示。

图 7-88

7.8 滤镜关键帧 制作变色效果

为视频添加滤镜效果之后，在“视频检查器”窗口为滤镜效果添加关键帧，可以制作出变色效果。下面讲解变色效果的具体制作方法。

步骤 01 新建一个“事件名称”为“7.8 制作变色效果”的事件，在“事件浏览器”窗口的空白处右击，在弹出的快捷菜单中选择“导入媒体”命令，打开“媒体导入”对话框，在“名称”下拉列表中选择对应文件夹下的视频素材，单击“导入所选项”按钮，将选择的视频片段添加至“事件浏览器”窗口中，如图 7-89 所示。

步骤 02 在“事件浏览器”窗口中选择视频片段，将其添加至“磁性时间线”窗口的视频轨道上，并对其进行适当裁剪，如图 7-90 所示。

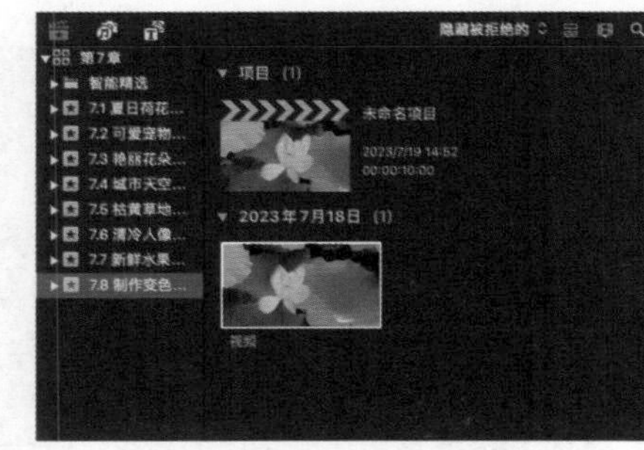

图 7-89

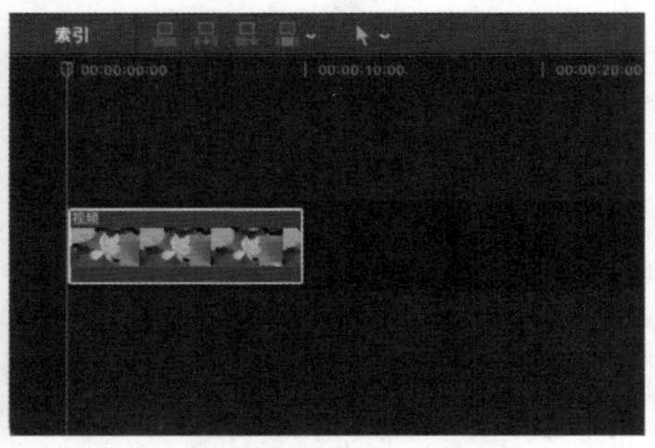

图 7-90

步骤 03 选择视频片段，在“颜色检查器”窗口中单击“无校正”右侧的下拉按钮，在下拉列表中选择“+颜色板”选项，如图 7-91 所示。

步骤 04 在“颜色检查器”窗口中单击“饱和度”按钮，并在该选项卡中将 4 个圆点向上适当拖曳，如图 7-92 所示。

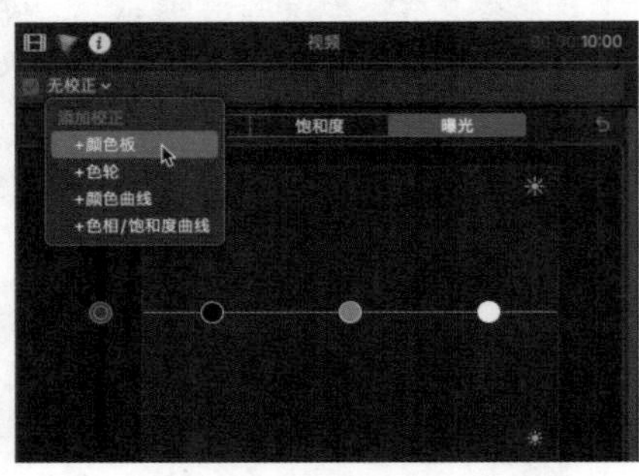

图 7-91

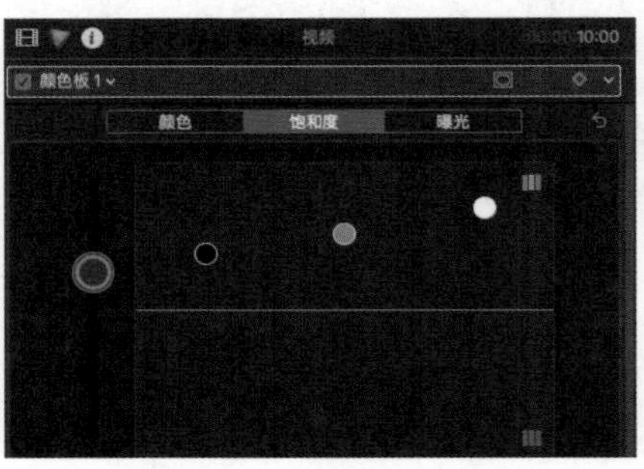

图 7-92

步骤 05 在“颜色检查器”窗口中单击“曝光”按钮，并在该选项卡中将第 4 个圆点向下适当拖曳，如图 7-93 所示。在“检视器”窗口中查看调整后的画面效果，如图 7-94 所示。

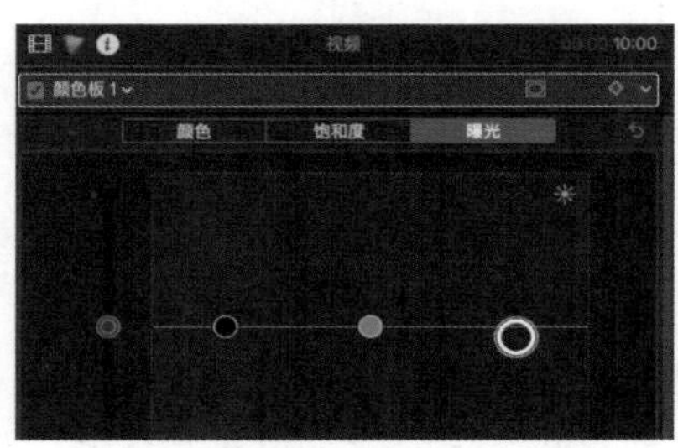

图 7-93

图 7-94

步骤 06 在“效果浏览器”窗口的左侧列表框中选择“外观”选项，在右侧列表框中选择“50 年代电视机”滤镜效果，如图 7-95 所示，将其添加至视频片段上。

步骤 07 将播放指示器移至 00:00:00:00 位置，单击“Amount”（数量）右侧的“添加关键帧”按钮，添加一个关键帧，如图 7-96 所示。

图 7-95

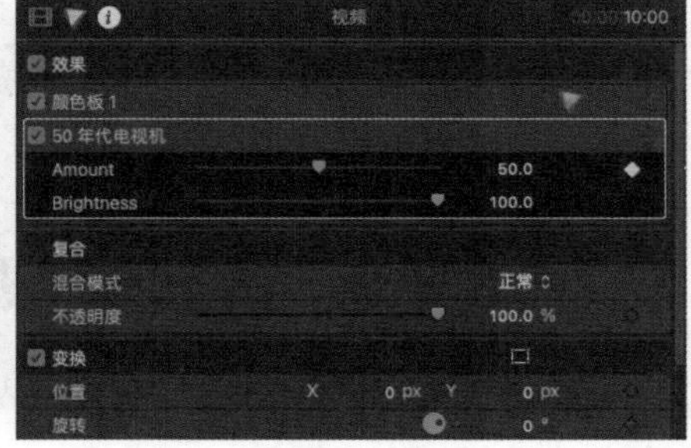

图 7-96

步骤 08 将播放指示器移至视频的末端，在“视频检查器”窗口的“50年代电视机”选项区中，将“Amount”（数量）设置为0，系统将自动在播放指示器所在位置添加一个关键帧，如图 7-97 所示。

步骤 09 参照步骤06的操作方法为视频添加“光源”选项中的“快速闪光灯/旋转”滤镜效果，如图 7-98 所示。

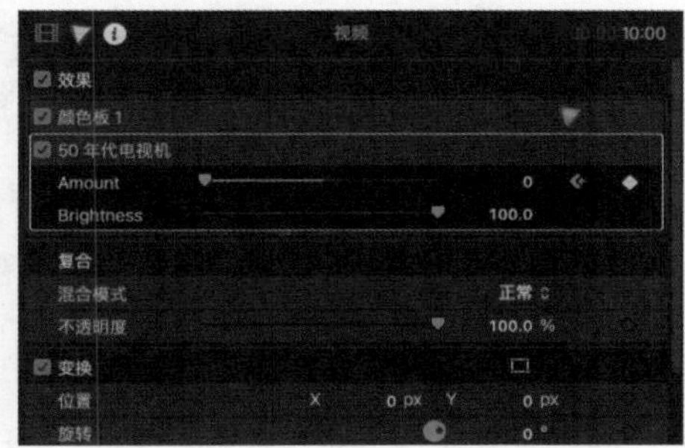

图 7-97

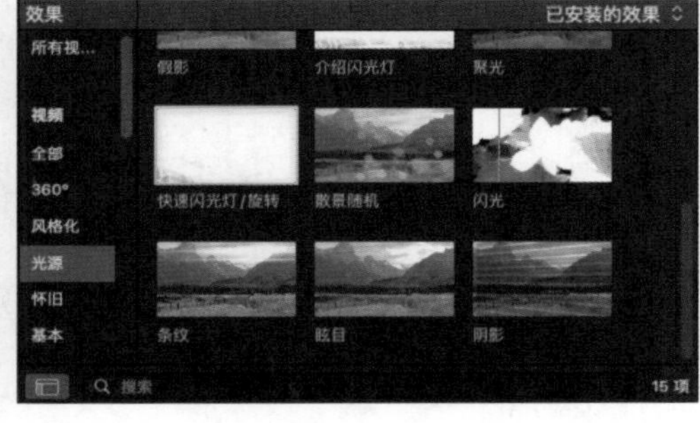

图 7-98

步骤 10 在“检视器”窗口中单击“从播放头位置向前播放-空格键”按钮▶，预览最终画面效果，如图 7-99 所示。

图 7-99

第 8 章

输出管理：影片输出与项目管理

在学习了剪辑视频，添加滤镜效果、转场效果、字幕与音频，以及抠像、合成、调色等内容后，相信读者已经基本掌握了影片剪辑的操作流程及相关应用。接下来还需要学习将视频项目导出的操作方法。在Final Cut Pro中，用户可以根据项目需求和播放环境选择合适的输出方式。本章将详细介绍输出影片与管理项目的相关操作。

8.1 播放设备 房地产宣传片

通过“共享”子菜单中的各个命令，可以将已经制作好的影片输出到iPhone、iPad、Apple TV、Mac和PC等播放设备上，方便用户随时随地进行观看。下面将介绍具体的操作方法。

步骤 01 完成视频的剪辑工作后，选择视频片段，执行“文件”|“共享”|“Apple设备1080p”命令，如图8-1所示。

步骤 02 打开“Apple设备1080p”对话框，在“信息”选项卡里设置项目文件的描述、创建者和标记信息，如图8-2所示。

图 8-1

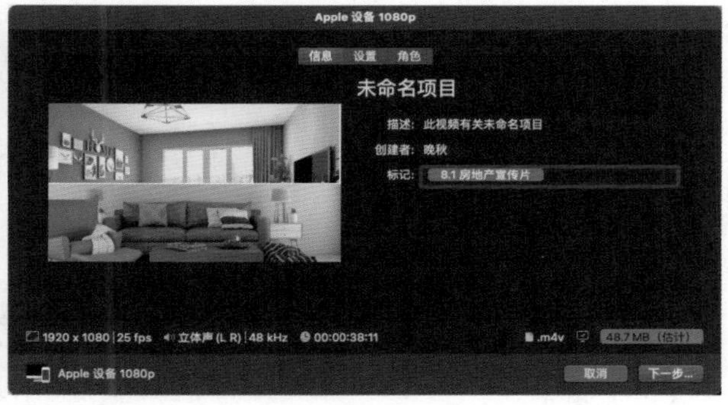

图 8-2

提示

如果要设置视频项目的格式、分辨率和颜色空间，可以在“Apple设备1080p”对话框中单击“设置”按钮，在打开的“设置”选项卡中进行。在导出视频时，如果要指定某一个移动设备，则可以在“设置”选项卡中，将鼠标指针悬停在计算机图标上方，将会显示播放该视频的移动设备名称，选择合适的移动设备即可。

步骤 03 完成信息的设置后，单击“下一步”按钮，进入存储对话框，设置好存储路径，单击“存储”按钮，如图8-3所示。

图 8-3

步骤 04 将视频共享到播放设备中，并且该设备上会出现共享成功的提示，如图 8-4 所示。

图 8-4

8.2 导出文件 智慧家居广告

使用“导出文件默认”命令可以将项目导出为QuickTime影片。Final Cut Pro提供了优质的Apple Pro Res系列编码格式，该系列编码格式由苹果公司独立研制，具备多种帧尺寸、帧率、位深和色彩采样比例，能够完美地保留原始文件的视频质量。

步骤 01 完成剪辑工作后，选择视频片段，执行“文件”|“共享”|“导出文件（默认）”命令，如图 8-5 所示。

图 8-5

步骤 02 打开“导出文件”对话框。在“信息”选项卡里设置项目文件的描述、创建者和标记信息，如图 8-6 所示。

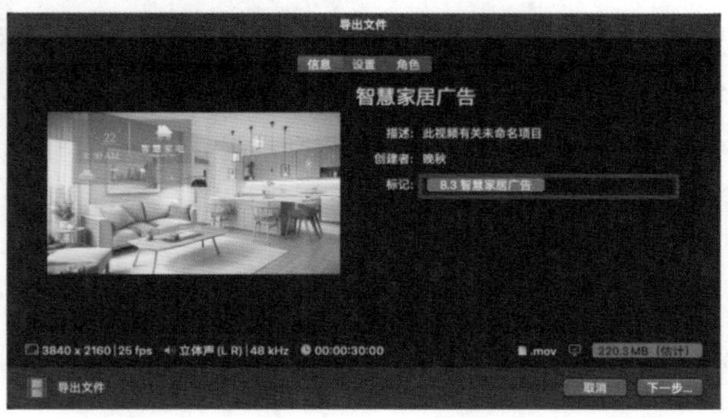

图 8-6

步骤 03 单击“设置”按钮，切换至“设置”选项卡，在“格式”下拉列表中选择“视频和音频”选项，如图 8-7 所示。

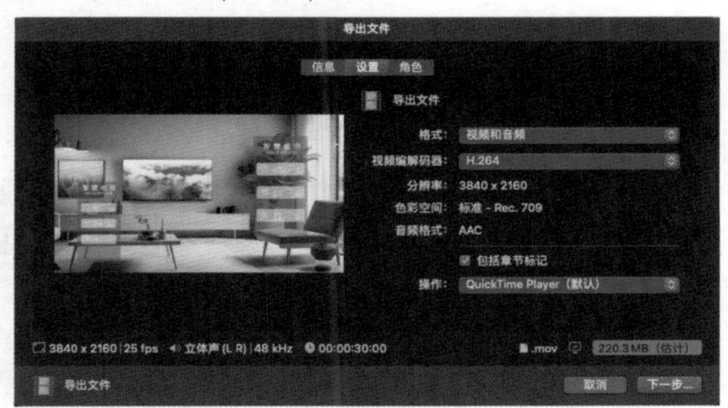

图 8-7

步骤 04 设置完成后，单击“下一步”按钮，打开存储对话框，设置好存储路径，单击“存储”按钮，如图 8-8 所示。

图 8-8

步骤 05 共享的视频将存储到 Mac 中，Mac 上会出现共享成功的提示，如图 8-9 所示。

图 8-9

提示

在导出文件时，如果只需要导出项目中的某一部分，可以先在“事件侧光器”窗口中为该项目设置出点和入点，然后在“磁性时间线”窗口中进行框选，再执行“共享”|“导出文件（默认）”命令。

知识专题：导出设置

“导出文件”对话框中各主要选项的含义如下。

◇ “信息”选项卡：包含需要共享的项目名称、项目描述、创建者名称及标记等信息。

◇ “格式”下拉列表：在该下拉列表中可以选择母带的录制方式，包括“视频和音频”“仅视频”“仅音频”3种方式，如图8-10所示。

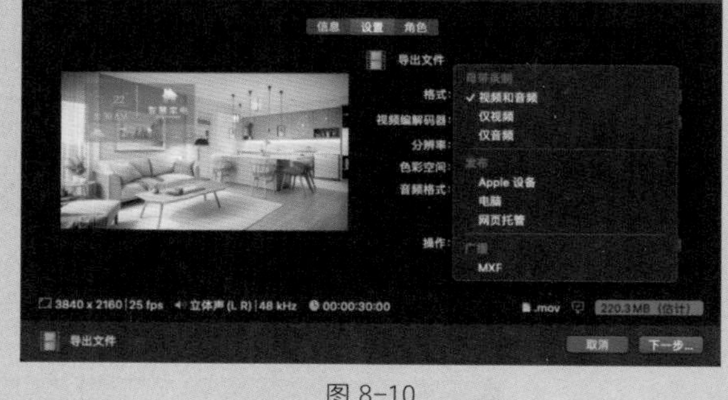

图 8-10

◇ “视频编解码器”下拉列表：在该下拉列表中可以对导出的视频格式进行设置，如图8-11所示。选择“来源-Apple Pro Res 422”选项，导出的视频文件的格式与项目设置的格式相同。在对格式进行切换时，可以导出不同大小和质量的视频文件。

图 8-11

◇ “操作”下拉列表：该下拉列表中的选项用于设定导出视频的播放工具。当在下拉列表中选择“打开方式”选项区中的选项时，共享完文件后会自动启动播放文件的设备，如图8-12所示。

图 8-12

8.3 单帧图像 商业活动预告

如果需要使用第三方软件为视频中的某个画面制作特殊效果，那么就要将视频输出为单帧图像或序列。在Final Cut Pro中使用“存储当前帧”命令，可以直接将视频中的某一帧导出为单帧图像。下面介绍导出单帧图像的具体方法。

步骤 01 选择视频片段，将播放指示器移至00:00:19:01位置，执行“文件”|“共享”|“添加目的位置”命令，如图 8-13所示。

步骤 02 打开“目的位置”对话框，在右侧的列表框中选择“存储当前帧”选项后双击，如图 8-14所示。

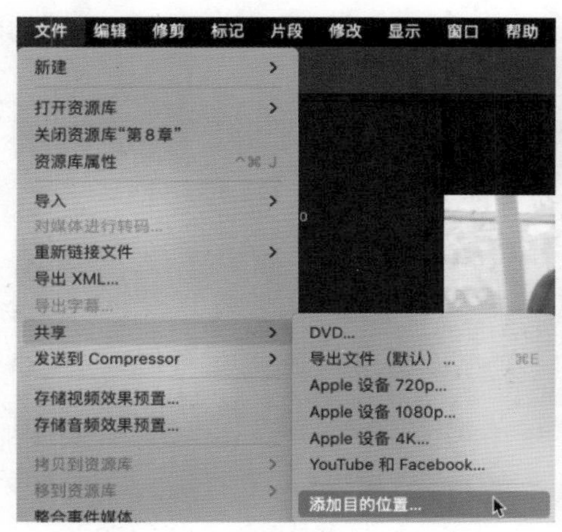

图 8-13

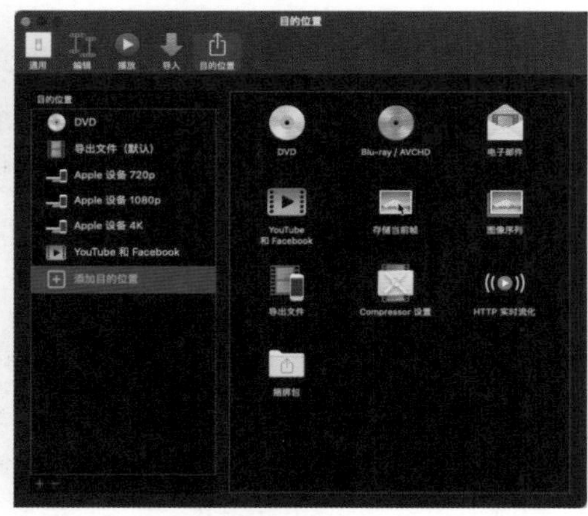

图 8-14

步骤 03 左侧的列表框中会添加“存储当前帧”选项，如图 8-15所示。

步骤 04 执行“文件”|“共享”|“存储当前帧”命令，如图 8-16所示。

图 8-15

图 8-16

步骤 05 打开“存储当前帧”对话框，在“设置”选项卡的“导出”下拉列表中选择“JPEG图像”选项，然后单击“下一步”按钮，如图 8-17 所示。

图 8-17

步骤 06 打开存储对话框，设置好存储路径，在“存储为”文本框中输入“单帧图像”，单击“存储”按钮，如图 8-18 所示，即可将选择的帧导出为单帧图像。

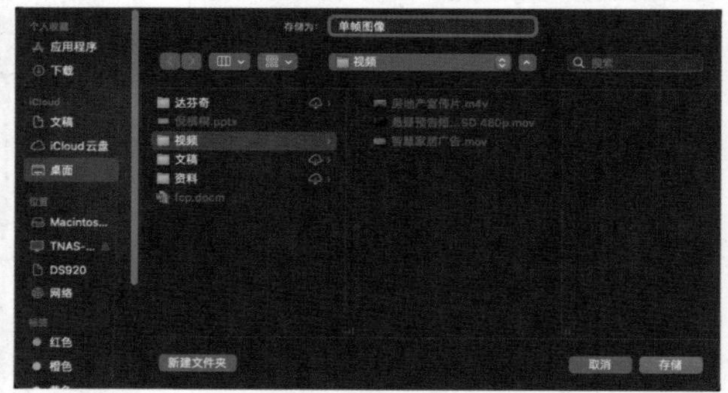

图 8-18

步骤 07 在 Mac 中预览导出的单帧图像效果，如图 8-19 所示。

图 8-19

8.4 序列帧 毕业纪念短片

序列帧是一组静止的图像序列。如果一个影片的帧速率为25fps，则在导出时，每秒将导出25张静帧图像。下面介绍导出序列帧的具体方法。

步骤 01 在“事件浏览器”窗口中设置好视频的入点和出点，如图 8-20 所示。执行“文件”|“共享”|“添加目的位置”命令，如图 8-21 所示。

图 8-20

图 8-21

步骤 02 打开“目的位置”对话框，在右侧的列表框中选择“图像序列”选项后双击，如图 8-22 所示，即可在左侧的列表框中添加“导出图像序列”选项，如图 8-23 所示。

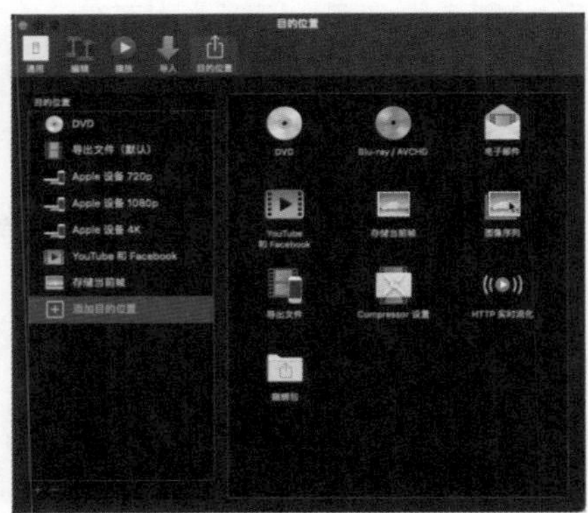

图 8-22

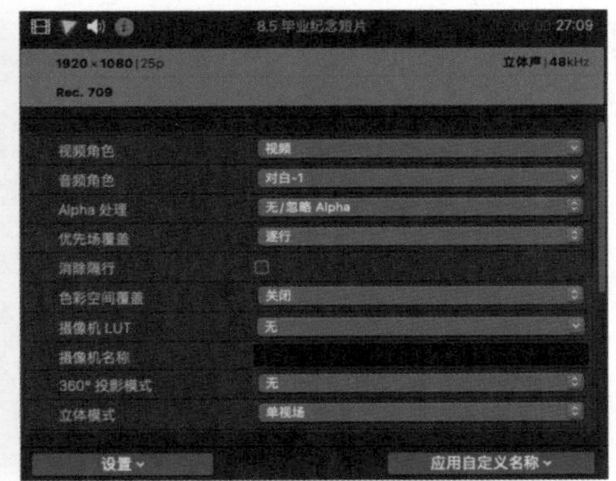

图 8-23

步骤 03 执行“文件”|“共享”|“导出图像序列”命令，如图 8-24 所示。

步骤 04 打开“导出图像序列”对话框，在“设置”选项卡的“导出”下拉列表中选择“TIFF 文件”选项，然后单击“下一步”按钮，如图 8-25 所示。

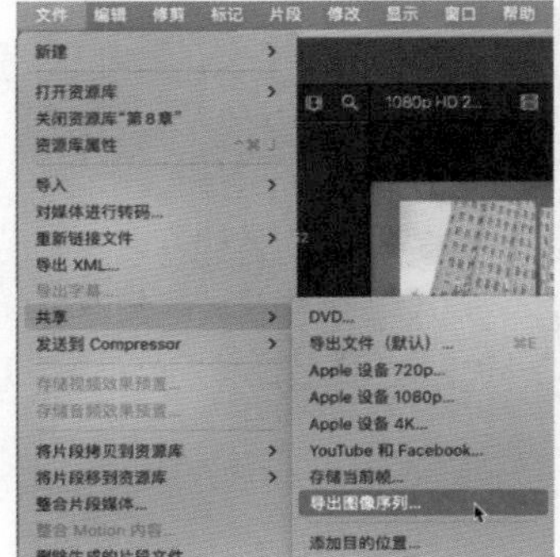

图 8-24

图 8-25

步骤05　打开存储对话框，设置好存储路径，在“存储为”文本框中输入“序列帧”，单击“存储”按钮，如图8-26所示，即可将视频片段导出为序列帧。

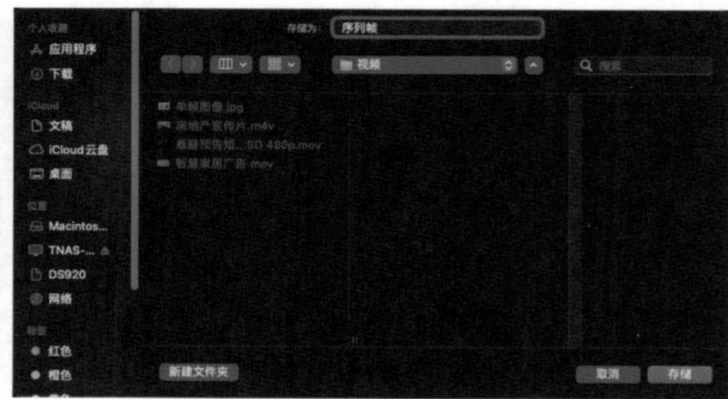

图8-26

步骤06　在Mac中预览导出的序列帧效果，如图8-27所示。

图8-27

提示

导出单帧图像与导出序列帧的区别是，导出序列帧需要选择导出范围，如果不选择导出范围，那么导出的序列将会是整个轨道中的画面序列。

知识专题：分角色导出文件

选中视频轨道中的任意片段，打开“信息检查器”窗口，在其中可以看到“视频角色”和“音频角色”这两个选项，如图8-28所示。

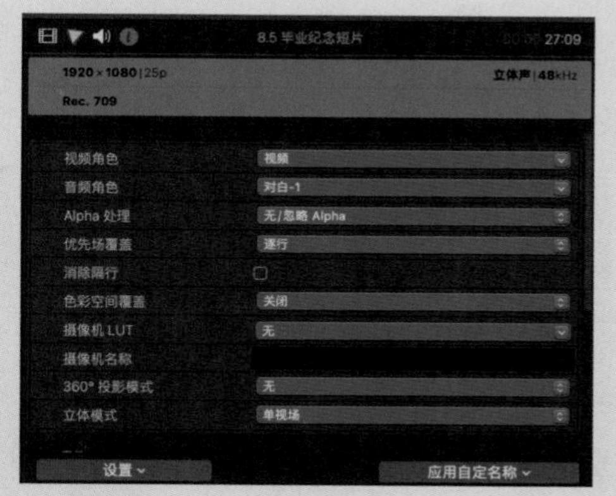

图8-28

在“视频角色”和“音频角色”下拉列表中可以选择角色片段。如果需要对角色进行编辑，则可以在“视频角色”下拉列表中选择“编辑角色”选项，打开“资源库‘第8章’的角色”对话框，如图 8-29所示，在该对话框中可以增添角色类型。

在视频轨道中建立入点和出点，然后执行“文件”|“共享”|“导出文件（默认）”命令，打开“导出文件”对话框，在“角色为”下拉列表中选择“多轨道QuickTime影片”选项，文件会自动根据角色分为3类，如图 8-30所示，最后进行输出即可。

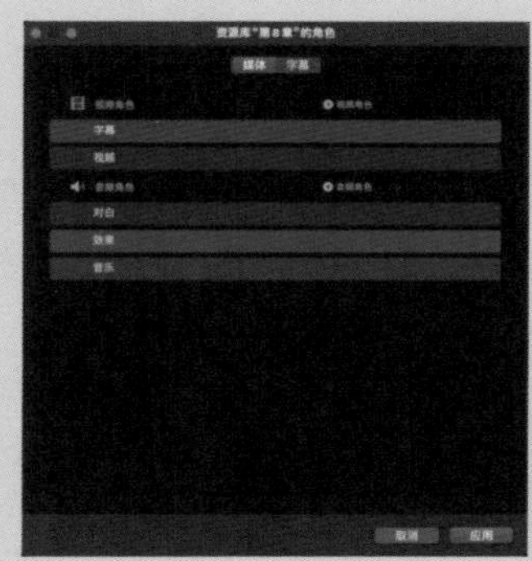

图 8-29

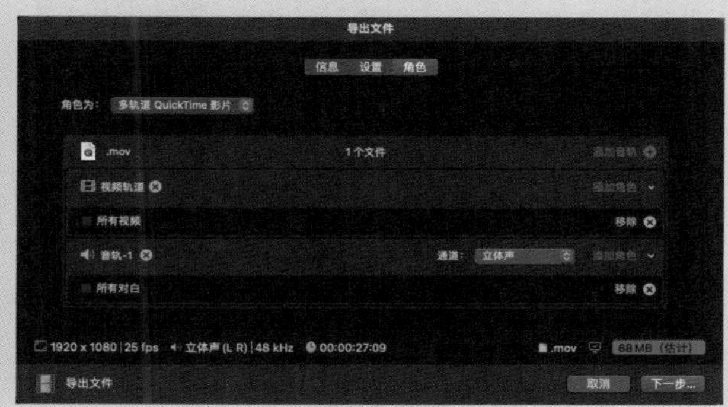

图 8-30

8.5 XML 文件 综艺宣传视频

XML是一种常用的文件格式，用来记录轨道中片段的开始点与结束点，以及片段的结构性数据。使用Final Cut Pro输出的XML文件很小，只有几百KB，它可以很方便地在第三方软件中打开，并且能够完整复原片段在Final Cut Pro中的位置结构。

步骤 01 打开需要导出的项目文件后，执行“文件”|“导出XML”命令，如图 8-31所示。

图 8-31

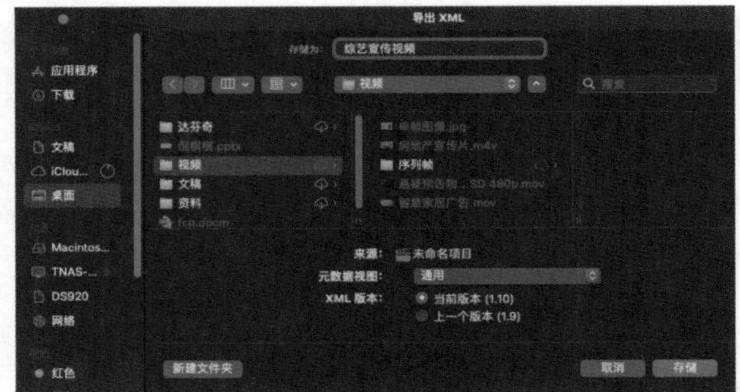

图 8-32

步骤 02 打开“导出XML”对话框，如图 8-32所示，在该对话框中设置好文件名称及存储位置后，单击“存储”按钮，即可导出XML文件。

步骤 03 启动剪映软件，在剪映的主界面单击“导入工程”按钮，如图 8-33所示。进入导入工程对话框，打开XML文件所在的文件夹，选择刚刚导出的XML文件，单击“打开”按钮，如图 8-34所示。

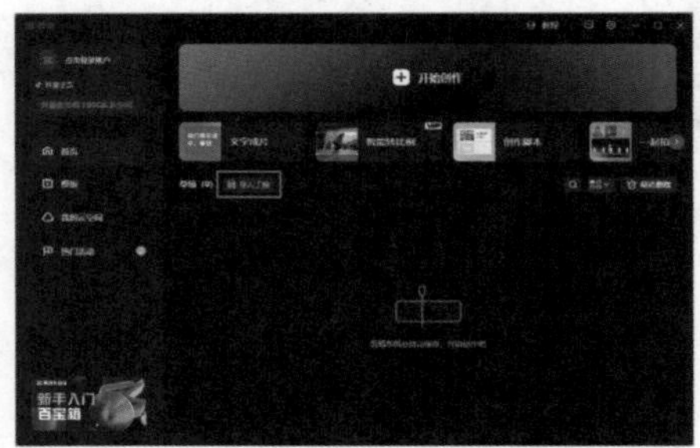

图 8-33

图 8-34

步骤 04 将导出的XML文件在剪映软件中打开，如图 8-35所示。

图 8-35

提示

导出的XML文件的扩展名为“.fcpxmld”。“.fcpxmld”文件只保存剪辑信息，不会保存在剪辑过程中所使用的文件。

知识专题：管理项目

在Final Cut Pro中添加项目后，可以对项目进行管理操作，例如从备份中恢复项目、整理项目素材和渲染文件、合并事件等。下面将详细讲解Final Cut Pro中项目的管理方法。

1. 从备份中恢复项目

Final Cut Pro可以按常规时间间隔自动备份资源库，备份仅包括资源库的数据库部分，不包括媒体文件（存储的备份文件的名称包括时间和日期）。

备份项目后，可以通过“从备份”功能恢复项目，具体方法是：执行“文件”|“打开资源库”|“从备份”命令，如图8-36所示；打开备份对话框，设置“恢复来源”，然后单击“打开”按钮，如图8-37所示，即可从备份中恢复项目。

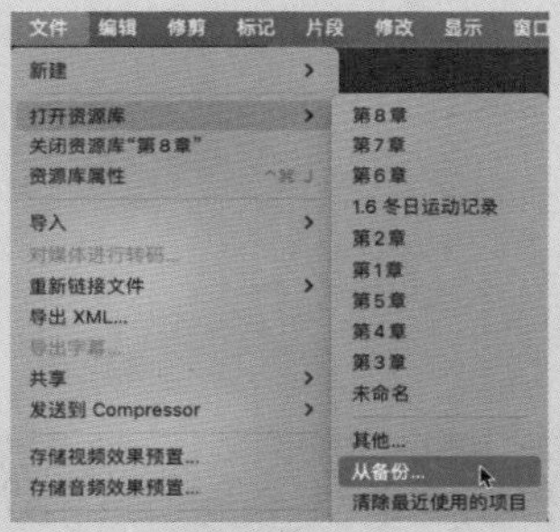

图8-36

图8-37

2. 整理项目素材与渲染文件

将资源库建立在系统盘中，能在一定程度上提高软件的运算能力。但是随着工程的不断完善，渲染文件越来越大，本地硬盘可用空间会越来越少。针对这一情况，就需要重新整理项目素材、代理文件和渲染文件。

选中资源库，打开“资源库属性”窗口，如图8-38所示。该窗口中会显示资源库中所有渲染文件、分析文件、缩略图、音频波形文件，以及这些文件所占空间的大小，还有其他关于这个资源库的基本信息。如果要修改存储位置，可以单击“储存位置”右侧的“修改设置”按钮，打开“设定资源库的储存位置”对话框，在对话框中可以设置媒体的存储位置，如图8-39所示。

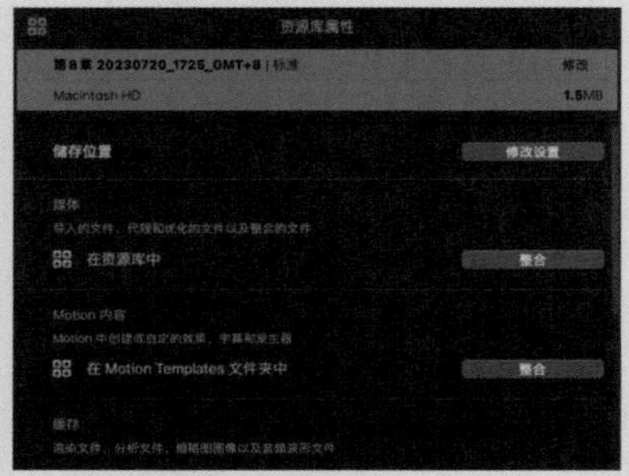

图8-38

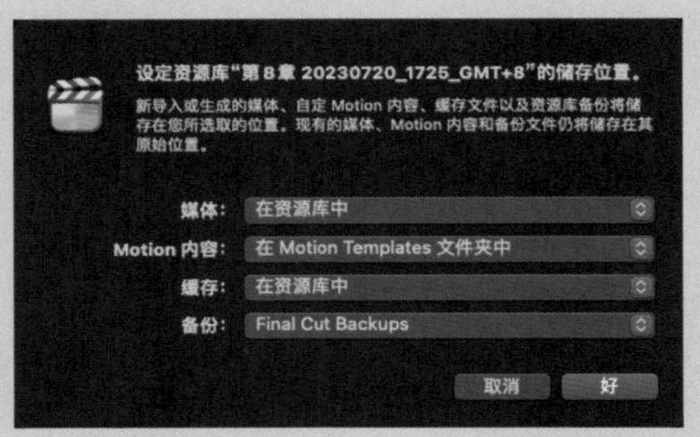

图 8-39

使用这一方法，还可以更改缓存文件和备份文件的位置。一般情况下，可以将媒体文件放到空间较大的磁盘中，因为一些需要软件重新封装的视频文件较大；如果系统盘够大，则可以将缓存文件放置到系统盘下，这样可以在一定程度上加快软件的运行速度，也不必担心缓存文件越来越大，因为可以定时进行清理；备份文件是资源库的备份，因此尽量不要将其与资源库放在相同的盘符下，应该尽量将其放到保障较高的盘符下。

3. 项目及事件迁移

在Final Cut Pro中，可以选择将片段和项目从一个事件复制和迁移到另一个事件中。如果要复制项目，需要按住Option键将项目从一个事件拖入另一个事件。具体操作为：首先开始拖移，然后在拖移时按住Option键。如果要移动项目，将项目从一个事件拖到另一个事件即可，如图 8-40所示。

图 8-40

4. 在XML和FCPX之间交换项目

在Final Cut Pro中，使用“导入”功能可以将XML文件导入事件或项目。具体方法是：执行“文件”|“导入”|“XML”命令，如图 8-41所示；在弹出的对话框中选择XML文件，然后单击“导入”按钮，即可在XML与FCPX之间交换项目。

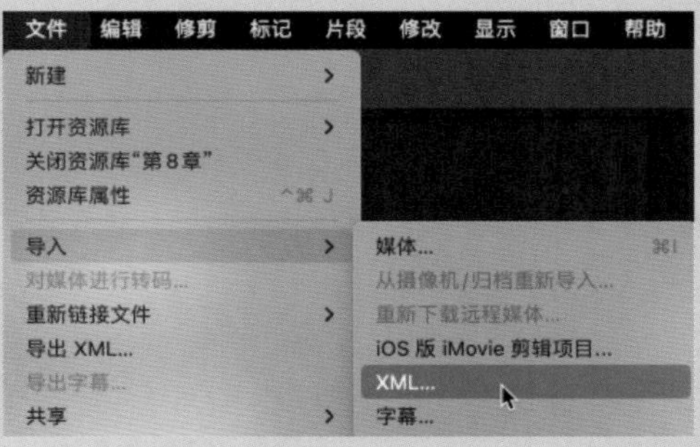

图 8-41

第 9 章

综合实例：美妆切屏展示视频

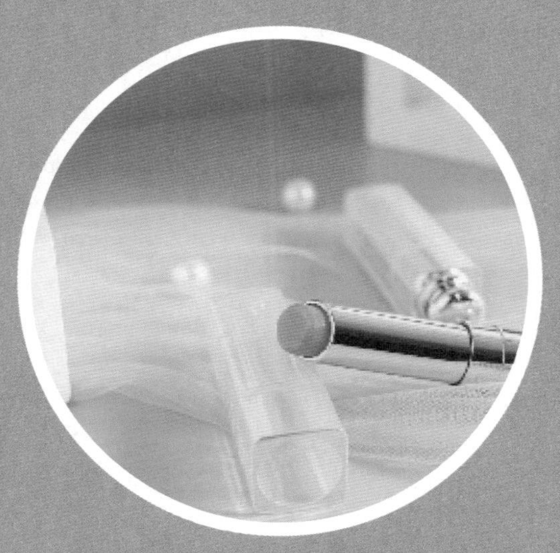

美妆产品可以让人更加精致、漂亮，常用的美妆产品有口红、眼影、睫毛膏、腮红等。将美妆产品图像制作成切屏展示视频，可以更好地向客户展示美妆产品。以动态影片的形式多方位地展示美妆产品，比单一的产品图更能吸引客户。

本章将通过实例的形式，详细讲解如何利用Final Cut Pro 制作一个美妆切屏展示视频。本实例完成效果如图 9-1所示。

图 9-1

9.1 制作主要故事情节

故事情节是美妆切屏展示视频的主体部分，包含主要故事情节和次要故事情节，用于展示美妆产品、遮罩、光线和形状效果。下面将讲解制作主要故事情节的具体操作方法。

步骤 01 启动Final Cut Pro，执行“文件”|“新建”|“资源库”命令，打开“存储”对话框，设置好存储位置和资源库名称，单击“存储”按钮，如图 9-2所示，新建一个资源库。

步骤 02 在“事件资源库”窗口的空白处右击，打开快捷菜单，选择“新建事件”命令，打开“新建事件”对话框，在“事件名称”文本框中输入“美妆切屏展示视频”，如图 9-3所示，单击“好”按钮，新建一个事件。

图 9-2

图 9-3

步骤 03 在“事件浏览器”窗口的空白处右击，打开快捷菜单，选择“导入媒体”命令，打开“媒体导入”对话框，在“第 9 章”文件夹中选择需要导入的图像、视频和音频素材，单击“导入所选项”按钮，如图 9-4 所示。

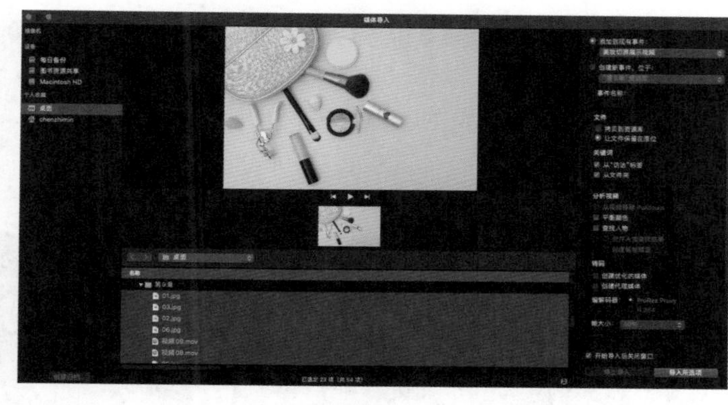

图 9-4

步骤 04 将选择的媒体素材导入“事件浏览器”窗口中，如图 9-5 所示。

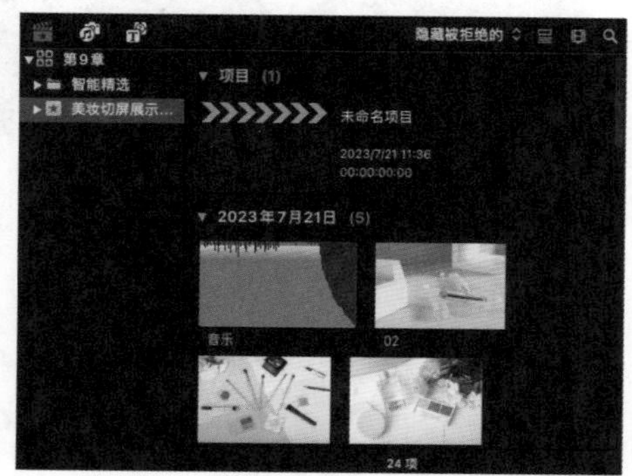

图 9-5

步骤 05 在“事件浏览器”窗口中选择素材01，将其添加至“磁性时间线”窗口的视频轨道上，并修改新添加的图像片段的时间长度为04:23，如图 9-6 所示。

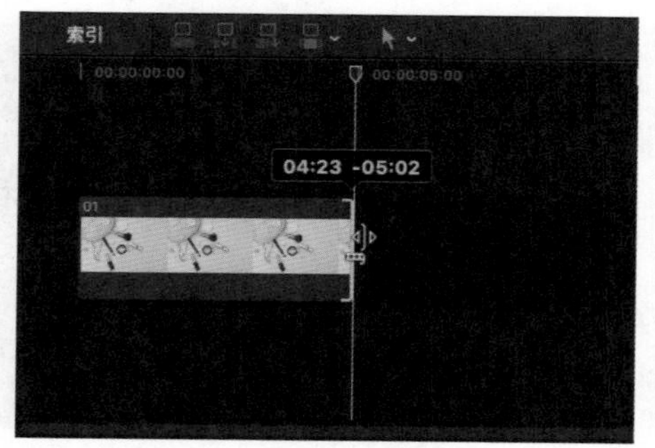

图 9-6

步骤 06 使用同样的方法，在“事件浏览器”窗口中选择其他图像片段，将其依次添加至“磁性时间线”窗口的视频轨道上，并将新添加的图像片段的时间长度从左至右依次修改为04:08、04:01、04:20、04:20和04:23，调整后的效果如图 9-7 所示。

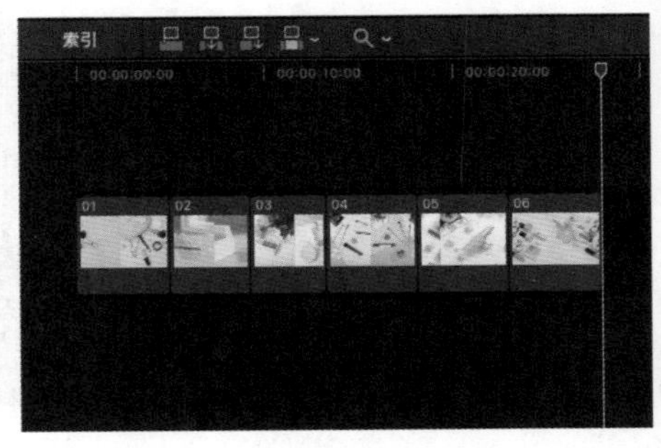

图 9-7

步骤 07 选择素材01，将播放指示器移至00:00:00:00位置，设置“位置”为-38.0px和34.0px，设置“缩放（全部）”为118%，然后单击“位置”右侧的“添加关键帧”按钮，添加一个关键帧，如图 9-8 所示。

步骤 08 将播放指示器移至00:00:02:00位置，设置“位置”为-7.0px和-85.0px，如图 9-9 所示，系统将自动在播放指示器所在的位置添加一个关键帧。

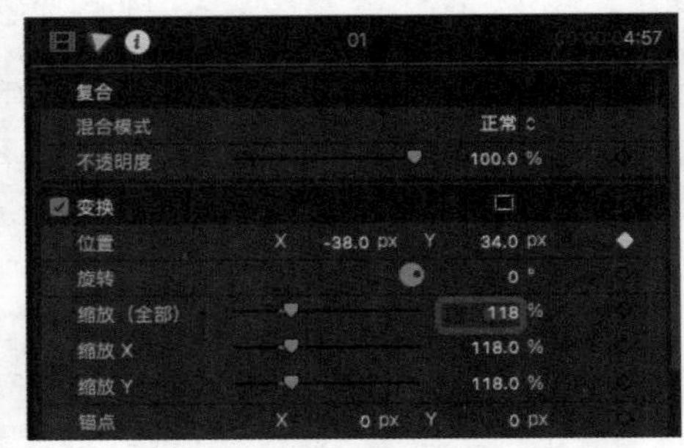

图 9-8

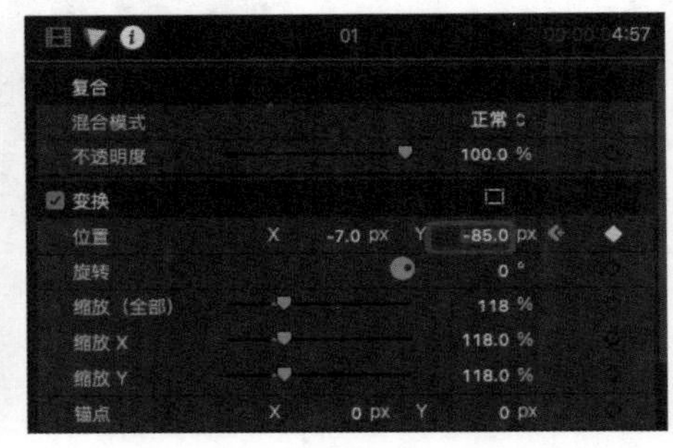

图 9-9

步骤 09 将播放指示器移至00:00:04:00位置，设置“位置”为33.0px和-65.0px，如图 9-10 所示，系统将自动在播放指示器所在的位置添加一个关键帧，完成位置关键帧动画的制作。

步骤 10 选择素材02，将播放指示器依次移至合适的位置，在“视频检查器”窗口的“变换”选项区中，设置“位置”和“缩放（全部）”参数，并单击“添加关键帧”按钮，为素材添加关键帧，如图 9-11 所示。

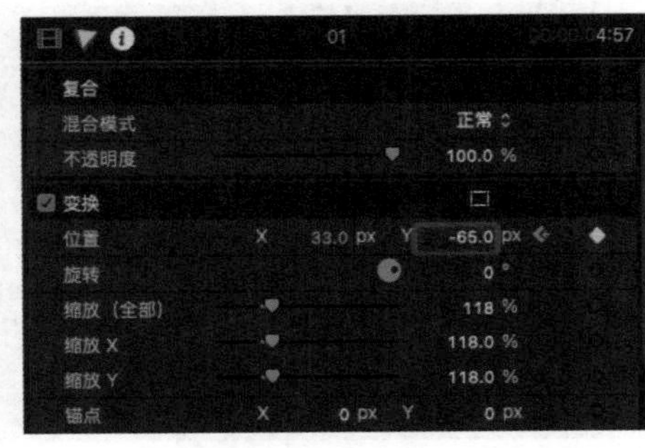

图 9-10

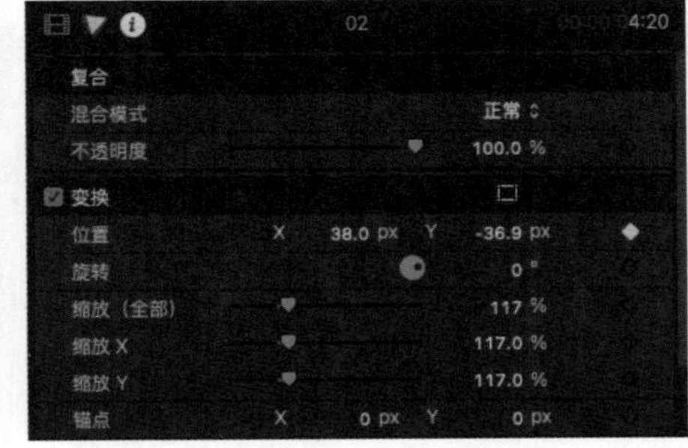

图 9-11

步骤 11　使用同样的方法，依次选择其他的图像片段，将播放指示器依次移至合适的位置，然后在“视频检查器”窗口的“变换”选项区中，设置“位置”和“缩放（全部）”参数，并单击“添加关键帧”按钮，添加关键帧，完成主要故事情节的制作。

9.2　制作次要故事情节

制作好主要故事情节之后，本节将制作视频的次要故事情节，包含视频遮罩和光斑效果。下面讲解制作次要故事情节的具体操作方法。

步骤 01　在“事件浏览器”窗口中选择视频01，将其添加至“磁性时间线”窗口的图像片段的上方，然后修改新添加的视频片段的时间长度为2s，如图 9-12 所示。

步骤 02　使用同样的方法，在“事件浏览器”窗口中选择其他视频片段，将其依次添加至“磁性时间线”窗口的图像片段的上方，并修改它们的时间长度，如图 9-13 所示。

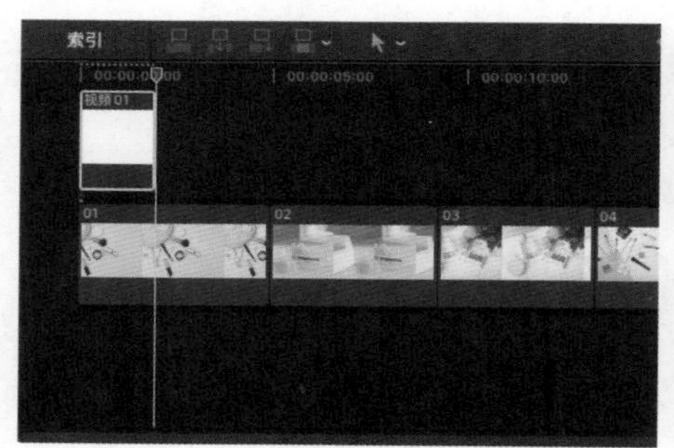

图 9-12

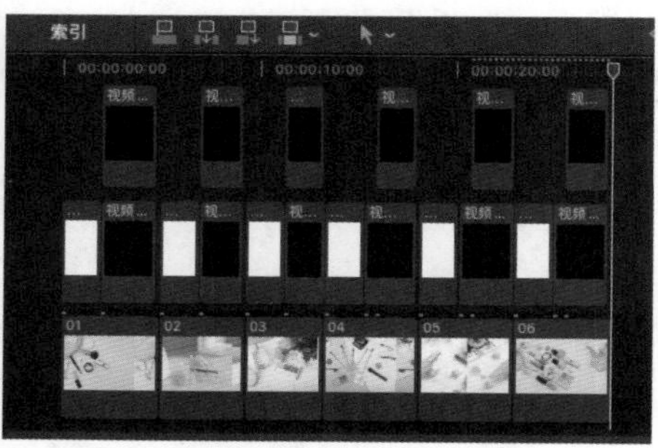

图 9-13

步骤 03　在“效果浏览器”窗口的左侧列表框中选择“抠像”选项，在右侧列表框中选择“亮度抠像器”滤镜效果，如图 9-14 所示。

步骤 04　将选择的滤镜效果添加至视频01上，然后在“视频检查器”窗口的“复合”选项区中，修改“不透明度”为49.47%，如图 9-15 所示。

图 9-14

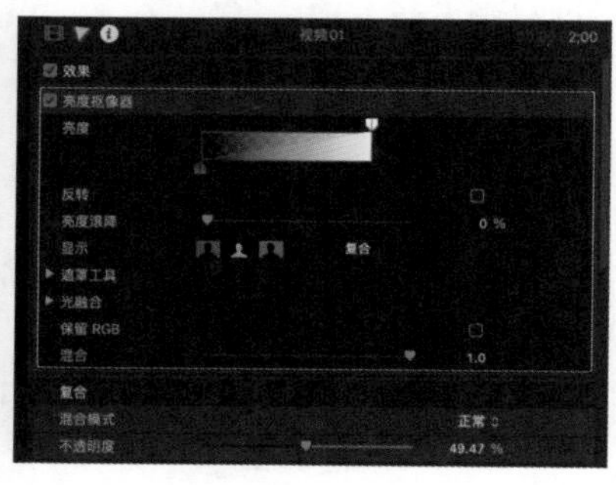

图 9-15

步骤 05 在“效果浏览器”窗口的左侧列表框中选择“颜色”选项，在右侧列表框中选择“颜色板”滤镜效果，如图 9-16 所示。

步骤 06 将选择的滤镜效果添加至视频 01 上，然后在“颜色检查器”窗口的“颜色”选项卡中，设置“全局”为 151° 和 -34%，设置“阴影”为 220° 和 -4%，设置“中间调”为 221° 和 34%，设置“高光”为 214° 和 71%，如图 9-17 所示。

图 9-16

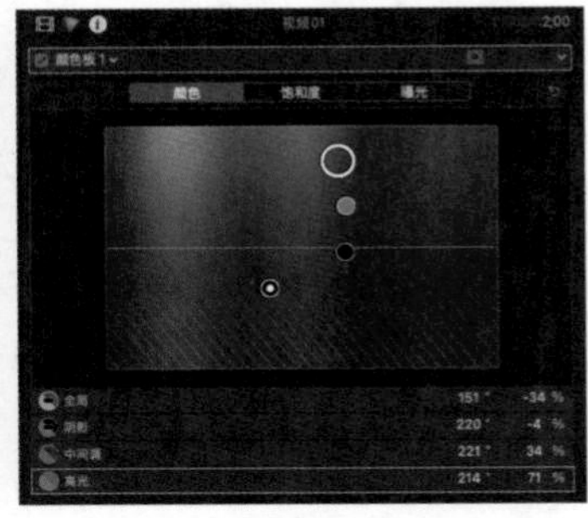

图 9-17

步骤 07 完成滤镜效果的添加与编辑后，在“检视器”窗口中可以预览视频片段的效果，如图 9-18 所示。

步骤 08 选择视频 01，执行“编辑”|“拷贝”命令，复制片段属性，选择相应的视频片段，然后执行“编辑”|“粘贴属性”命令，如图 9-19 所示。

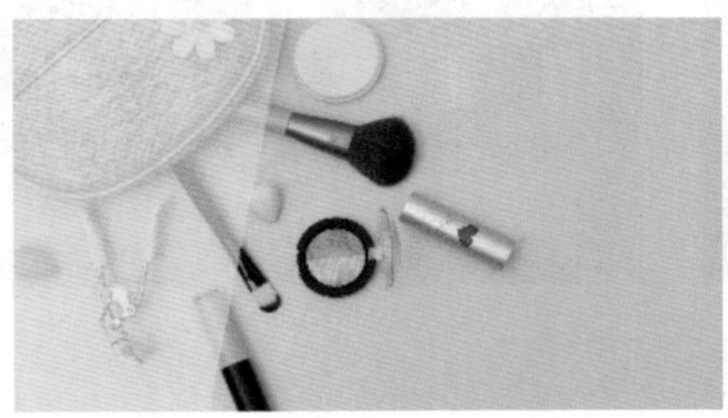

图 9-18

图 9-19

步骤 09 打开“粘贴属性”对话框，保持默认参数设置，单击“粘贴”按钮，如图 9-20 所示，即可粘贴视频片段属性。

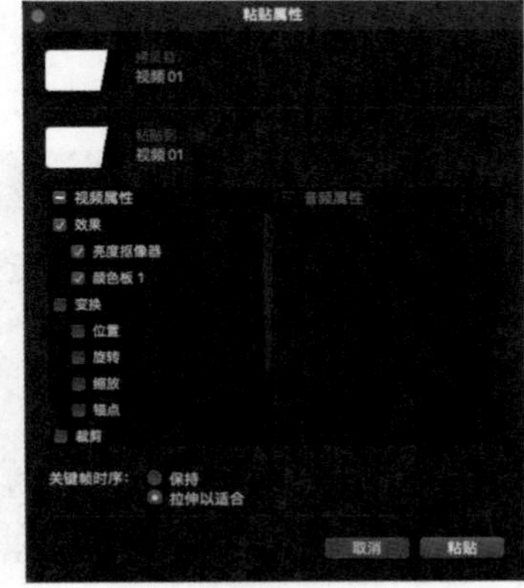

图 9-20

步骤 10 在“效果浏览器”窗口的左侧列表框中选择“抠像”选项，在右侧列表框中选择“亮度抠像器”滤镜效果。将选择的滤镜效果添加至视频 02 上，然后在“视频检查器”窗口的“复合”选项区中，修改“不透明度”为 58.06%，如图 9-21 所示。

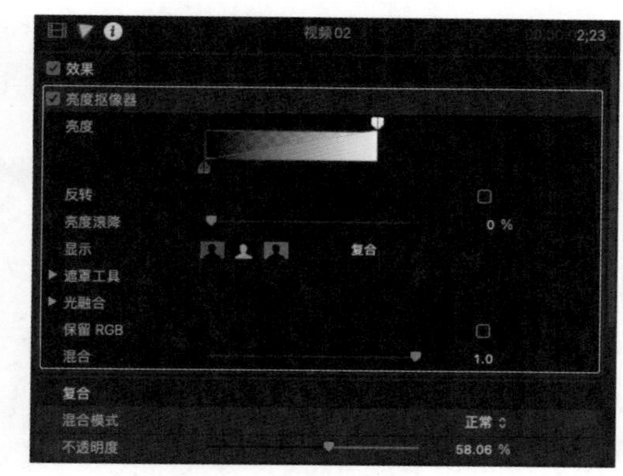

图 9-21

步骤 11 在“效果浏览器”窗口的左侧列表框中选择“颜色”选项，在右侧列表框中选择“颜色板”滤镜效果。将选择的滤镜效果添加至视频 02 上，然后在“颜色检查器”窗口的“颜色”选项卡中，设置“全局”为 123° 和 44%，设置“阴影”为 122° 和 72%，设置“中间调”为 123° 和 19%，设置“高光”为 125° 和 -7%，如图 9-22 所示，完成滤镜效果的添加与编辑。

步骤 12 选择视频 02，执行“编辑”|“拷贝”命令，复制片段属性。选择相应的视频片段，执行“编辑”|“粘贴属性”命令，打开“粘贴属性”对话框，保持默认参数设置，单击“粘贴”按钮，即可粘贴视频片段属性，在“检视器”窗口中预览视频效果，如图 9-23 所示。

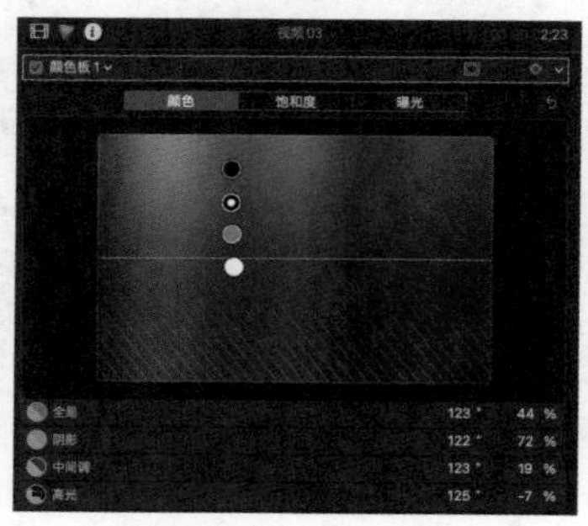

图 9-22

图 9-23

步骤 13 在“事件浏览器”窗口中选择视频 17，将其添加至“磁性时间线”窗口的视频片段的上方，并对该视频片段进行裁剪，使其和视频的整体长度保持一致，如图 9-24 所示。

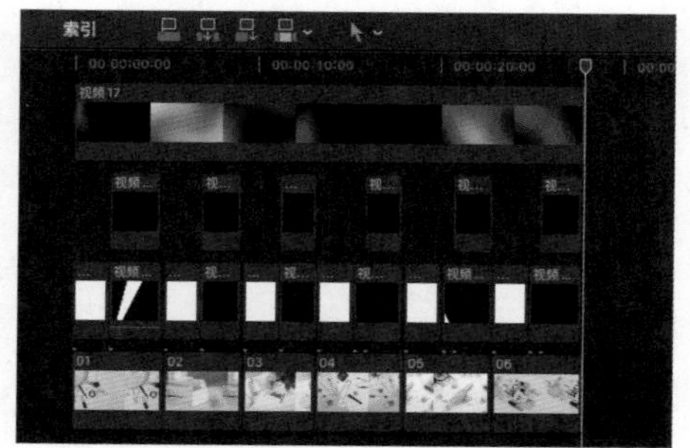

图 9-24

步骤 14 在“效果浏览器”窗口的左侧列表框中选择“抠像”选项，在右侧列表框中选择“亮度抠像器”滤镜效果，然后将选择的滤镜效果添加到视频17上，在“检视器”窗口中预览视频效果，如图 9-25 所示。

图 9-25

9.3 制作形状

将视频的故事情节制作好之后，本节将为视频制作形状，为后续制作字幕动画打好基础。下面讲解制作形状的具体操作方法。

步骤 01 将播放指示器移至00:00:02:00位置，在“事件浏览器”窗口中单击“显示或隐藏‘字幕或发生器’边栏”按钮，打开“字幕和发生器”窗口，在左侧列表框中选择“发生器”|“元素”选项，在右侧列表框中选择“形状”发生器，如图 9-26 所示。

步骤 02 将选择的“形状”发生器添加至视频17上方，并对形状片段进行适当裁剪，使其末端和素材01的末端对齐，如图 9-27 所示。

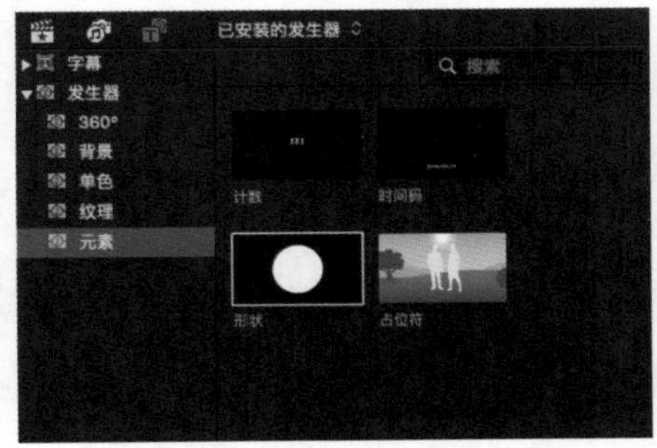

图 9-26

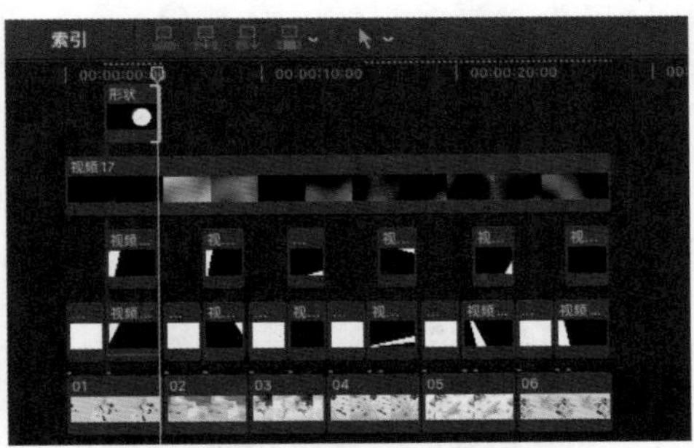

图 9-27

步骤 03 选择新添加的形状片段，在“发生器检查器”窗口中，修改“Fill Color”(填充颜色)和“Outline Color”(轮廓颜色)均为黄色，如图 9-28 所示。

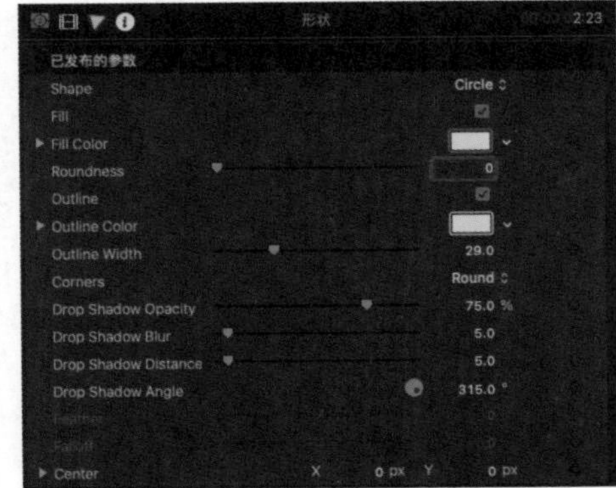

图 9-28

步骤 04 在“视频检查器”窗口的“复合”选项区中，设置“不透明度”为0%，单击右侧的“添加关键帧”按钮◈，添加一个关键帧；在“变换”选项区中，设置“位置”为822.0px和-239.0px，设置“缩放（全部）”为12%，如图9-29所示。

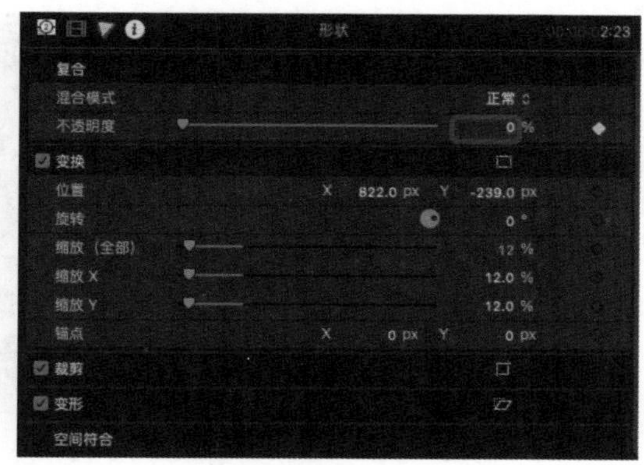

图 9-29

步骤 05 将播放指示器移至00:00:03:01位置，在“视频检查器”窗口的“复合”选项区中，设置“不透明度”为100%，系统将在播放指示器所在的位置自动添加一个关键帧。

步骤 06 将播放指示器移至00:00:04:01位置，在“视频检查器”窗口的“复合”选项区中，设置“不透明度”为0%，如图9-30所示，系统将在播放指示器所在的位置自动添加一个关键帧。

步骤 07 将播放指示器移至00:00:04:23位置，在“视频检查器”窗口的“复合”选项区中，设置“不透明度”为100.0%，如图9-31所示，系统将在播放指示器所在的位置自动添加一个关键帧。

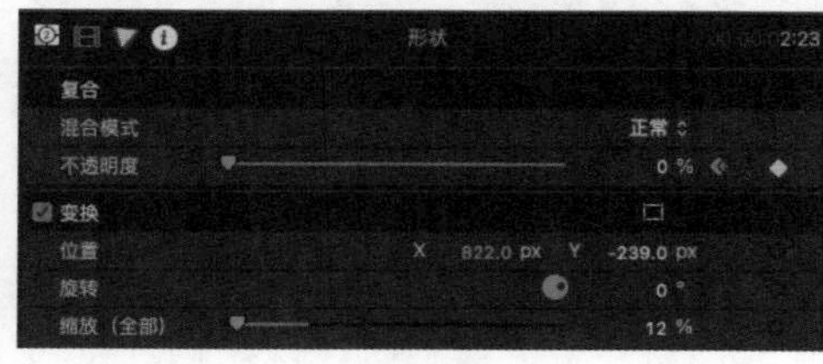

图 9-30

图 9-31

步骤 08 选择新添加的形状片段，执行“编辑”|“拷贝”命令，复制形状片段，然后执行“编辑”|“粘贴”命令，将复制的形状片段多次粘贴至原形状片段的上方，如图9-32所示。

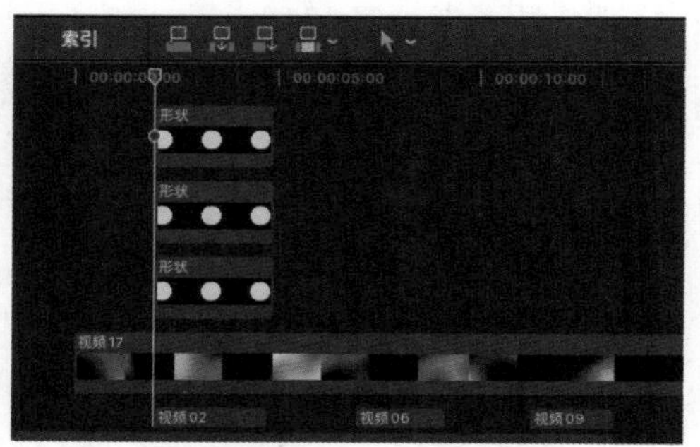

图 9-32

步骤 09 选择中间的形状片段，在“发生器检查器”窗口中，修改“Fill Color”(填充颜色)和“Outline Color”(轮廓颜色）均为橙色，如图 9-33 所示。

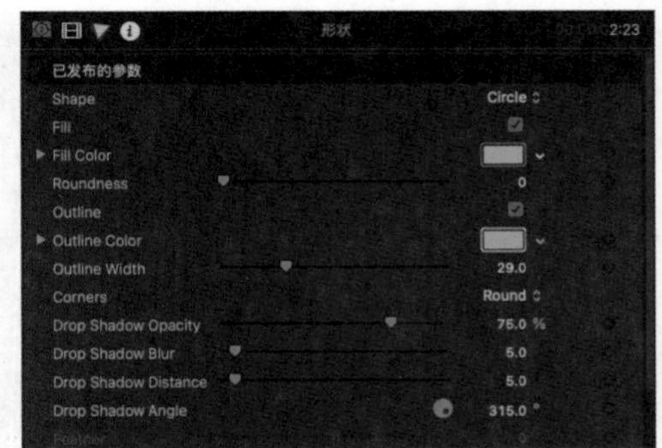

图 9-33

步骤 10 选择中间的形状片段，在“视频检查器”窗口的“变换”选项区中，设置“位置”为740.3px和-327.0px，设置“缩放（全部）”为32%，如图 9-34 所示。

步骤 11 选择最上方的形状片段，在“视频检查器”窗口的“变换”选项区中，设置“位置”为675.8px和-415.3px，如图 9-35 所示。

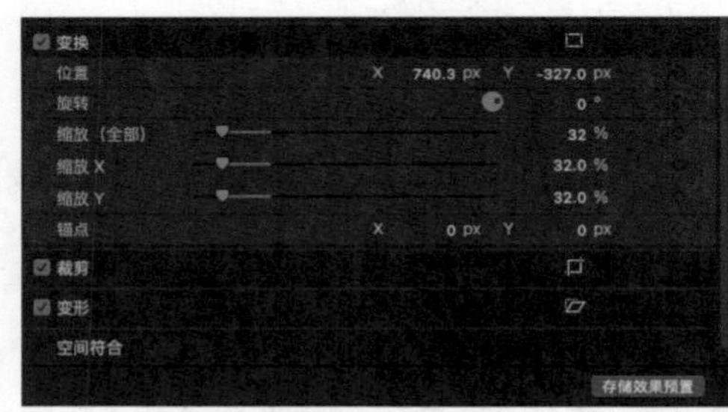

图 9-34

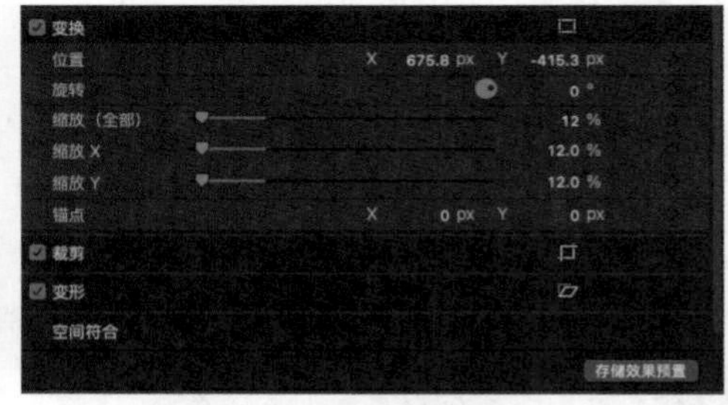

图 9-35

步骤 12 完成形状的颜色、位置和大小的修改后，在“检视器”窗口中可预览形状效果，如图 9-36 所示。

步骤 13 将播放指示器依次移至合适的位置，选择所有的形状片段，执行“编辑”|“拷贝”命令，复制形状片段，然后执行“编辑”|“粘贴”命令，将复制的形状片段粘贴至视频17的上方，如图 9-37 所示。

图 9-36

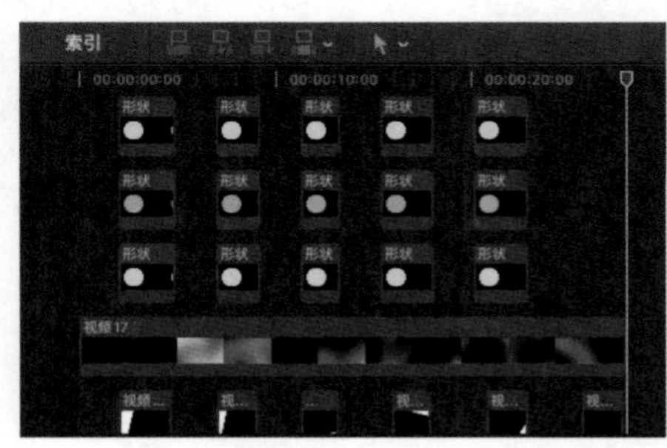

图 9-37

步骤 14 将播放指示器移至00:00:24:01位置，在“字幕和发生器”窗口中选择“形状”发生器，将其添加至播放指示器所在的位置，并对形状片段进行适当裁剪，使其末端和视频的末端对齐，如图 9-38 所示。

步骤 15 选择新添加的形状片段，在“发生器检查器”窗口中，修改“Shape”（形状）为“Diamond”（菱形），设置“Fill Color”(填充颜色)和“Outline Color”（轮廓颜色）均为橙色，如图 9-39 所示。

图 9-38

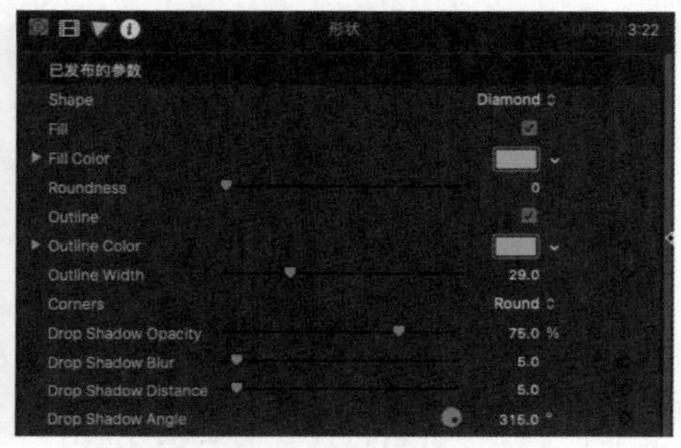

图 9-39

步骤 16 将播放指示器移至形状片段的起始位置，在“视频检查器”窗口的“复合”选项区中，设置“不透明度”为0%，单击“添加关键帧”按钮，添加一个关键帧；然后在“变换”选项区中，修改“位置”为-214.3px和-41.2px，设置“缩放（全部）”为55%，如图 9-40 所示。

步骤 17 将播放指示器移至形状片段的末端，在“视频检查器”窗口的“复合”选项区中，设置“不透明度”为100.0%，如图 9-41 所示，系统将在播放指示器所在的位置自动添加一个关键帧。

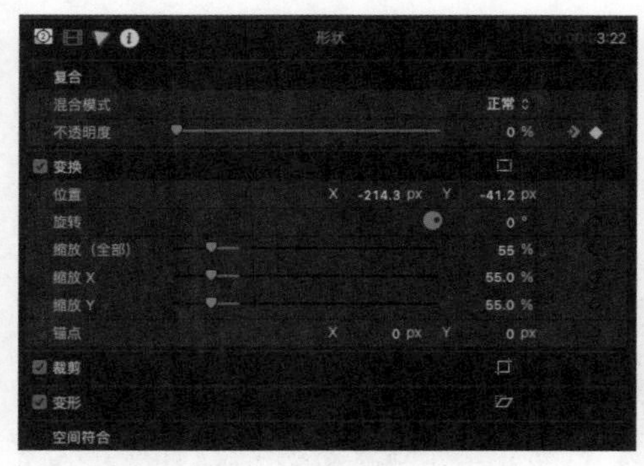

图 9-40

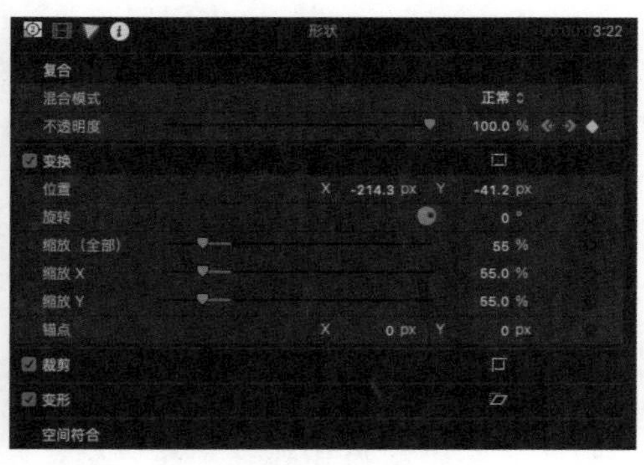

图 9-41

步骤 18 选择新添加的形状片段，执行“编辑”|“拷贝”命令，复制形状片段，然后执行“编辑”|“粘贴”命令，将复制的形状片段粘贴至原形状片段的上方，如图 9-42 所示。

步骤 19 选择粘贴后的形状片段，在“发生器检查器”窗口中，设置“Fill Color”(填充颜色)和“Outline Color”（轮廓颜色）均为黄色，如图 9-43 所示。

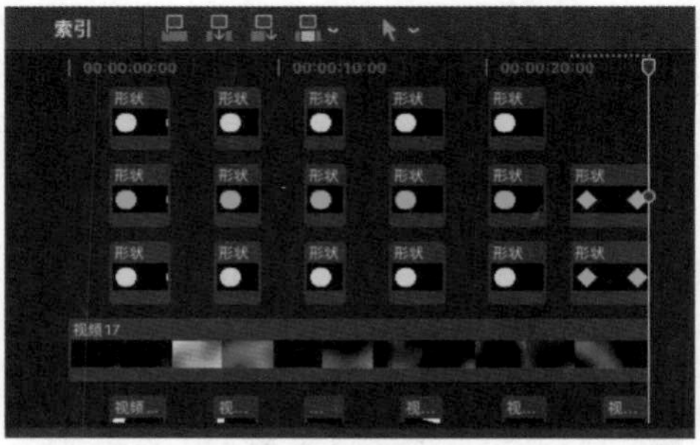

图 9-42

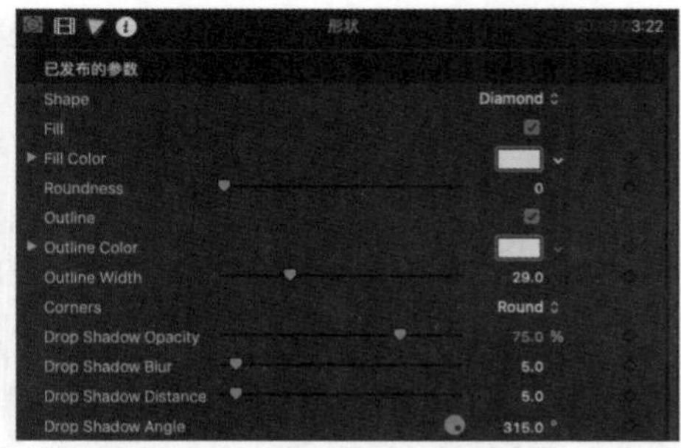

图 9-43

步骤 20 在“视频检查器”窗口的“变换”选项区中，设置“位置”为230.1px和-39.8px，如图 9-44 所示。

步骤 21 上述操作完成后，即可更改形状的位置，在“检视器”窗口中预览形状效果，如图 9-45 所示。

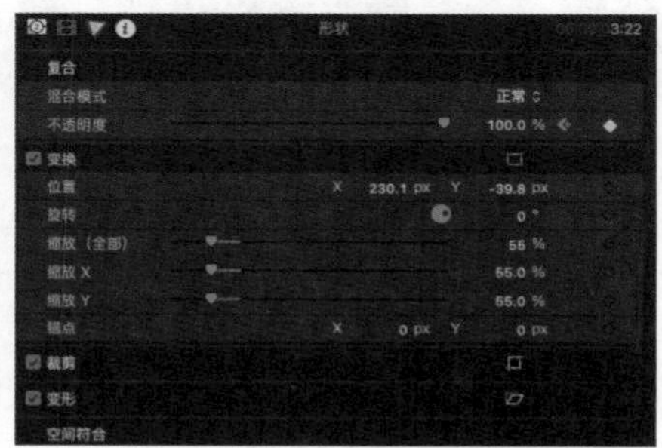

图 9-44

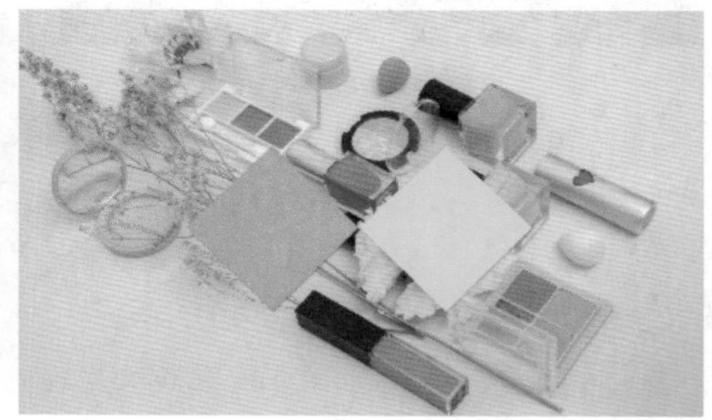

图 9-45

9.4 创建字幕动画

完成形状效果的制作后，接下来就需要在故事情节中加上字幕，并制作相应的文字动画来使画面效果更加丰富。下面将讲解在故事情节中创建字幕动画的具体操作。

步骤 01 将播放指示器移至第 2 组形状片段的起始位置，在“字幕和发生器”窗口的左侧列表框中选择“字幕”选项，在右侧列表框中选择“基本字幕”特效字幕，如图 9-46 所示。

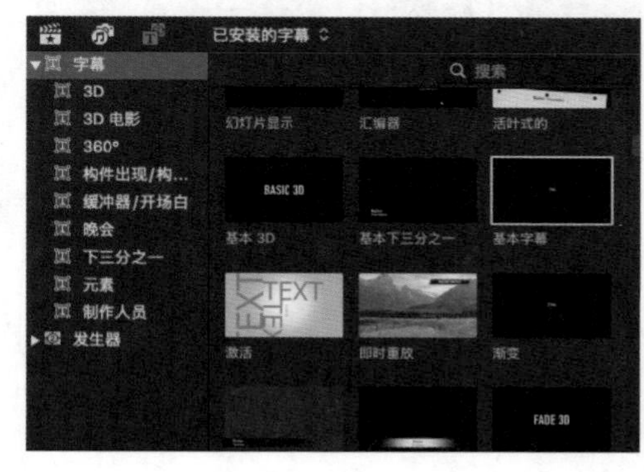

图 9-46

步骤 02 将选择的“基本字幕”特效字幕添加至“磁性时间线”窗口中形状片段的上方，并修改其时间长度，使其长度和第 2 组形状片段的长度一致，如图 9-47 所示。

图 9-47

步骤 03 选择字幕片段，在“文本检查器”窗口的“文本”选项区中，输入文本“口红”；然后在“基本”选项区中，设置“字体”为“楷体_GB2312”，设置“大小”为 98.0，如图 9-48 所示。

步骤 04 在“检视器”窗口中将新添加的字幕移动至合适的位置，并预览字幕效果，如图 9-49 所示。

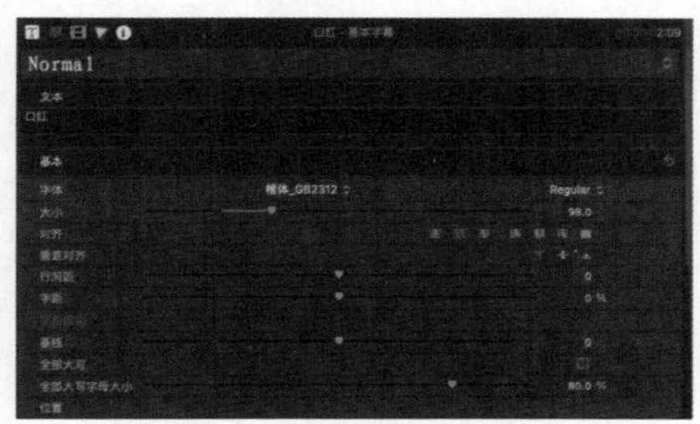
图 9-48

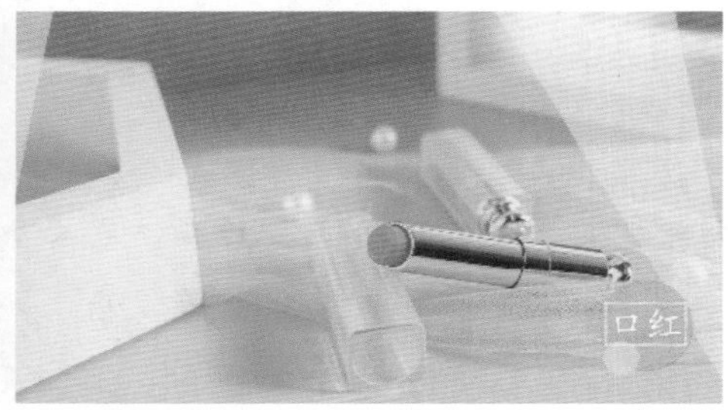

图 9-49

步骤 05 选择形状片段，执行“编辑”|“拷贝”命令，复制片段，然后选择字幕片段，执行“编辑”|“粘贴属性”命令，打开“粘贴属性”对话框，取消勾选“位置”和“缩放”复选框，单击“粘贴”按钮，如图 9-50 所示，即可粘贴片段属性。

步骤 06 将播放指示器依次移至合适的位置，选择字幕片段，执行“编辑”|“拷贝”命令，复制字幕，然后执行“编辑”|“粘贴”命令，将复制的字幕粘贴至播放指示器所在的位置，如图 9-51 所示。

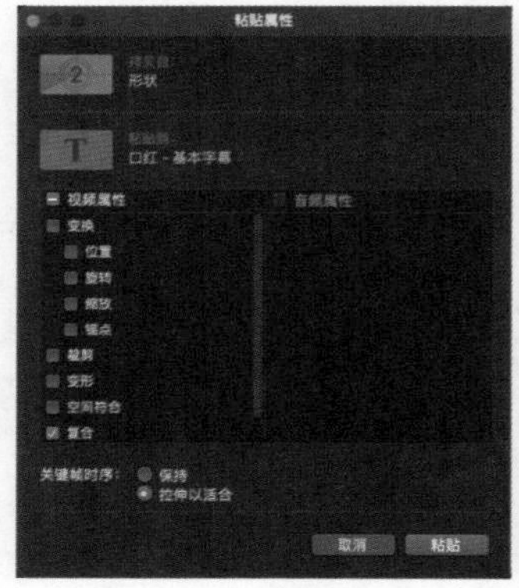
图 9-50

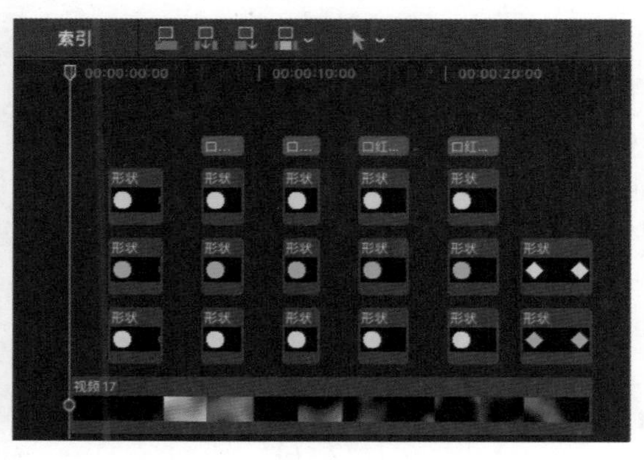

图 9-51

步骤 07 选择粘贴后的字幕，在“文字检查器”窗口的“文本”选项区中输入新的文本内容，然后在“检视器”窗口中移动字幕，字幕的参考效果如图 9-52 所示。

图 9-52

步骤 08 将播放指示器移至第6组形状片段的起始位置，在“字幕和发生器”窗口的左侧列表框中选择“字幕”选项，在右侧列表框中选择“基本字幕”特效字幕，将其添加至“磁性时间线”窗口的形状片段的上方，并修改其时间长度，使其末端和视频的末端对齐，如图 9-53 所示。

步骤 09 选择字幕片段，在“文本检查器”窗口的“文本”选项区中输入文本“全套美妆　肆意采购”，然后在“基本”选项区中，设置“字体”为“苹方 - 简”，设置“大小”为85.0，如图 9-54 所示，再在底部的“表面”选项区中将颜色设置为褐色。

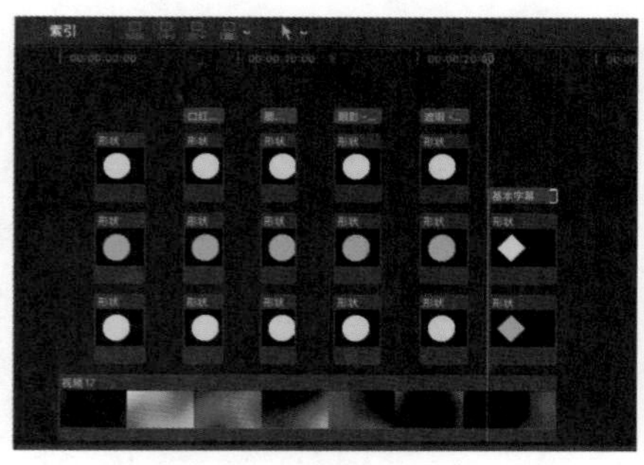

图 9-53

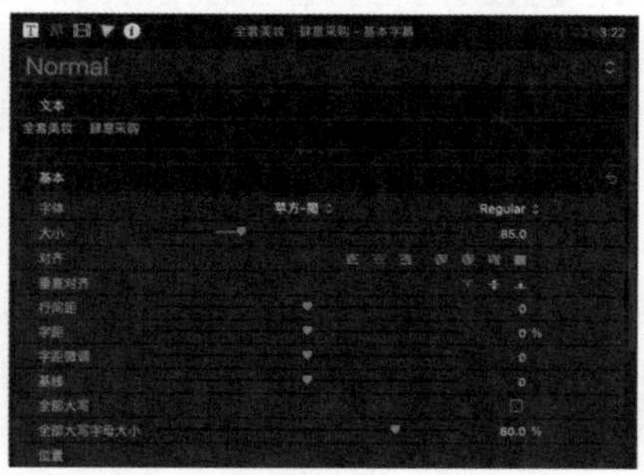

图 9-54

步骤 10 选择菱形形状片段，执行“编辑”|“拷贝”命令，复制片段，然后选择字幕片段，执行“编辑”|“粘贴属性”命令，打开“粘贴属性”对话框，取消勾选“位置”和“缩放”复选框，单击“粘贴”按钮，即可粘贴片段属性。

步骤 11 在“检视器”窗口中移动字幕到合适的位置，完成后的字幕效果如图 9-55 所示。

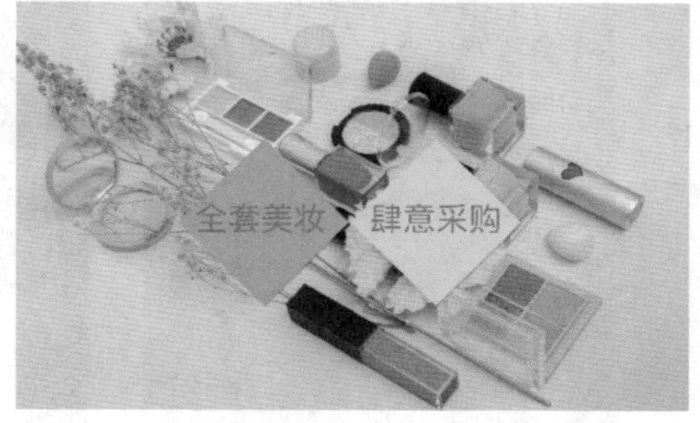

图 9-55

9.5 添加与编辑音乐

完成前面的操作后，还需要为视频添加音乐，并对音乐进行相关的处理，使影片效果更加完整。下面讲解添加与编辑音乐的具体操作。

步骤 01 在“事件浏览器”窗口中选择音频素材，将其添加至“磁性时间线”窗口的图像片段的下方，然后修改其时间长度，使其和视频的长度一致，如图 9-56 所示。

图 9-56

步骤 02 将鼠标指针悬停在音频片段的左侧滑块上，待鼠标指针变为左右双向箭头形状后，按住鼠标左键并向右拖曳滑块，添加音频渐变效果，如图 9-57 所示。

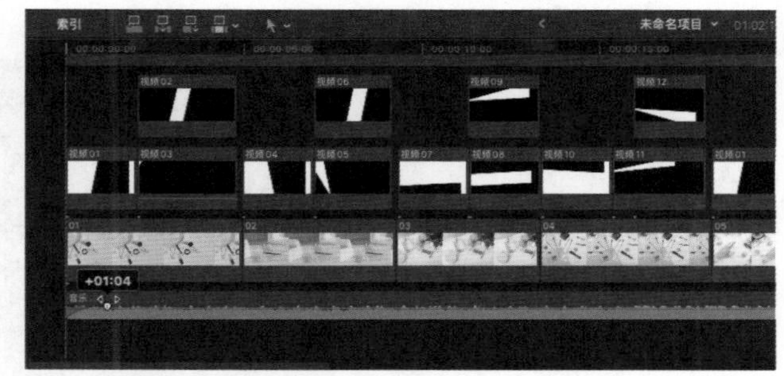

图 9-57

步骤 03 同时选择音频片段两侧的编辑点，执行“编辑”|“添加交叉叠化”命令，在音频片段的两侧添加音频过渡效果，如图 9-58 所示。

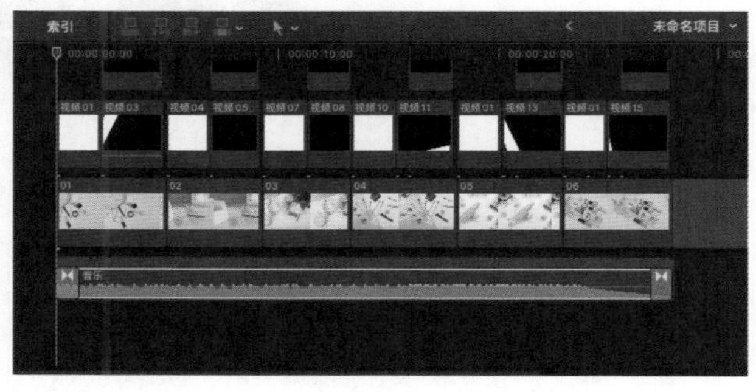

图 9-58

9.6 导出影片

完成视频的制作后，如果对视频效果满意，则可以将制作好的视频导出。下面讲解导出影片的具体操作。

步骤 01 执行“文件”|“共享”|“Apple 设备 1080p”命令，如图 9-59 所示。

步骤 02　打开“Apple设备1080p”对话框，在“设置”选项卡的“视频编解码器”下拉列表中选择“H.264较好质量”选项，如图 9-60所示。

图 9-59

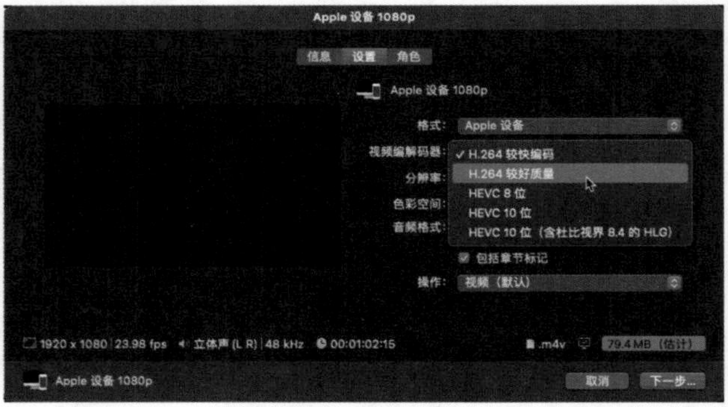

图 9-60

步骤 03　单击“下一步”按钮，打开存储对话框，设置好存储路径，单击“存储”按钮，如图 9-61所示，即可将制作的影片导出。

图 9-61

第 10 章

综合实例：青春纪念旅行相册

旅行相册是一种记录旅途中所见所闻的方式，其中的照片和简短的文字能让我们回味路上的乐趣。制作旅行相册时，通常会用亮丽的风景作为表现重点，根据自己的喜好对图片、视频、音乐及文字进行搭配，组成设计感十足的短片。

本章将通过实例的形式，详细讲解如何利用Final Cut Pro制作一款时尚、动感的旅行相册。通过本章的学习，读者可以根据个人喜好、风格要求，制作属于自己的动态旅行相册。本实例完成效果如图10-1所示。

图10-1

10.1 制作故事情节

制作本例的第一步是通过制作故事情节来呈现旅行相册的主体内容，即展示各个旅行胜地的美景。下面讲解制作故事情节的具体操作方法。

步骤01 执行“文件”|“新建”|“资源库”命令，新建一个名称为“第10章”的资源库。在“事件资源库”窗口的空白处右击，打开快捷菜单，选择“新建事件”命令，打开“新建事件”对话框，在“事件名称”文本框中输入“青春纪念旅行相册”，单击“好”按钮，如图10-2所示，新建一个事件。

步骤02 在“事件浏览器”窗口的空白处右击，打开快捷菜单，选择“导入媒体”命令，打开“媒体导入”对话框，在“第10章”文件夹中选择需要导入的图像、视频和音频素材，单击“导入所选项”按钮，即可将选择的媒体素材导入“事件浏览器”窗口，如图10-3所示。

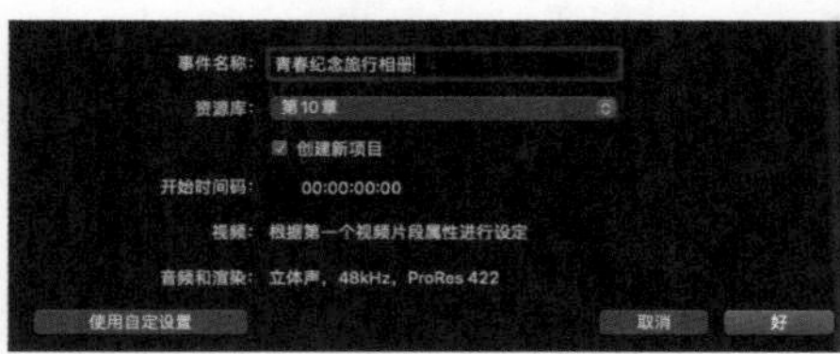

图 10-2

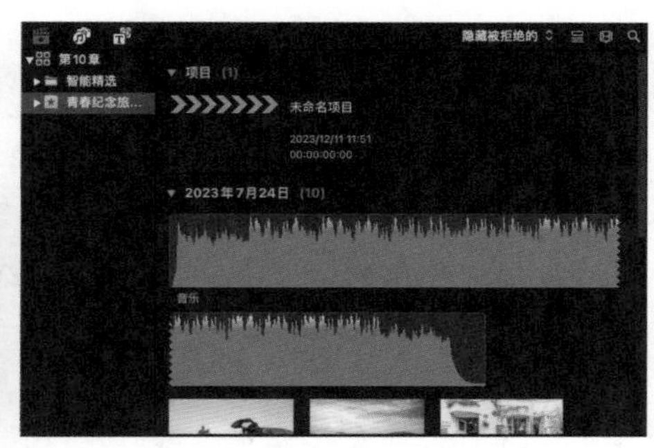

图 10-3

步骤 03 在“事件浏览器”窗口中选择“视频”素材，将其添加至“磁性时间线”窗口的视频轨道上，如图 10-4 所示。

步骤 04 在“效果浏览器”窗口中的左侧列表框中选择“模糊”选项，在右侧列表框中选择“高斯曲线”滤镜效果，如图 10-5 所示，将其添加至视频片段上。

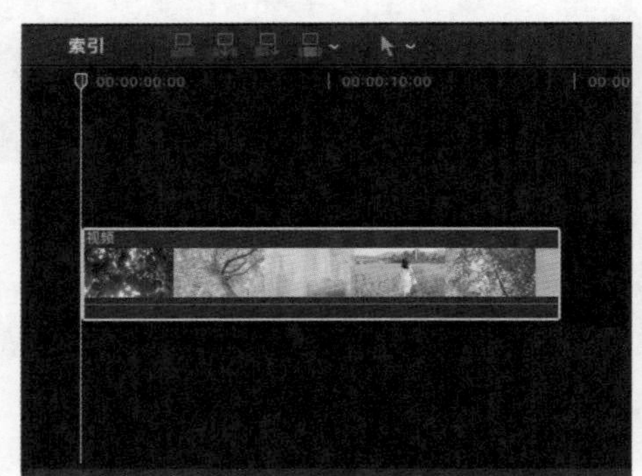

图 10-4

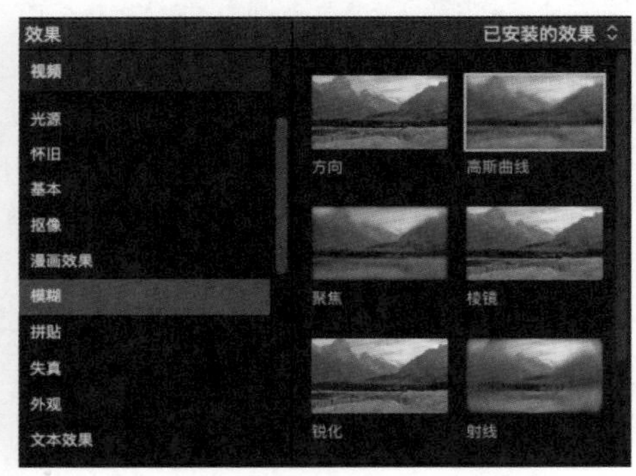

图 10-5

步骤 05 在“视频检查器”窗口的“高斯曲线”选项区中，将“Amount”（数量）设置为 80.0，如图 10-6 所示。

步骤 06 将播放指示器移至 00:00:02:00 处，在“事件浏览器”窗口中选择“背景”图像素材，将其添加至视频片段的上方，并修改其时间长度为 2s，如图 10-7 所示。

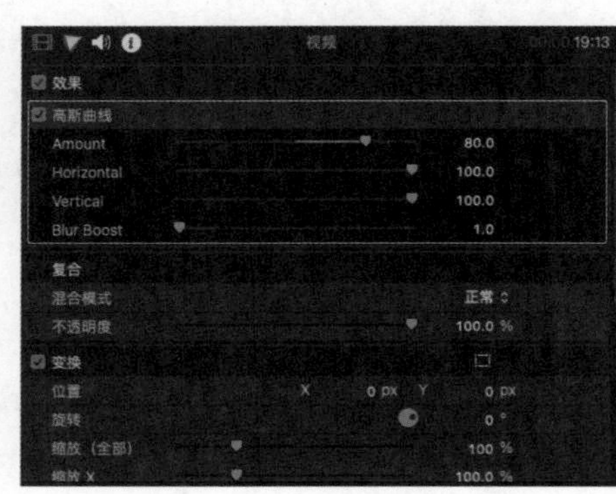

图 10-6

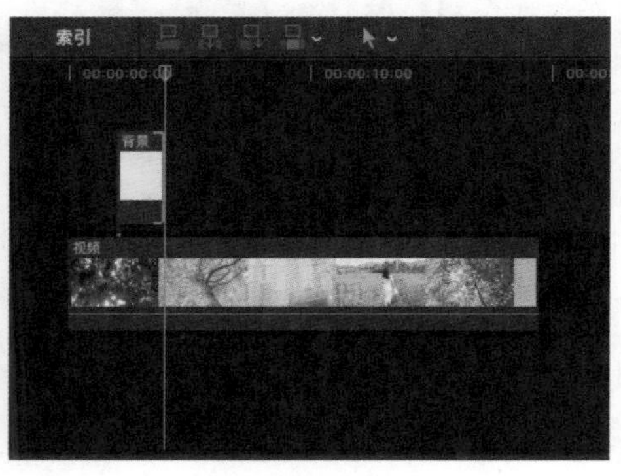

图 10-7

步骤 07 将播放指示器移至“背景”素材的起始位置，在“视频检查器”窗口的“复合”选项区中，设置“不透明度”为0%；然后在“变换”选项区中，设置“位置”为-100.2px和462.5px，设置“旋转”为5.5°，设置“缩放X”为55.96%，设置“缩放Y”为73.1%，单击“添加关键帧”按钮，添加一组关键帧，如图 10-8所示。

步骤 08 将播放指示器移至00:00:02:15位置，在“视频检查器”窗口的“复合”选项区中，设置“不透明度”为100.0%；然后在“变换”选项区中，设置“位置”为-73.0px和12.5px，设置“旋转”为4.9°，设置“缩放Y”为74.0%，如图 10-9所示，系统将自动在播放指示器所在位置添加一组关键帧。

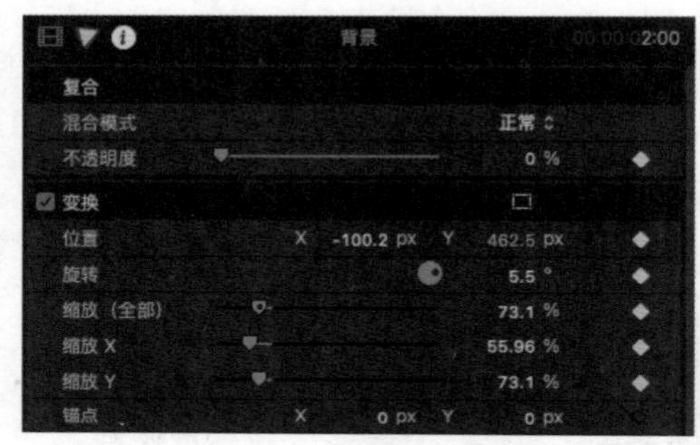

图 10-8

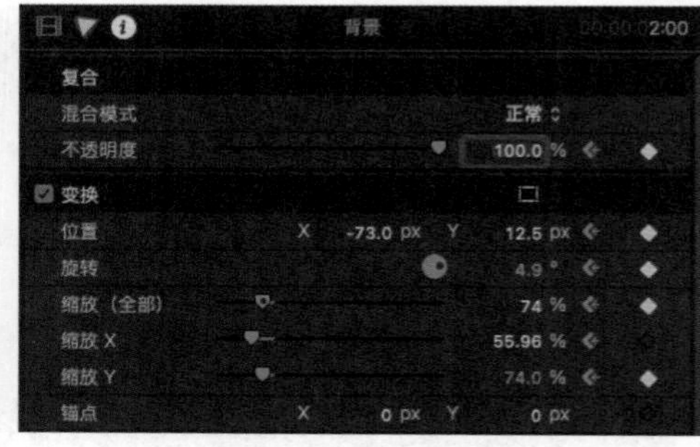

图 10-9

步骤 09 将播放指示器移至00:00:03:00位置，在“变换”选项区中，设置“位置”为-76.0px和21.3px，设置“旋转”为-0.6°，如图 10-10所示，系统将自动在播放指示器所在位置添加一组关键帧。

步骤 10 将播放指示器移至00:00:03:15位置，在“视频检查器”窗口的“复合”选项区中，单击“不透明度”右侧的“添加关键帧”按钮，添加一个关键帧，如图 10-11所示。

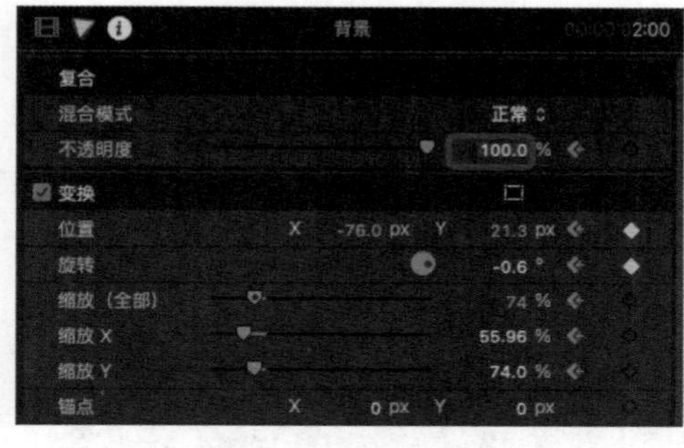

图 10-10

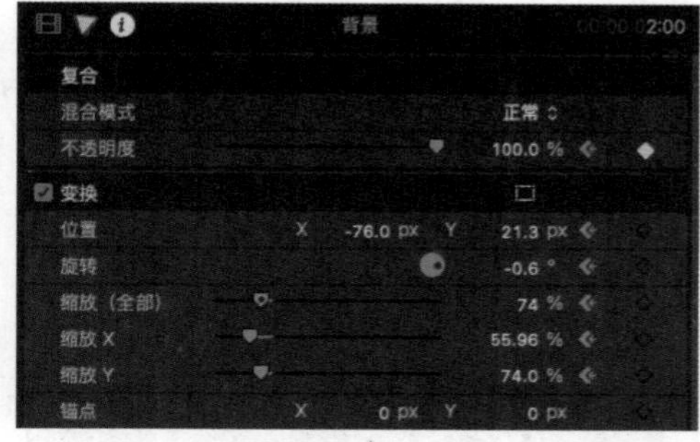

图 10-11

步骤 11 将播放指示器移至00:00:04:00位置，在“视频检查器”窗口的“复合”选项区中，设置“不透明度”为0%，如图 10-12所示，系统将自动在播放指示器所在位置添加一个关键帧，完成关键帧动画的制作。

步骤 12 选择“背景”图像片段，执行“编辑”|“拷贝”命令，复制图像片段，移动播放指示器，然后执行“编辑”|“粘贴”命令，多次粘贴图像片段，粘贴完成后的效果如图 10-13 所示。

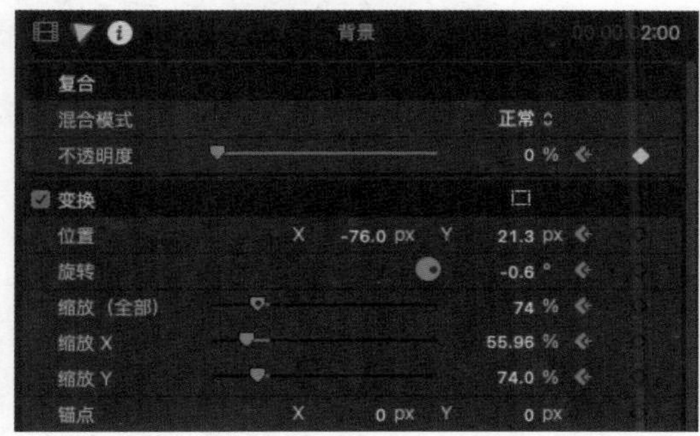

图 10-12

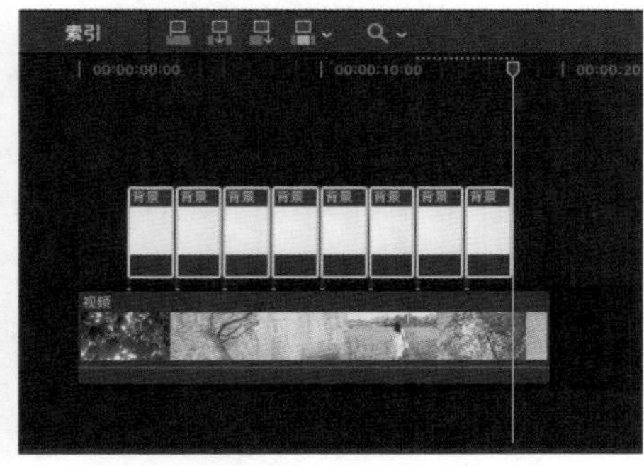

图 10-13

步骤 13 选择复制得到的“背景”图像片段，在“视频检查器”窗口中依次修改“位置”和“旋转”参数，在“检视器”窗口中预览图像效果，如图 10-14 所示。

图 10-14

步骤 14 在“事件浏览器”窗口中选择素材01，将其添加至“背景”素材的上方，并将其裁剪至和“背景”素材同长，如图 10-15 所示。

步骤 15 选择新添加的图像片段，在“视频检查器”窗口的“变换”选项区中，设置“缩放（全部）”为58%，如图 10-16所示，修改图像的显示大小。

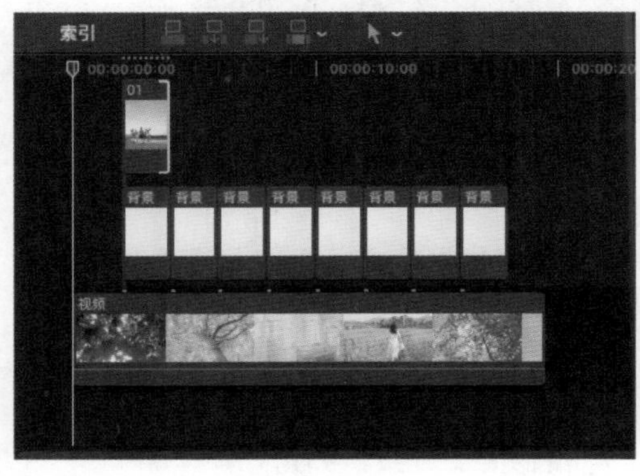

图 10-15

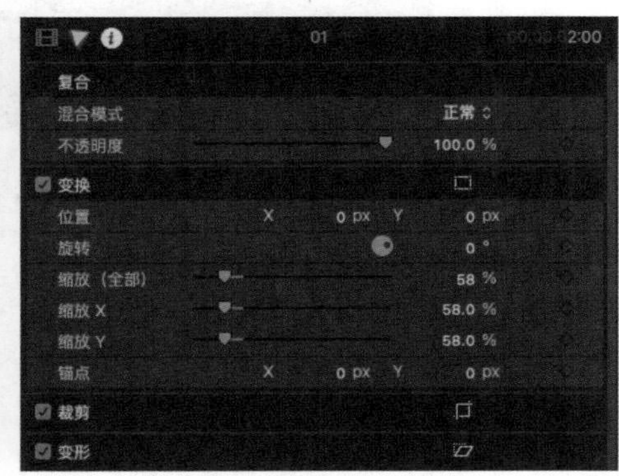

图 10-16

步骤 16　选择素材01下方的“背景”素材，执行“编辑”|“拷贝”命令，复制图像片段，然后选择素材01，执行“编辑”|“粘贴属性”命令，打开“粘贴属性”对话框，取消勾选“缩放”复选框，单击“粘贴”按钮，如图 10-17 所示。

步骤 17　将播放指示器移至00:00:03:00处，选择素材01，在“变换”选项区中，设置“位置Y”为72.3px，如图 10-18 所示。

步骤 18　在“检视器”窗口中预览当前图像效果，如图 10-19 所示。

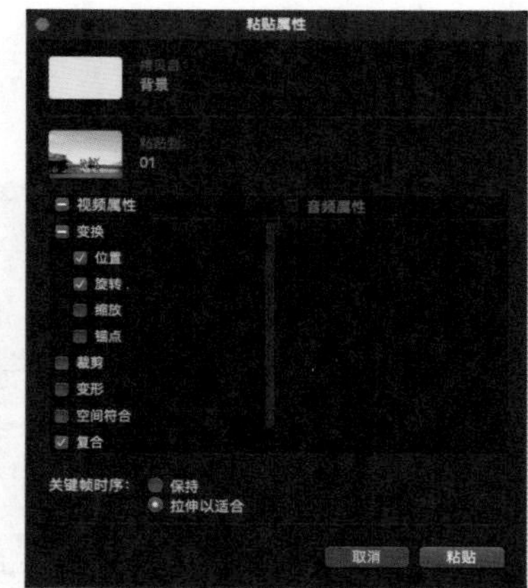

图 10-17

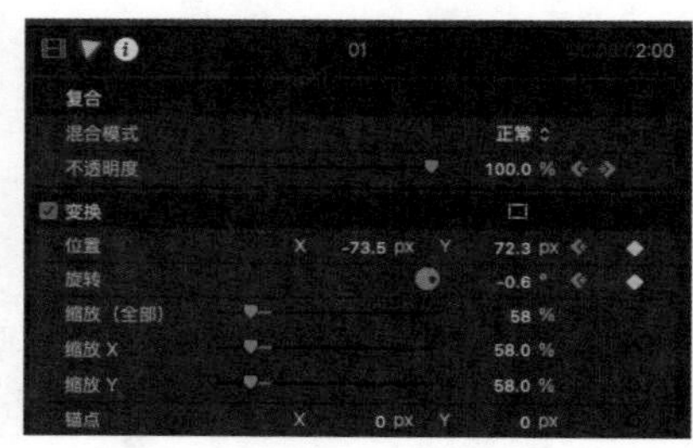

图 10-18

图 10-19

步骤 19　将其他图像片段依次添加到各“背景”图像片段的上方，并修改各图像片段的时间长度，完成后的效果如图 10-20 所示。

图 10-20

步骤 20　参照步骤16至步骤18的操作方法，依次选择风景图像片段下方的“背景”图像片段，执行“编辑”|“拷贝”命令，复制图像片段，然后选择其他风景图像片段，执行“编辑”|“粘贴属性”命令，打开“粘贴属性”对话框，取消勾选“缩放”复选框，单击“粘贴”按钮，粘贴图像片段的属性。在“检视器”窗口中依次对各个图像的关键帧运动效果进行微调，实时预览图像效果，如图 10-21 所示。

图 10-21

10.2 创建字幕动画

在制作好旅行相册的主体效果后，便可以通过“字幕”功能创建相应字幕，对相册中的各个景点进行具体介绍，并为字幕制作淡入淡出的效果，使过渡更加自然。下面将讲解在故事情节中创建字幕动画的具体操作。

步骤 01 将播放指示器移至00:00:00:00位置，在“字幕和发生器”窗口的左侧列表框中选择“字幕”选项，在右侧列表框中选择“小精灵粉末”特效字幕，如图10-22所示。

步骤 02 将选择的“小精灵粉末”特效字幕添加至“磁性时间线”窗口中视频片段的上方，并修改其时间长度为2s，如图 10-23 所示。

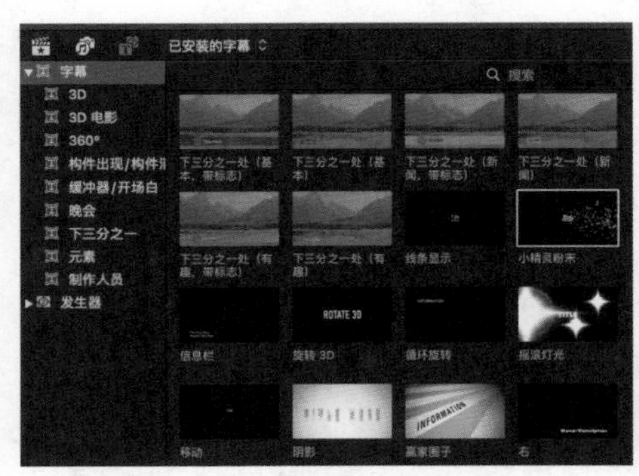

图 10-22

图 10-23

步骤 03 选择字幕片段，在“文本检查器”窗口的“文本”选项区中输入文本“旅行相册”，然后在“基本”选项区中，设置“Font”（字体）为“楷体_GB2312”，设置“Size”（大小）为228.0，设置“字距”为12.11%，如图 10-24所示。

步骤 04 展开“光晕”选项区，设置“颜色”为淡紫色，设置“模糊”为3.85，设置“半径”为62.0，如图 10-25所示。

步骤 05 完成字幕的添加与编辑后，在“检视器”窗口中将新添加的字幕移至合适的位置，如图 10-26所示。

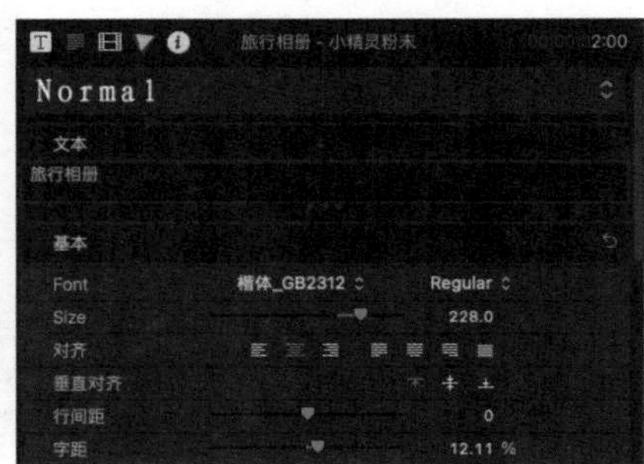

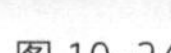
图 10-24

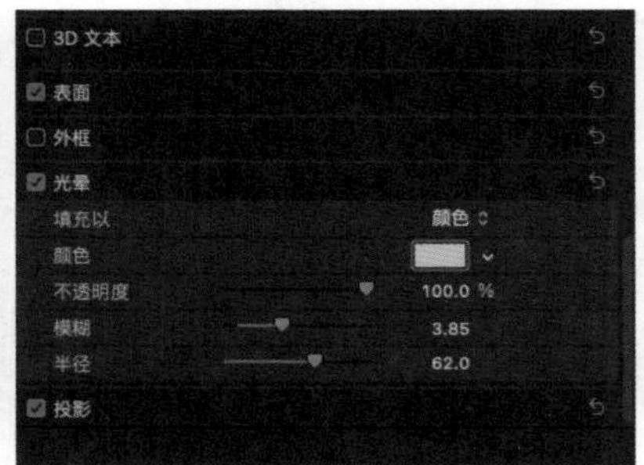

图 10-25

步骤 06 在“字幕和发生器”窗口的左侧列表框中选择“字幕”选项，在右侧列表框中选择“基本字幕”特效字幕，将其添加至“磁性时间线”窗口的图像片段的上方，并修改其时间长度，使其和素材01的时间长度一致，如图 10-27 所示。

图 10-26

图 10-27

步骤 07 选择新添加的字幕片段，在“文本检查器”窗口的“文本”选项区中输入文本内容，然后在“基本”选项区中，设置“字体”为“楷体_GB2312”，设置“大小”为78.0，如图 10-28 所示。

步骤 08 展开“表面”选项区，设置“颜色”为褐色，如图 10-29 所示。

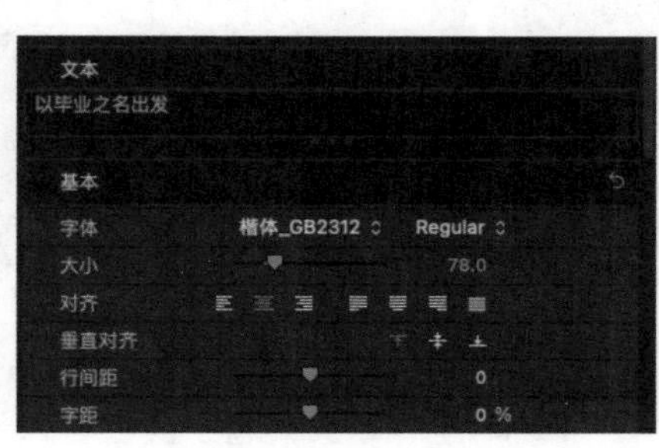

图 10-28

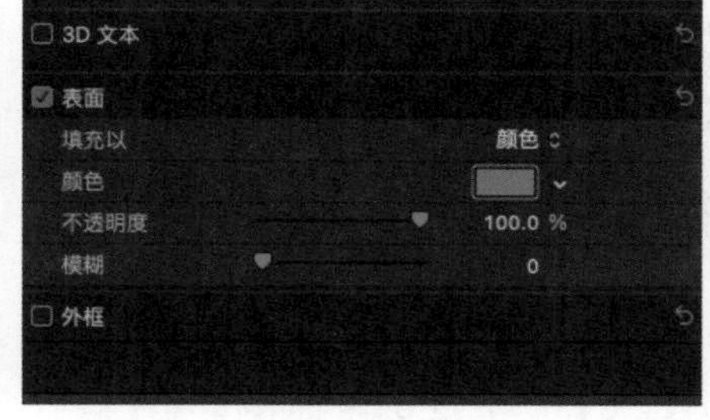

图 10-29

步骤 09 勾选“光晕”复选框，然后展开“光晕”选项区，设置“颜色”为橘色，设置“不透明度”为33.56%，设置“模糊”为10，设置“半径”为46.0，如图 10-30 所示。

步骤 10 完成字幕的添加与编辑后，在“检视器”窗口中将字幕移至合适的位置，并适当旋转字幕，效果如图 10-31 所示。

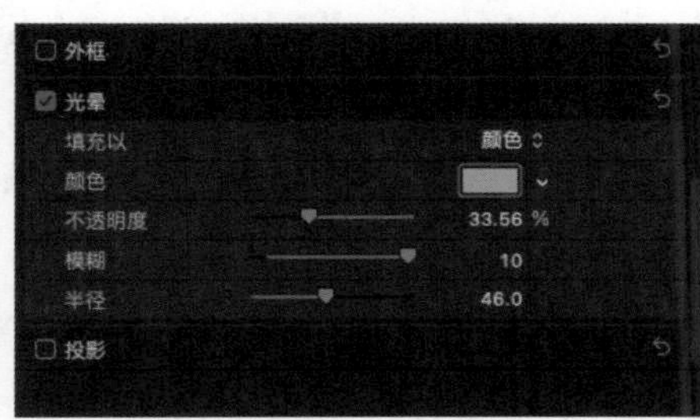

图 10-30

图 10-31

步骤 11 选择基本字幕片段，将播放指示器移至基本字幕片段的起始位置，在“视频检查器”窗口的“复合”选项区中，设置“不透明度”为0%，单击“添加关键帧”按钮，添加一个关键帧，如图 10-32 所示。

步骤 12 将播放指示器移至00:00:03:14位置，在“视频检查器”窗口的“复合”选项区中，设置“不透明度”为100.0%，如图 10-33 所示，系统将自动在播放指示器所在的位置添加一个关键帧。

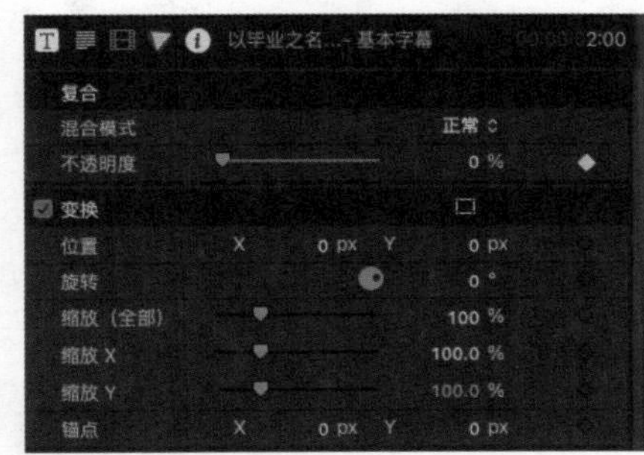

图 10-32

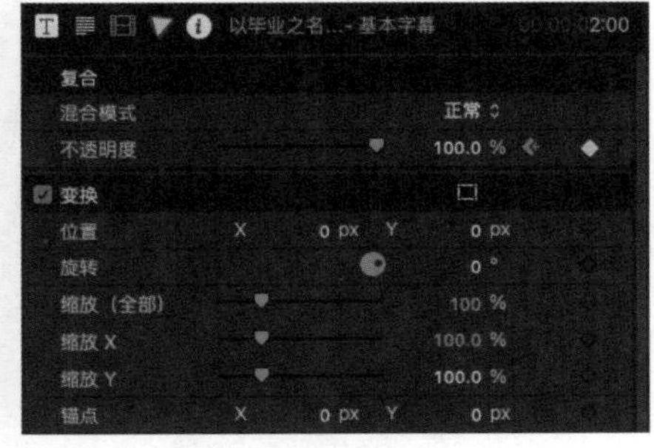

图 10-33

步骤 13 将播放指示器移至00:00:03:15位置，在“视频检查器”窗口的“复合”选项区中，单击“不透明度”右侧的“添加关键帧”按钮，添加一个关键帧，如图 10-34 所示。

步骤 14 将播放指示器移至00:00:04:00位置，在“视频检查器”窗口的“复合”选项区中，设置“不透明度”为100.0%，如图 10-35 所示，系统将自动在播放指示器所在的位置添加一个关键帧。

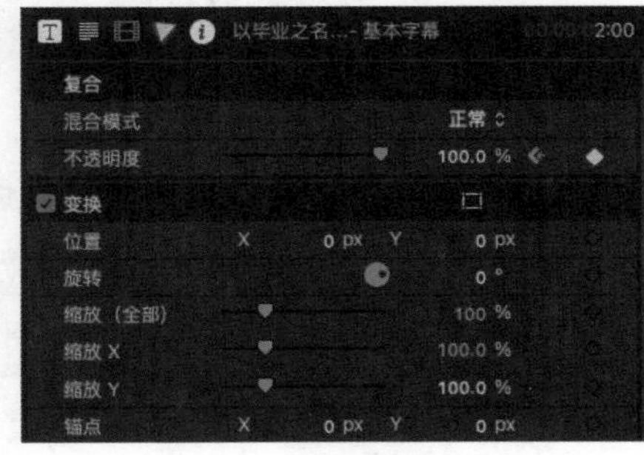

图 10-34

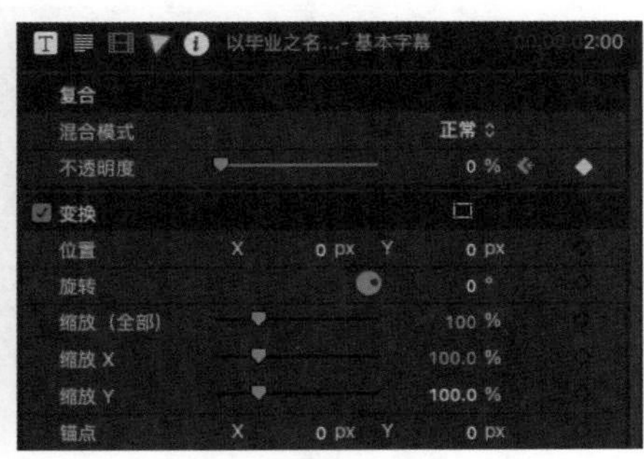

图 10-35

步骤 15　将播放指示器依次移至合适的位置，选择基本字幕片段，执行“编辑”|“拷贝”命令，复制字幕，然后执行“编辑”|“粘贴”命令，将复制的字幕粘贴至播放指示器所处的位置，并依次修改复制后的字幕片段的时间长度，完成后的效果如图 10-36 所示。

图 10-36

步骤 16　选择粘贴后的字幕片段，在“文字检查器”窗口的“文本”选项区中输入新的文本内容，完成后的效果如图 10-37 所示。

图 10-37

步骤 17 将播放指示器移至00:00:17:18位置，在“字幕和发生器”窗口的左侧列表框中选择“字幕”选项，在右侧列表框中选择“垂直漂移”特效字幕，如图10-38所示。

步骤 18 将选择的“垂直漂移”特效字幕添加至“磁性时间线”窗口中视频的上方，并修改其时间长度，使其末端和视频的末端对齐，如图10-39所示。

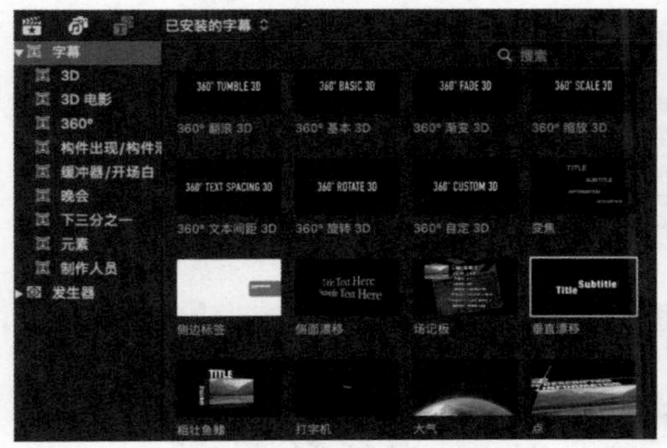

图 10-38

图 10-39

步骤 19 选择字幕片段，在“检视器”窗口中将“标题”文本修改为新的文本内容，如图10-40所示。

步骤 20 勾选“光晕”复选框，展开“光晕”选项区，设置“颜色”为橙色，设置“不透明度”为27.8%，设置“模糊”为10，设置“半径”为100.0，如图10-41所示。

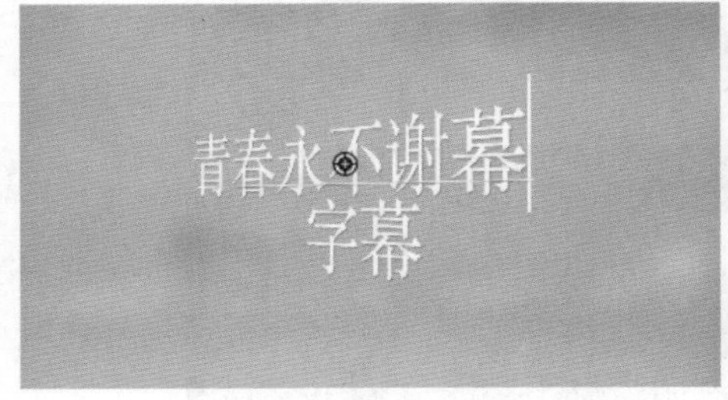

图 10-40

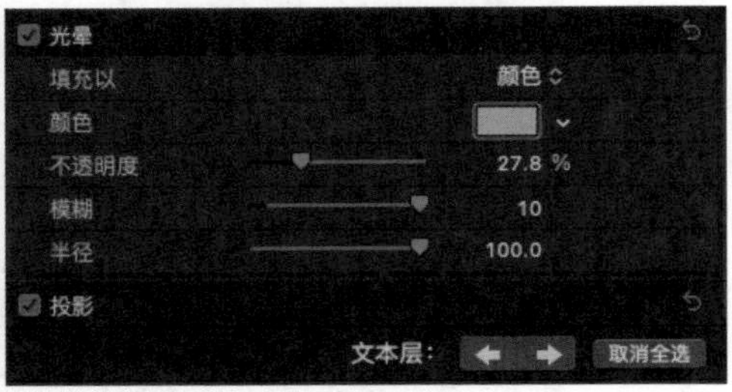

光晕
填充以 颜色
颜色
不透明度 27.8 %
模糊 10
半径 100.0
投影
文本层： 取消全选

图 10-41

步骤 21 参照步骤19和步骤20的操作方法，将“字幕”文本修改为新的文本内容，并制作橙色光晕效果，如图10-42所示。

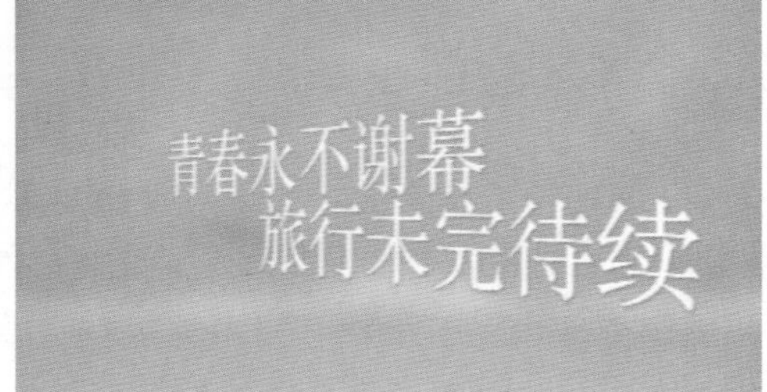

图 10-42

10.3 添加与编辑音乐

完成前面的操作后，还需要为视频添加音乐，并对音乐进行相关的处理，使影片效果更加完整。下面讲解添加与编辑音乐的具体操作。

步骤 01 在“事件浏览器”窗口中选择音频素材，将其添加至“磁性时间线”窗口中视频片段的下方，并修改其时间长度，使其和视频的时间长度一致，如图10-43所示。

图 10-43

步骤 02 将鼠标指针悬停在音频片段的右侧滑块上，待鼠指针作变为左右双向箭头形状后，按住鼠标左键并向左拖曳滑块，添加音频渐变效果，如图 10-44所示。

图 10-44

10.4 导出影片

完成视频的制作后，如果对视频效果满意，则可以将制作好的视频导出。下面讲解导出影片的具体操作。

步骤 01 执行“文件”|“共享”|“导出文件（默认）”命令，如图 10-45所示。

步骤 02 打开“导出文件”对话框，在“设置”选项卡的“格式”下拉列表中选择“电脑”选项，单击“下一步”按钮，如图 10-46所示。

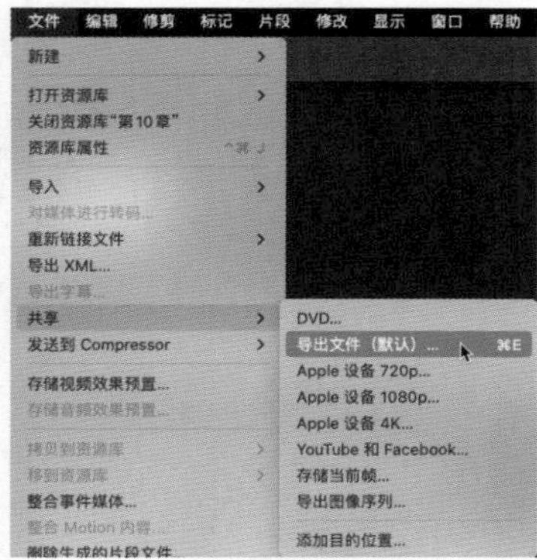

图 10-45

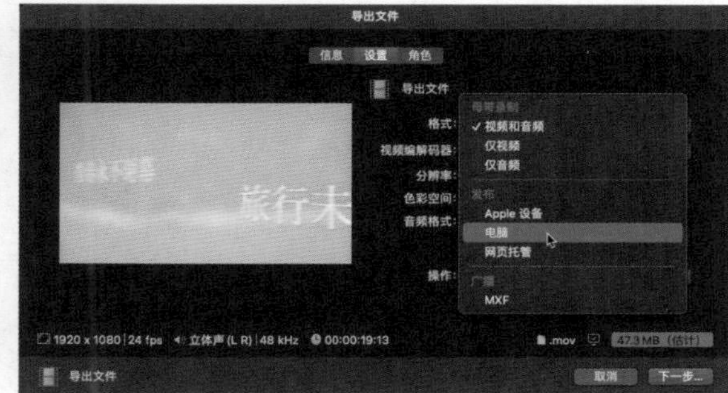

图 10-46

步骤 03 打开存储对话框，设置好存储名称和存储路径，单击“存储”按钮，如图 10-47 所示，完成影片的导出操作。

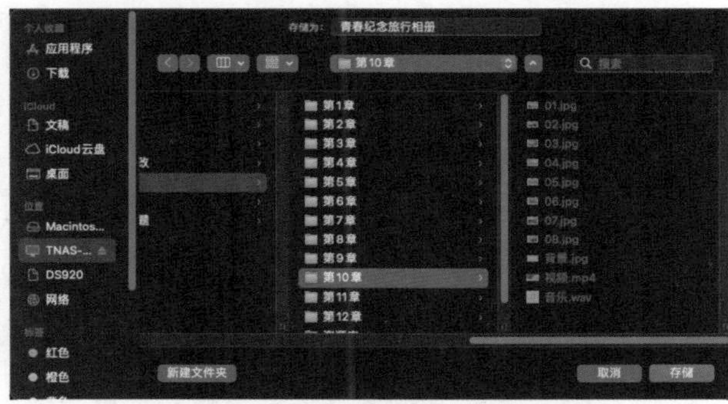

图 10-47

第 11 章

综合实例：美食活动推广视频

在制作美食活动推广视频前，需要先确定视频的具体时长，根据内容搜集并编排相关的美食素材。在制作过程中，需要明确事件和项目的制作要点，以便梳理视频的设计思路。

本章将通过实例的形式，详细讲解如何利用 Final Cut Pro 制作一个美食活动推广视频。本实例完成效果如图 11-1 所示。

图 11-1

11.1 制作片头效果

美食活动推广视频的片头效果主要由发生器片段和字幕构成。在制作美食活动推广视频的片头效果时，可以通过“字幕和发生器”窗口来完成一系列操作。下面具体讲解本案例片头效果的制作方法。

步骤 01 执行“文件”|“新建”|“资源库”命令，新建一个名称为“第 11 章”的资源库。在“事件资源库”窗口的空白处右击，打开快捷菜单，选择“新建事件”命令，打开“新建事件”对话框，在“事件名称”文本框中输入“美食活动推广视频”，单击“好”按钮，如图 11-2 所示，新建一个事件。

步骤 02 在“事件浏览器”窗口的空白处右击，打开快捷菜单，选择“导入媒体”命令，打开“媒体导入”对话框，在“第 11 章”文件夹中选择需要导入的图像、视频和音频素材，单击“导入所选项”按钮，将选择的媒体素材导入“事件浏览器”窗口，如图 11-3 所示。

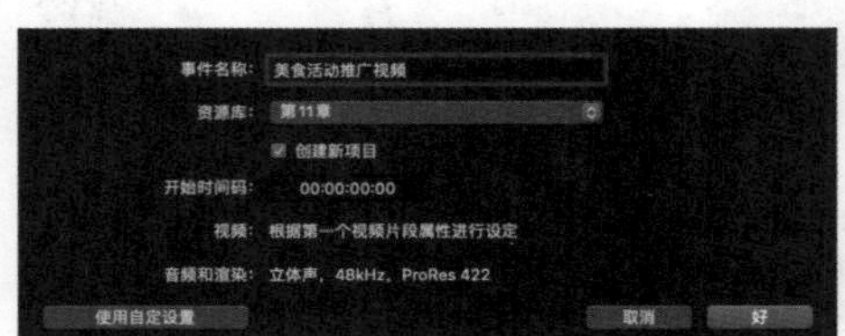

图 11-2

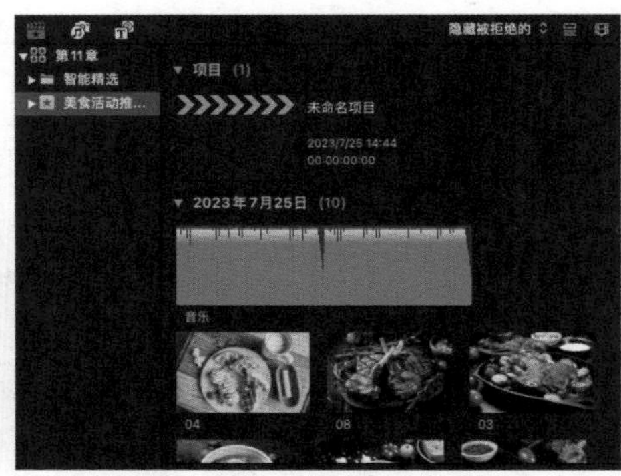

图 11-3

步骤 03 在“字幕和发生器”窗口的左侧列表框中选择“背景”选项，在右侧列表框中选择“斑点”发生器，如图 11-4 所示。

步骤 04 将选择的“斑点”发生器添加至“磁性时间线”窗口的视频轨道上，并修改时间长度为3s，如图 11-5 所示。

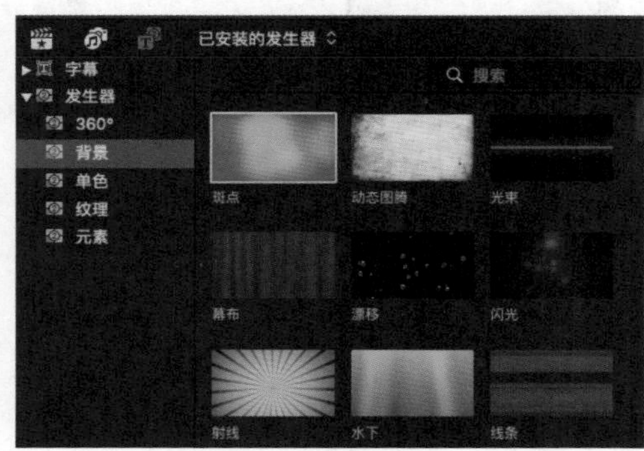

图 11-4

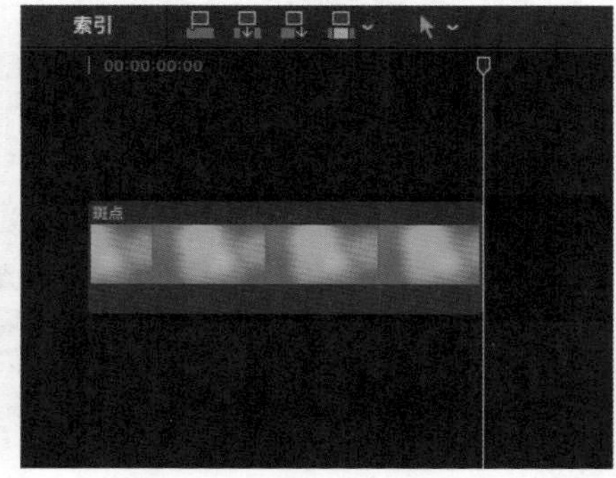

图 11-5

步骤 05 在“字幕和发生器”窗口的左侧列表框中选择“字幕”选项，在右侧列表框中选择“360° 翻滚 3D”特效字幕，如图 11-6 所示。

步骤 06 将选择的“360° 翻滚 3D”特效字幕添加至“磁性时间线”窗口的发生器片段上方，并修改时间长度为3s，如图 11-7 所示。

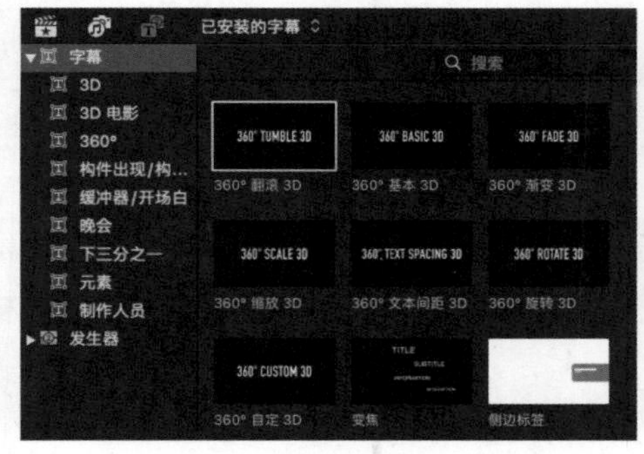

图 11-6

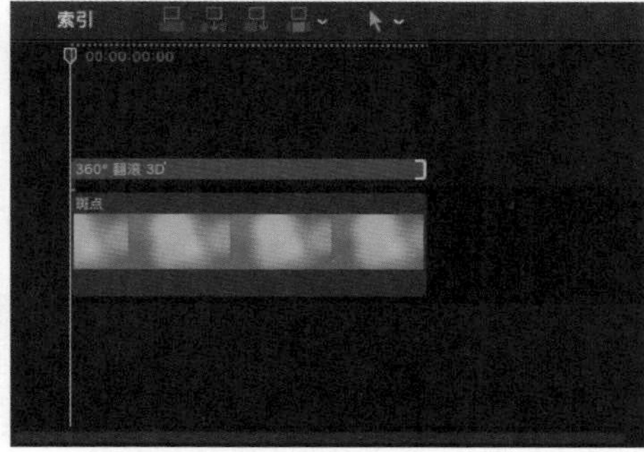

图 11-7

步骤 07 选择新添加的字幕片段，在“文本检查器”窗口的“文本”选项区中，输入文本“舌尖上的美味”，如图 11-8 所示。

步骤 08 在“3D 文本”选项区的“物质”列表框中，设置“颜色”为紫色，如图 11-9 所示。

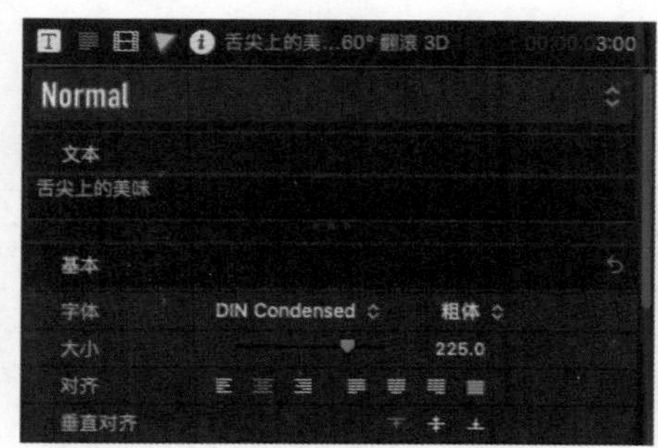

图 11-8

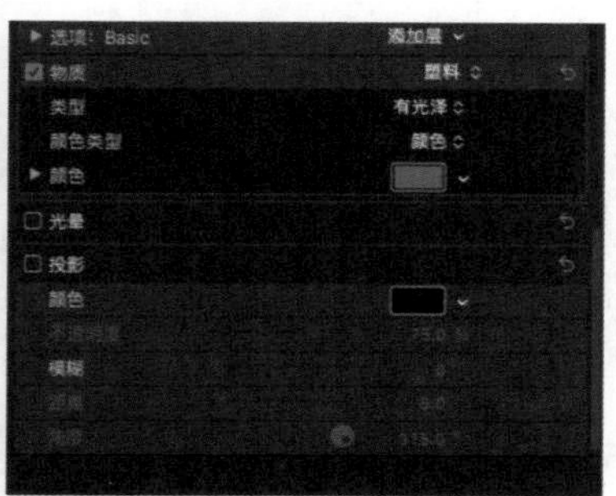

图 11-9

步骤 09 完成字幕的添加与编辑后，在“检视器”窗口中预览当前画面效果，如图 11-10 所示。

图 11-10

11.2 制作故事情节

制作好美食活动推广视频的片头效果后，接下来需要制作视频的主体部分，即视频的故事情节。下面将介绍具体的制作方法。

步骤 01 在“事件浏览器”窗口中选择素材01，将其添加至“斑点”发生器片段的右侧，并修改其时间长度为3s，如图 11-11 所示。

步骤 02 在“效果浏览器”窗口的左侧列表框中选择“光源”选项，在右侧列表框中选择“泛光”滤镜效果，如图 11-12 所示。

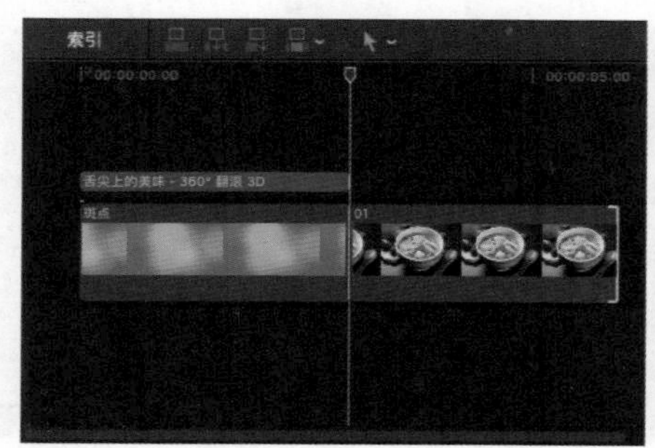

图 11-11

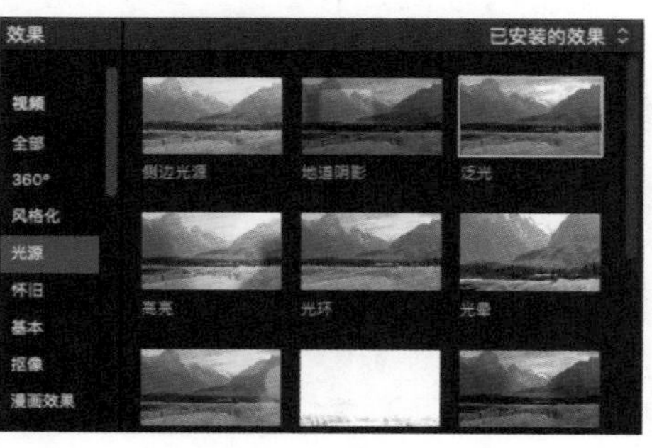

图 11-12

步骤 03 将选择的“泛光”滤镜效果添加至素材01上，在“检视器”窗口中可预览添加滤镜效果后的图像效果，如图 11-13 所示。

步骤 04 将播放指示器移至素材01的起始位置，选中素材01，在“视频检查器”窗口的“变换”选项区中，单击“缩放（全部）”右侧的“添加关键帧”按钮，添加一组关键帧，如图 11-14 所示。

图 11-13

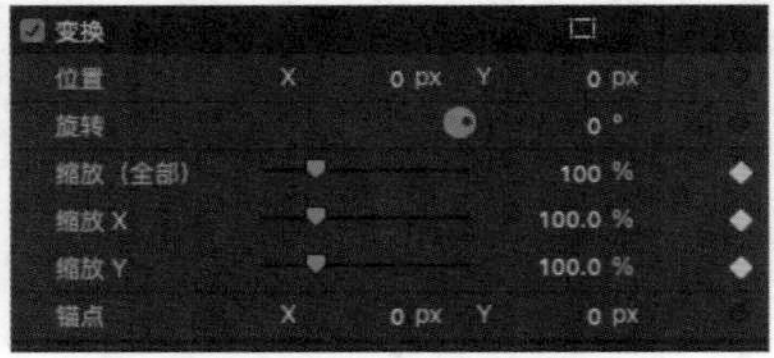

图 11-14

步骤 05 将播放指示器移至00:00:04:00位置，在“视频检查器”窗口的“变换”选项区中，设置“缩放（全部）”为107%，如图 11-15 所示，系统将自动在播放指示器所在的位置添加一组关键帧。

步骤 06 将播放指示器移至00:00:05:00位置，在“视频检查器”窗口的“变换”选项区中，设置“缩放（全部）”为114%；将播放指示器移至素材01的末端，在“视频检查器”窗口的“变换”选项区中，设置“缩放（全部）”为127%，如图 11-16 所示，系统将自动在播放指示器所在的位置添加一组关键帧。

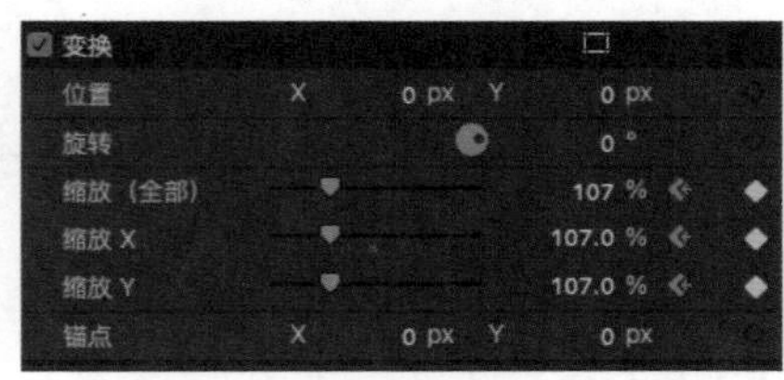

图 11-15

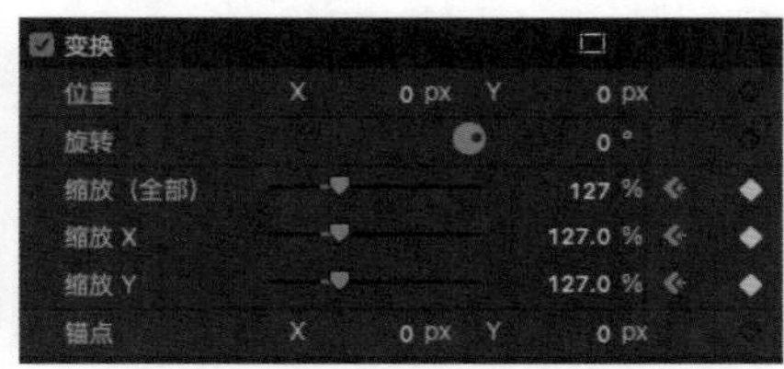

图 11-16

步骤 07 在“事件浏览器”窗口中选择素材02，将其添加至素材01的右侧，并修改其时间长度为02:15，如图 11-17 所示。

步骤 08 选择素材02，在“视频检查器”窗口的“变换”选项区中，设置“缩放（全部）”为120%，如图 11-18 所示，放大显示图像。

步骤 09 在“效果浏览器”窗口的左侧列表框中选择“拼贴”选项，在右侧列表框中选择“拼贴”滤镜效果，将其添加至素材02上，添加滤镜后的图像效果如图 11-19 所示。

步骤 10 将播放指示器移至素材02的起始位置，在“视频检查器”窗口的“拼贴”选项区中，设置“Amount”（数量）为1.0，然后单击“添加关键帧”按钮，添加一个关键帧，如图 11-20 所示。

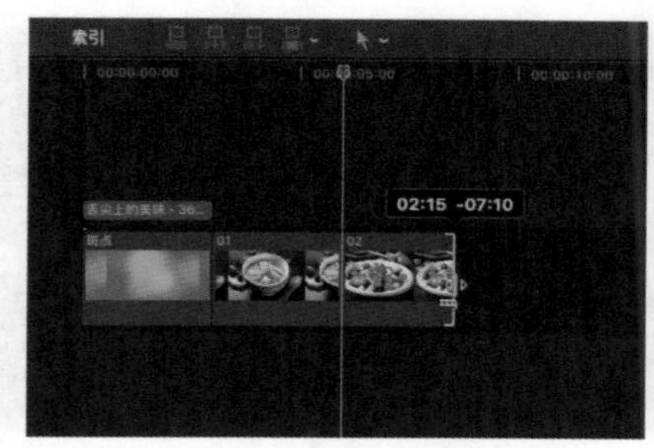

图 11-17

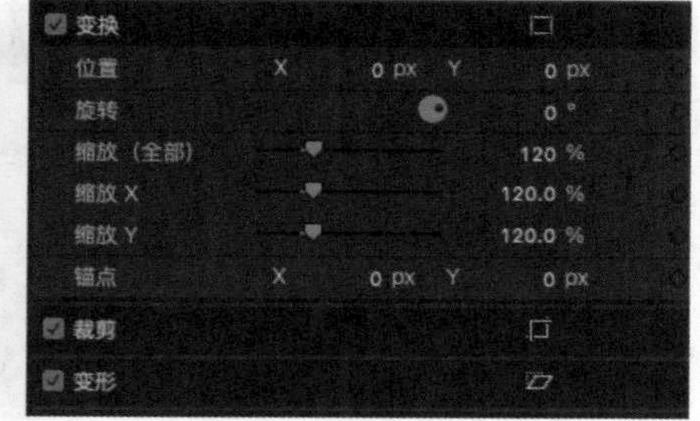
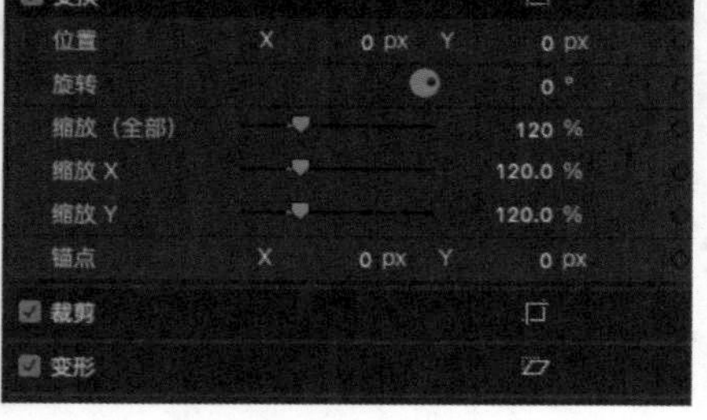

图 11-18

图 11-19

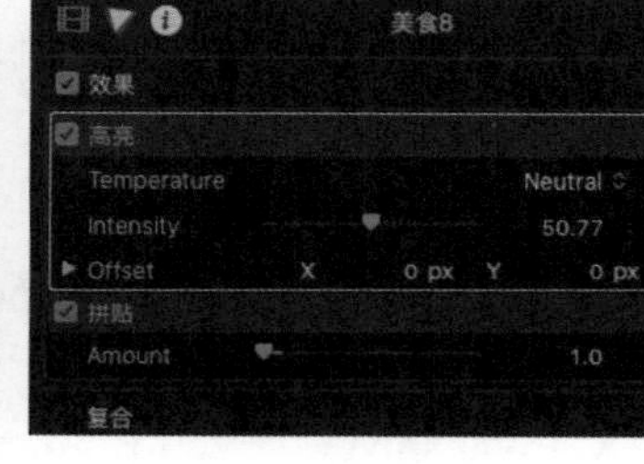

图 11-20

步骤 11 将播放指示器移至00:00:06:23位置，在“视频检查器”窗口的“拼贴”选项区中，设置“Amount”（数量）为2.53，如图 11-21所示，系统将自动在播放指示器所在的位置添加一个关键帧。

步骤 12 将播放指示器移至00:00:08:00位置，在“视频检查器”窗口的“拼贴”选项区中，设置“Amount”（数量）为3.13，如图 11-22所示，系统将自动在播放指示器所在的位置添加一个关键帧。

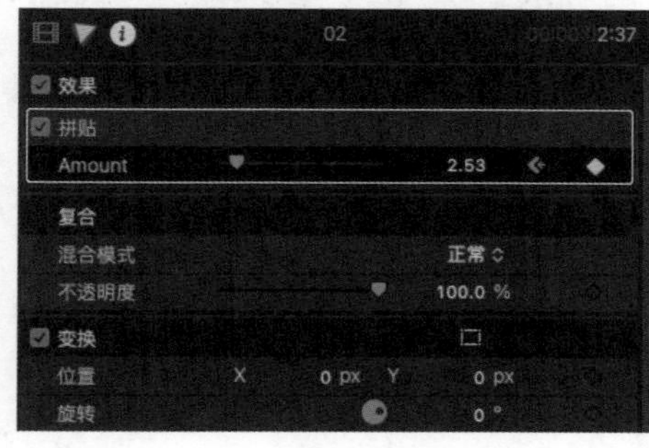

图 11-21

图 11-22

步骤 13 在“事件浏览器”窗口中选择素材03，将其添加至素材02的右侧，然后修改其时间长度为3s；接着选择素材03，在“视频检查器”窗口的“变换”选项区中，设置“缩放（全部）”为118%，如图 11-23所示。

步骤 14 在“效果浏览器”窗口中选择“透视拼贴”滤镜效果，将其添加至素材03上，添加滤镜效果后的图像效果如图 11-24所示。

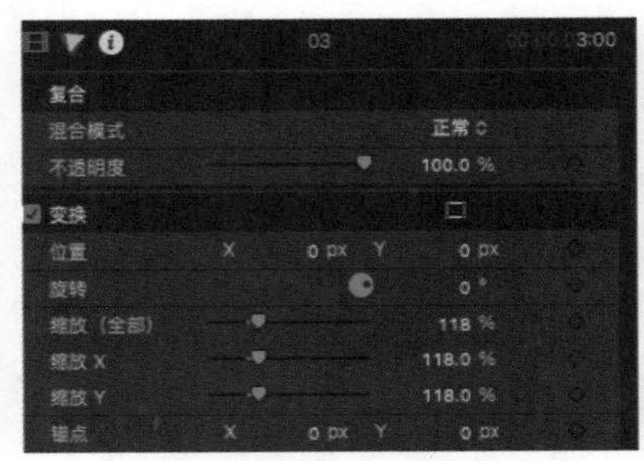

图 11-23

图 11-24

步骤 15 将播放指示器移至00:00:08:14位置，在“视频检查器”窗口的“透视拼贴”选项区中，单击“Top Left”（左上方）、“Top Right”（右上方）、“Bottom Right”（右下方）、“Bottom Left”（左下方）右侧的“添加关键帧”按钮，添加一组关键帧，如图 11-25 所示。

步骤 16 将播放指示器移至00:00:09:14位置，在“视频检查器”窗口的“透视拼贴”选项区中，设置“Top Left”（左上方）的“X”为-0.21px，设置“Top Right”（右上方）的“X”为0.44px，设置“Bottom Right”（右下方）的“X”为0.49px，设置“Bottom Left”（左下方）的“X”为-0.66px，如图 11-26 所示，系统将自动在播放指示器所在的位置添加一组关键帧。

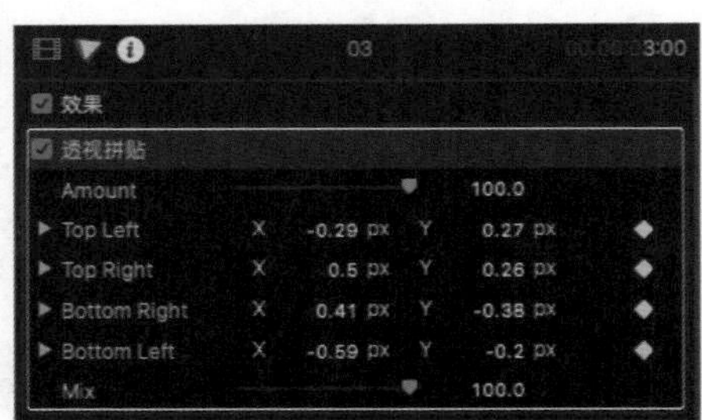

图 11-25

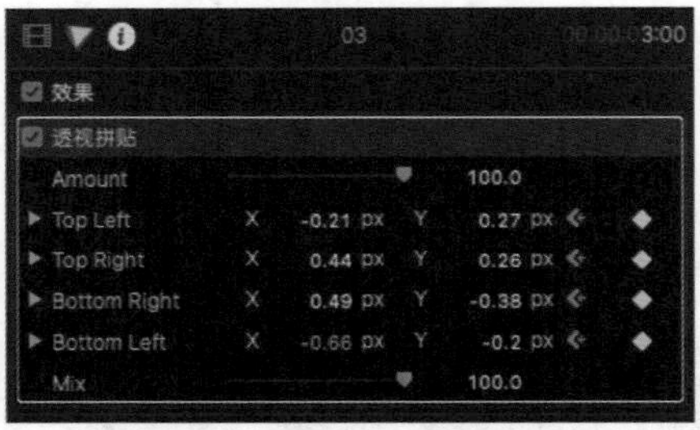

图 11-26

步骤 17 将播放指示器移至00:00:10:15位置，在“视频检查器”窗口的“透视拼贴”选项区中，设置“Top Left”（左上方）的“X”为-0.15px，设置“Top Right”（右上方）的“X”为0.39px，设置“Bottom Right”（右下方）的“X”为0.6px，设置“Bottom Left”（左下方）的“X”为-0.71px，如图 11-27 所示，系统将自动在播放指示器所在的位置添加一组关键帧。

步骤 18 将播放指示器移至素材03的末端，在“视频检查器”窗口的“透视拼贴”选项区中，设置“Top Left”（左上方）的“X”为-0.28px，设置“Top Right”（右上方）的“X”为0.3px，设置“Bottom Right”（右下方）的“X”为0.3px，设置“Bottom Left”（左下方）的“X”为-0.78px，如图 11-28 所示，系统将自动在播放指示器所在的位置添加一组关键帧。

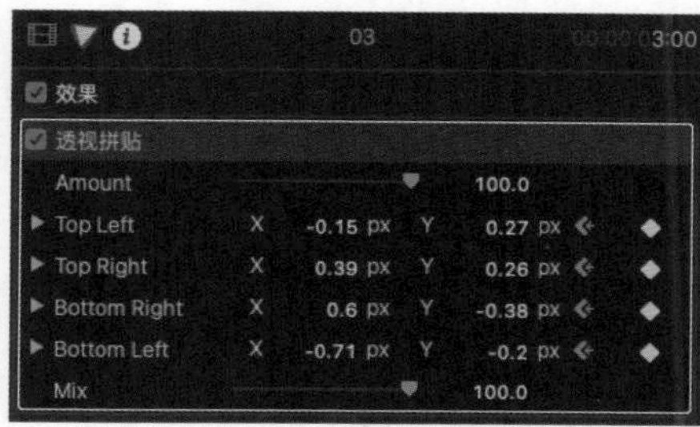

图 11-27

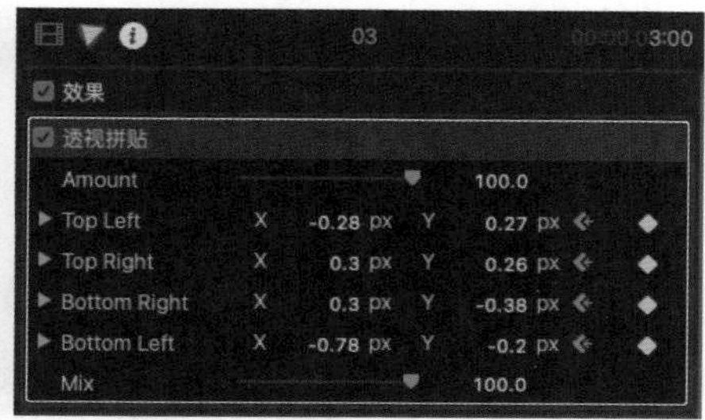

图 11-28

步骤 19 在“事件浏览器”窗口中依次选择素材04、素材05、素材06、素材07、素材08，将它们添加至“磁性时间线”窗口的视频轨道上，并统一将时间长度修改为02:20，如图 11-29 所示。

步骤 20 选择添加的图像片段，依次在“视频检查器”窗口的“变换”选项区中，设置“缩放（全部）”参数，修改图像的显示大小。接着在“效果浏览器”窗口的左侧列表框中选择“光源”选项，在右侧列表框中选择“泛光”滤镜效果，如图 11-30 所示，将选择的滤镜效果分别添加到新添加的图像片段上。

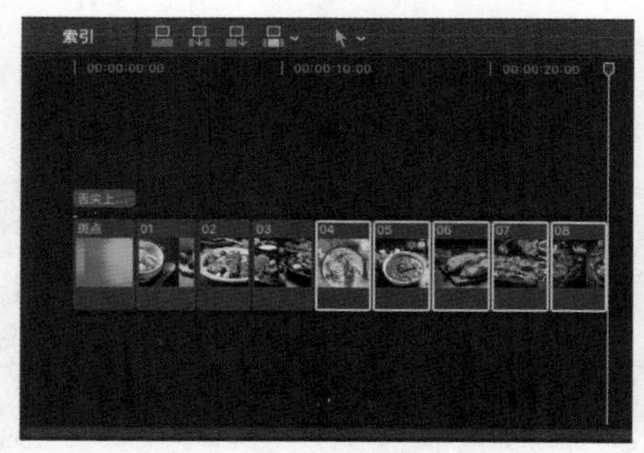

图 11-29

图 11-30

步骤 21 在“转场浏览器”窗口的左侧列表框中选择“叠化”选项，在右侧列表框中选择“分隔”转场效果，如图 11-31 所示。

步骤 22 将选择的“分割”转场效果添加至素材04和素材05之间，并修改新添加的转场效果的时间长度为2s，如图 11-32 所示。

图 11-31

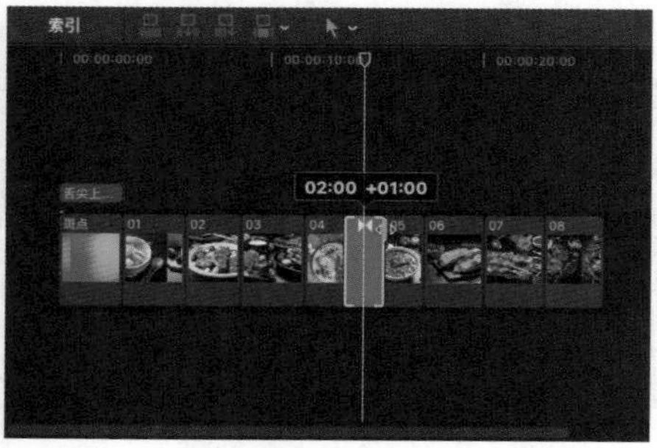

图 11-32

步骤 23 使用同样的方法，在“转场浏览器”窗口中，选择“正方形”转场效果，将其添加至素材05和素材06之间；选择“视频墙”转场效果，将其添加至素材06和素材07、素材07和素材08之间；选择“交叉叠化”转场效果，将其添加至素材08的末尾，如图 11-33 所示。

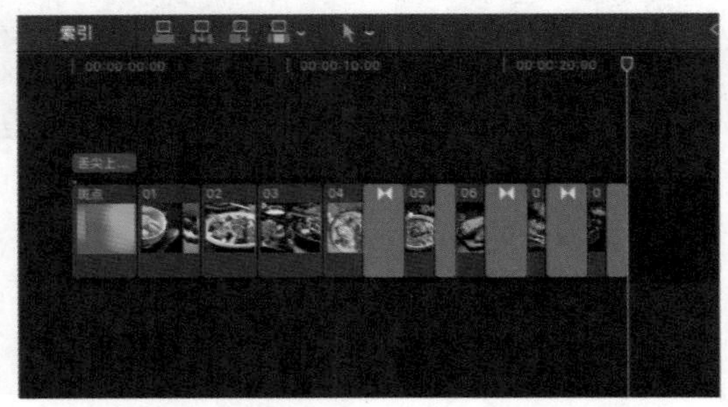

图 11-33

步骤 24 将播放指示器移至00:00:10:22位置，在“字幕和发生器”窗口的左侧列表框中选择“单色”选项，在右侧列表框中，选择“白色”发生器，如图 11-34 所示。

步骤 25 将选择的“白色”发生器添加至素材04～素材08的下方，并修改其时间长度，使其末端和视频的末端对齐，如图 11-35 所示。

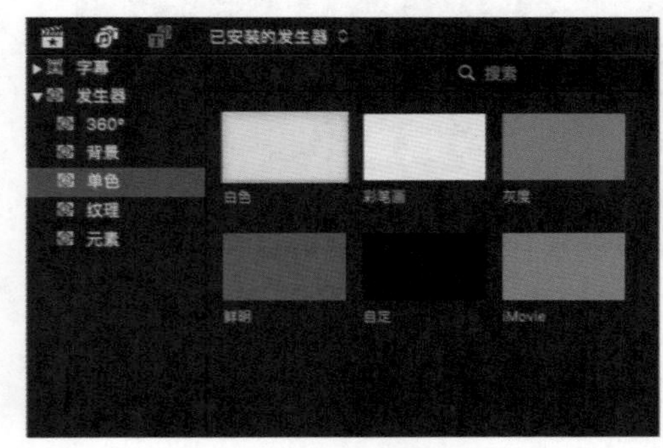

图 11-34

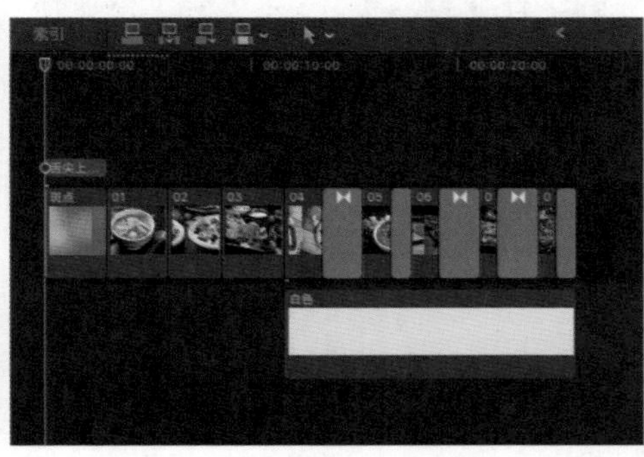

图 11-35

步骤 26 在“检视器”窗口中预览转场动画效果，如图 11-36 所示。

图 11-36

11.3 制作形状和字幕

在视频中制作形状，并添加相关字幕，可以很好地展现美食的精粹与文化。下面将讲解制作形状和字幕的具体操作。

步骤 01 在“字幕和发生器”窗口的左侧列表框中选择“元素”选项，在右侧列表框中选择“形状”发生器，如图 11-37 所示。

步骤 02 将选择的“形状”发生器添加至素材01的上方，并修改其时间长度，使其和素材01的时间长度一致，如图 11-38 所示。

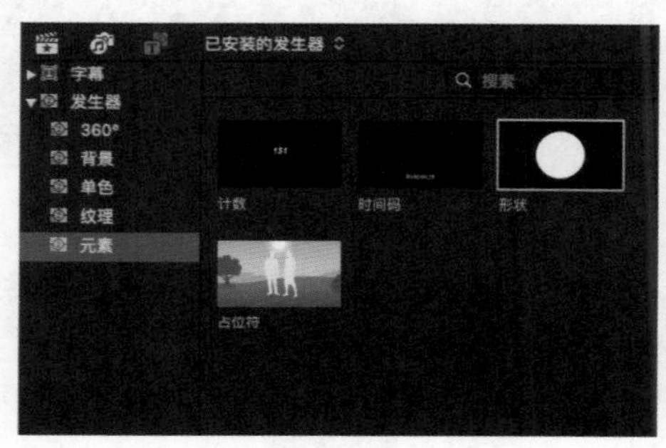

图 11-37

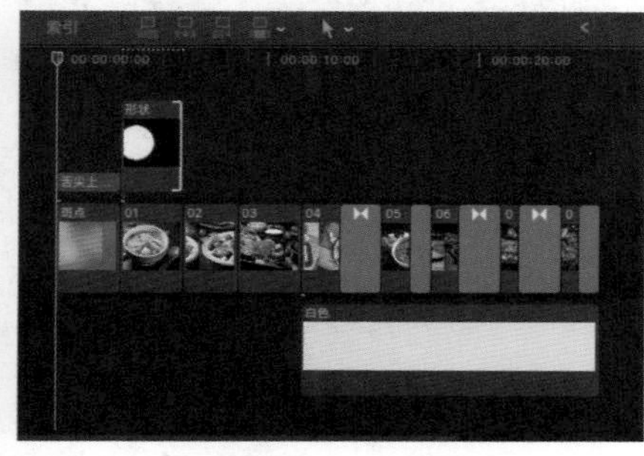

图 11-38

步骤 03 选择形状片段，在“发生器检查器”窗口中，设置“Shape”（形状）为“Rectangle”（矩形），设置“Outline Color”（轮廓颜色）为白色，设置“Drop Shadow Blur”（阴影模糊）为31.0，设置“Drop Shadow Distance”（阴影距离）为0，如图 11-39 所示。

步骤 04 将播放指示器移至00:00:03:00位置，在“视频检查器”窗口的“复合”选项区中，设置“不透明度”为78.83%，然后在“变换”选项区中，设置“缩放X”为271.0%，设置“缩放Y”为100.0%，单击“添加关键帧”按钮，添加一组关键帧，如图 11-40 所示。

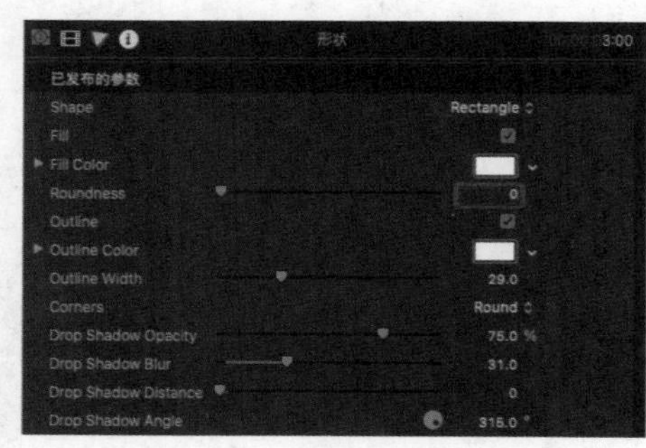

图 11-39

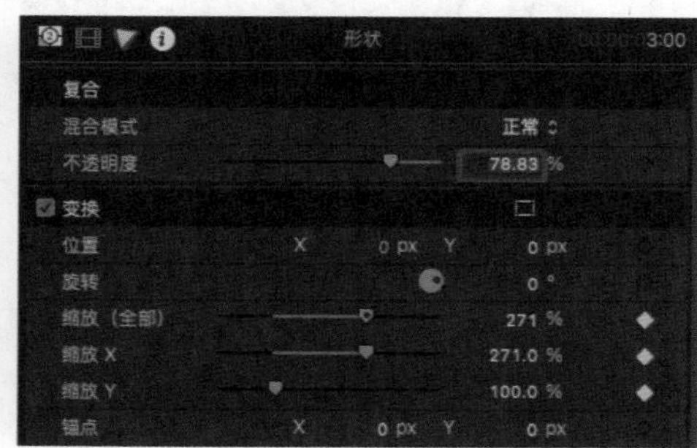

图 11-40

步骤 05 将播放指示器移至00:00:03:23位置，在“视频检查器”窗口的“变换”选项区中，设置“缩放Y”为66.7%，如图 11-41 所示，系统将在播放指示器所在的位置添加一个关键帧。

步骤 06 将播放指示器移至00:00:04:21位置，在“视频检查器”窗口的“变换”选项区中，设置“缩放Y”为25.42%，如图 11-42所示，系统将在播放指示器所在的位置添加一个关键帧。

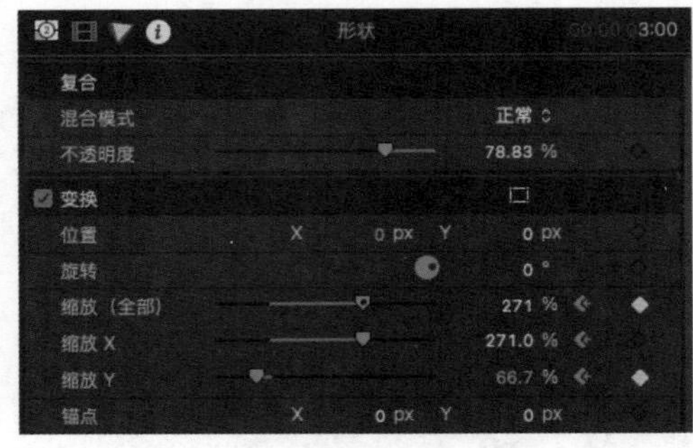

图 11-41

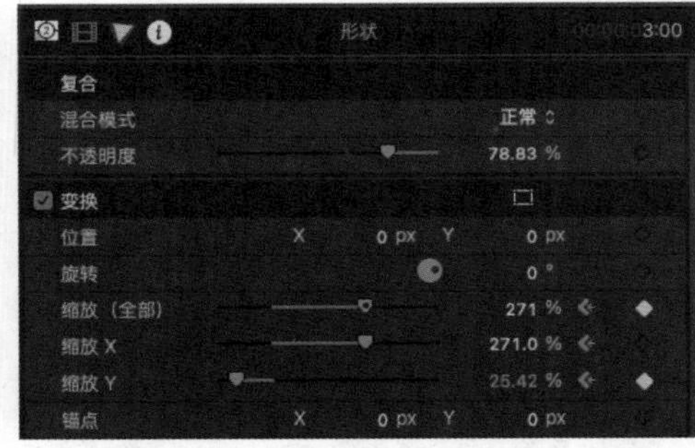

图 11-42

步骤 07 将播放指示器移至00:00:05:07位置，在“视频检查器”窗口的“变换”选项区中，设置“缩放Y”为1.25%，如图 11-43所示，系统将在播放指示器所在的位置添加一个关键帧。

步骤 08 将播放指示器移至00:00:05:14位置，在“视频检查器”窗口的“变换”选项区中，设置“缩放X”为0%，设置“缩放Y”为0%，如图 11-44所示，系统将在播放指示器所在的位置添加一组关键帧。

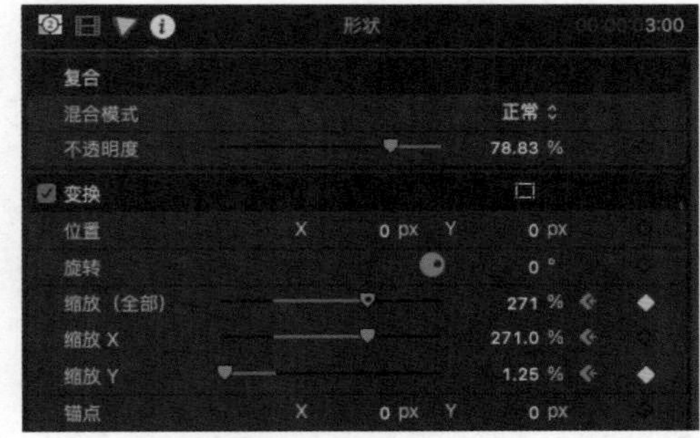

图 11-43

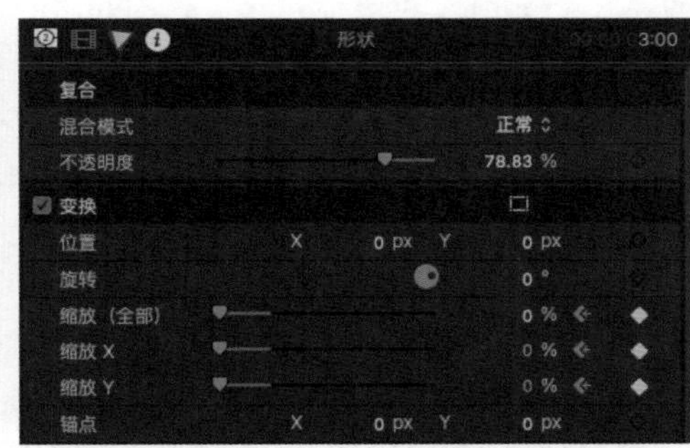

图 11-44

步骤 09 在“字幕和发生器”窗口中选择“形状”发生器，将其添加至素材02的上方，并修改其时间长度，使其和素材02的时间长度一致，如图 11-45所示。

图 11-45

步骤 10 选择形状片段，在“发生器检查器”窗口中，修改“Shape”（形状）为“Rectangle”（矩形），设置“Outline Color”（轮廓颜色）为白色，如图 11-46 所示。

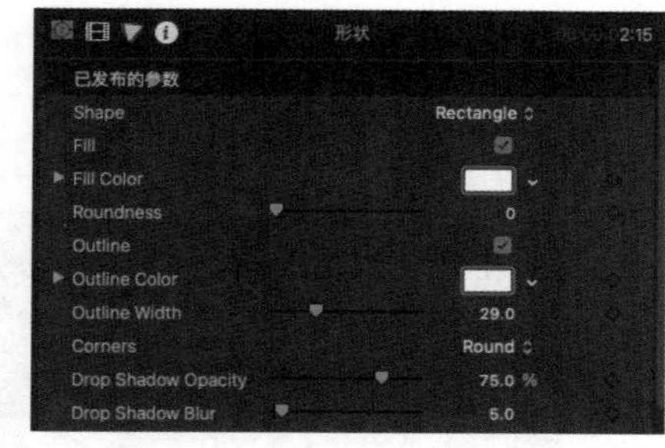

图 11-46

步骤 11 选择形状片段，在“视频检查器”窗口的“变换”选项区中，设置“不透明度”为65.0%，设置“缩放 Y”为88.0%，如图 11-47 所示。

步骤 12 选择形状片段，在“检视器”窗口中将形状移至合适的位置，如图 11-48 所示。

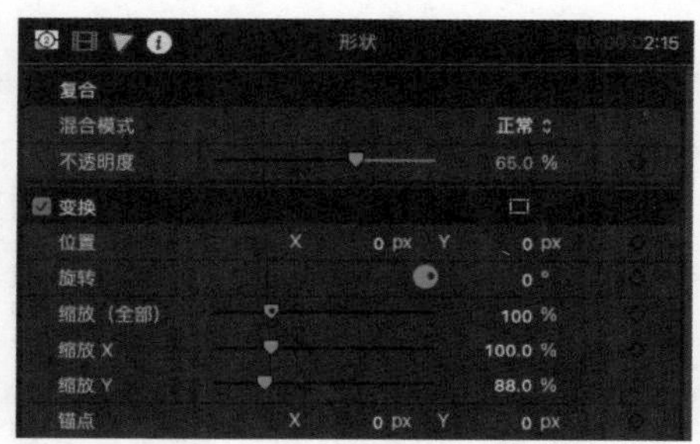

图 11-47

图 11-48

步骤 13 选择形状片段，执行“编辑”|“拷贝”命令，复制形状片段。将播放指示器移至素材03的起始位置，执行“编辑”|“粘贴”命令，粘贴形状片段，并修改其时间长度，使其和素材03的时间长度一致，如图 11-49 所示。

步骤 14 选择粘贴后的形状片段，在“检视器”窗口中将形状移至合适的位置，如图 11-50 所示。

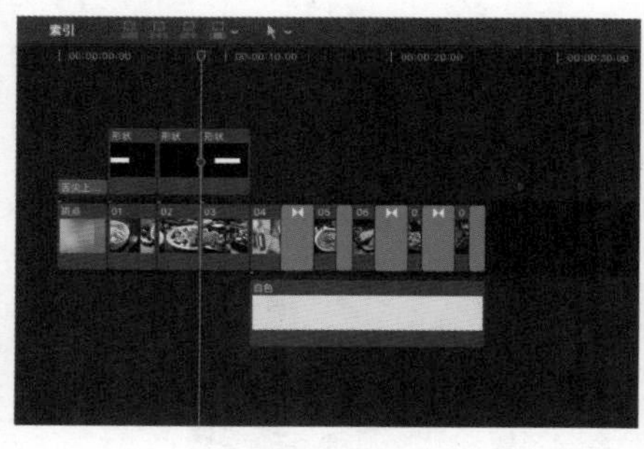

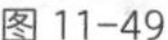

图 11-49

图 11-50

步骤 15 将播放指示器移至素材01的起始位置，执行“编辑”|“连接字幕”|“基本字幕”命令，在形状片段上添加基本字幕，并修改其时间长度，使其和素材01的时间长度一致，如图 11-51 所示。

步骤 16　选择新添加的字幕片段，在“文本检查器”窗口的“文本”选项区中，输入新的文本内容，然后在“基本”选项区中，设置“字体”为“楷体_GB2312”，设置“大小”为99.0，设置“字距”为33.52%，如图 11-52 所示。

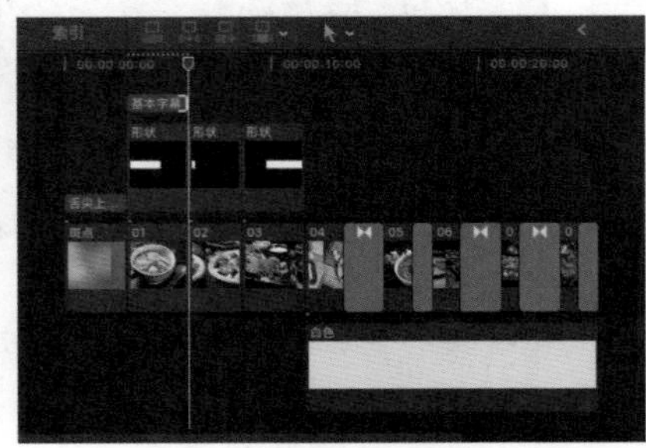

图 11-51

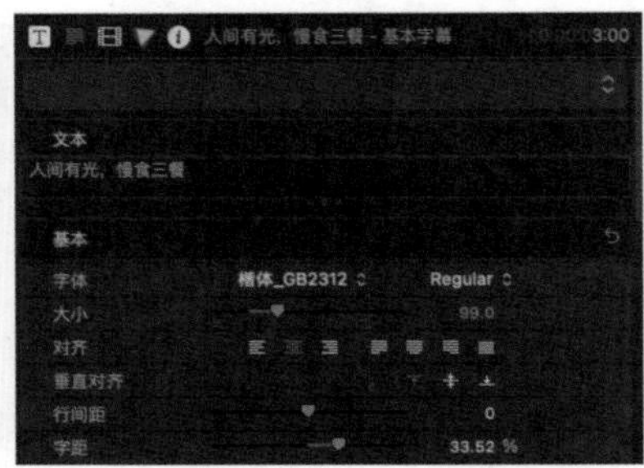

图 11-52

步骤 17　在“表面”选项区中，设置“颜色”为橙色，如图 11-53 所示。

步骤 18　选择新添加的字幕，在“检视器”窗口中将字幕移至合适的位置，效果如图 11-54 所示。

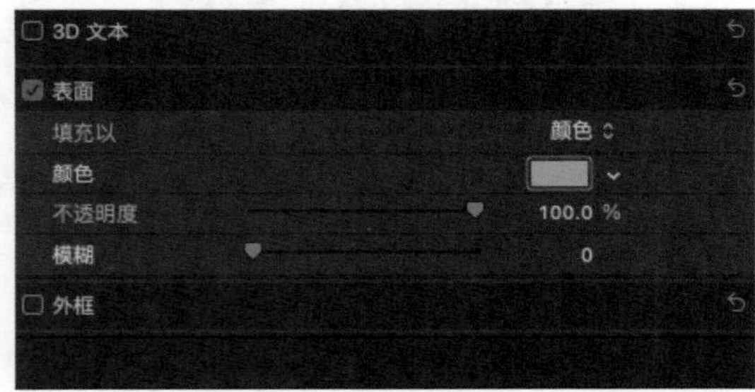

图 11-53

图 11-54

步骤 19　选择新添加的字幕片段，执行“编辑”|“拷贝”命令，复制字幕片段，然后依次移动播放指示器，执行“编辑”|“粘贴”命令，粘贴字幕片段，并修改字幕片段的时间长度，完成后的效果如图 11-55 所示。

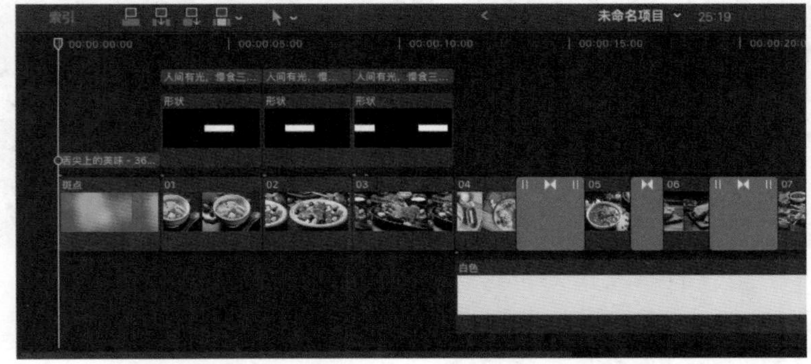

图 11-55

步骤 20 选择粘贴后的字幕片段，在“文字检查器”窗口的“文本”选项区中，输入新的文本内容，然后在“检视器”窗口中移动字幕到合适的位置，字幕效果如图 11-56 所示。

图 11-56

11.4 制作片尾效果

片尾效果用于展示美食活动推广视频的结尾内容，添加片尾效果可以让整个影片看上去更加完整、协调。下面讲解制作片尾效果的具体操作。

步骤 01 在“事件浏览器”窗口中选择“视频”素材，将其添加至素材08的右侧，并修改其时间长度为3s，如图 11-57 所示。

步骤 02 在“字幕和发生器”窗口左侧的列表框中选择“字幕”选项，在右侧列表框中选择“水平模糊”特效字幕，如图 11-58 所示。

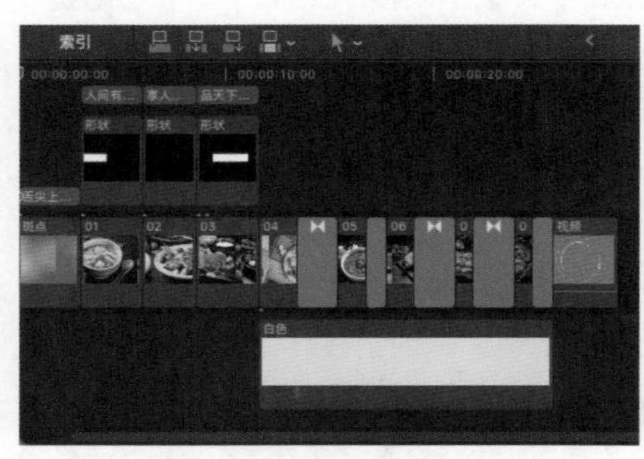

图 11-57

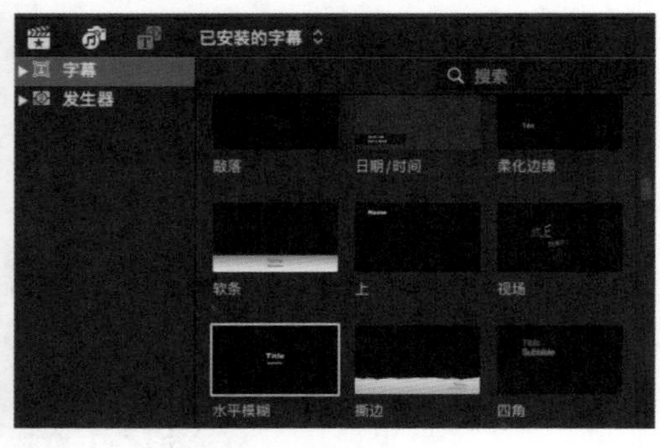

图 11-58

步骤 03 将选择的“水平模糊”特效字幕添加至“视频”素材上，并修改新添加的字幕片段的时间长度为01:16，如图 11-59 所示。

步骤 04 选择新添加的字幕片段，在“检视器”窗口中将“标题”文本修改为新的文本内容，然后在“文本检查器”窗口的“基本”选项区中，设置“Line 1 Size”为198.0，设置“字距”为10.27%，如图 11-60 所示。

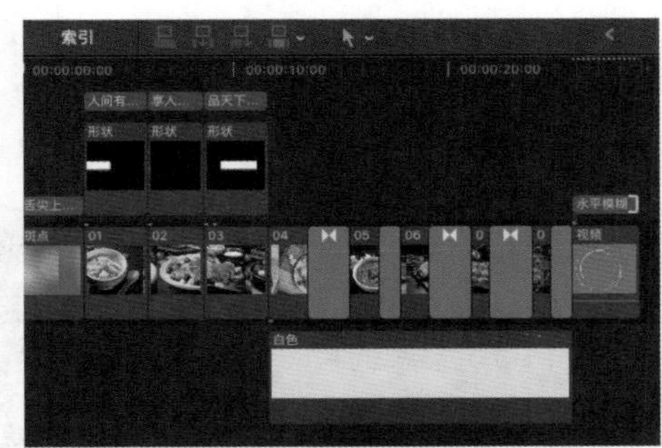

图 11-59

图 11-60

步骤 05　选择字幕片段，在“检视器”窗口中将“字幕”文本修改为新的文本内容，然后在“文本检查器”窗口的“基本”选项区中，设置“Line 2 Size”为 110.0，设置“字距”为 44.41%，如图 11-61 所示。

步骤 06　选择新添加的字幕，在“检视器”窗口中将字幕移至合适的位置，效果如图 11-62 所示。

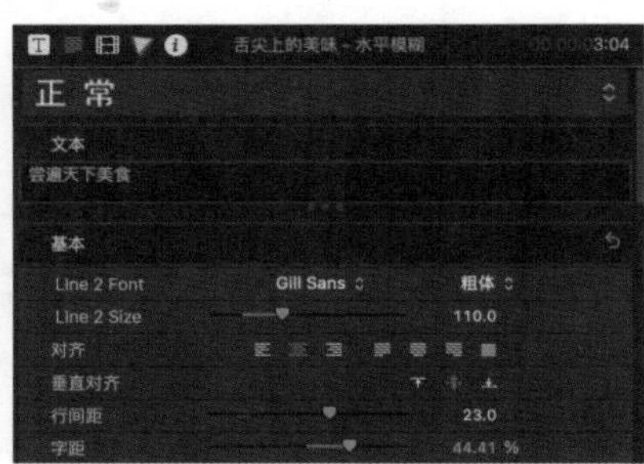

图 11-61

图 11-62

11.5　添加与编辑音乐

完成上述操作后，还需要为视频添加音乐，并对音乐进行相关的处理，使影片效果更加完整。下面讲解添加与编辑音乐的具体操作。

步骤 01　在“事件浏览器”窗口中选择音频素材，将其添加至“磁性时间线”窗口的形状片段的下方，并修改其时间长度，使其和视频的时间长度一致，如图 11-63 所示。

图 11-63

步骤 02 将鼠标指针悬停在音频片段的左侧滑块上，待鼠标指针变为左右双向箭头形状后，按住鼠标左键并向右拖曳滑块，添加音频渐变效果，如图 11-64 所示。

步骤 03 将鼠标指针悬停在音频片段的右侧滑块上，待鼠标指针变为左右双向箭头形状后，按住鼠标左键并向左拖曳滑块，添加音频渐变效果，如图 11-65 所示。

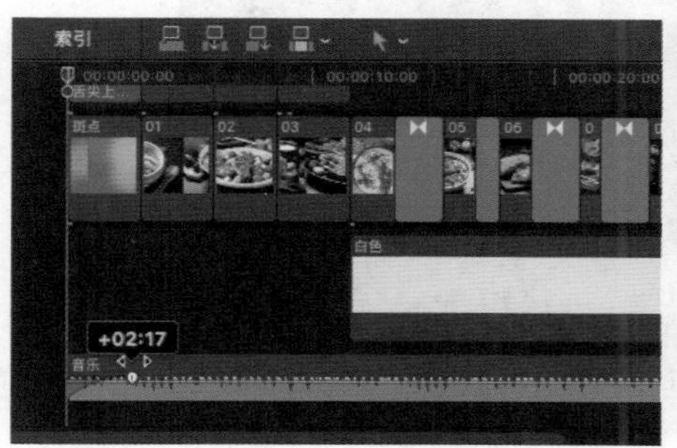

图 11-64

图 11-65

11.6 导出影片

完成视频的制作后，如果对视频效果满意，则可以将制作好的视频导出。下面讲解导出影片的具体操作。

步骤 01 执行“文件”|“共享”|“导出文件（默认）”命令，如图 11-66 所示。

步骤 02 打开“导出文件”对话框，在“设置”选项卡的“格式”下拉列表中选择“电脑”选项，在“分辨率”下拉列表中选择“1920×1080”选项，单击“下一步”按钮，如图 11-67 所示。

图 11-66

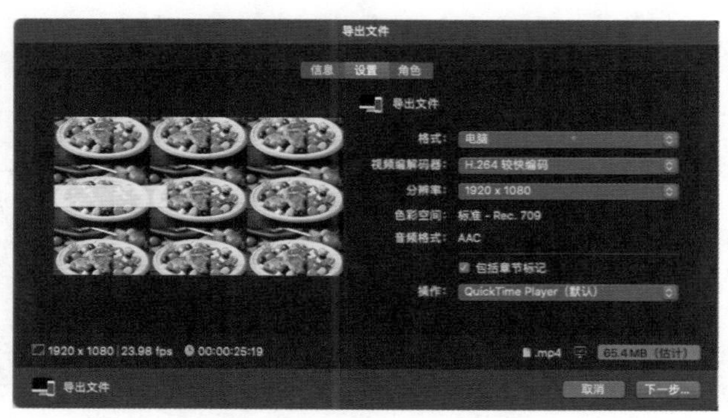

图 11-67

步骤 03 打开存储对话框，设置好存储名称和存储路径，单击“存储”按钮，如图 11-68 所示，完成影片的导出操作。至此，本实例就全部制作完成了。

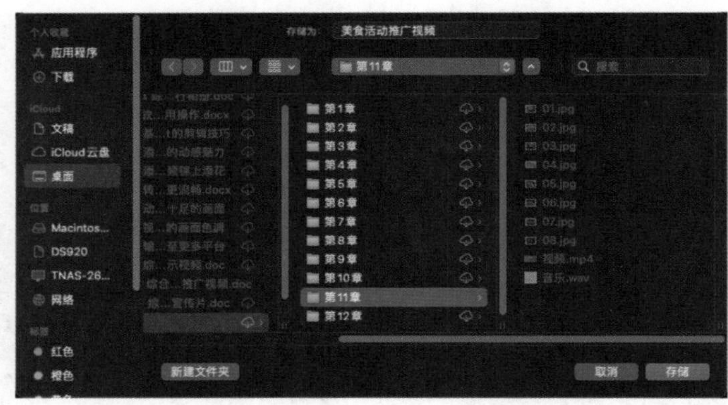

图 11-68

第 12 章

综合实例：城市动感宣传片

随着城市生活节奏的加快，运动成了一股新的潮流。跑步、骑自行车、游泳、踢足球、做瑜伽等运动不仅可以锻炼身体，还可以让人获得不一样的人生体验。

本章将通过制作一个城市动感宣传片，展示时下炫酷的运动方式。该宣传片可作为相关电视节目的开场或健身会所的广告，能很好地向大众传递城市运动的重要性。本实例完成效果如图 12-1 所示。

图 12-1

12.1 制作故事情节

故事情节是一个影片的主体部分，包含主要故事情节和次要故事情节，用于展示各种运动方式和形状效果。下面将讲解制作故事情节的具体操作方法。

步骤 01 执行“文件”|“新建”|“资源库”命令，新建一个名称为“第12章”的资源库。在“事件资源库”窗口的空白处右击，打开快捷菜单，选择“新建事件”命令，打开“新建事件”对话框，在“事件名称”文本框中输入“城市动感宣传片”，单击“好”按钮，如图 12-2 所示，新建一个事件。

步骤 02 在“事件浏览器”窗口的空白处右击，打开快捷菜单，选择“导入媒体”命令，打开“媒体导入”对话框，在“第12章”文件夹中选择需要导入的图像、视频和音频素材，单击“导入所选项”按钮，将选择的媒体素材导入“事件浏览器”窗口，如图 12-3 所示。

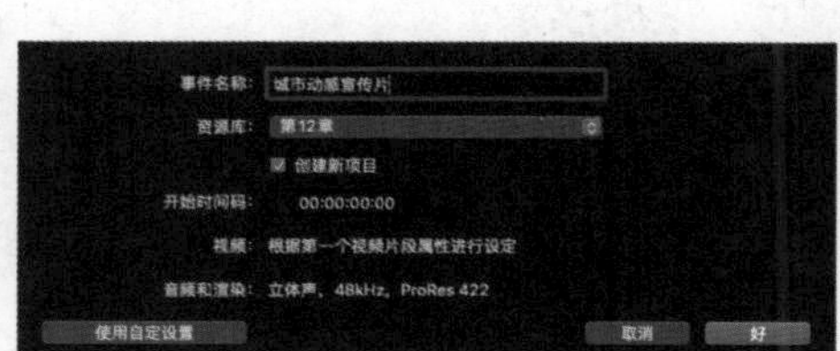

图 12-2

图 12-3

步骤 03 在“事件浏览器”窗口中选择“视频”素材，将其添加至“磁性时间线”窗口的视频轨道上，如图 12-4 所示。

步骤 04 在“事件浏览器”窗口中选择素材01，将其添加至视频片段的上方，并修改其时间长度为04:20，如图 12-5 所示。

图 12-4

图 12-5

步骤 05 选择素材01，在“视频检查器”窗口的“变换”选项区中，修改“缩放（全部）”为120%，如图 12-6 所示。

步骤 06 上述操作完成后，即可修改图像的显示大小，在“检视器”窗口中可预览当前图像效果，如图 12-7 所示。

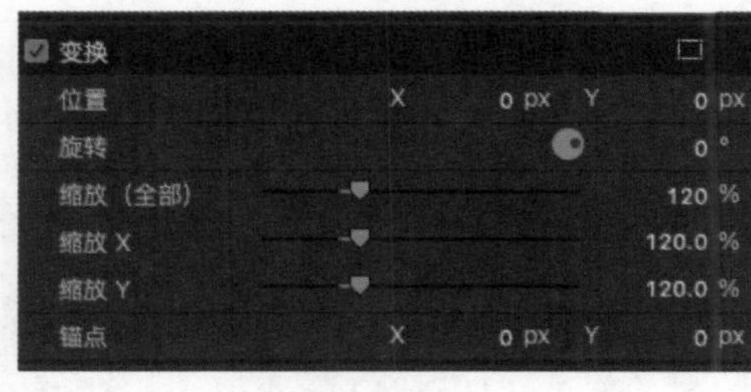

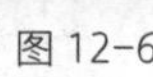

图 12-6

图 12-7

步骤 07 使用同样的方法，将“事件浏览器”窗口中的其他图像片段依次添加至视频片段的上方，如图 12-8 所示。

步骤 08 参照步骤05的操作方法，将新添加的图像片段的“缩放（全部）”均设置为120%，如图 12-9 所示，完成图像显示大小的调整。

图 12-8

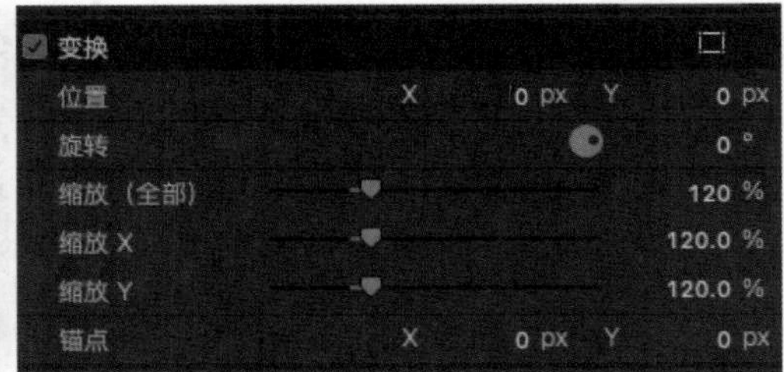

图 12-9

步骤 09　将播放指示器移至00:00:00:00位置，选择素材01，在“视频检查器”窗口的“复合”选项区中，设置“不透明度”为0%，然后单击“添加关键帧”按钮，添加一个关键帧，如图 12-10所示。

步骤 10　将播放指示器移至00:00:02:06位置，选择“素材01，在“视频检查器”窗口的“复合”选项区中，设置“不透明度”为100.0%，如图 12-11所示，系统将自动在播放指示器所在的位置添加一个关键帧。

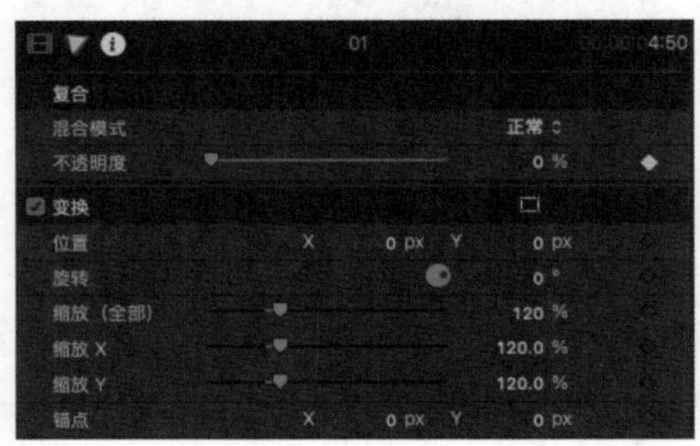

图 12-10

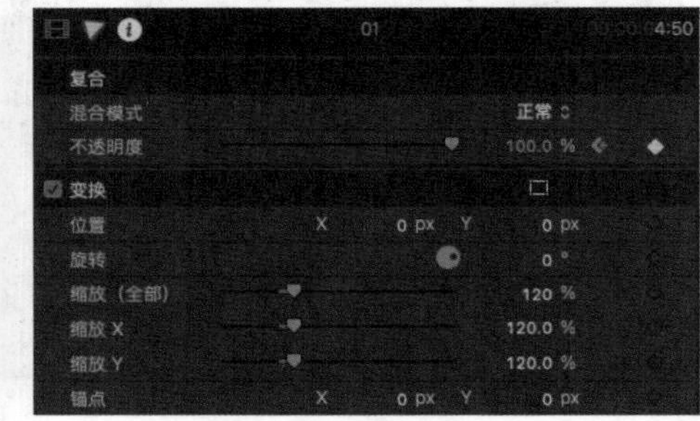

图 12-11

步骤 11　将播放指示器移至00:00:04:08位置，选择素材01，在“视频检查器”窗口的“复合”选项区中，单击“不透明度”右侧的“添加关键帧”按钮，添加一个关键帧，如图 12-12所示。

步骤 12　将播放指示器移至素材01的末端，选择素材01，在“视频检查器”窗口的“复合”选项区中，设置“不透明度”为0%，如图 12-13所示，系统将自动在播放指示器所在的位置添加一个关键帧。

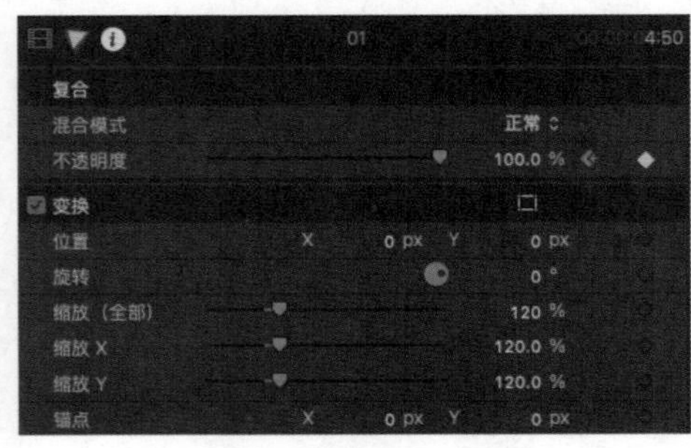

图 12-12

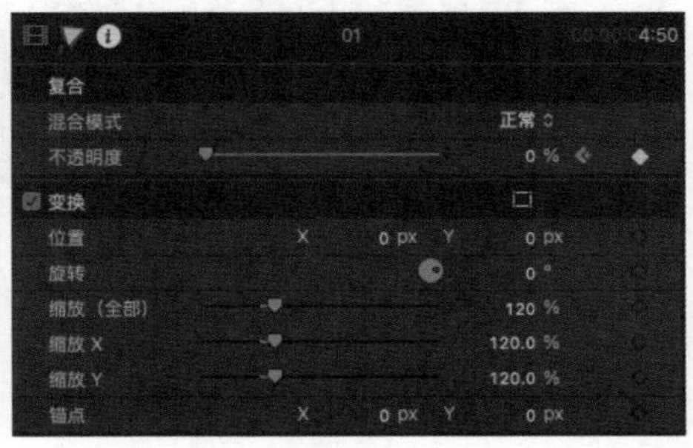

图 12-13

12.2 添加滤镜效果与转场效果

制作完故事情节后，本节将为素材片段添加滤镜效果和转场效果，使视频画面更加夺目，使画面之间的切换更加自然。下面将介绍为素材片段添加滤镜效果和转场效果的具体方法。

步骤 01 在“效果浏览器”窗口的左侧列表框中选择“拼贴”选项，在右侧列表框中选择“拼贴”滤镜效果，如图 12-14 所示。

步骤 02 将选择的“拼贴”滤镜效果添加至素材01上，在“检视器”窗口中预览当前图像效果，如图 12-15 所示。

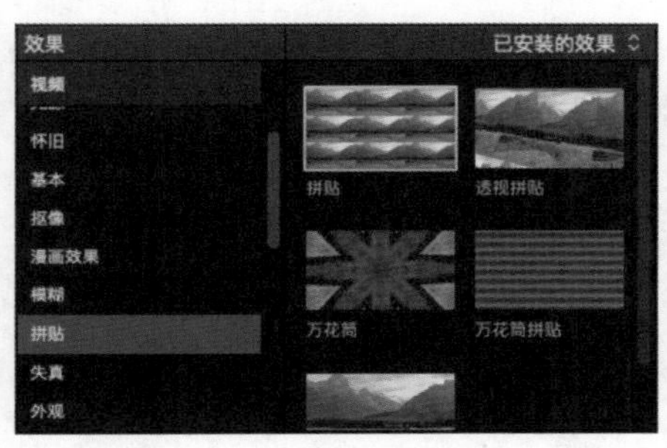

图 12-14

图 12-15

步骤 03 将播放指示器移至00:00:00:00位置，选择素材01，在“视频检查器”窗口的“拼贴”选项区中，设置“Amount”（数量）为1.0，然后单击“添加关键帧”按钮，添加一个关键帧，如图 12-16 所示。

步骤 04 将播放指示器移至00:00:01:18位置，在“视频检查器”窗口的“拼贴”选项区中，设置“Amount”（数量）为2.27，如图 12-17 所示，系统将自动在播放指示器所在的位置添加一个关键帧。

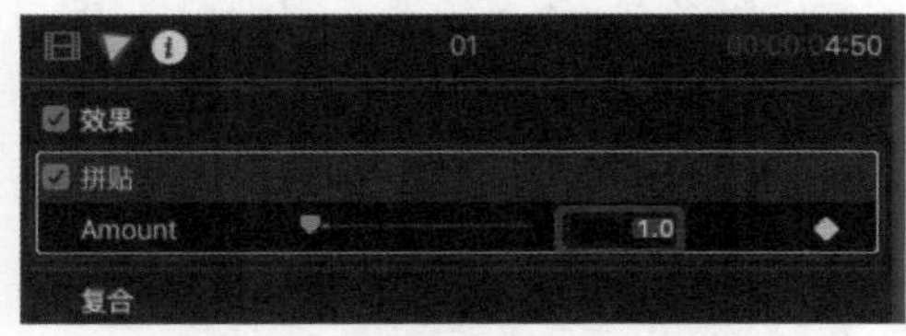

图 12-16

图 12-17

步骤 05 将播放指示器移至00:00:02:09位置，在“视频检查器”窗口的“拼贴”选项区中，设置“Amount”（数量）为3.39，如图 12-18 所示，系统将自动在播放指示器所在的位置添加一个关键帧。

步骤 06 将播放指示器移至00:00:03:23位置，在“视频检查器”窗口的“拼贴”选项区中，修改“Amount”（数量）为9.76，如图 12-19 所示，系统将自动在播放指示器所在的位置添加一个关键帧。

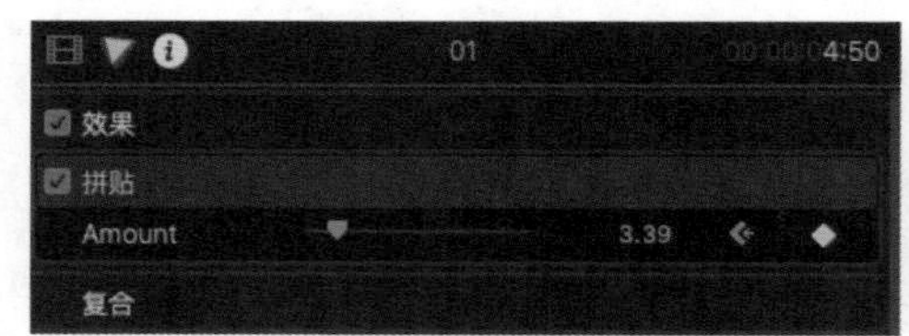

图 12-18

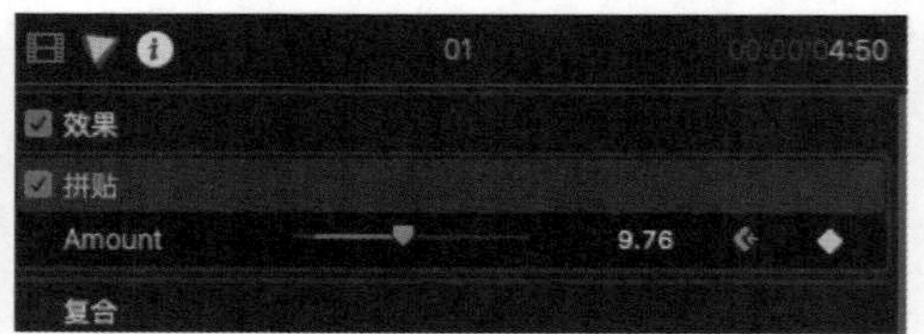

图 12-19

步骤 07 在“效果浏览器”窗口的左侧列表框中选择“拼贴”选项，在右侧列表框中选择“透视拼贴”滤镜效果，如图 12-20 所示。

步骤 08 将选择的“透视拼贴”滤镜效果添加至素材02上，在“检视器”窗口中预览当前画面效果，如图 12-21 所示。

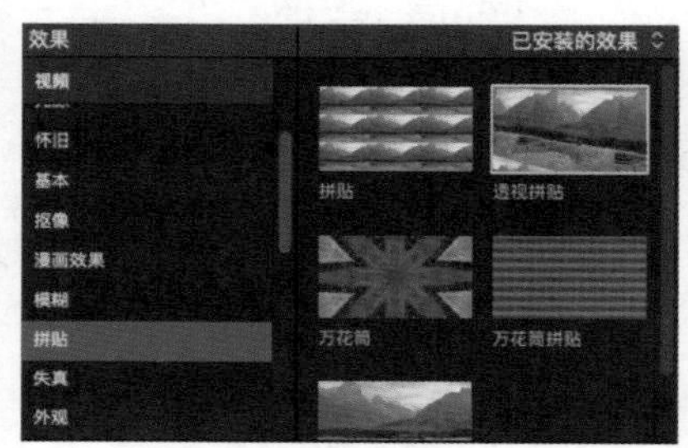

图 12-20

图 12-21

步骤 09 在“效果浏览器”窗口的左侧列表框中选择“风格化”选项，在右侧列表框中选择“投影仪”滤镜效果，如图 12-22 所示。

步骤 10 将选择的“投影仪”滤镜效果添加至素材03上，然后在“视频检查器”窗口的“投影仪”选项区中，设置“Amount”（数量）为34.65，如图 12-23 所示。

图 12-22

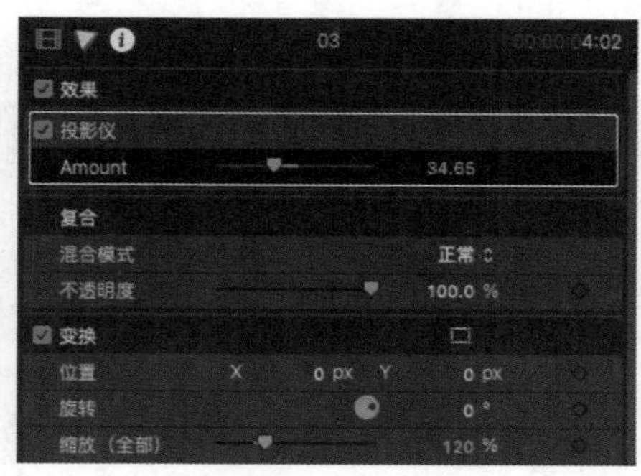

图 12-23

步骤 11 在“效果浏览器”窗口的左侧列表框中选择“风格化”选项，在右侧列表框中选择“照片回忆”滤镜效果，如图 12-24 所示。

步骤 12 将选择的“照片回忆”滤镜效果添加至素材03上，在“检视器”窗口中预览图像效果，如图 12-25 所示。

图 12-24　　图 12-25

步骤 13　在“效果浏览器”窗口的左侧列表框中选择“失真”选项，在右侧列表框中选择“镜像”滤镜效果，如图 12-26 所示。

步骤 14　将选择的“镜像”滤镜效果添加至素材 04 上，在“检视器”窗口中预览图像效果，如图 12-27 所示。

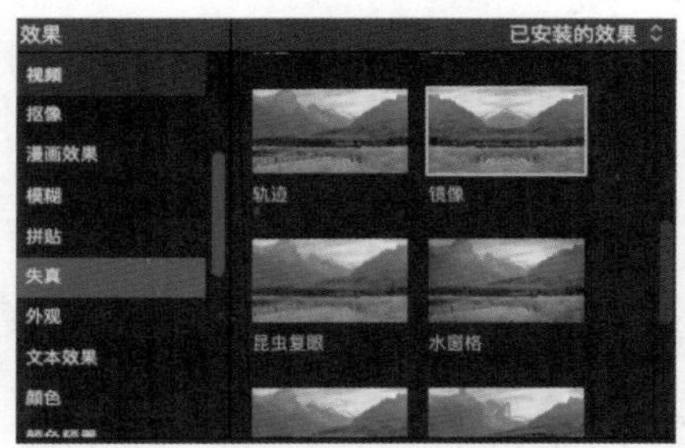

图 12-26　　图 12-27

步骤 15　执行“窗口”|“在工作区中显示”|“转场”命令，如图 12-28 所示。

步骤 16　打开“转场浏览器”窗口，在左侧列表框中选择“叠化”选项，在右侧列表框中选择“分隔”转场效果，如图 12-29 所示。

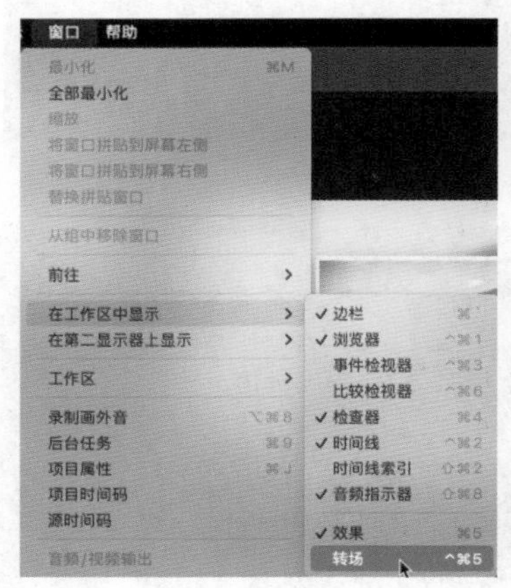

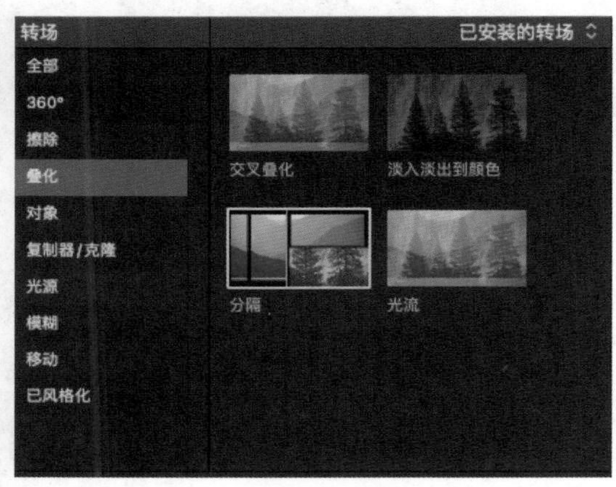

图 12-28　　图 12-29

步骤 17　将选择的“分隔”转场效果添加至素材 01 和素材 02 之间，如图 12-30 所示。

步骤 18　在“转场浏览器”窗口的左侧列表框中选择“复制器/克隆”选项，在右侧列表框中选择“视频墙”转场效果，如图 12-31 所示，将其添加至素材02和素材03之间。

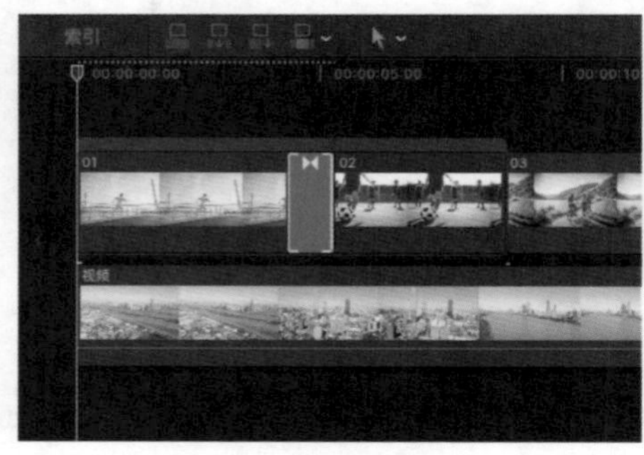

图 12-30

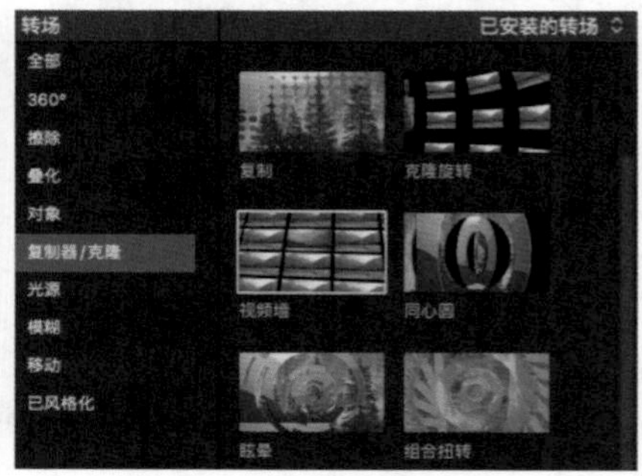

图 12-31

步骤 19　在“转场浏览器”窗口的左侧列表框中选择“复制器/克隆”选项，在右侧列表框中选择“克隆旋转”转场效果，如图 12-32 所示，将其添加至素材03与素材04之间。

步骤 20　在“转场浏览器”窗口的左侧列表框中选择“复制器/克隆”选项，在右侧列表框中选择“多个”转场效果，如图 12-33 所示，将其添加至素材04与素材05之间。

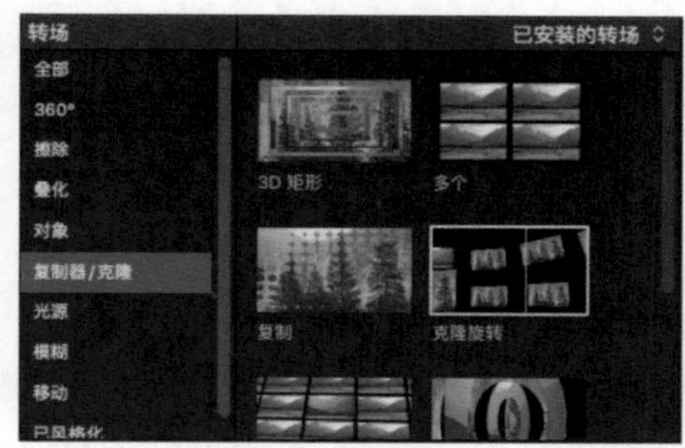

图 12-32

图 12-33

步骤 21　选择“多个”转场效果，在“转场检查器”窗口的“多个”选项区中，单击第一个选项右侧的 ↓ 按钮，如图 12-34 所示。

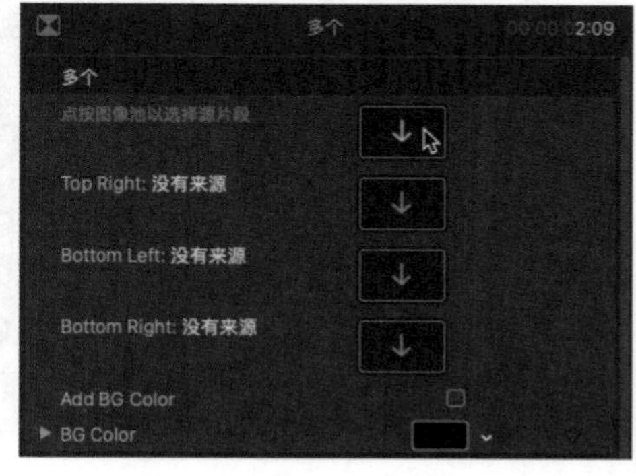

图 12-34

步骤22 显示“检视器”窗口，然后在“磁性时间线”窗口中选择素材01，确定图像来源，并在“检视器”窗口中单击“应用片段”按钮，如图12-35所示，应用图像片段。

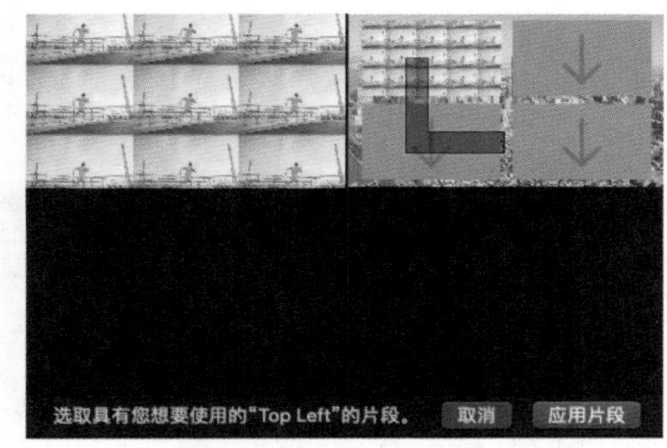

图 12-35

步骤23 使用同样的方法，依次设置其他图像的来源，“转场检查器”窗口如图12-36所示。

步骤24 在“转场浏览器”窗口的左侧列表框中选择“移动”选项，在右侧列表框中选择“拼图”转场效果，如图12-37所示，将其添加至素材05与素材06之间。

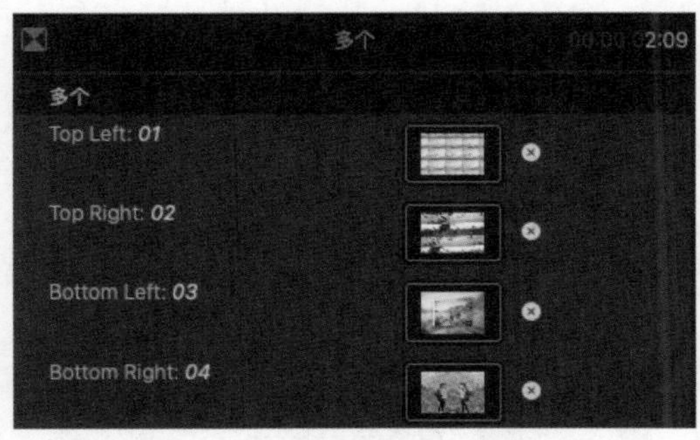

图 12-36

图 12-37

步骤25 在“转场浏览器”窗口的左侧列表框中选择“叠化”选项，在右侧列表框中选择“交叉叠化”转场效果，将其添加至“视频”素材和素材06的末尾处，如图12-38所示。

图 12-38

步骤 26　在“检视器”窗口中单击“从播放头位置向前播放 - 空格键”按钮▶，预览转场效果和滤镜效果，如图 12-39 所示。

图 12-39

12.3　制作形状

为视频添加滤镜效果和转场效果后，即可使用发生器为视频制作形状，为后续添加字幕做好准备。下面将介绍为视频制作形状的具体操作方法。

步骤 01　在“字幕和发生器”窗口的左侧列表框中选择“发生器”|“元素”选项，在右侧列表框中选择“形状”发生器，如图 12-40 所示。

步骤 02　将选择的“形状”发生器添加至图像片段的上方，并修改其时间长度为 02:05，如图 12-41 所示。

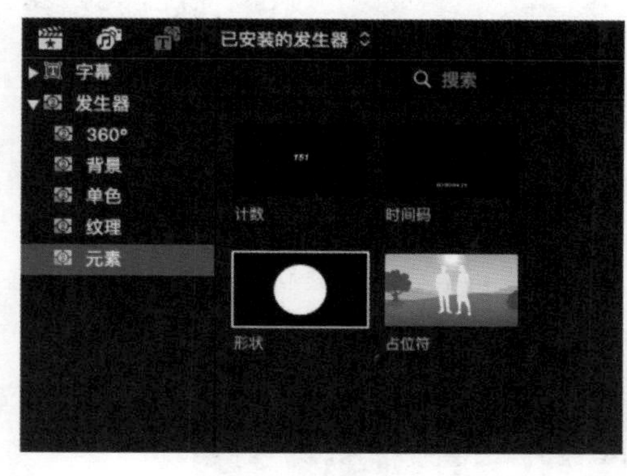

图 12-40

图 12-41

步骤 03　选择新添加的形状片段，在“发生器检查器”窗口中，设置“Shape”（形状）为“Diamond”（菱形），设置“Fill Color”（填充颜色）和“Outline Color”（轮廓颜色）为青色，如图 12-42 所示。

步骤 04　在“视频检查器”窗口的“复合”选项区中，设置“不透明度”为 0%，并单击“添加关键帧”按钮◆，添加一个关键帧，然后在“变换”选项区中，设置“位置”为 -696.6px 和 -19.4px，设置“缩放”（全部）为 50%，如图 12-43 所示。

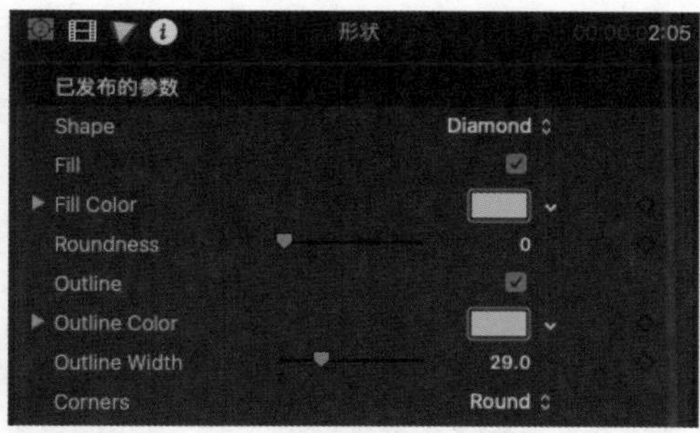

图 12-42

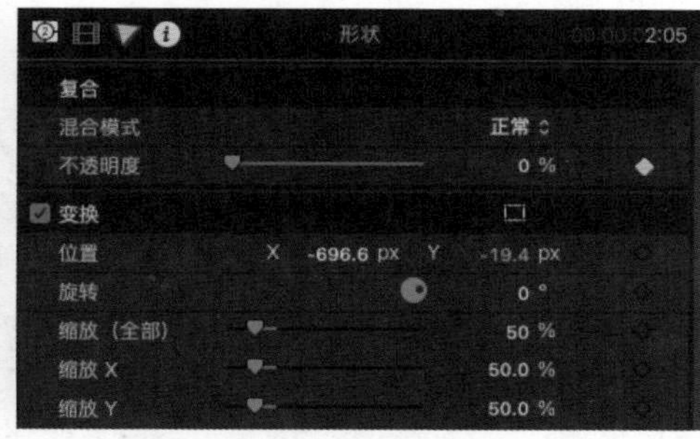

图 12-43

步骤 05 将播放指示器移至00:00:00:12位置，在“视频检查器”窗口的“复合”选项区中，设置“不透明度”为100.0%，系统将自动在播放指示器所在的位置添加一个关键帧；将播放指示器移至00:00:01:23位置，单击“不透明度”右侧的“添加关键帧”按钮，添加一个关键帧，如图 12-44 所示。

步骤 06 将播放指示器移至形状片段的末端，在“视频检查器”窗口的“复合”选项区中，设置“不透明度”为0%，如图 12-45 所示，系统将自动在播放指示器所在的位置添加一个关键帧。

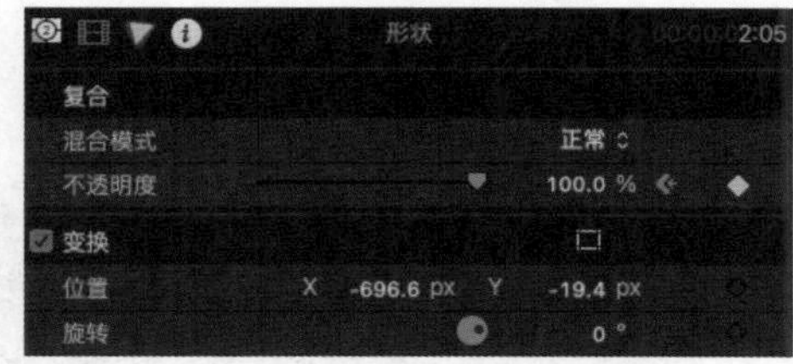

图 12-44

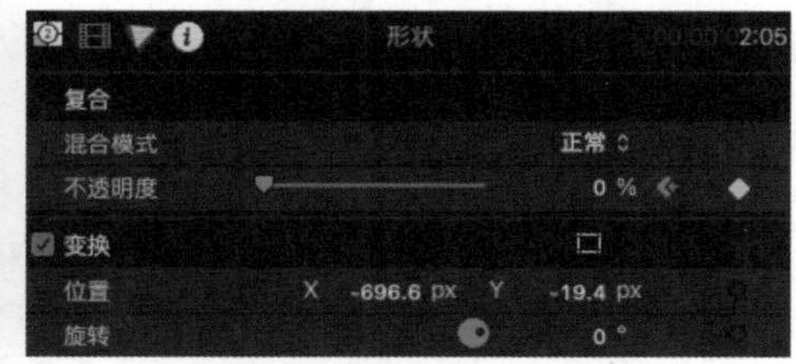

图 12-45

步骤 07 选择新添加的形状片段，执行“编辑”|“拷贝”命令，复制形状片段，然后执行“编辑”|“粘贴”命令，将复制的形状片段粘贴至原形状片段的上方，如图 12-46 所示。

步骤 08 选择粘贴后的形状片段，在“发生器检查器”窗口中，设置“Fill Color”(填充颜色)和“Outline Color”（轮廓颜色）均为白色，如图 12-47 所示。

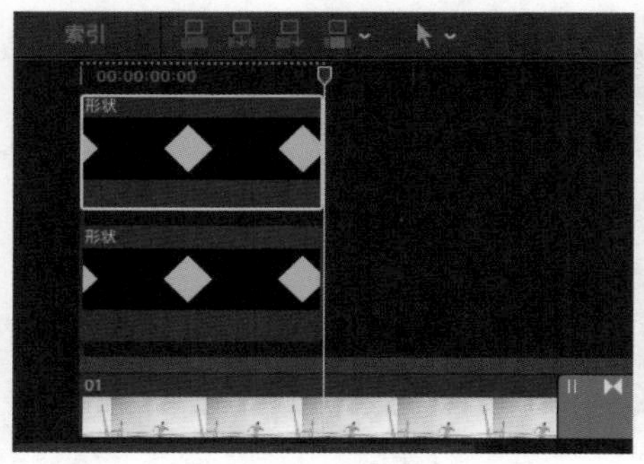

图 12-46

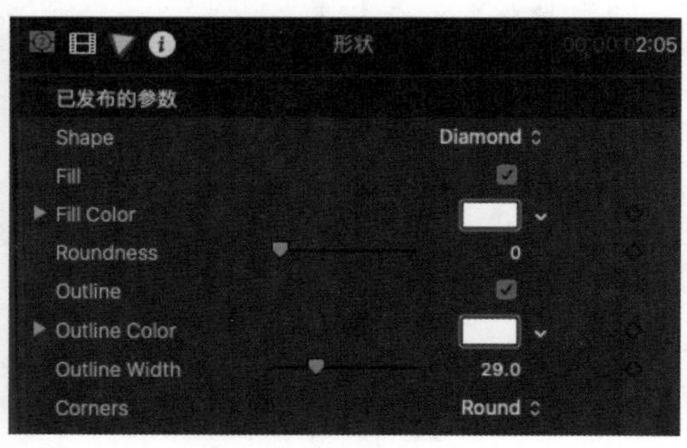

图 12-47

步骤 09 在“视频检查器”窗口的“变换”选项区中，修改“位置”为-498.0px和-30.8px，如图 12-48 所示。

步骤 10 选择相应的形状片段，执行“编辑”|“拷贝”命令，复制形状片段，然后重复执行3次“编辑”|“粘贴”命令，将复制的形状片段粘贴至原形状片段的上方，再在“发生器检查器”窗口中，依次修改粘贴后的形状片段的颜色，如图 12-49 所示。

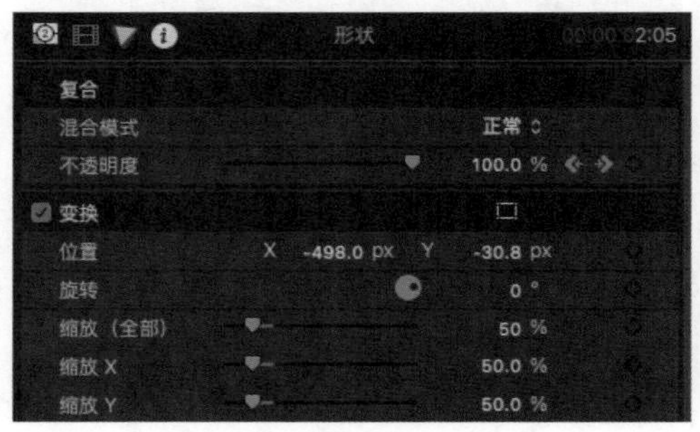

图 12-48

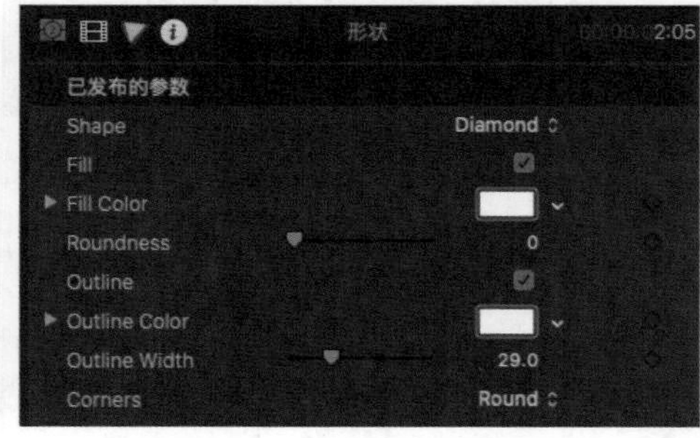

图 12-49

步骤 11 执行操作后，在“检视器”窗口中调整形状的位置，如图 12-50 所示。

步骤 12 在“字幕和发生器”窗口的左侧列表框中选择“发生器”|“元素”选项，在右侧列表框中选择“形状”发生器，将其添加至素材01的上方，并适当修改其时间长度，如图 12-51 所示。

图 12-50

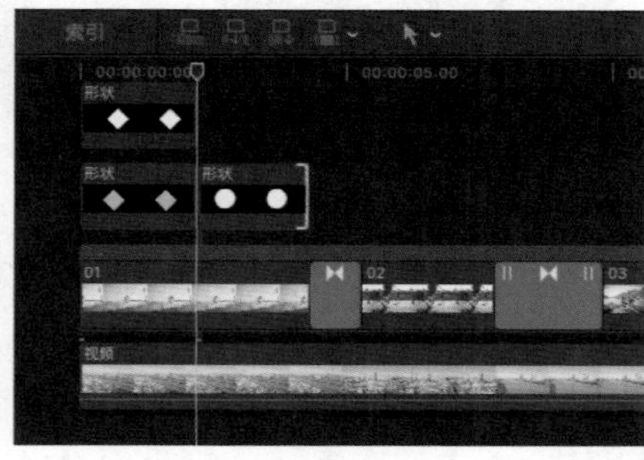

图 12-51

步骤 13 选择新添加的形状片段，在“发生器检查器”窗口中，修改“Shape”（形状）为“Rectangle”（矩形），设置“Fill Color”（填充颜色）和“Outline Color”（轮廓颜色）均为青色，如图 12-52 所示。

图 12-52

步骤 14 在“视频检查器”窗口的“变换”选项区中，设置“缩放 X”为 60.07%，设置“缩放 Y”为 4.56%，如图 12-53 所示。

步骤 15 上述操作完成后，即可修改形状的显示大小，在“检视器”窗口中预览形状效果，如图 12-54 所示。

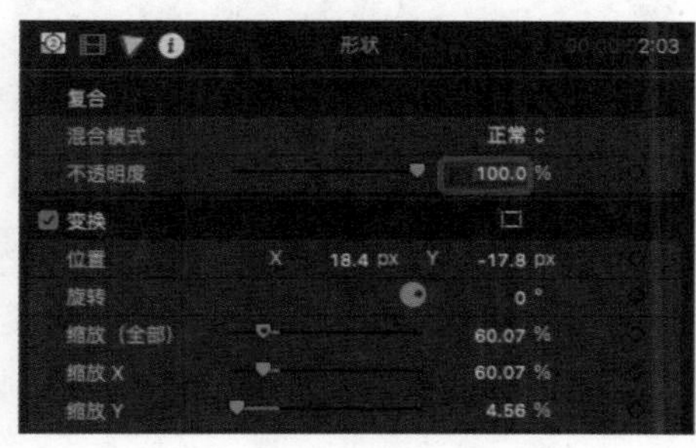

图 12-53

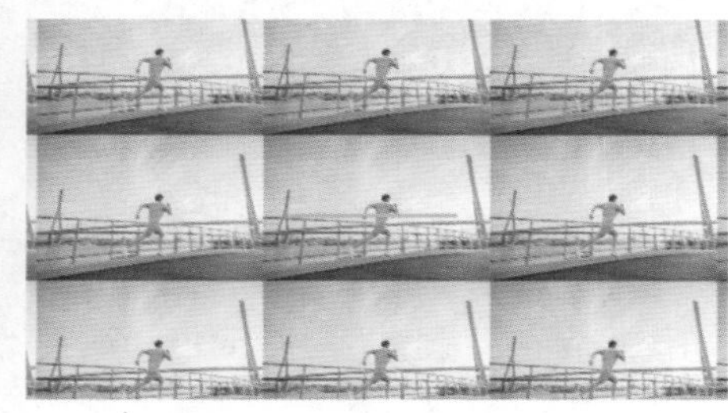

图 12-54

步骤 16 选择左侧的菱形片段，执行“编辑”|“拷贝”命令，复制形状片段，然后选择右侧的矩形片段，执行“编辑”|“粘贴属性”命令，粘贴片段属性。

步骤 17 将播放指示器移至合适的位置，选择矩形片段，执行“编辑”|“拷贝”命令，复制形状片段，然后执行“编辑”|“粘贴”命令，将复制的形状片段粘贴至图像片段的上方，并修改各形状片段的时间长度，如图 12-55 所示。

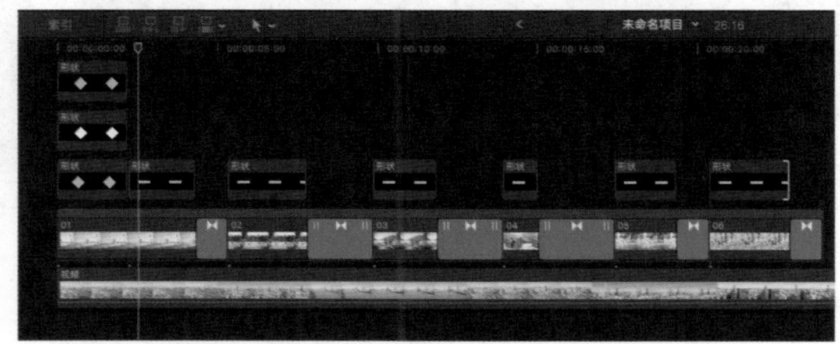

图 12-55

12.4 创建字幕动画

完成影片主体效果的制作后，接下来使用“字幕”功能创建相关字幕，对影片中的运动项目等进行说明。此外，还需要制作文字的淡入淡出效果，使画面衔接更加自然。下面详细讲解在故事情节中创建字幕动画的具体操作。

步骤 01 在“字幕和发生器”窗口的左侧列表框中选择“字幕”|“3D”选项，在右侧列表框中选择“渐变 3D”特效字幕，如图 12-56 所示。

步骤 02 将选择的“渐变 3D”特效字幕添加至“磁性时间线”窗口的形状片段的上方，并修改其时间长度，使其和第一组形状片段的时间长度一致，如图 12-57 所示。

图 12-56

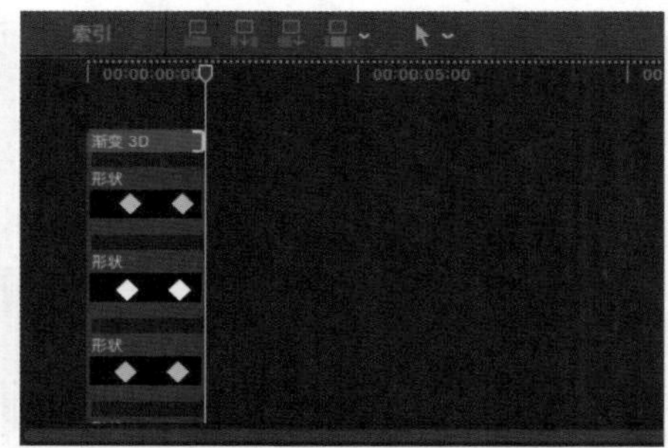

图 12-57

步骤 03 选择字幕片段，在“文本检查器”窗口的“文本”选项区中输入文本内容，然后在“基本”选项区中，设置“大小”为124.0，如图 12-58 所示。

步骤 04 取消勾选“3D文本”复选框，然后勾选“表面”复选框，再展开“表面”选项区，设置“颜色”为白色；展开“光晕”选项区，设置“颜色”为橙色，设置“不透明度”为68.0%，设置“模糊”为10，设置“半径”为100.0，如图 12-59 所示。

图 12-58

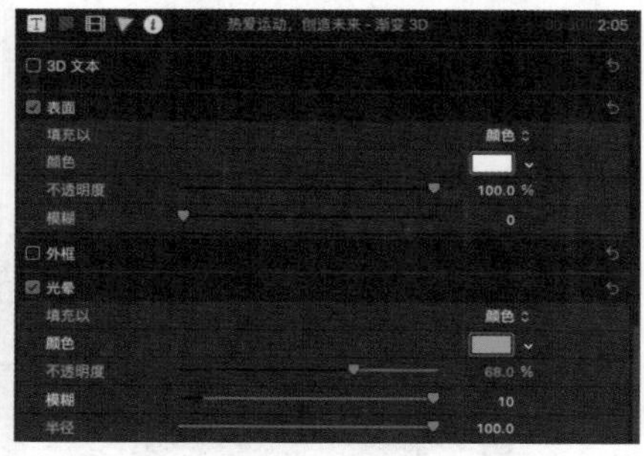

图 12-59

步骤 05 完成字幕的添加与编辑后，在“检视器”窗口中将渐变3D字幕移至合适的位置，如图 12-60 所示。

步骤 06 在“字幕和发生器”窗口的左侧列表框中选择“字幕”选项，在右侧列表框中，选择“基本字幕”特效字幕，将其添加至“磁性时间线”窗口的形状片段的上方，并修改其时间长度，使其和第2组形状片段的时间长度一致，如图 12-61 所示。

图 12-60

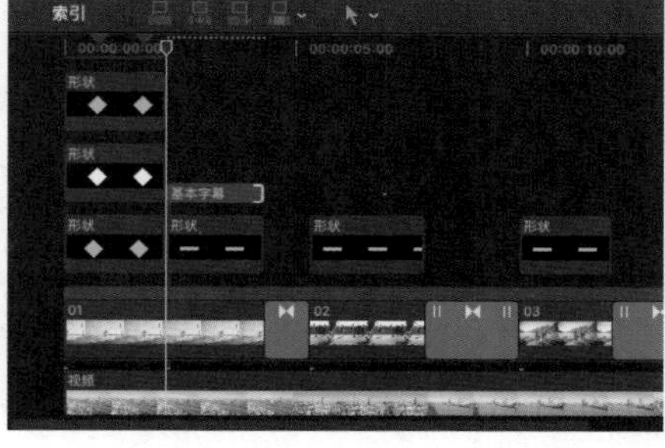

图 12-61

步骤 07 选择新添加的字幕片段，在“文本检查器”窗口的“文本”选项区中输入文本内容，然后在“基本”选项区中，设置“字体”为“楷体_GB2312”，设置“大小”为92.0，设置“字距”为13.28%，如图12-62所示。

步骤 08 展开“光晕”选项区，设置“颜色”为青色，设置“不透明度”为28.52%，设置“模糊”为5.59，设置“半径”为59.0，如图12-63所示。

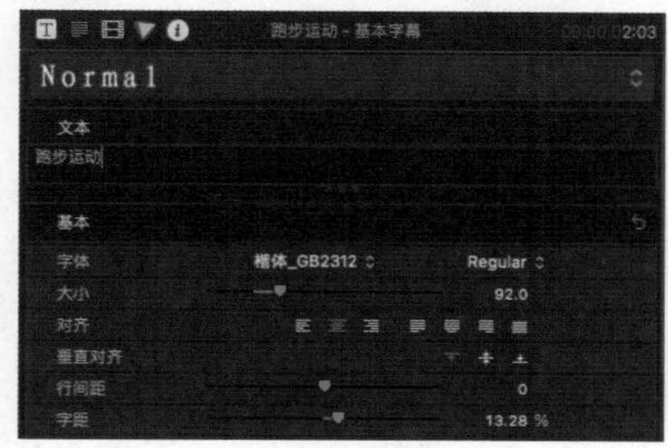

图 12-62

图 12-63

步骤 09 完成字幕的添加与编辑后，在“检视器”窗口中将字幕移动至合适的位置，如图12-64所示。

图 12-64

步骤 10 将播放指示器依次移至合适的位置，选择字幕片段，执行“编辑”|“拷贝”命令，复制字幕，然后执行“编辑”|“粘贴”命令，将复制的字幕粘贴至播放指示器所在的位置，然后依次修改复制得到的字幕片段的时间长度，如图12-65所示。

图 12-65

步骤 11 选择粘贴后的字幕片段，在“文字检查器”窗口的“文本”选项区中输入新的文本内容，然后在“检视器”窗口中移动字幕到合适的位置，如图 12-66 所示。

图 12-66

步骤 12 选择矩形形状，执行“编辑”|“拷贝”命令，复制形状，然后选择基本字幕片段，执行“编辑”|“粘贴属性”命令，粘贴片段属性。

步骤 13 在“字幕和发生器”窗口的左侧列表框中选择“字幕”选项，在右侧列表框中选择“翻滚3D”特效字幕，将其添加至“磁性时间线”窗口的形状片段的右侧，并修改其时间长度，使其末端和视频末端对齐，如图 12-67 所示。

步骤 14 在“转场浏览器”窗口的左侧列表框中选择“叠化”选项，在右侧列表框中选择“交叉叠化”转场效果，将其添加至新添加的字幕片段的末尾，如图 12-68 所示。

图 12-67

图 12-68

步骤 15 选择新添加的字幕片段，在“文本检查器”窗口的“文本”选项区中输入文本，然后在“基本”选项区中，设置“字体”为“方正细等线简体”，设置“大小”为 240.0，如图 12-69 所示。

步骤 16 展开“光晕”选项区，设置“颜色”为青色，设置“不透明度”为 42.97%，设置“模糊”为 10，设置“半径”为 100.0，如图 12-70 所示。

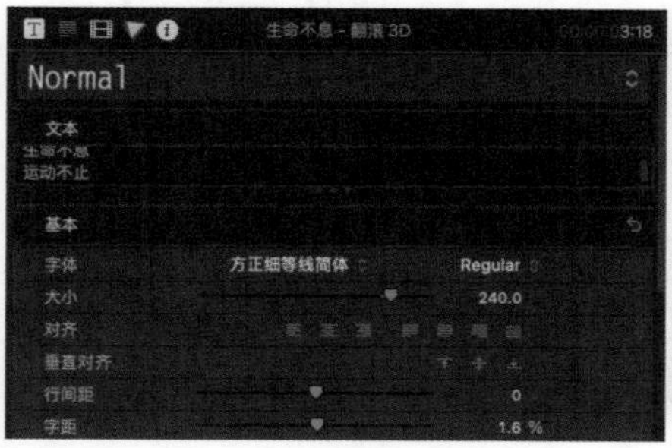

图 12-69

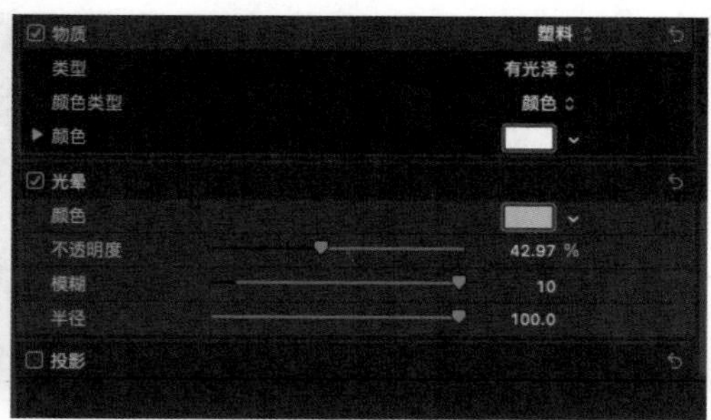

图 12-70

步骤 17 完成字幕的添加与编辑后，在“检视器”窗口中将字幕移至合适的位置，如图 12-71 所示。

图 12-71

12.5 添加与编辑音乐

完成上述操作后，还需要为视频添加音乐，并对音乐进行相关的处理，使影片效果更加完整。下面讲解添加与编辑音乐的具体操作。

步骤 01 在“事件浏览器”窗口中选择音频素材，将其添加至“磁性时间线”窗口的视频片段的下方，并修改其时间长度，使其和视频的末端对齐，如图 12-72 所示。

图 12-72

步骤 02 将鼠标指针悬停在音频片段的右侧滑块上，待鼠标指针变为左右双向箭头形状后，按住鼠标左键并向左拖曳滑块，添加音频渐变效果，如图 12-73 所示。

图 12-73

步骤 03 选择音频片段，执行“编辑”|“添加交叉叠化”命令，在音频片段的两端添加音频过渡效果，如图12-74所示。

图 12-74

12.6 导出影片

完成视频的制作后，如果对视频效果满意，则可以将制作好的视频导出。下面讲解导出影片的具体操作。

步骤 01 执行“文件”|“共享”|“Apple设备1080p”命令，如图 12-75 所示。

步骤 02 打开“Apple设备1080p”对话框，在“设置”选项卡的“视频编解码器”下拉列表中选择“H.264较好质量”选项，单击“下一步”按钮，如图 12-76 所示。

图 12-75

图 12-76

步骤 03 打开存储对话框，设置好存储名称和存储路径，单击“存储”按钮，如图 12-77所示，完成影片的导出操作。至此，本实例就全部制作完成了。

图 12-77